JN160549

図00 福島第一原発からの放射性物質 I-131 拡散予測（NILU［ノルウェー大気研究所］が公表した動画より）

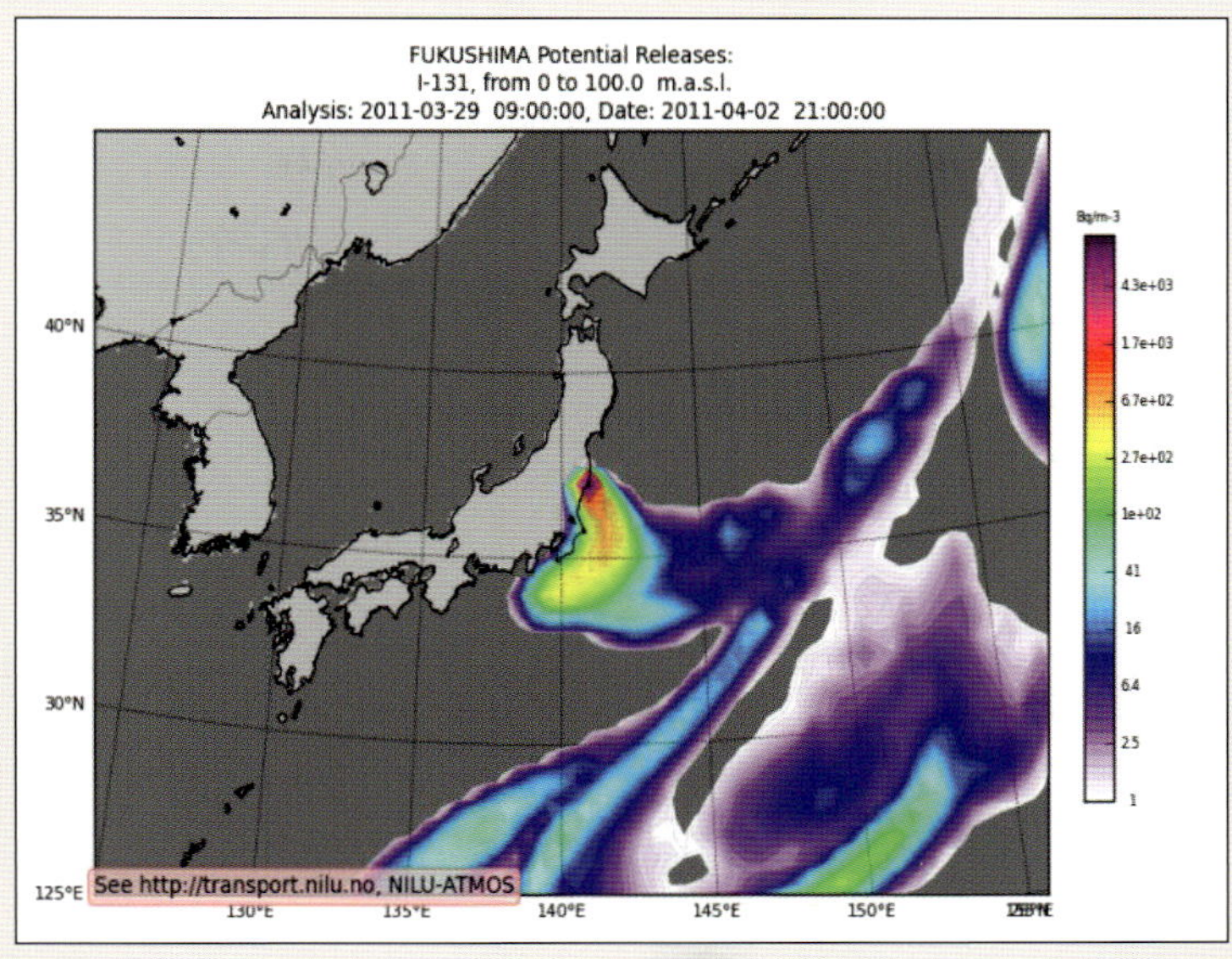

注：2016年現在、NILUによる動画の配信は停止されているが、その一部はYoutubeなどで見ることができる。
出典：NILU-ATOMS［http://transport.nilu.no/products］2011年4月2日閲覧。

越境大気汚染の比較政治学

欧州、北米、東アジア

図19　欧州の酸性化臨界負荷量地図

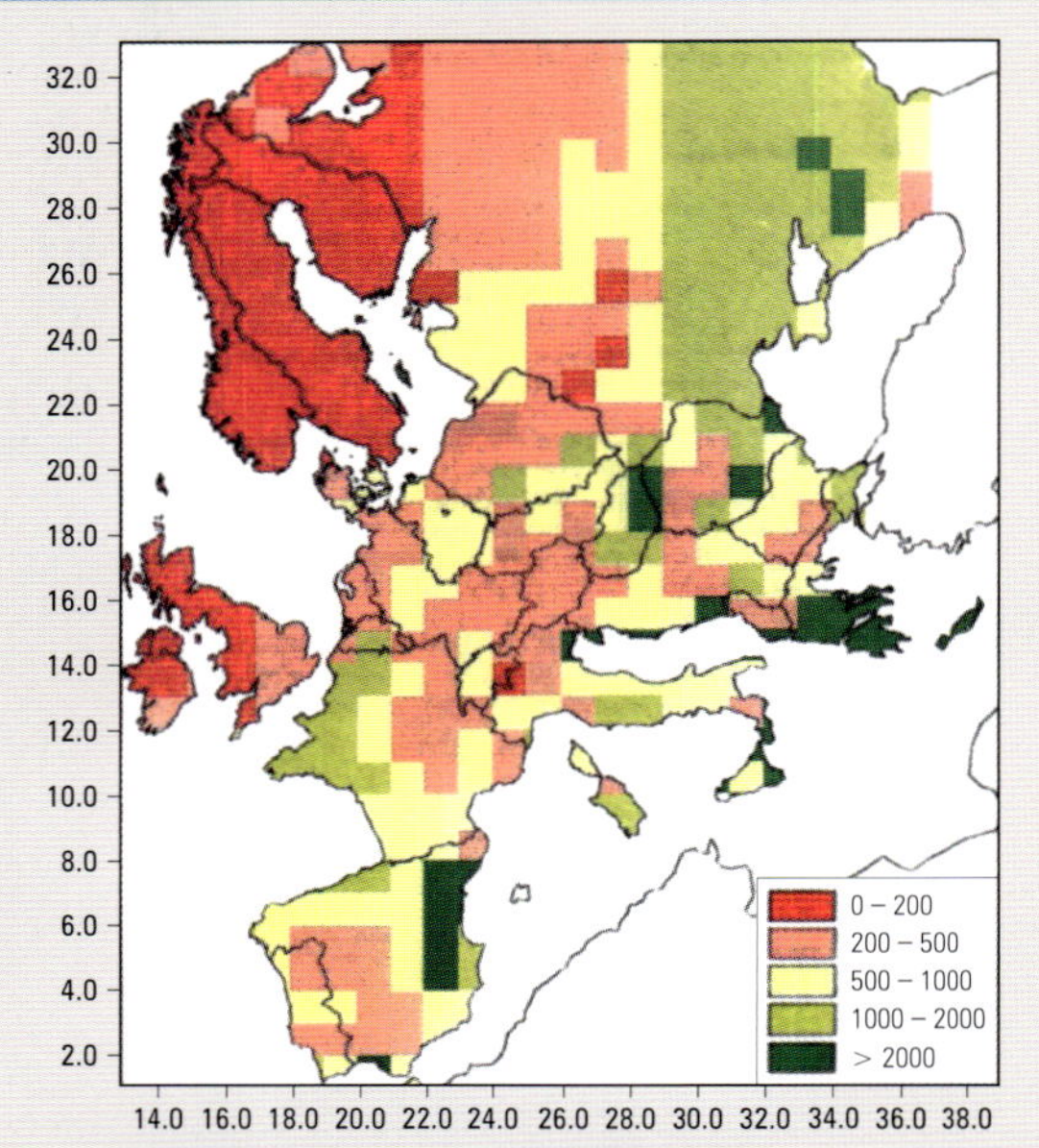

注：色が赤いほど臨界負荷量が低いことを示しており、北欧や英国に脆弱な地域が広がっていることがわかる。
出典：Hettelingh et al.（1991, 6）

図25　欧州の硫黄沈着に基づく臨界負荷量超過地域の変遷（1980年）

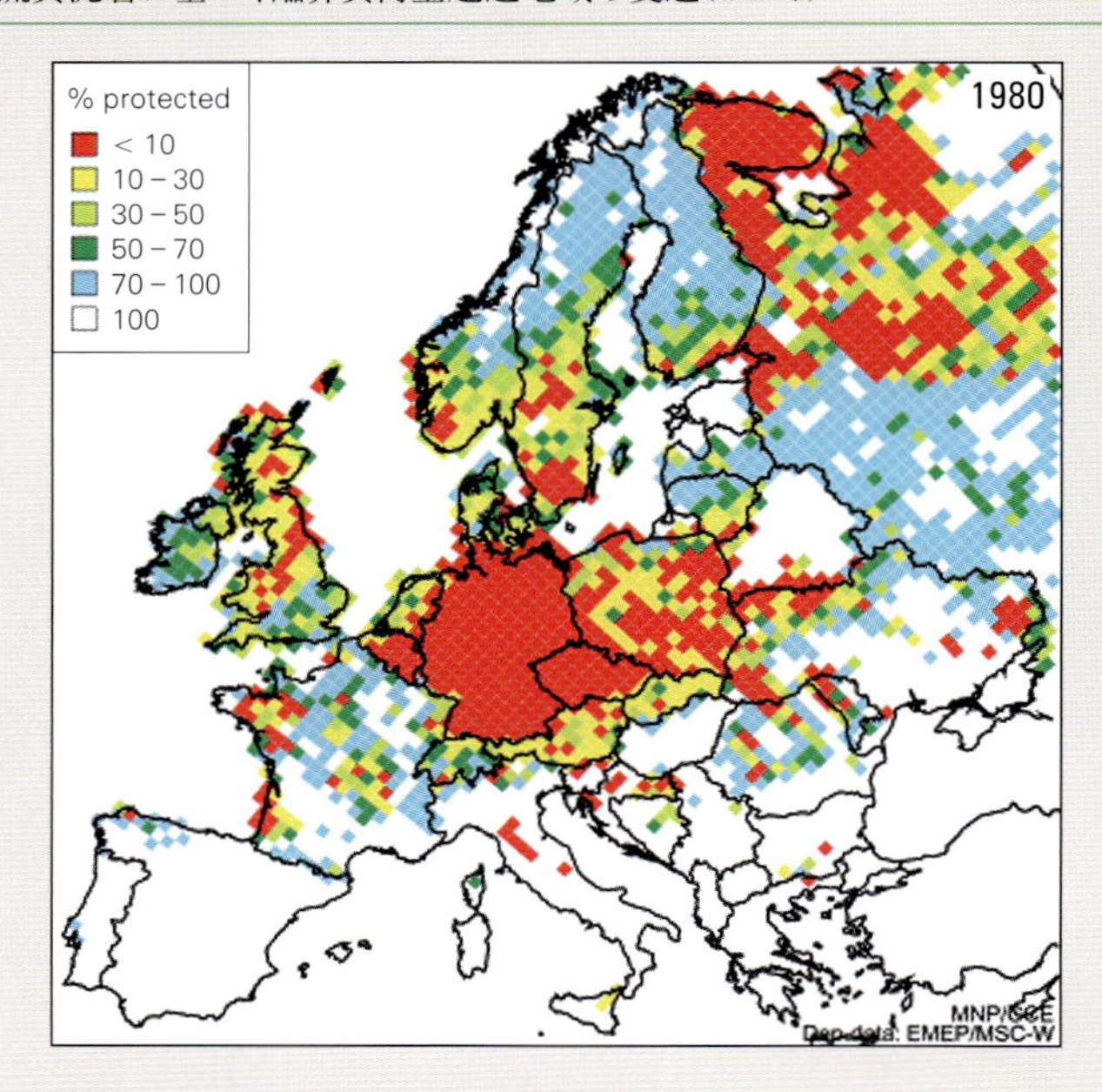

図25（上：1990年／下：2000年）

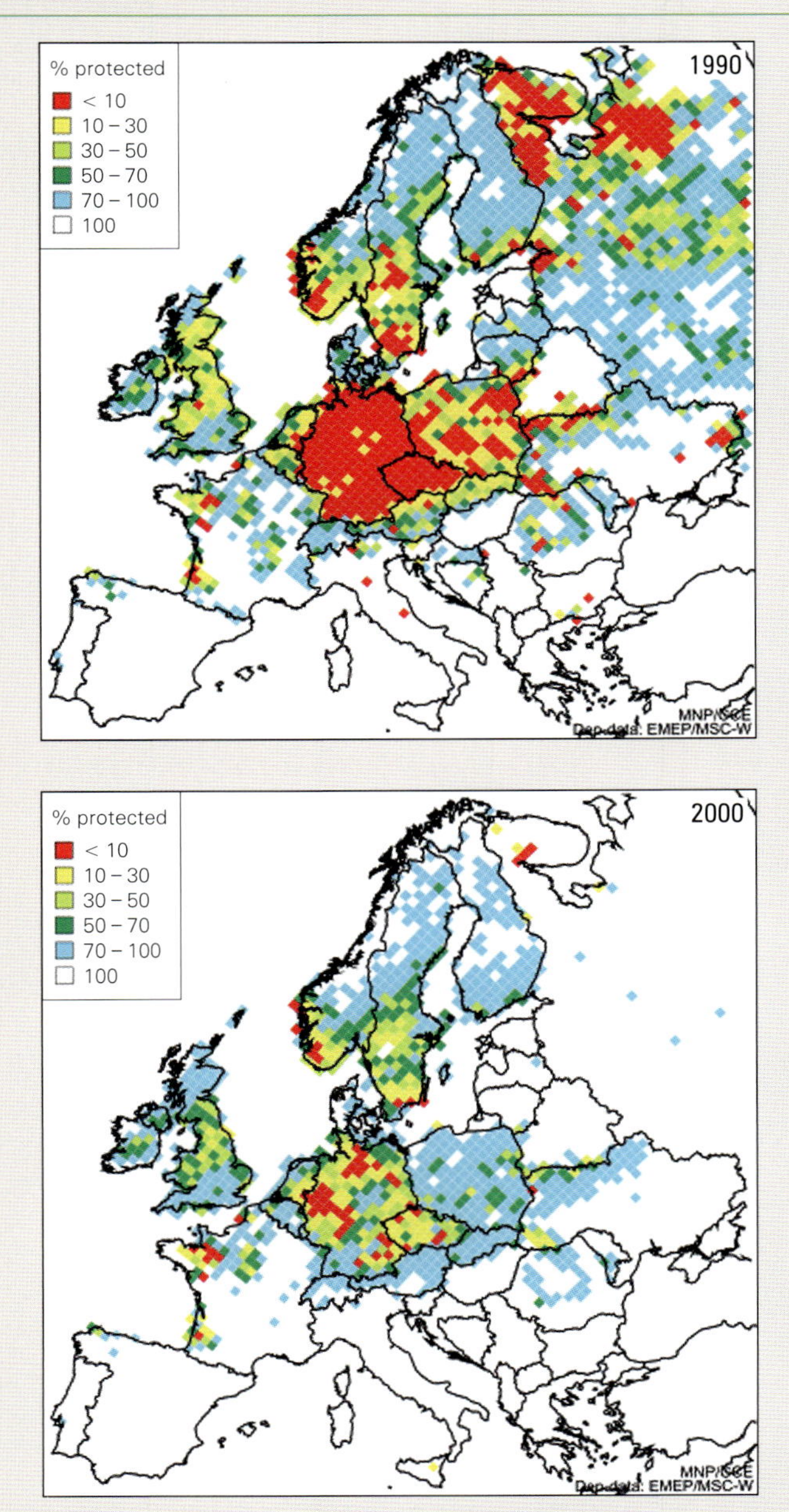

注：これらの地図は、一辺50kmのグリッドの中で、何％の土地が臨界負荷量を下回っているかを示したものである。赤の地域は10％以下、黄色は30％以下しか守られていないことを示す。1980、90年時点ではドイツや中欧、スカンジナビア半島南部を中心に、守られていない地域が多かったが、2000年には赤い地域が減少し、改善が進んでいることがわかる。
出典：Sliggers & Kakebeeke（2004, 78e）.

図42 アジアの酸性化臨界負荷量地図

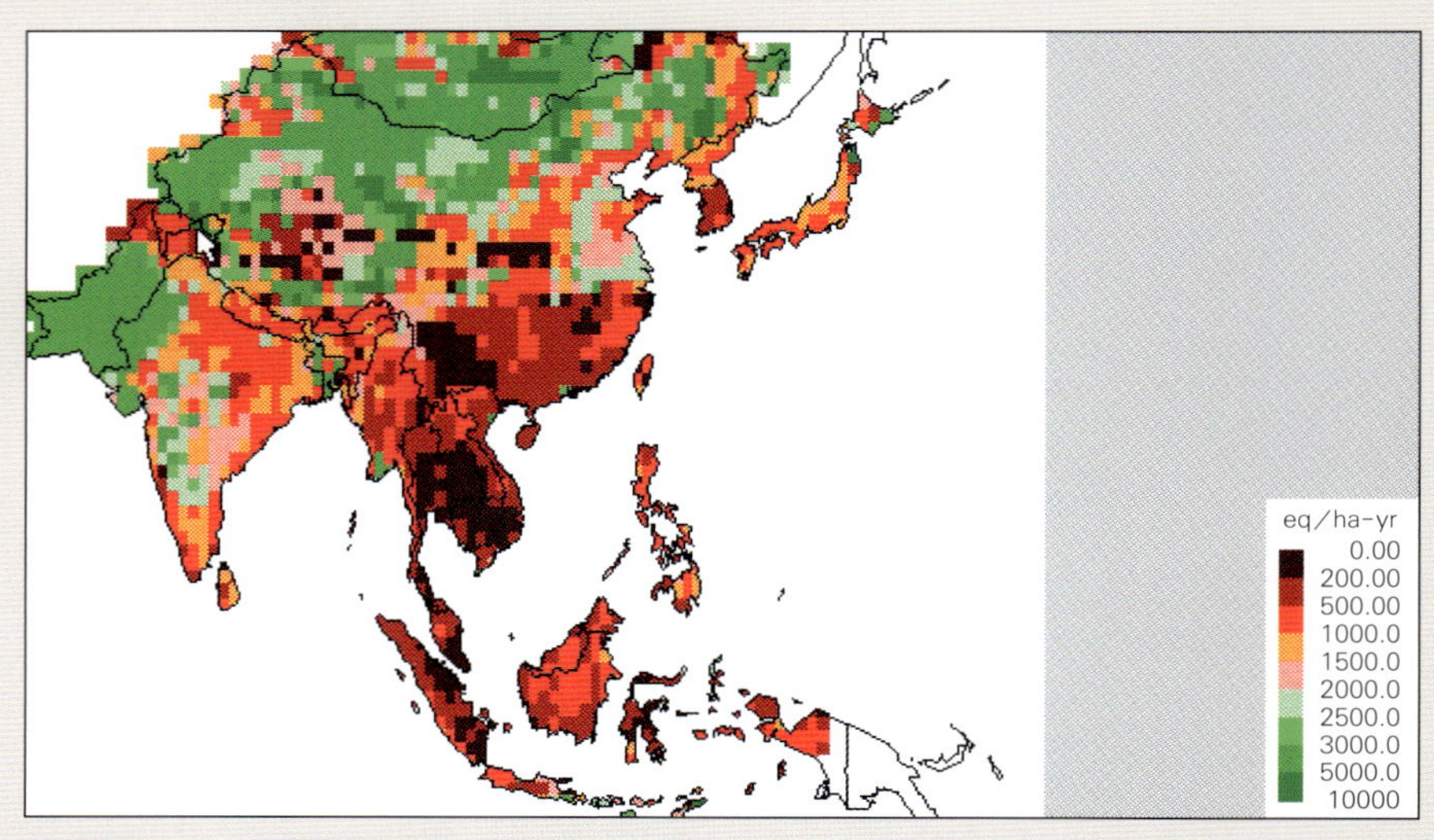

注：色が赤い方ほど臨界負荷量が低いことを示している。この地図からは、中国南部から東南アジアにかけてが、臨界負荷量が低く、すなわち生態系が酸性沈着に対して脆弱であることがわかる。逆に中国東西部では耐性が高いことがわかる。

出典：IIASA Rains-Asiaモデルより。
[http://www.iiasa.ac.at/Research/TAP/rains_asia/docs/critload.html]（2002年12月1日閲覧）

図43 アジアの硫黄沈着に基づく臨界負荷量超過地図

〈1995年〉　〈2020年〉＊現行法の場合の予測

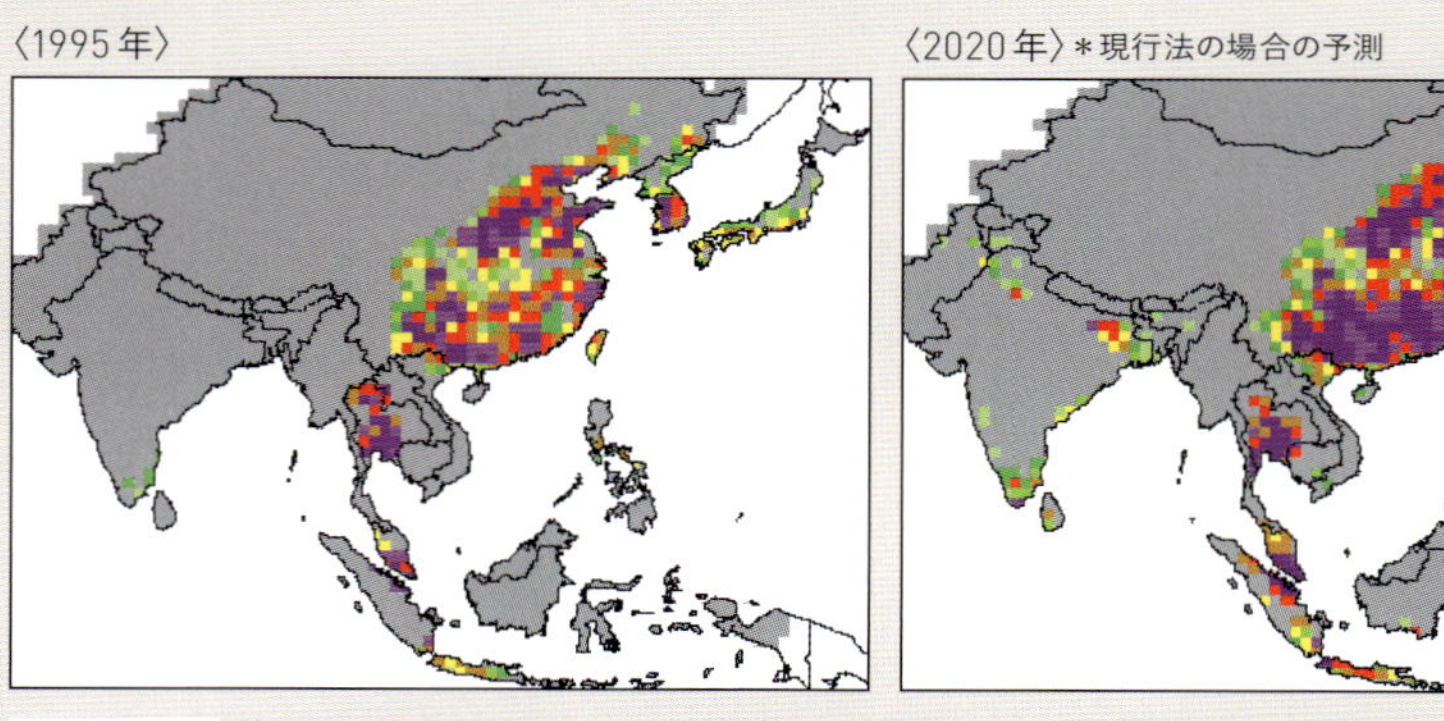

注：この地図では、一辺150kmのグリッドの中で何％の土地が臨界負荷量を超えているか（生態系が守られていないか）を示したものである。色が赤い地域ほど、臨界負荷量を超過している割合が高くなっていることを示す。1995年の時点でも、中国北部や中国南部の内陸部、韓国の一部やタイでは臨界負荷量を超えている地域が多い。2020年を比較してみると、中国南部を中心に、生態系が守られない地域が増えていることがわかる。

出典：Klimont et al.,（2001）.

The Comparative Politics of Transboundary Air Pollution

Europe, North America and East Asia

TAKAHASHI Wakana

髙橋若菜

越境大気汚染の比較政治学

欧州、北米、東アジア

千倉書房

プロローグ

二〇一一年三月一一日、東日本大震災が引き起こした巨大な津波は広く太平洋沿岸を襲い、東京電力福島第一原子力発電所のメルトダウンを誘発した。後に国際原子力事象評価尺度において、一九八六年のソ連・チェルノブイリ原発と並ぶ大事故と位置付けられることになる、この原発災害により、おびただしい量の放射性物質が海洋・大気中に放出された。放出は三月一二日には始まっており、三月一五日、二一日、二二日はとりわけ大量の放出があったとされる。

放射性物質の大半は、偏西風に乗って太平洋上に流れ拡散していったが、プルーム（放射能雲）は風向きの変化に伴い日本本土の上空を蛇行した。風の通り道となり濃いプルームが何度も通った地域、たとえば福島県飯舘村などは、原発から三〇〜四〇キロメートル離れているにもかかわらず、高い放射線量を計測し、その一部地域については二〇一六年現在でも「帰還困難区域」解除の見通しが立たないままである。プルームが通ったタイミングで雨や雪が降った場所には、より多くの放射性物質が沈着するに至った。そうした場所はホットスポットと呼ばれ、福島県外にも広く散在している。

事故当時、すでに日本には緊急時迅速放射能影響予測システム（SPEEDI）が構築され、運用されていた。しかし、その結果が限定的に公開されたのは、事故から一〇日以上たった三月二三日であった。本格的に一般の人々の目に届くようになるのは、五月以降のことである。

その間、不幸にも放射線量が高い地域に避難してしまった人々が数多くいた。行政から安全だと言われ、それを信じ、結果的に放射線量の高い地域にとどめおかれた住民も少なくない。このことは、住民に無用な被ばくを強いた、と後に大きな批判を招くことになる。何故、ＳＰＥＥＤＩのデータは公開されなかったのか。

ひとつには、データに不確実性があったと言われる。もうひとつ、住民のパニックを招く恐れがあったから、とも言う。しかし一方で、世界に目を転じると、放射性物質の大気中への拡散予測を、動画で、しかも三月のうちからオンライン公表している専門機関があった。ノルウェー大気研究所（ＮＩＬＵ）、ドイツ気象庁（ＤＷＤ）、オーストリア気象地球力学中央研究所などである。このうちＮＩＬＵは、本書で取り上げる欧州越境大気汚染レジームの地域センターの一つとして、長年、欧州の大気汚染物質の越境移動を監視してきた機関である。ＮＩＬＵは、二〇一一年三月一八日からおよそ二カ月間、気象や地理的条件などを組み込んだコンピューターモデルを用い、アメリカ海洋大気庁（ＮＯＡＡ）が提供する気象予測データ（ＧＦＳ）をもとに、放射性物質がいかに大気中に拡散していくかをシミュレートし、その結果を視覚的にわかりやすいよう映像化してインターネット上で二カ月間にわたって配信し続けた。彼らのホームページには、日本を中心に、世界中からアクセスがあったという。

先に挙げたチェルノブイリ原発事故が発生した際、欧州の広範囲に放射性物質が拡散したことはよく知られている。同事故以降、世界気象機関（ＷＭＯ）は、有事に際し国際原子力機関（ＩＡＥＡ）の原子力事故対策を支援するため、環境緊急対応の地区特別気象センター（ＲＳＭＣ）を指定し、原発事故が起きた場合、気象予測データなどを使って大気の流れの予測情報を提供できる制度を設けた。しかし、ＮＩＬＵやＤＷＤは、このＲＳＭＣに指定されてはいない。本来、情報提供の義務を負っていないのである。

　にもかかわらず、欧州の大気専門機関は福島第一原発事故にあたって放射性物質の拡散シミュレーションをオンライン公表し続けた。彼らは、何故そのような選択をしたのだろうか。本書が取り組む越境大気汚染をめぐる比較政治の試みのなかに、その答えは見えてくる、と私は考えている。

越境大気汚染の比較政治学——欧州、北米、東アジア　目次

第5章 北米大気質レジームの形成

第6章 東アジア 大気ガバナンスへの展望 237

第7章　地域間比較と歴史からの教訓　301

第1章 越境する大気汚染と分析視角

1 環境問題の拡大と国際化

人為的活動に伴う環境問題は、一八世紀末の産業革命を契機に広域化・深刻化が進んだ。一九世紀の環境問題は、日本では足尾鉱毒被害に代表されるように、国内の局地的な産業公害問題として表面化する場合が多かったが、二〇世紀後半に入ると、世界経済規模の拡大や急速な人口増加、都市化の進行に伴って都市・生活環境が悪化し、環境問題の広域化・越境化が顕在化してくる。

環境問題が「国境を越える」こと自体は、目新しい現象ではない。国際河川における水質汚染は越境型環境問題の代表例であるが、たとえばライン川では、一九世紀にドイツのバーデン公国が近隣諸国との合意なしに河の一部を運河化したことで、周辺国の森林地帯に甚大な環境影響を与えたことが知られている。二〇世紀初頭になると、フランスやドイツを中心に農薬使用や家庭・産業部門からの排汚水が増加し、リン等の汚染物質の水中濃度が高まったことで、鮭などの魚類が姿を消し、周辺国で安全な飲料水の確保が難しくなったことも報告されている[1]。北米においても、カナダのトレイル製錬所から排出された亜硫酸ガスがアメリカに流れ込み、農業被害や森林枯死、土壌汚染といった深刻な被害をもたらしたことから、二国間の外交問題に発展した。

こうした越境型環境問題が頻発するようになったのは、第二次世界大戦後のことである。戦後まもなく国際世論を喚起したのは、大気圏内核実験に伴う放射性降下物であった。それまでも、南太平洋などの実験地域周辺では、住民に深刻な被ばく被害が出ていたが、一九五四年、ビキニ環礁におけるアメリカの水爆実験の際、警告されていた危険水域の外で操業していた第五福竜丸をはじめとする漁船乗組員の被ばくと、それに伴う食の安全への懸念が、日本をはじめとする国際世論に火をつけた。放射性降下物は、実験地周辺だけではなく全世界に広がり、ニューヨークにも降り注いでいることが次第に明らかとなり、大気圏内核実験の是非は、アメリカの世論を二分し、大統領選挙の争点にさえなっていく。原水爆核実験反対運動の国際的な広がりは、一九六三年の部分的核実験禁止条約の締結の原動力となった[2]。

産業公害をめぐる本格的な国際環境管理の先駆けとなったのは、一九五〇年に設立されたライン川汚染防止国際委員会である。ライン川流域は、流域人口約四〇〇〇万人、スイス、フランス、ドイツ、オランダ、ルクセンブルグの五カ国にまたがっている。流域では集約的な土地利用が行われ、重化学工業の工場も集中していた。河の上流地帯で工場などから流入した汚水は生態系を破壊し、下流に位置する国の人々の生活基盤を脅かす。下流国は上流国に河川の水質保全管理を求め、それをきっかけに国際共同管理の先鞭が付けられた。

しかしどちらかと言えば、この時期、公害問題は国際的というよりは国内、それも局地的な問題にとどまっていた。第二次世界大戦後の世界は、欧米を中心に世界規模で復興期を迎え、工業の発展が著しい時期であった。経済成長の代償として、大気汚染や水質汚濁をはじめとする多様な公害が引き起こされることとなった。たとえば、一九四八年のペンシルベニア州ドノラのスモッグ事件[3]、一九六九年のサンタバーバラ沖の石油流出事故、エリー湖の富栄養化と水質汚染、ニューヨークの海洋汚染などである。環境災害が頻発するなか[4]、アメリカでは環境保護運動が高まった。レイチェル・カーソンの『沈黙の春』[5]、ギャレット・ハーディンの『共有地の悲劇』[6]、ローマクラブの『成長の限界』[7]のような、環境危機を警告する学術論文の公開も環境保護運動に拍車をかけた。公民権運動やベトナム反戦運動、反核運動などと一体化することで環境保護運動はさらなる高まりを見せ、一九七〇年のアースデイ(四月二二日)をピークに、政治を動かすまでに至った。アメリカでは、大気浄化法や水質保全法など、一連の公害規制法が制定され、環境行政機構も整備されていった。先進各国も軒並み同じ道を歩んだ。

元来、国内問題であった公害が欧州で早々と国際化したのは、産業革命の発信地であり世界の他地域に先駆けて経済発展を遂げたからに他ならない。また、一国の国土面積が狭く複数の近隣諸国と国境を接するこの地域の宿命でもあっただろう。

公害問題の国際化は、ライン川のような国際河川にとどまらなかった。バルト海沿岸地域では、都市排水や工業・農業からの排水、船舶等からの交通公害、大気汚染、沿岸周辺の汚染の影響に起因する海洋環境汚染が一九六〇年代より深刻化した。同様に、地中海でも、二〇世紀後半に、沿岸国の大都市からの生活排水や、工場などから排出される未処理廃棄物、農業排水などが、甚大な水質汚濁をもたらした。大気の分野でも、西欧・中欧諸国の工場などから排出される二酸化硫黄(SO²)や窒素酸化物(NOx)といった大気汚染物質が北欧諸国に到達し、その脆弱な自然環境に甚大な被害を与えることになった。以上のような越境型環境問題を、地域レベルで管理するための国際制度が形作られていったのが、一九七〇年代を通じての大きな流れである。ストックホルムで開催された国際連合人間環境会議において採択された「人間環境宣言」「環境国際行動計画」に基づき、国連の下部組織として環境に関する活動の調整を行なう国連環境計画(UNEP)が設立されたのは一九七二年のことであった。

国際制度の創設は自然保護分野においても広まった。一九四九年に設立された国際捕鯨委員会のような例外はあるが、越境する水鳥の生息地である湿地を保護することを目的とするラムサール条約や、絶滅のおそれのある野生動植物の種の国際取引に関するワシントン条約など、越境する動植物を対象とした自然保護系の条約が締結されたのは、やはり一九七〇年代のことである（ともに一九七五年発効）。

一九八〇年代に入ると越境型環境問題は多様化を見せるようになる。先進国における環境規制の強化をうけ、七〇年代から八〇年代にかけて先進国の多国籍企業が、安価な労働力やゆるい環境基準を求めて途上国にこぞって進出した。そうした多国籍企業が、ボパール事故[8]に代表されるような環境災害・事故を途上国で数多く引き起こし〝公害輸出〟との非難を浴びた[9]。同様に、規制強化によって廃棄物の処理コストが上昇した先進国から、大量の有害廃棄物が途上国に持ち込まれ不適切に処理されたことで、途上国の環境や人体健康に甚大な被害をもたらす事件が頻発した。このため一九八九年には、有害廃棄物の越境移動を国際的に管理するためのバーゼル条約がＵＮＥＰで採択された。

以上のような、先進国と途上国の環境基準の相違に起因した越境型環境問題が争点化したのは主に一九八〇年代のことであったが、この時期は、新自由主義に基づくグローバリゼーションの始まりの時期でもあった。日本をはじめ先進国の木材需要や食需要を満たすための熱帯林伐採が進むなど[10]、モノの越境による環境破壊も進んだ。

一九八四年のソ連・チェルノブイリ原発事故では、大量に放出された放射性物質がソ連だけでなく欧州地域、さらには世界中に広く拡散した。スウェーデンのフォルスマルク研究所をはじめ、欧州の複数の機関が、放射性レベルの高さを早期に掴んでいたが、当初、ソ連からの情報提供はなく、このため、一九八六年には原子力事故の早期通報に関する条約が、一九九七年には原子力災害の民事責任に関する改正ウィーン条約および原子力損害の補完的補償に関する条約が採択された。

さらに、オゾン層の破壊や地球温暖化が進行しているという警告が科学者や国際機関から発せられると、一九八五年にはオゾン層保護条約、一九九二年には気候変動枠組条約なども締結された。地球規模の環境問題も、その原因物質の排出源をたどれば、全て局地的な生産・消費・廃棄活動に起因している。しかし、これらの原因物質、すなわちフロンなどのオゾン層破壊物質や二酸化炭素・メタンといった温室効果ガスは、国境を越えて文字通り地球規模の影響を、長期にわたって及ぼすと予測されている。このことからすれば、地球規模の環境問題も越境型環境問題の延長線上で捉えるべきであろう。

二一世紀に入ると、加速するモノやカネのグローバリゼーションの裏で、水質汚染や水資源枯渇、森林破壊など、途上国の局地的な環境破壊もまた全世界規模で広がっており、そのことが、さらなる気候変動を引き起こしている。水銀、重金属、マイクロプラスチックなどの残留性有機汚染物質は、大気や海洋を通じた長距離を越境移動し、長期にわたり生態系を汚染しつづける。そして、二〇一一年の福島原発事故である。チェルノブイリに匹敵する規模の事故により、大量の放射性物質が大気や海洋に放出された。拡散した放射性物質は、福島県、日本を中心としつつも、世界規模に濃淡を描いて存在し、生態系への具体的影響の実態は未知数である。

環境問題は、時の流れとともに越境し、拡大し、多様化してきた。果たして、国際社会はそれらに適切に対応してきたのであろうか。総じて、制度化は進んだと言える。国際河川や国際海洋、大気などの汚染をはじめ、グローバルな環境問題にいたるまでモニタリングは発展し、数々の条約や議定書、協定の締結にもつながった。ただし、制度化が全ての問題に対して進んだ訳ではない。条約が締結されても、実効面では停滞するケースも多い。進展の度合いは、イシューによっても地理的範囲によっても様々と言える。本書が注目する越境大気汚染の問題にも、それはあてはまるのである。

2 欧州・北米・東アジアの越境大気汚染管理

越境大気汚染問題の国際管理の先駆けとなったのは、本書の主役とも言うべき、長距離越境大気汚染条約(以下LRTAP条約と略記)レジームである。欧州を舞台とする地域レジームとして、地球環境レジームの中でも比較的長い歴史を誇るLRTAP条約は、もっとも制度化が進んだレジームの一つと位置付けられる。その「成功」ストーリーは、およそ以下のように語られる。

欧州では、一九六〇年代より、北欧地域を中心に酸性雨被害が顕在化してきた。これを受けて、一九七二年に西欧一〇カ国、一九七七年には欧州全域を対象に、大気汚染物質の広域移流を監視し評価するための協力計画(EMEP)が発足した。また、一九七九年にはLRTAP条約が形成された。その後、条約では科学的知見の集積とその共有が進み、硫黄から始まり、NOx、揮発性有機化合物、残留性有機汚染物質にいたるまで、個々の具体的な汚染原因物質を削減・規制する議定書が段階的に締結された。当初は各国一律の削減目標が課せられたが、その後、科学的知見に基づき環境影響を最小化させるような形で削減目標が設定されるように変化していった。すなわち、一九九四年に採択された硫黄のさらなる規制のためのオスロ議定書では、汚染物質の排出・輸送・影響に関して自然・社会・経済現象を統合的に評価し臨界負荷量を超えない範囲に各国の排出削減上限を設定できるコンピューターモデルが議定書交渉に取り込まれたのである。厳密な科学的知見に基づいた目標設定は、画期的であった。

さらに進化したのは、一九九九年の複数汚染物質を規制するヨーテボリ議定書である。もはや酸性雨問題だけではなく、湖沼などの富栄養化、地上レベルのオゾン問題(光化学スモッグ問題)の三つの問題を同時に解決するために、SO_2、NOx、アンモニア、揮発性有機物質の四種の汚染物質に、コンピューターモデルを駆使して目標設定がなされた。複合汚染・複数物質アプローチである。いずれの議定書も、各国の遵守率は概して高く、結果として、欧州における大気汚染問題は、改善の途を辿っている。

LRTAP条約レジームの、絵に描いたような「成功」は、他条約や他地域にも影響を及ぼした。条約で用いられた枠組議定書方式や、国際的な科学的知見を構築し政策形成に反映させていくという方法は、その後のグローバルな大気汚染レジーム、すなわちオゾン層保護条約や気候変動枠組条約においても、踏襲されるところとなった[11]。さらには、一九九二年に国連環境開発会議(リオ・サミット)で採択されたアジェンダ21行動計画において、他地域の越境大気汚染管理の模範的存在と位置づけられ、他の地域でも「経験は分け与えられるべき」と言及された[12]。

アジェンダ21行動計画が、東アジア、南アジア、ラテンアメリカなど、欧米外の地域における、酸性雨や地域大気汚染管理のための地域枠組形成の引き金となったことは間違いのないところである[13]。東アジアでは、一九九四年から専門家会合が始まり、二〇〇一年に東アジア酸性雨モニタリングネットワーク(EANET)や、日中韓による大気汚染物質長距離越境移動(LTP)プロジェクト、南アジアの地域大気汚染管理に関するマレ協定などである。しかし、ASEANの煙害協定を除き、欧州のように法的拘束力を持つ条約レジームにまで発展したものは、これまでのところ、一つも存在しない。東アジアでは、EANET稼働から十数年経ち、また日本でも中国大陸から飛来するPM2・5がメディアをにぎわせて久しい。二〇一〇年にはEANET強化のための文書が政府間会合で採択されたものの、欧州のような条約レジームとは全く異なっており、レジーム形成に向けた動きはない。

アジアだけではない。越境大気汚染問題が、欧州と同時期に問題が政治化した北米における地域枠組は、欧州とは似て非なるものである。米加両国は、国連欧州経済委員会のメンバーとして、LRTAP条約には加盟はしていたが、欧州モニタリングプログラムの地理的範疇からは外れていた。そのため、実質的な協力を進めるには、

表1 欧州・北米・東アジア三地域における越境大気汚染問題への取組みの変遷

欧州	北米	東アジア
1960　スウェーデン人科学者、北欧の酸性雨被害を指摘		
1972　西欧10カ国国際モニタリングプログラム開始 1977　全欧モニタリングプログラム(EMEP)開始 1979　LRTAP条約締結、米ソを含む32カ国署名	1979　米加LRTAP条約加盟	
1983　LRTAP条約発効 1984　EMEP資金議定書 1985　硫黄30%削減議定書 1988　NOx凍結議定書	1981　米加交渉頓挫	
1991　VOC議定書 1994　硫黄第二次議定書：コンピューターツール活用 1998　重金属、残留性有機汚染物質規制議定書 1999　ヨーテボリ議定書（複合汚染に対応複数物質を同時規制）	1991　米加大気質協定締結 SO_2、NOx附属書	1994　EANET専門家会合（日本主導） 1996　LTP研究プロジェクト（韓国主導：日中韓）
	2000　オゾン附属書	2000　EANET政府間会合 共同声明 2001　EANET正式稼働 2010　EANET強化のための文書

米加二国間ベースでの制度化を要した。実際に、一九七〇年代後半、二国間交渉は始まった。ところが、八〇年代前半、アメリカ側の一方的な通告により、交渉は頓挫した。結局一九九一年に、アメリカの政策変化に伴って、米加大気質協定は締結されるにいたった。その後、大気汚染は大幅に緩和された。ただし、米加協定では、LRTAPで採用されたような科学的方法に基づき、削減目標設定がなされたことはない[14]。

表1は、以上の三地域における地域取組みの変遷の概略をまとめたものである。表から、越境大気汚染問題への取組みは欧州で先行したこと、また他地域と比べ、早期の条約レジーム化、科学的知見の反映、議定書の量産などにおいて、欧州が際立っていることが分かる。越境大気汚染管理分野のみならず、地球環境レジーム全般を見渡しても、これほど科学的知

見が直接的に政策決定に反映され議定書の量産につながった条約レジームはほとんどない[15]。科学的知見の集積が、欧州LRTAP条約の発展を促したことは疑い得ない。しかしながら、欧州の経験が、容易に他地域に移転されないという状況を考えるとき、「科学的知見の集積」だけでもって、欧州の「成功」体験を語るべきでないこともまた明白である。それでは「欧州」の「成功」体験は、どのように語ることが出来るのか。何が、北米や東アジアの取組みとの差異を生み出したのか。

三地域の取組みの差異を説明する理由の一つとして、まず考えられるのは、経済レベルや政治体制の違いである。確かに、欧州は産業革命の発信地で、経済先進地域であり、今日ほぼ民主主義国家によって構成されている。一方、東アジアは、日本や韓国、シンガポールを除き、多くは発展途上国に属し、政治体制も多様である。

しかし、この仮説が正しいならば、先進国かつ民主主義国家である北米二カ国で、レジーム形成が欧州より一〇年遅れたことは、説明がつかない。逆に、経済レベルや政治体制が多様でも、レジーム形成が順調に行った事例も存在する。たとえば、地中海汚染防止を目的として一九七五年に採択されたバルセロナ条約には、南欧諸国に加え、北アフリカや中東諸国まで含まれていた。同様のことは、LRTAP条約レジーム自身についてもあてはまる。同レジームには四九カ国加盟しており、なかには、西欧諸国ばかりではなく、北米、南欧諸国、ソ連や中東欧諸国も含まれる。LRTAP条約が形成された七〇年代、南欧諸国や中東欧諸国は、経済レベルが今日の東南アジアの国々と変わらない国もあれば、社会主義や独裁体制の国もあった。何より、ラムサール条約やワシントン条約、砂漠化防止条約、さらにはオゾン層レジームや気候変動レジームのようなグローバルな環境レジームに、アジア太平洋からアフリカ地域に至るまで、途上国はおしなべて加盟していること、また時に、条約加盟により先進国や国際機関から国際援助を得られるということを途上国はすでに経験から知っていることからすれば、経済レベルの違いや政治体制の違いでもって、環境レジームへの不参加を説明することには無理がある。

第二に考えられる仮説は、地域主義(リージョナリズム)との関連である。二度の戦火を交えた欧州では、戦後期より、石炭鉄鋼生産の共有からはじまり、徐々に経済分野全般に地域統合を進化させ、それを欧州全体の平和の礎としていった[16]。その経験を目撃したハースは、非戦略的・非政治的分野での地域統合が、段々と戦略的重要性が高い領域にも波及効果をもたらすと論じた[17]。欧州共同体（EC）および欧州連合（EU）を舞台にした地域統合は、その後多岐の分野に深化し、波及効果は環境分野にも及んだ。すなわち環境行動計画が策定され、法的拘束力のある指令が、大気、水など多様な分野で導入されていったのである。また気候変動レジーム等の国際交渉においては、もはや各国それぞれではなく、EUが統一的立場から臨むようになった[18]。国際交渉においても、EUが主導的役割を果たすようになったことは周知の通りである。リージョナリズムが欧州の環境取組を格段に強化させてきたことは、議論の余地がない[19]。

EU以外でも、冷戦以降、グローバリゼーションの進行と並行してリージョナリズムの進展が世界各地で顕著になった。こうしたリージョナリズムや経済統合体では、およそ例外なく、環境保全が交渉議題に入ってきている。このことからすれば、リージョナリズム・経済統合体は、確かに環境面での政策統合を押し進める機能をもつ可能性がある。たとえば、一九九二年に合意され一九九四年に発効した北米自由貿易協定（NAFTA）で大きな論争を呼んだのは、環境および労働面における国家間の規制レベルの相違であった。とりわけ、アメリカとメキシコの国境地帯に横たわるマキラドーラと呼ばれる保税加工区においては、NGOにより不十分な環境対策が長らく指摘されていた。メキシコの環境対策が不十分なままNAFTAが締結されてしまうと、環境対策の法規制が比較的厳しいアメリカの企業は不利益を被るとして、産業界からも、メキシコの環境対策強化に向けたロビー活動がなされるようになる。結果として、アメリカ、カナダ、メキシコの三カ国より構成される環境協力委員会が設立され、環境アセスメントを行う権限が委託された。NAFTA締結を機に、メキシコは環境規制およびその実施体制を大幅に強化している[20]。NAFTAの事例にみられるように、リージョナリズムの動きは、たしかに国家間の環境規制の調和と強化に影響を及ぼしている[21]。

しかしながら、欧州LRTAP条約レジームの形成については、リージョナリズムは重要な役割を果たしていなかった。それどころか、条約形成期の七〇年代当時、わずか六カ国であった欧州経済共同体（EEC）加盟国の大半は[22]、LRTAP条約形成拒否国であった。酸性雨の主要汚染源の一つは石炭火力発電所だが、EUの始まりが、石炭鉄鋼共同体であったことを思い起こせば、EECがLRTAP条約レジームに反対の立場を取るのも不思議ではない。西ドイツが推進派に転じるのは、条約が形成された五年後の一九八四年であり、イギリスはさらに四年後の一九八八年である。ECが足並みをそろえてLRTAP条約推進側にまわるのは単一欧州議定書が締結された時期以降ということになる。このことからすれば、EUの存在を理由に、LRTAP条約レジーム形成の要因を説明することはできない。同様のことは北米にもあてはまる。北米の地域経済統合は、NAFTAにより推進されたが、その交渉が本格化したのは、米加大気質協定の締結後のことである。またNAFTA交渉のなかで主題になった環境問題は、米加間の問題ではなく、米墨間の環境基準の相違であった。このことからすれば、越境大気汚染の分野では、リージョナリズムが欧米のレジーム形成を促したという仮説は支持されない。

ただし環境分野における地域単位での取組みを軽視すべきでないことは確認しておきたい。一九九二年にリオ・サミットで採択されたアジェンダ21行動計画は[23]、各地域におけるリージョナリズムへの動きとも呼応するかのように、環境面での地域協力の推進に拍車をかけるものとなった。すなわち、アジェンダ21行動計画を受けて、世界の多くの国や地域が、多岐にわたる環境分野について環境プログラムや行動計画を策定し、あるいは政策対話のフォーラム等を開催し、様々な環境協力取組みの枠組を創設していったのである。アジェンダ21行動計画に伴う変化を含めて、地域制度が越境大気汚染問題をめぐる地域制度の形成や発展に大きな影響を及ぼしたことは明らかであり、加えてEUの発展が欧州LRTAP条約レジームの発展に影響を及ぼしたことも間違いない。なお、リージョナリズムとレジームの発展の関係については、章を改めて検証を行う。

三地域の差異の説明変数に話を戻そう。経済レベルや政治体制の差、リージョナリズムという、第一、第二の仮説が棄却されたなかで、考えられる第三の仮説は、欧州では他の地域よりも、酸性雨被害が著しかったのではないかということである。この仮説の検証には、大気汚染そのものの複雑な性質を捉えたうえで、注意深い吟味が必要となるだろう。

3 大気汚染の時間・空間スケール

図1は、ある大気科学の専門家が作成した、大気汚染の時間と空間の関係についての見取り図である。時間スケールや空間スケールに応じて、室内汚染、街区の汚染、自動車大気汚染、排煙の拡散、浮遊粒子状物質、光化学スモッグ、酸性雨、地球温暖化にいたるまで、多種の大気汚染問題が並べられている。空間スケールや時間スケールが小さければ小さいほど、被害が直接的で因果関係の特定は容易い。逆に大きくなればなるほど因果関係の特定が難しく高度な科学が要求され、さらには、その生態系への影響は不可逆的である。

古典的な大気汚染問題は、室内や街区などの局地的なスケールで顕在化した。いくつか具体例をみてみよう。たとえば、産業革命を先導したイギリスにおいて、一九世紀、とりわけ深刻であった大気汚染の一つは、ソーダ灰製造などのアルカリ産業に起因していた。「かつて豊かだった田園は、まるで死海の沿岸部のように荒涼たる光景に変わってしまった。いくら見回しても、葉をつけた木は一本も見当たらない」[24]。『沈黙の春』[25]を彷彿とさせる被害状況は、工場から排出される硫黄化合物や炭化水素等の汚染物質によるものであった[26]。

日本でも、明治維新後、西洋の産業革命を後追いする形で、急激な工業化が押し進められた。各地で工場が新設され操業が開始され、鉱業も盛んになった。殖産興業の進展とともに、明治期から、列島各地で大規模な環境破壊が頻発した[27]。なかでも、よく知られているのは足尾銅山鉱毒事件である。緑豊かであった足尾の山々は、

図1　大気汚染の時間と空間の関係

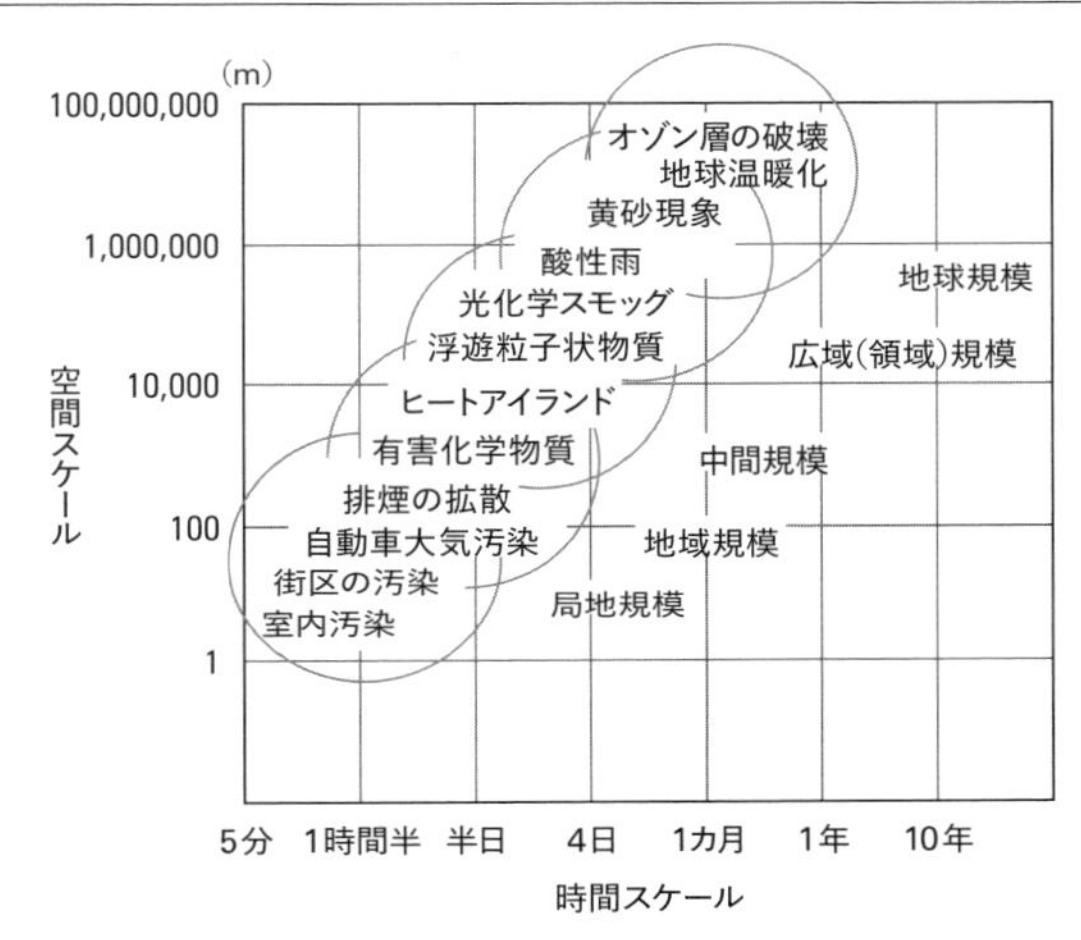

出典：藤田（2012、57）。

過度な森林伐採や亜硫酸ガスによる煙害により、日本のグランドキャニオンと称されてしまうほどの不毛の地に変貌してしまった。

一九世紀後半から深刻化していたもう一つの大気汚染は、大都市圏における冬期の暖房のための石炭燃焼に伴うスモッグ型公害であった。一九世紀は、欧米を中心に、農村からの人口流出が加速化し、都市の大規模化が進んだ時代であった。世界一の人口規模を誇ったロンドンでは、一八〇〇年には八六万人であった人口が、一九〇〇年には六四八万人に膨れ上がっていた[28]。冬期ともなれば、それだけの人々が暖をとるために粗悪な石炭を不完全燃焼させるわけであるから、汚染が深刻化するのも無理はない。SO_2やばい煙を含む黒いスモッグは、呼吸器系疾患など、深刻な健康被害を招いた。ロンドンでは、気管支炎などによって、一八七三年一二月に七〇〇人の命が奪われ、その後も、一八八〇年、一八九一年、一八九二年と被害は続いたという[29]。こうした事態に、降水モニタリングや原因解明のための調査もはじまり、石炭燃焼による煙が、濃霧とあわさり、大気汚染を深刻化させているという科学的事実が次第に明らかにされていった。しかし、科学的な調査

図2 酸性物質の沈着のメカニズム

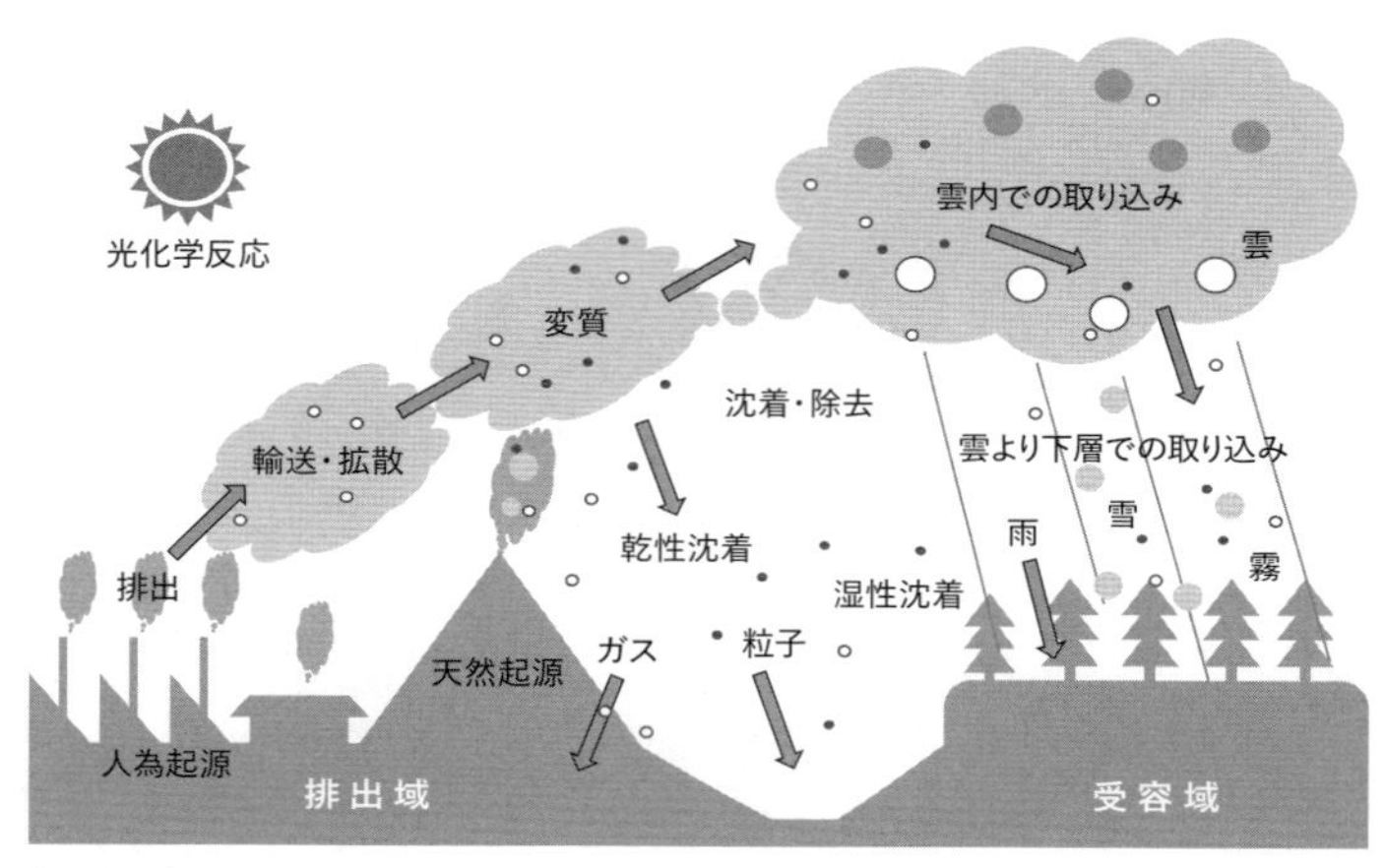

出典：藤田（2012、57）。

や報告の集積が進んでも、効果的な施策はなかなか進まなかった。法規制が進むのは、一九五二年にロンドンスモッグ事件によって[30]、四〇〇〇以上の人命が奪われる大惨事以降のことである。

その一方、局地的な大気汚染が国境を越えて政治化したのも一九世紀だった。一九世紀末、カナダのブリティッシュコロンビアに立地したトレイル製錬所から流れ出た亜硫酸ガスは、コロンビア川の渓谷を這い、隣国アメリカのワシントン州に到達し、農業被害や森林枯渇、土壌汚染などの深刻な被害をもたらした。その構図は、足尾鉱毒事件と何ら変わらない。しかし決定的に違ったのは、製錬所と被害地域が国境を隔てていることだった。トレイル製錬所事件は、その後、二国間の外交問題に発展する。

以上の四事例は、古典的大気汚染問題の典型例である。第一に、セントヘレンズのケースに代表されるような重工業の生産工程に起因する汚染、第二に、足尾鉱毒事件やトレイル製錬所事件に代表されるような鉱山開発に伴う汚染、第三に、ロンドンスモッグのような、化石燃料の燃焼に伴う都市型汚染である。

注意を要するのは、以上に挙げた人為的活動により排出される、SO_2やNO_x、ばい煙に含まれるPMなどの大気汚染物質は、そのまま、光化学スモッグや広域酸性化問題の原因物質でもある、ということである。つまり、同じ原因物質が、異なる空間・時間スケールの大気汚染問題を引き起こしている。

図2は、酸性物質の沈着のメカニズムを示したものである。人為的活動、あるいは火山等の自然的要因により排出されたSO_2やNO_xなどの汚染物質は、上空のジェット気流により輸送、拡散され、硫酸イオンや硝酸イオンなどの陽イオンに変質し、大気中に溶け込んで、あるいは雨や雪に溶け込んで、自然界、人工物を含む受容域に沈着し、酸性化させる。そういう意味では〝酸性雨〟というネーミング自体が、問題の一部をあらわすにすぎないのだが、一般的には、乾性沈着、湿性沈着双方をあわせて、〝酸性雨〟と通称で呼ばれることが多く、本書でも通称を用いている。なお、自然界などの受容域に悪影響を及ぼすのは、陽イオンばかりでなく、アンモニア等の陰イオンもある。陰イオンは酸性を中和させるため、自然界への影響をはかるには、単にpHをはかればよいわけでなく、多様な物質の測定と生態系への影響度を把握することが必要となるという[31]。広域酸性雨被害を証明するには、こうした沈着モニタリングに加え、排出源インベントリ、輸送拡散のモデリング、生態系への影響度、全てについて詳細なデータをとり、またその相互関係を体系的に明らかにしなくてはならない。つまり、極めて高度な科学が要求されるのである。

こうしてみていくと、局地的大気汚染問題と広域酸性雨問題は、原因物質は同じであっても、影響の出方が全く違う問題であるとわかる[32]。局地的大気汚染問題が直接的・一次的被害をもたらすものだとすれば、広域酸性雨問題は、間接的・二次的被害を長期にわたって及ぼす。〝局地的な大気汚染〟〝酸性雨〟に加え、〝光化学スモッグ〟、さらには〝地球温暖化〟という現象は、全て、重工業、鉱山開発、化石燃料の燃焼などの人為的活動に起因しているという点で〝同根〟である。それぞれ、大気汚染の多様な〝症候〟の一つなのである。

4　大気汚染問題のフレーミング

ここで重要なのは、大気汚染の多様な〝症候〟のどこを切り取るかということである。どのような時間軸、空間軸によって捉えるか、といった判断軸次第で、問題認識のための科学の在り方、問題解決のための課題設定のありかたまでも、全く異なってくる。そのような場合の問題の切り取り方は「フレーミング」とよばれる[33]。

付け加えるなら、〝大気汚染〟〝水質汚染〟という汚染の種類さえも、「フレーミング」の対象である。上述の足尾の事例を見てみよう。生態系豊かで農作物や魚介類に恵まれた渡良瀬の地は、鉱毒により甚大な被害がもたらされ、不毛の地に転じた。足尾鉱毒事件は、足尾上流だけみれば〝大気汚染〟〝酸性雨〟〝森林破壊〟による生態系崩壊であるが、下流を見れば〝水質汚染〟〝土壌汚染〟による生態系・生活破壊である。これらの被害となる人為的活動は、言うまでもなく同根である。

さて、仮説の検証に話を戻そう。一九七〇年代、欧州の酸性雨問題は、他地域よりも深刻であったか、という点である。結論から言えば、分かりやすい形で検証できる包括的で比較可能な科学的データは存在しない。七〇年代、〝酸性雨〟というフレーミングで、国際協働プロジェクトによりデータの集積がはじまったのは、欧州だけであった。図3は、酸性雨問題に関する概説書に掲載されていた、欧州、アメリカ、アジアの酸性化状況を、pHで示した地図である。同図によれば、欧州はスカンジナビア半島を中心に、アメリカは北東部を中心に、中国では南西部を中心に、いずれの地域でも、pH4台の土壌が広範囲に広がり、酸性化が進行していることは確認できる。ただ、このデータは、欧州が一九九一年、アメリカは一九九九年、中国は二〇〇一年であり、LRTAP条約レジームが構築された一九七〇年代当時の状況比較は出来ない。

このような制約はあるものの、酸性雨と主要原因物質の排出量の関係から、酸性雨を含む大気汚染の深刻さを、おおまかに推測することは可能である。そこで、図4に、主要汚染物質の一つであるSO_2の人為的排出量の過去一五〇年の推移を、地域別に五年毎に数値をとって示した[34]。これによれば、一九世紀半ばは、産業革命が先行したイギリスを含む西欧諸国を筆頭に排出量は増加しているが、一八八〇年には北米が世界一となり、その後も他地域を大幅に凌駕する勢いで増加している。その大半は、アメリカである。北米が排出量減少に転じたのは一九七〇年であり、一九九〇年以降さらに急カーブで減少した。それでも、二〇〇五年時点の排出量は、欧州全体の三倍程度となっている。西欧諸国と中東欧諸国を足した欧州全域の排出量は、ほぼ北米二カ国の排出量に匹敵する量でありつづけた。ただし欧州では、西欧諸国が一九七〇年代より減少に転じたのに比べ、中東欧諸国

図3 欧州・アメリカ・中国の酸性化地図

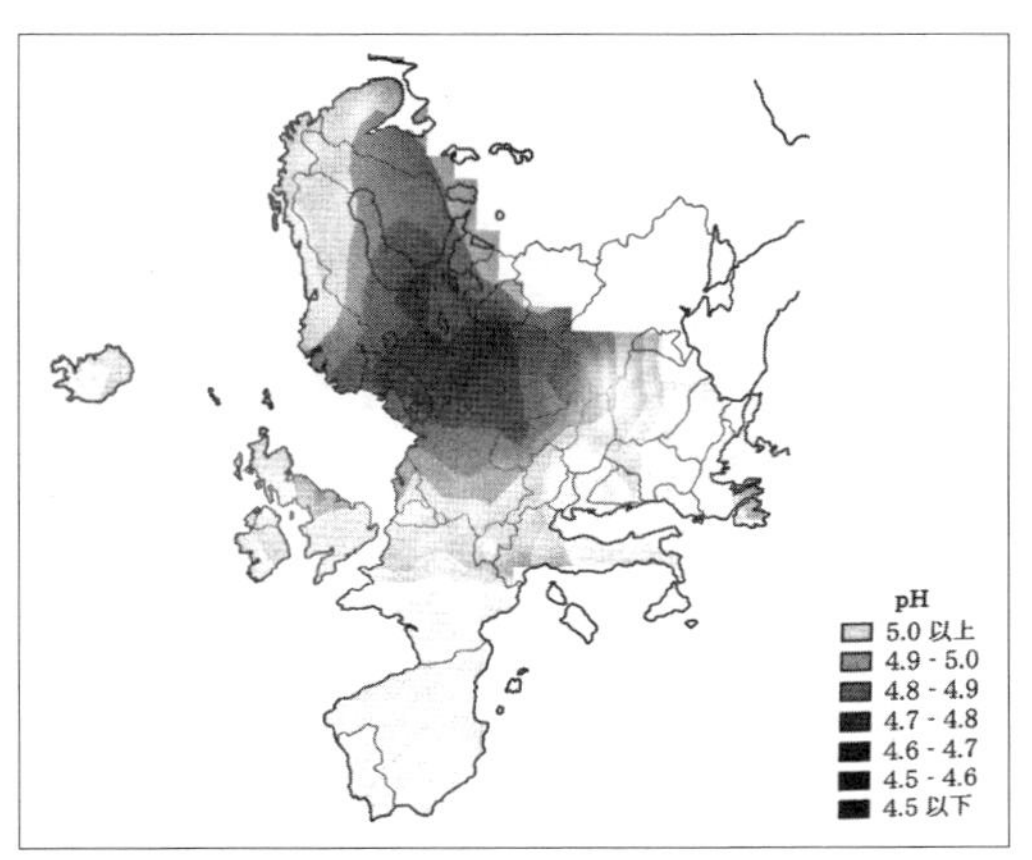

欧州の酸性化(1991年)

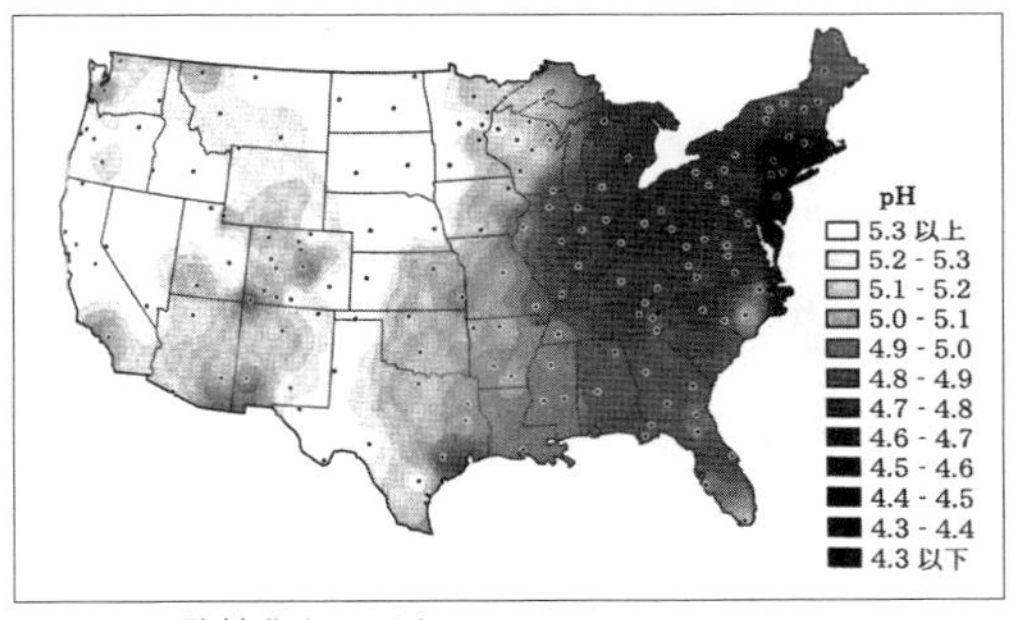

アメリカの酸性化(1999年)

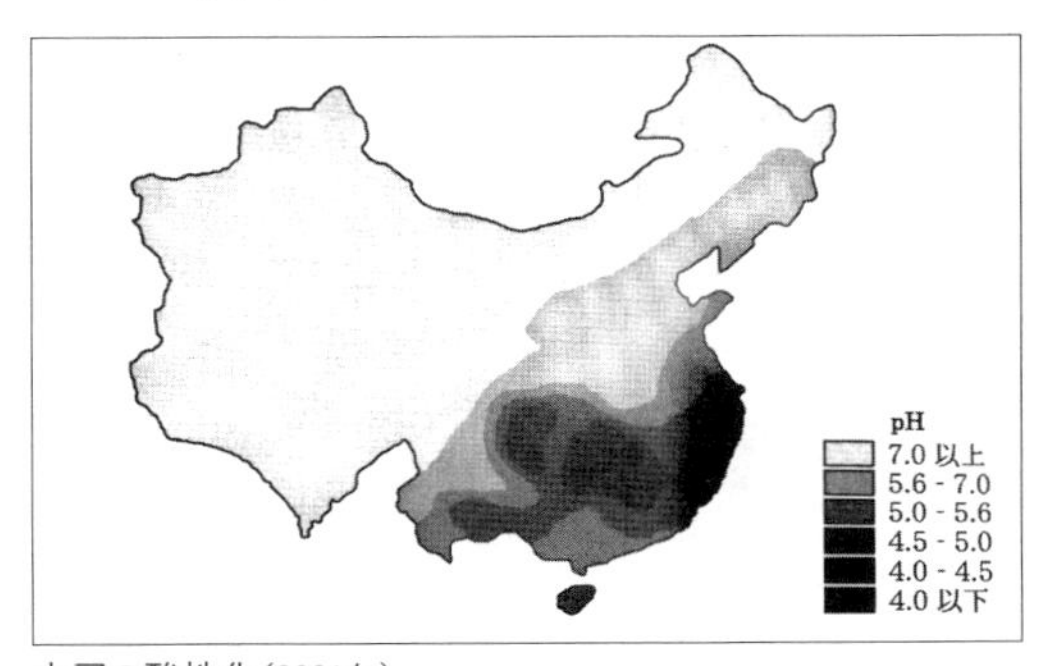

中国の酸性化(2001年)

出典：畠山(2003、16-17)。

図4 1850年から2005年までの、各地域のSO_2人為的排出量（単位：ギガグラム）

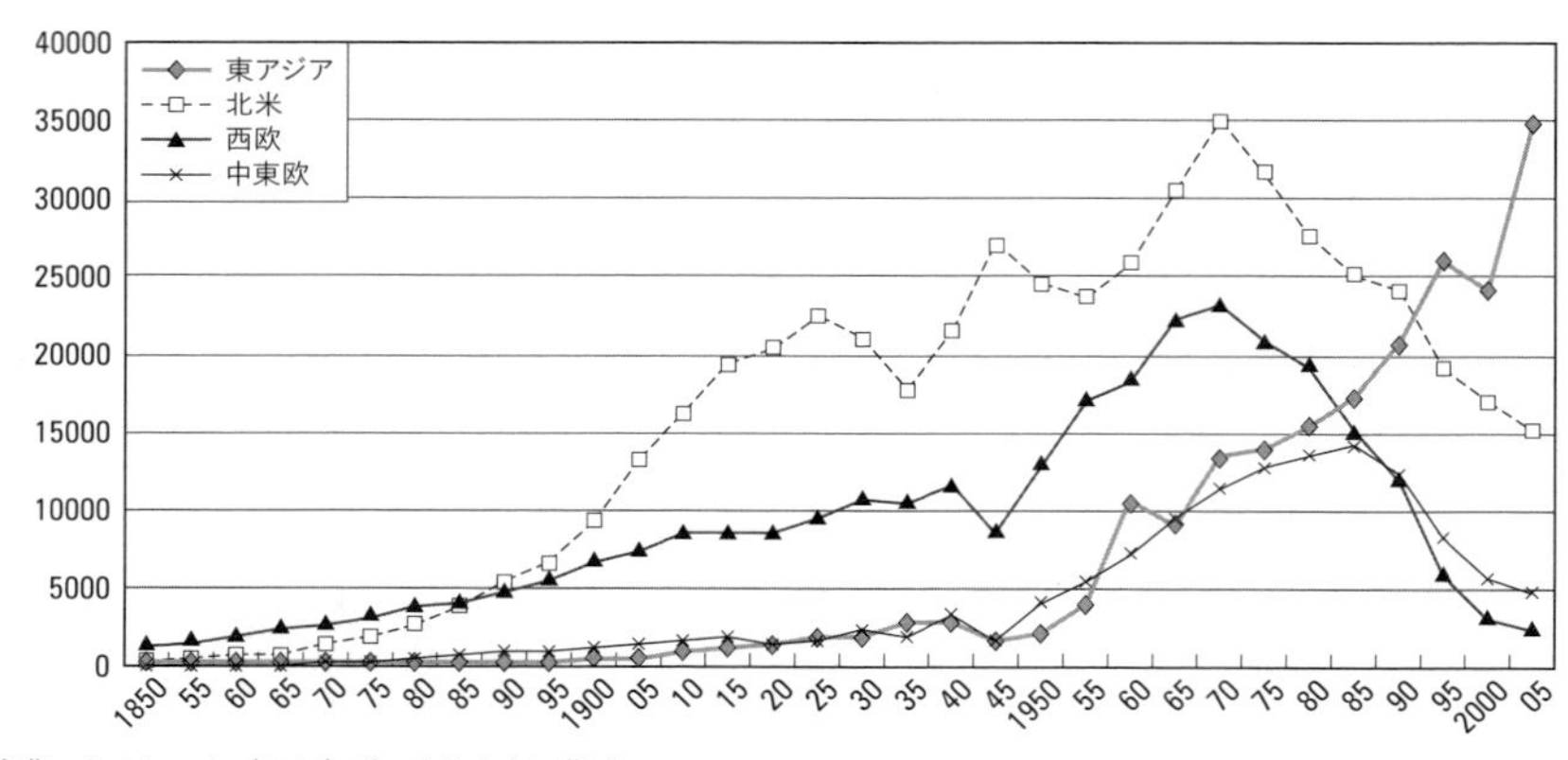

出典：Smith et al.,（2011）データをもとに作成。

は一九九〇年まで増えつづけ、その後一気に減少した。二一世紀に入ると、北米、西欧、中東欧のいずれも減少に転じ、とりわけ西欧は一九世紀レベルまで減少している。他方、他地域と全く異なる様相であるのは、東アジアである。一九世紀明治から大正期にかけて、日本の殖産興業により増加したが戦時期に一旦減少し、一九六〇年代より増えつづけ、昭和の高度成長期、すなわち激甚な公害被害が生じた時代にやや増えた。しかし、欧米各国に比べれば、総量は少ない。一方、注目すべきは一九七〇年以降である。右肩あがりに増えつづけ、一九八五年には欧州を抜き、一九九五年には北米も抜き、地域別で見れば、世界一の排出量となり、二一世紀に入ってからは、世界のどこも経験したことがないレベルにまで到達している。その九割以上は、中国からの排出である。このデータは、東アジアの大気汚染問題が、どこでフレーミングをするにせよ、極めて緊急度の高い問題であることを如実に物語っている。

さて、この図から、LRTAP条約レジームが形成された一九七〇年代から八〇年代にかけて、SO_2は、欧州のみならず、むしろ北米において、より大量に放出されていたことがわかる。また、東アジアの排出総量も、すでに増加していた。一九九〇年代初頭に出版された複数の概説書でも、東欧や欧州全域、北米、そして発展途上国においても、酸性雨被害が広範囲で深刻化しているという現場報告がなされている[35]。このことからすれば、当時、酸性化被害は、欧州特有のものであったとの仮説は、棄却するのが妥当である。

5 国際レジーム・ガバナンス

第三の仮説、すなわち酸性雨被害の有無や深刻度によっても三地域の差異を説明できないならば、どのようにして説明は可能となるのだろうか。ここで本書が着目するのが、政治的要因である。

学術的に見れば、地球環境問題をめぐる国際合意形成の政治的分析については、国際政治学、国際関係論において、数多く取り扱われてきた。中心的地位を占めてきたのは、国際レジーム論である。以下に、国際レジーム論と後続のガバナンス論を中心として、先行研究のあらましを振り返り、三地域の差異を説明する手がかりを模索していくこととしよう。

そもそも、国際レジーム研究は[36]、一九八〇年代から九〇年代にかけて、国際関係論の主要なテーマの一つであった。国家がいかなる状況の下で集合的協調行為をとるのかを説明する概念として、登場したのがレジーム概念であり、ガバナンス概念であった。

ここで、レジームとは、クラズナーの定義を用いて「国際関係の特定の領域においてアクター（行為主体）の期待が収斂する一連の暗示的・明示的な原則・規範・ルールおよび政策決定の手続きの体系」としておく[37]。環境レジームの形成とは、環境保全のための多国間条約が締結され、その目的に向かって各国が協調行動を行っている状態を示す。

国際レジームの形成要因について、従前支配的であったのは、パワー（Power）であった。すなわち参加主体の力関係により覇権レジームが形成されるというリアリスト的立場である。たとえば、核不拡散レジームが何故形成されたかは、覇権の概念を使えば理解しやすい。これに対し、コヘインは、経済的に相互に依存する世界では[38]、必ずしも覇権国の存在がなくしても、相互利得があるゲームであれば、利益と交渉に基づきレジームが形成され存続というリベラリスト的立場をとった[39]。たとえば、世界貿易レジームや通貨レジームなど、国家はレジームに入りつづけていた方が自己利益にも合致するというのである[40]。しかし、地球環境問題については、そのいずれでも説明できない状況でありながら、レジームが形成されてきた。そこで注目されたのが、科学的知識・アイディア・価値の共有に基づいたレジーム構築という説明であった。多様な国家アクターと非国家アクター間の認識と、その社会的相互作用に着目する、コンストラクティビスト的アプローチである[41]。その先駆けとなったのは、認知共同体(epistemic community)論を提唱したハースの研究であった[42]。ハースは、地中海の海洋汚染防止に関する国際協調が成功した要因は、生態学者や海洋学者が国境を越えて協働し、国際的アジェンダを設定し、自分の国を国際活動支援と国内での強力な汚染防止対策導入へと誘導したためであると結論づけた。このような、政策問題に対する価値観とアプローチを共有する専門家コミュニティを、ハースは「認知共同体」と名付けた[43]。ハースは、「認知共同体」は、「同じ因果関係を信じ、それらを評価するための実験を行い、共通の価値観を共有する専門家集団」と定義づけ、「そのメンバーは共通の事実を共有するだけでなく、事実または観察結果から政策に関係する結論を導くための共通の認識枠組、つまり「共同の知識」を共有する」と分析している。ゴールドステインも、ハースと同様、アイディアを重視し、その構成要素を「世界観」「規範的・原理的信念」「因果的信念」に分類した[44]。

一方、科学そのものも、政治的なところに影響されることを指摘したのがリツフィンであった[45]。リツフィンは、オゾン層保護をめぐるレジーム形成では、合意された科学的知見があったわけではないという。むしろ、各国は、科学について相反する解釈を発展させていた。これを言説とリツフィンは呼んでいる。言説は、専門的能力を持った知的ブローカーによって解釈され、国際交渉に影響を及ぼす。その解釈の仕方は、まさに政治・経済的な制度要因によって左右されるとリツフィンはいう。すなわち、産業界や政府との関係、とりわけフロン関連産業の構造、そして、環境保護圧力団体の強さである[46]。事実、オゾンの場合は、酸性雨とは異なり、アメリカや西ドイツが旗ふり役を努めるのだが、なるほど、両国とも国民のフロン反対運動により国内規制が先行し、フロン関連産業が代替フロンの開発に他国に先んじて成功していたことが、重要であった。そして米欧の二大国が繰り出す言説が、レジーム形成の主要な原動力となっていったのである。

科学的知識やアイディアをより相対化し、個々のアクター間の調整をより緻密に解析し、「認知共同体」よりも「起業家的リーダー(entrepreneurial leader)」の存在が、レジーム形成のための必要条件であると説いたのは、ヤングとオシュレンコである[47]。ヤングらによれば、認知共同体は外交官による交渉に先だって技術的・科学的問題に対処する役割を果たすが、実際の交渉の場においては、交渉の時期に入ると個々のアクターの起業家的リーダーシップが重要な役割を果たす。すなわち、地球環境問題に対処するために各参加者がとる方策はその経済的政治的利益と密接な関係を持っている。そのため、「参加者間の利益を調整し話を纏め上げる能力を持った」起業家的リーダーシップの役割[48]がレジーム形成の成功には不可欠であるとした。

地球環境レジームの発展における、科学と政策の複雑な関係を、複数事例から比較分析したのは、アンドレセンらである[49]。ＬＲＴＡＰ条約レジームを含む五つの地球環境レジームの事例から、「政策担当者は、科学を、問題の原因の特定、時には政策助言に」用いたこと、そのために、「政策決定機関と科学的コミュニティをつなぐ公的な制度」が発展したことを指摘した。しかし、科学は、いつも完全に、因果関係や、あるべき規制、そのための技術オプションを示すことができるわけではない。この点について、アンドレセンらは、科学的に一つに結論づけられていることとは、制度化が進んだ地球環境レジームの「集合的行為の不可欠な要素ではなかった」と断言する。むしろ、「科学的不確実性」は、「新たな科学の発展」の糧となる一方で、「新たに分かった事実」を待つことによる甚大で不可逆的な被害を回避するために、「予防的原則」のようなルールがうまれてきたと指摘する。すなわち、「実質的な政策対応は、本質的に、科学よりは政策によって決定づけられた」のである[50]。

以上からすれば、コンストラクティビズムのなかでも、科学的知識をどのように捉えるかは、差が見られる。ハースのアプローチが極めてアイディアリスティックであるのに対し、リツフィンの考え方は、むしろリベラリズムと親和性がある。さらにヤングとオシュレンコは、科学を政策へと結びつける「政策起業家」によるリーダーシップを重視する。アンドレセンらも同様に、科学を活用しようとする政治的意思を強調する。

以上のような多面性からして、レジーム形成要因を、一つで説明するのではなく、複合的に組み合わせて、動的分析を行う方向性が提示されたのは、ごく当然の流れであった。ヤングやローランドは[51]、レジーム形成要因として、パワー、アイディア、利益のくみあわせを重要視した。

ここでパワーとは、伝統的な軍事力や経済力に加えて、ナイがいうような、文化・価値浸透力、すなわちソフトパワーも含まれる[52]。アイディアは、上述の科学的知識や信念を包摂している。少し説明を要するのは利益であろう。ヤングは、利益を、利害が不確実な状態ではレジームが形成されやすいとする「不確実性のヴェール」、偶発的な事故や危機などに伴う「外因的ショック」、構造的リーダーシップや起業家的リーダーシップ、知的リーダーシップを構成要素とする「利益の相互作用におけるリーダーシップ」の三つの可能性を提示し、分析枠組を提供した[53]。こうした利益的側面に着目して、利益を最大化することで、地球環境レジームの発展を促すことが可能であると提起する先行研究も登場した。たとえば、バレットやサンドラーはインセンティブ付与や政策手段のリンケージ等の重要性を提起した[54]。バレットは、リアリスト的立場より、これらの要素が、消極的な国家の条約参加という戦略的選択を導き、実効力をもつ条約の制度設計を可能にせしめると論じた。

ところで、以上のようなレジーム研究は、すでにレジームが構築されている状況、あるいは何らかの集合的行為が存在する状態を、後追いで説明するには有用でありつつも、そこに至らない状況や理由を説明するに十分な枠組を提供してこなかった。これは国際レジーム論への批判を招く一因でも有りつづけてきた[55]。加えて、レジーム論は非国家アクターの役割を無視している、あるいはレジームが構築されていなくても何らかの集合的行為があることを捉えきれていないという批判があった[56]。なるほど、九〇年代に入ると、政府が存在しても機能不全である国家ある一方で、政府のない国際領域においても国際管理が行われる場合も散見されるようになった。またレジームの乱立により重複や衝突がみられることなども度々指摘されるようになってくると、レジームとは一線を画した新しい概念が必要とされた。「ガバナンス」概念の登場である。ガバナンス定義は多くの学者によって試みられているが[57]、たとえばヤングの定義は以下のとおりである。

「社会のメンバーが互いに相互依存関係にあり、自らの行動が他者の福祉と衝突する世界」では、「互いの社会的福祉を高めるために協力や協調を行おうとする公的な関心」が生じる。この「公的な関心」があるときに、「ガバナンス」は生じる[58]。

二一世紀に入ってからグローバルガバナンス研究は、まさに百花繚乱の様相であり、理論的文献のみならず、幾多の事例研究も蓄積されてきた[59]。通底しているのは、環境問題の多様性・複合性、さらに経済活動の複雑な相関性を視野においているという点である。最も多くの著作は、レジームコンプレックスといわれるような、乱立する地球環境レジーム間、あるいはその他の貿易・経済レジーム等との重層性や衝突に関する論考としてあらわれた[60]。たとえば、コヘインやヴィクターは、各国は、自国の利益を最大化できるようなルール決定の場を選ぶと指摘し、これを「フォーラム・ショッピング」と呼んだ[61]。京都議定書を離脱したアメリカが、二〇〇〇年代後半に、従前の国連気候変動枠組条約レジームとは一線を画して、「アジア太平洋パートナーシップ」を立ち上げ、産業セクター毎の温暖化対策を提唱したのもその一例である[62]。他方、レジームのように法的拘束力は持たないが国際規範による役割を重視したもの[63]、越境化し多様化する環境問題に対応するための財源問題に着目し、グローバルタックスを提唱したもの[64]、地球環境ガバナンスの扇の要となるＵＮＥＰの機構改革や新たな国際機関の設立について論じたもの[65]、ＮＧＯ、あるいは企業との協働などの特定のアクターに着目したものなどがある[66]。

ところで、地球環境をめぐる国際レベルでの約束事は、国家間交渉によって定められ、またその約束事を自国に持ち帰り履行するのは、国内レベルにおいてである。レジームの形式をとらない国際合意であっても、主体としての国家の重要性は変わらない。先の「フォーラム・ショッピング」も示唆するように、国際レベルでの合意形成は、国家アクターでの政治的経済的利害関係と密接に関わっているため、国内レベルでの合意形成への目配りが欠かせない。このような状況について、パットナムらは、国際交渉の担当者は、国際レベルと国内レベルの二レベルでの交渉(bargaining)が求められていると指摘した[67]。国際交渉における交渉担当者は、国内的制約を国際交渉の場で表出する。通常、国際レベルでの合意は、その範囲内、すなわちウイン・セット(win-set)とも呼ばれる範囲内にとどまるという[68]。もっとも、国内・国際の二レベルに加え、トランスナショナルなレベルにおける国際的なＮＧＯやそのネットワークの影響力が二レベルに及び、ウイン・セットの範囲を広げるとするものもある[69]。このウイン・セットのあり方次第で、国際レジームへの各国のかかわり方は多様化されるのである。パットナムの2レベルアプローチ論が示唆するように、国際レジームの形成や発展を理解するには、鍵となる国家アクターの行動や政策変化についても把握しなくてはならない。国内レベルと国際レベルでの環境政策の関連を論じる重要性はシュローズやエコノミーも指摘しており[70]、こうした認識は、多くの研究者を、レジームに参加する国家アクターの研究に向かわせた。

地球環境レジームに対する国家アクターの態度は、ポーターによれば、一義的に、政治的影響力のある経済主体や行政主体の利害関係、さらに国内の環境派有権者たちの相対的な影響力にかかっている[71]。加えて、当該環境問題による環境上の悪影響がどれほどのリスクがあり、その解消に費用がかかるのか、逆にレジームで提案されている取決めを履行することにどれほどの費用がかかるか、といった事情によっても左右される。また、国際的なイメージや外圧も一定程度の役割を果たすという。そうした変数の組合せによって、国家の態度は、主導国、賛同国、日和見国、拒否国、といった態度を決定していくというのである。

6 先行研究

先に取り上げた分析概念や枠組は、本書が対象とする越境大気汚染をめぐる地域取り組みにかんする数多くの実証研究と接合している。主要なものを以下に紹介しておこう。

まず、欧州のレジーム形成を分析したものとして、レジームの形成と発展の経緯を手際よくまとめたレヴィの研究がある[72]。レヴィは条約形成後の一九八二年から一九八八年までの同レジームを、「最小公分母の合意」、一九八九年の議定書量産にいたる展開は、「創造的な問題解決」と評した。科学の役割に着目した論考は数多い。たとえば、ウェテスタッドらは、LRTAP条約の「成功」要因として、制度構造が科学的知見を反映させやすいよう入念な仕組みとなっていることを指摘した[73]。石井はこれを、「交渉の理性化」と評した[74]。レヴィは、こうした情報公開による圧力が、レジームの形成・発展を可能とせしめた重要な要素であるとも論じた[75]。

他方、レヴィは別論文で、一九七九年のLRTAP条約形成を可能にしたのは東西デタントという政治的背景であったとも指摘する[76]。米本も同様に冷戦要因を強調している[77]。レヴィや米本による先行研究は、ヤングの言う利益としての「外因的ショック」の事例にあてはまる。複数の要因によるダイナミクスを分析したものとしては、科学と政策と市民の相互関係からレジーム全体を分析した論文集[78]、パワー、利益、アイディア、アクター、制度の相互関係からレジーム形成初期を分析した筆者自身による論考もある[79]。また、学術的論考とは一線を画して、LRTAP条約レジームに実務的に携わった各国および国際機関の政策担当者や科学者たちと研究者の協働により、二五年にわたる条約レジームの軌跡を総括した報告書も国連から出版されている[80]。

LRTAP条約レジームと国内政治を描いた先行研究も数多くある。代表的なところとしては、スプリンツらは、削減コストと生態学的脆弱性という二つの利益の要素によって、条約レジームへの各国の姿勢を説明できるとした[81]。ハイアールは、イギリスとオランダを事例に、二国が異なる方法ながらもレジームに積極的に参加するようになった理由を、「エコロジー的近代化」の概念からときあかしている[82]。より体系的な先行研究としては、地球環境政治分野の第一線の欧米系研究者らから構成される社会学習グループ(Social Learning Group)が、越境大気汚染管理・オゾン層保護・気候変動対策の三種の大気汚染問題への、九カ国の対応を丹念におうとともに、制度全体の能力向上や社会的学習の必要性を論じている[83]。

次に北米のレジームについては、全体的に通史を分析したマントンの研究がある。マントンは、合意形成が頓挫した八〇年代を「紛争(conflicts)」、協定が策定された九〇年代は「協力(cooperation)」、九〇年代後半以降の協定実施時は「馴れ合い(collusion)」の三つの段階に分けて評した[84]。この他、「紛争」期に交渉が頓挫する状況を描いたものとして、ハワードやシュマントらによる論考があり[85]、九〇年代以降の両国の協力が進む状況を描いたものとして、マントンが[86]、またアメリカの対応を描いたものとして、ウイリアムやシュラーズ[87]、カナダの国内政治を描いたものとしてパーソンが、またカナダの外交に着目したものとして筆者自身の論考がある[88]。

次に東アジアについてであるが、レジーム空白地帯であったことから、越境大気汚染に関するレジーム研究は、九〇年代前半まで発達してこなかった。先行研究の殆どは、個別具体的な環境問題の描写や、援助についての技術的(自然科学分野の)研究、あるいは、酸性雨に関する研究蓄積が進んでいた日本国内の分析や[89]、特定の政策手法や制度への経済学的研究であった。政策を取り扱った研究が登場するのは、一九九〇年代半ば以降である。

いくつかその先駆けを紹介しておこう。まず、ＥＡＮＥＴの形成にかかわった日本側の政策担当者による経緯の紹介がある[90]。学術的なところでは、安藤も、数本の論文を通じてＥＡＮＥＴの動向を報告するとともに、これらは「協調的安全保障」にも叶うと論じた[91]。ブレッテルと川島、ヨーンは、始まったばかりの東アジアの地域協力や日中関係について、レジームの初期段階にあると論じた[92]。一方、米本は、ＬＲＴＡＰ条約レジームと対比しながら、アジアで「ただ日本一国が巨大先進経済国である」という事情に鑑み、日本は「理念と体系的戦略」に裏付けられた地域的な環境支援構想を戦略的に進めなくてはならないと論じた[93]。欧州におけるレジーム形成には、「政府間主義」に基づき政治的事情や経済事情を反映した厳しい国家間交渉があったことを指摘し、そのような政治的ダイナミクスがみられない東アジアでは、「欧州モデル」には収斂しにくいが、逆に国際援助が酸性雨対策に一定の効果を及ぼしうると論じたのは筆者自身である[94]。明日香や筆者らは、政治経済的要因がレジーム形成を難しくしていると指摘した[95]。とりわけ筆者は、リージョナリズムが進展をみない北東アジアでは、複数の制度が複層的、また入れ子状態に存在しており、組織的にも財政的にも基盤が弱いという、東アジアの地域環境制度全体の制度的課題が、酸性雨問題をめぐる地域協力制度にそのまま反映されていると論じた[96]。

二〇〇〇年代後半、ＰＭ２・５問題がメディアに度々登場するようになってから、東アジアの越境大気汚染問題をめぐる分析はやや厚みを増している。その多くは、欧米におけるレジーム論やガバナンス論等の先行研究を基底としている。たとえば、横田は、筆者と同様に、レジームコンプレックスの問題を論じた[97]。ブレッテルも同様の観点から、環境上の脅威を環境安全保障の問題として提起し、環境安全保障の概念が地域から抜けていることや、国家間の利害調整を行なう仕組みがない制度的欠陥を指摘した。キムは、利益と認知共同体の側面を強調し、主導国である日本側の行政縦割り構造に起因して、認知共同体の機能が弱いこと、北東アジアの国々が、環境上の脆弱性や経済コストについて利益を見いだせないことを、レジーム形成の阻害要因と論じた[98]。認知共同体の問題は松岡も指摘しており、「「総合知」を創りだす知的プラットフォーム」を日本が「アジア戦略の一貫」として創りだすべきだと論じた[99]。蟹江と袖野は、二一世紀に入ってからの交渉過程をおい、経済格差や言語運用能力の問題、戦争や過去の帝国主義の歴史が多国間交渉の阻害要因となっているという問題、地域レベルのレジーム形成の社会的経験が欠落しているという問題を、レジーム形成の阻害要因として指摘した[100]。

他方、より現実的な観点から、東アジアの現状を肯定的にとらえ評価する論考もある。たとえば、ヨーンは非拘束的な環境協力の有り様は、主要国の政策関心や環境政策形成における主権、利害関係と合致していると論じている[101]。宮崎は、社会ネットワーク論を用いて、「不介入主義的な傾向の強い本地域では」、「緩やかな」制度の特徴は、「東アジア諸国の事情にうまく対応している」と論じた[102]。こうした現状分析は、その通りであろうが、それでは、世界のどこも経験したことがないような大気汚染物質排出が続き、多層の大気汚染問題が深刻化する状況を、手をこまねいてよいのかという規範的問題と衝突することも、指摘しておきたい。

以上にみたように、三地域それぞれに優れた先行研究が存在する。このうち、理論・実証の双方において、他地域に先駆けて蓄積がすすんだのが、欧州LRTAP条約レジームの研究であり、北米の研究が後に続いた。九〇年代以降にはじまった東アジアの研究の大半は、欧米の経験をもとに発展をみた国際レジーム論やガバナンス論における分析概念を援用したものであった。すなわち、暗黙的にレジーム形成を念頭におき、そこにいたらない東アジアの現状を、やや批判的に捉えるという傾向がみられる。

欧州にあって東アジアで未発展とされるのは、第一に「認知共同体」である。もちろん、東アジアにも、科学的知見の共有を進めるための、ＥＡＮＥＴなどがあるが、科学的知見を共有するだけでは、「認知共同体」の要件は満たされないことは、すでに確認した通りである。ハースは、「科学的知見」だけでなく、「科学」から「政策」へとつなぐ共通の認識枠組や知識の共有を重視した。しかし、「認知共同体」を論じる東アジアを分析した日本語先行研究は、何を共有すべきかについて、ほぼ「科学的知見」にしぼりこんでいた。それ以外の要素は、等閑視される傾向がみられる。「起業家リーダーシップ」についても同様に、殆ど論じられることはなかった。多くの論考は、科学的知見の共有がすすめば自ずとレジーム形成につながるという、暗黙的な了解に基づいていた。この点において、先行研究には不十分性があり、地域を越えて比較的に論じる必要がある。

欧州にあって東アジアにないとされる第二の要素は、制度である。筆者が指摘した複層的入れ子状態の制度、横田がいうレジームコンプレックスは、まさにガバナンス論が指摘するフォーラム・ショッピングともいえる様相を呈している。松岡は、このまま相互に補完し合う「ビルディング・ブロック」となるのか、あるいは相互に競合し相殺し合う「スタンブリング・ブロック」の関係になるのかと問題提起している[103]。この点、欧州では、LRTAP条約レジームという、突出した基盤があった。しかし、レジーム形成前の段階では、このかぎりでなかった。またLRTAP条約レジーム内でも、部分的に機能の重複も見られたし、また九〇年代に入ると、EUのプログラムとの重複もあった。他方、後に明らかにするように、科学的知見の構築に加えて、LRTAP条約レジームで定められた汚染物質削減の運用や遵守は、レジーム内での構成要素では説明しきれない。とするならば、欧州では「ビルディング・ブロック」が機能しているということになる。こうした観点から、多国間関係となる欧州と東アジアにおいて、地域制度間やアクター間との相互関係がどのようであるかを、比較的に見ることも重要である。

欧州にあって東アジアにないとされる第三の要素は、利益である。環境的にも経済的にも、協力することのメリットが見えていないとするキムの分析は、正鵠を得ていよう。しかしながら、このことは、実際に利益が生じないことを意味しない。協力による利益は存在する。たとえば越境大気汚染問題に関連して、日本は多くの政府開発援助を、韓国を除くEANET諸国に提供してきた。そのことが、EANETへの東南アジア諸国の好意的姿勢を招いたことは、疑いないのだが、この点は先行研究において、殆ど指摘されていない。一方、別の観点から、欧州LRTAP条約レジームが複合汚染複数物質を取り扱ったように、深刻化する複層的なアジアの大気汚染問題、すなわち、局地的大気汚染、酸性雨や光化学スモッグ等の広域大気汚染、気候変動を一緒くたに扱い、コベネフィットアプローチを追求するべきとする提案は、研究者間においてあがってきている[104]。そのようなアプローチは、環境的にも経済的にも見合うはずだからである。しかしそうした認識は、ごく一部の研究者のなかで共有されているにすぎない。「利益」もさながら、利益がどのように解釈されるかという認識枠組や、またそれが政策につながるのにどのような回路があるのかという点に、光が当てられるべきであろう。

ところで、東アジアでレジームに至らない現状を捉えて、陰に陽に、日本のリーダーシップが欠如しているとする批判的な論考も多い。そしてその背景要因として、しばしば指摘されるのが、東アジアの政治的経済的多様性や、北東アジアの不幸な歴史に基づく政治的緊張関係である。一見もっともなこの説明は、しかし欧米との比較からすれば、あまり重要な要素ではなかったことを、今一度確認しておきたい。すなわち北米二カ国は、民主主義の理念を共有し政治経済的にも社会的にも密接な関係を持つにもかかわらず、レジーム形成は遅れた。欧州は、リージョナリズムの主体ＥＥＣがレジーム形成に反対の立場をとっていたにもかかわらず、また東西冷戦のまっただ中で、同レジームは東西陣営両方にまたがっていたにもかかわらず、早期のレジーム形成に成功した。この逆転劇が示唆するのは、ヤングのいうところの「利益」の一つとしての「外因的ショック」の重要性である。後に明らかにするように、欧州では偶発的な政治的要因によってレジーム形成が進んだ。こうした外的要因を含んだ、政治的ダイナミズムに着目した地域間比較は、これまでになされたことがない。しかし、東アジアではレジーム阻害要因とされる政治的経済的多様性が、欧州では、阻害要因どころか、むしろ促進要因に転じられたのが何故かは、政治的ダイナミズムの観察、とりわけ推進側の戦略性なくして語れないであろう。かつて筆者は、欧州レジームの形成期について、「力」「利益」「アイディア」および「制度」「アクター」の相互作用という観点から、政治的ダイナミズムの分析を行ったが、そうした政治的ダイナミズムの解明を、他地域でも比較的に行うことが必要である。

以上にみたように、欧米発の理論実証研究と東アジアに適用させた先行研究の対比から、三地域の差異を説明するには、「認知共同体」による科学を政策へとつなぐ「認識枠組」、「制度」「利益」、利益の一貫としての「外因的ショック」といった要素を勘案して、政治的ダイナミズムを描き出すことが必要であることが、明らかになった。

しかしながら、以上の要素をもってしても、それだけで、三地域の差異を説明し尽くせるかどうか、筆者は疑わしく考えている。実のところ、筆者自身の従前の論考を含め、欧米発の分析概念や枠組を、パズルの一片一片を当てはめるがごとく、東アジアに適用して分析しているだけでは、より大きな何かを見落としているのではないかとの思いにずっと駆られてきた。外山は、明治期以降、「日本の知識人は欧米で咲いた花をせっせととり入れてきた。中には根まわしをして、根ごと移そうとした試みもないではなかったが、多くは花の咲いている枝を切ってもってきたにすぎない。これではこちらで同じ花を咲かせることは難しい。根のことを考えるべきだった。それを怠っては自前の花を咲かすことは不可能である」と述べた[105]。同じことが、越境大気汚染問題をめぐる地域協力の政治的分析にも言えるのではないかと感じてきたのである。すなわち、多くの理論的実証研究が、分析の客観性や法則定立性を尊重するあまりに、主観的要因の分析を等閑視してきたのではないかと思えたのである。

そもそも、欧米の国際政治学の中でも、伝統的に、「いかなる主権国家も条約へ署名したり、批准することを強制され」ない状況では、「多国間協定は最大公約数にもとづ」く「最低限」のプログラムとなることが「一般的である」とする[106]。アジア的な感覚でいえば、「越境大気汚染」という言葉を使うこと自体も、政治的によろしくないと憚られてきた。それなのに、欧州では、科学的不確実性があるなかで、何故、堂々と「長距離越境大気汚染条約」というような直接的なキーワードを使っているのであろう。そして、加害国とされたイギリスや西ドイツという二大国は、自らを加害国と認めるための国際科学プログラムに何故参加したのだろう。しかも、削減の見込みもない状況において、である。後の国際規制につながることは、当然に予想できたはずである。逆に、LRTAP条約は枠組的性格が濃く、当初は何の排出規制にもつながらない無難な草案に落ち着いたのに、何故被害側の北欧諸国は、そのような生温い国際条約を妥協して受入れたのだろう。そういった点をつきつめていけば、東アジアや北米と対比して、むしろ欧州レジーム形成が、出来すぎているように思えてきたのである。

出来すぎているという感覚は、とりわけ、欧州で七〇年代に起きていた「科学の相対化」という事実について言える。欧州LRTAP条約レジームが形成された七〇年代、日本では公害国会が紛糾していた。一九七三年に原告勝訴とされた水俣病裁判で、例外的に採用されたのは、「科学的証明」ではなく、患者の人口分布を統計的に活用する「疫学的証明」であったことはよく知られている[107]。水俣の科学的証明は、二一世紀にまでずれ込んだ[108]。すなわち、自然科学は、深刻な被害がありながら、数段階にわたる因果関係を統合的に証明することが長年できず、したがって被害者救済もできなかったのである。そうした過去の辛酸から、被害者によりそうことを主題とした環境社会学が、日本で独自的に発展をみたのだが[109]、これらの学問分野の知見は現実の政策決定の場では重用されているとは言い難い。統一された科学的知見を絶対視する価値観が、日本の公共の場で支配的な認識枠組であることは厳然とした事実である。

水俣病という局地スケールの環境問題ですら科学的証明が数十年かかるのに、北欧での酸性雨被害と西欧の排出源という、数百キロ離れた規模で引き起こされる環境問題の因果関係を、科学が今日ほど発展していない一九七〇年代の世界において、どうして証明し得たのだろう。率直に言って、筆者は当初から、この点をもっとも疑問に感じていた。はたして、アンドレセンらは、科学的に一つに結論づけられていることは、制度化が進んだ地球環境レジームの「集合的行為の不可欠な要素ではなかった」ことを、実証的に論じた。日本では、水俣の科学的証明が出来ず救済が遅れたのに、欧州では、「科学的不確実性」は、「新たな科学の発展」の糧となる一方で、「新たに分かった事実」を待つことによる甚大で不可逆的な被害を回避するために、「予防的原則」に基づいてレジーム形成を進めていたのである。ここで注目すべきは、「科学の役割」が相対化されるだけでなく、問題解決志向に方向付けられて、異分野の科学を統合させた総合的検討へと昇華をみたことである。「西洋文化の頂点に輝く宝石」[110]ともいわれる科学が、七〇年代の環境レジームにおいて、すでに相対化され、しかも科学の限界をふまえた上で、社会的使命に自覚的に新たな科学をめざしていたという事実は、日本の認識枠組にどっぷり浸かって日々過ごしてきた筆者からすれば、驚愕に値するものであった。なぜ科学は相対化されたのか。相対化して、レジーム推進者たる科学者や政策担当者は何に価値をおき、何をまもろうとしているのか。その価値観を構成する認識枠組、世界観、パラダイムとは何なのか。その認識枠組は、誰によってどこまで共有され、レジーム形成につながったのか。排出大国は、その認識枠組にどのように対抗し、また後に納得し政策転換を計っていったのだろうか。

このようにみていけば、なるほど、コンストラクティビストがいうような、地球環境レジーム形成における、科学的知識やアイディア、理念などの重要性は、分析されている通りであったとして、コンストラクティビズム的な説明を可能とするような、諸アクターに内在する根源的な認識枠組やその変遷こそ、重要ではないかと考えられてくるのである。しかし、そうした根底の認識枠組は、欧州発のレジーム論では自明の理にすぎて、暗黙の諒解となり、議論されることはなかったのではないか。そういう思いに駆られてきたのである。

以上をふまえ、次節以降は、三地域の差異を生み出した根源的要因を明らかにするための分析概念について、狭義の専門に留まらない広がりを模索すべく、国際関係論だけでなく、政治学、環境社会学、科学技術社会論にまで分け入り、もう一段踏み込んで考察をすすめることとしたい。具体的には、「政策プロセス」、「認識枠組」を、順にとりあげることにする。

7 政策プロセスと政策の窓

局地的であっても、広域、グローバルな規模であっても、環境問題は、産業活動などの人為的活動に起因している。今日の高度な産業社会は、一八世紀の産業革命以降の「能率の原理」に基づく「人間中心主義的な産業主義思想」に基づいており、「自然環境を支配・収奪・破壊」するという「自然環境破壊的な要素を内包」している[11]。そのため、環境問題は、「市場の失敗」あるいは「政府の失敗」の文脈でしばしば語られてきた[12]。人為的な産業活動により一部地域や人々に被害が集中する一方で、当該活動により広範囲の受益者が存在する。前者、すなわち加害者ないしは受益者の集合体は「受益圏」、後者すなわち、被害者ないしは受苦者の集合体を「受苦圏」、と定義づけられる[113]。受苦アクターにとっては、原因となる経済活動の停止が望ましい。他方、受益アクターにとっては、そのまま操業が続けられることが望ましい。異なるアクター間において「合理性の背反」が生じる状況は、「社会的ジレンマ」と呼ばれる[114]。いわゆる合理的選択論では、「アクターが自己利益を最大化するために、最適な手段を選択すると仮定」するなかで、さまざまなアクターが、「合理的に行動すればするほど、環境問題が悪化する」「当人たちも考えていなかったような望ましくない帰結が生み出される」という、囚人のジレンマのようなメカニズムが「至る所に見いだされる」のが、環境問題の本質である[115]。つまるところ、越境するかどうかを問わず、環境問題を解決するということは、受益アクターと受苦アクターに横たわる社会的ジレンマを前提として、環境問題をいかに発見し、課題設定し、対策を講じ、解消していくかという、一連の政治的営みにほかならない。

政治的営みの出発点は、上述したような、「フレーミング」である。多様に重なり合う大気汚染問題のなかから、越境大気汚染問題が、地域で取り扱うべき問題として「フレーミング」され、問題解明や解決に向けての政策プロセスがはじまったどうかが出発点となる。以下に、環境問題をめぐる政策プロセスの論点を整理しておく。

政策プロセスについては、政治学の分野で多くの先行研究がある。プロセスは、図5に示したように、概ね、①問題認識、②課題設定、③政策提案・決定、④政策実施の段階に分けることが出来る。

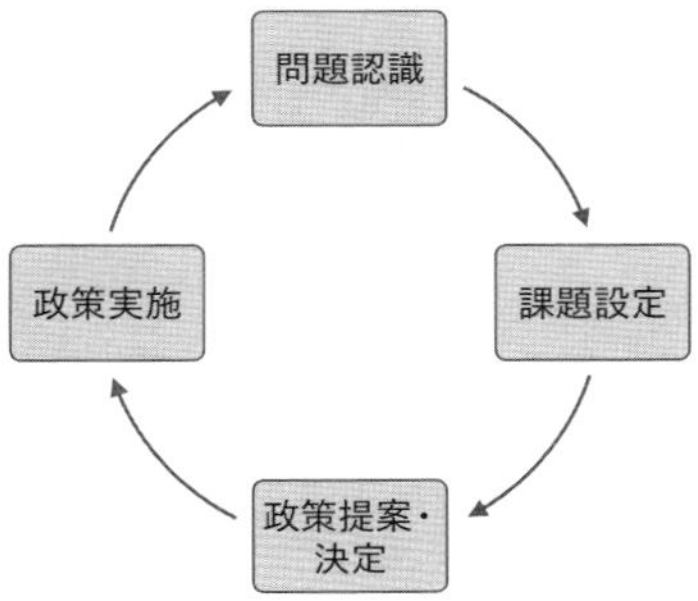

①の問題認識は、因果関係はともかくとして、何か好ましくない解決すべき状況があることをさす。問題の原因は、工業からの排煙や排水、あるいは過伐採に伴う森林破壊等もあろう。原因がすぐに特定できる場合もあれば、そうでない場合もある。あるいは、ボパール事故やチェルノブイリ原発事故、福島原発事故のような大事故であれば、ただちに課題設定プロセスに直結するであろう。いずれにせよ、何らかの人為的活動により、生態系が破壊されたり人体被害が及んだりするような状況を「問題認識プロセス」とよぶ。この段階では、受苦アクター、あるいは科学者たちが問題の所在を追求しデータを集め、原因の因果関係を明らかにしようと努める。あるいは空間・時間スケールが大きいグローバルな環境問題については、たとえばオゾン層破壊問題などがそうであったように、被害が深刻化する前に、科学者や研究機関等が、地球環境モニタリングを通じて問題の所在に気付き、警告を始める場合もある。また、受苦アクターを代弁しようとする弁護士やNGO、研究者、行政職員、政治家等も現れるかもしれない。しかし、公共の広い関心は、まだ得られていないのが、この段階である。

図5 環境政治の政策プロセス

問題認識
課題設定
政策提案・
決定
政策実施

②の課題設定とは、問題の原因となる課題が社会的関心事として幅広く認識され、政治的課題となる過程である。センセーショナルな事故の場合は、メディアの報道により、社会的関心は一気に高まる。そうでない場合でも、受苦アクター自身、あるいはNGO、科学者、弁護士などの代弁者たちが声を上げ、メディア等で取り上げられることで、社会的関心が高

まっていく場合もある。あるいは全く関係のない偶発的要因により、その問題に社会の関心が集まる場合もある。社会的関心が高まると、地方や国レベルでは行政機関や議会・政党など、国際レベルでは国際機関・会議や地域機構等の政策形成の場で、議題の俎上に載り、問題解決のために何が必要かという「課題」が設定される。

課題設定プロセスは、環境上の要因だけでなく、政治的経済的な利害が表出されやすい段階である。この際重要なのは、「課題」が設定されるところが、どのような〝場〟であるのか、またどのようなアクターが、どのような認識枠組に基づいて政策課題を設定するかということである。既存の機構や制度を活用するのか、あるいは対応できない場合は、公害期に各国が環境省庁を整備したように、あるいは福島原発事故後には原子力損害賠償支援機構が新設されたように、新たな制度を設ける場合もある。開発援助が途上国の環境汚染を招いた事態への反省から、たとえば世界銀行が、紛争解決をめぐるインスペクション・パネルを制度化するようなケースもある。

その〝場〟がどのような権限を有し、あるいは政治力を有しているか、また〝場〟あるいは〝場〟に影響を及ぼすことが出来るようなアクターは何か。環境問題では、「科学委託」という方法はよくとられるが[116]、諮問機関である場合、そのメンバー構成がどのようであるか、どのように選出されるか、受苦アクターや代弁者の意見が反映されやすくなっているかによって、課題設定の方法、すなわち前述の「フレーミング」は大きく異なってくる。たとえばドイツでは、福島原発事故後にメルケル首相の諮問機関として設置された原発問題倫理委員会は、「原子力の専門家」や「原子力に関与している人」は「ひとりも」おらず、キリスト教の牧師や消費者問題を研究している教授などから構成されているという[117]。他方、日本のエネルギー基本計画策定時の諮問委員会は、大学や研究機関等の有識者等に加え、電気事業関係者や産業界メンバーも多く含まれている。この違いが両国のエネルギー政策の方向性に決定的な差をもたらす。また〝場〟は一つと限らない。複数の場が並行して課題設定を行う場合もあり、同一の見解を示す場合もあれば、異なった見解が出される場合もある。他方、「課題設定」における適切な〝場〟が存在しない、あるいは設定された〝場〟である行政や立法機関が適切な役割を果たせない場合は、受苦アクターは裁判所を頼ることもある。事実、日本の公害期、そして今まさに福島原発事故をめぐっても、多くの裁判が起こされている。こうした多層の様々な試みにもかかわらず、受苦アクターが救済されないまま泣き寝入りをし、問題が未来へと先送りされる場合も多い。

さて、政策プロセスの第三段階、③政策提案・決定プロセスに話を進めよう。このプロセスは、課題解決のための立法・行政上の措置が提案され決定される状態である。いかに問題が深刻であっても、それをどのように対処していくかという〝政策〟案がなければ何も動かない。この政策を考えだし主導するのが、「政策起業家」である。その起業家は、一般には、政治的使命を帯びた行政職員であり、また科学者をはじめ諮問委員会による助言などもあるが、政党、議会議員、あるいはオープンな熟議の場が存在する場合は、NGOや研究者等も役割を果たす。

ここで重要なのは、政策起業家、シュラーズの言葉を借りれば、「環境政策コミュニティ」のネットワークの強さや影響力が、政策プロセスの行く末を大きく左右することである[118]。シュラーズによれば、「環境政策コミュニティの強さと影響力に違いが出てくるのは、関係アクターに提供されるさまざまな制度の構造、機会、障害と深い関係」があるという[119]。こうした制度は、アクターに対し、「政治的な動機や制約を与え」たり[120]、「政策立案過程に影響力を行使できる経路を開」いたりする。そうしたアクターと制度の相互作用により、提案され決定される政策内容も大幅に変わってくる。具体的には、市民社会や受苦アクターの代弁者としてのNGOが存在したとして、NGOが政策提案できるためには、NGOが専門スタッフを抱えられるほどに資金力や組織力、情報へのアクセスといった要件に恵まれているかどうかによっている。またドイツのように、緑の党のような政党が存在するかどうかによっても、NGOの政策決定プロセスへのアクセスには大きな違いが生じる。この点、欧州やアメリカに比べて、日本のNGOは、政治的機会構造にめぐまれていないこと[121]、それゆえ、日本ではなかなか市民社会による政策提言が成されにくかったことが指摘されている[122]。

そこで決定される「政策」は、根源的な理念法であるかもしれないし、法的拘束力を伴わない行動計画などかもしれない。大気汚染浄化法、公害健康被害賠償法、あるいは再生可能エネルギー法、といったように、新法を設置するなど、大きな制度転換を伴う場合もあれば、行政担当者レベルの運用で対応可能な場合もある[123]。国際レベルでいえば、条約や協定、議定書などの法的拘束力を国際枠組もあれば、法的拘束力を伴わない国際規範的な文書や行動計画等もある[124]。

以上に見たような政策が実施されるのが、第四段階の政策実施である。主権国家の場合は、法的拘束力がある場合は強制力があり、また不遵守の場合は罰則なども適用される。しかし、途上国では、ガバナンス上の問題から、実質的な強制力を伴わず、実施がおぼつかないケースも多い。一方、国際レベルになると、政策実施段階に至っても、批准するか、また仮に批准したとしても実施にうつされるかどうかは、主権を有する各国の裁量に委ねられる。また遵守されなかった場合にも罰則が設けられることは稀である。

最後に、実施した政策を評価し政策効果を検証するプロセスが備わっていれば、政策プロセスはもう一度スタート地点に戻り、また、問題認識、課題設定、政策提案・決定、実施と、プロセスが循環していくことになる。さらに、ある国や地域における政策は、情報社会である今日、社会的学習と言われる一連の情報交換や相互学習効果を通じて、広く伝搬し、互いに影響を及ぼしている。

ただし、言うまでもなく、問題認識から政策提案・決定段階に至るまでの全プロセスは、いつも順調に進展する訳ではない。越境大気汚染問題をめぐる三地域の政治的営みについても、政策プロセスが幾度も循環しているのは、欧州レジームだけであろう。

では、なぜ、政策プロセスの進展に差が生じるのだろうか。アメリカの公害対策を研究しているクレンセンは、都市の大気汚染の深刻さは政策と相関関係がないが、新聞記事になった大気汚染の「事件」の有無と政策の間には相関関係があると論じる。つまり問題がさほど深刻でなくても事件があれば対策を打ち出し、逆に問題があっても事件がなかったら対策を打ち出さないということになるという[125]。なるほど、アメリカで、なぜ一九八〇年に、世界で類を見ないほど厳しく企業責任を追求する、汚染土壌浄化のための包括的環境対策保障責任法、通称スーパーファンド法が策定されたのかも、一九七八年のラブ・キャナル事件を想起すれば[126]、説明がつく。そういう意味では、京都議定書を離脱してから、温暖化対策に一貫して背を向けていたアメリカにおいて、近年低炭素社会に向かって動くアクターが増加してきたのも、二〇〇五年のハリケーンカトリーナを初めとする、気候変動をものがたる症候的災害が、あいついでいることによって説明がつく。

政策プロセスが動くかどうかをより理論的に整理したのはキングダンである[127]。キングダンは、政策プロセスにおける、「問題の流れ（Problem Stream）」、「政策の流れ（Policy Stream）」、「政治の流れ（Political Stream）」といった三つの個別に存在する流れが合流したとき、「政策の窓」が開きそれが政策起業家にアジェンダとして認識され、政策形成につながるのだという。ここで「問題の流れ」は、世間の関心を集めるような何か差し迫った状態がある状態、「政策の流れ」は問題解決のための政策変化について複数の政策提案がなされている状態、「政治の流れ」は、政治的な関心が高く、政権交代や世論の高まりを受けて、政治リーダーが政策を主導する、といったように非日常的な政策決定が起きることをさす[128]。どの流れが欠けても、政策プロセスは動かない。また「政治の流れ」が動き政策プロセスが進みだしても、ダウンズのイシューアテンションサイクルが示すように、問題解決が難しいとの認識が広まる場合、他の関心事項と競合するうちに、人々の関心は減退していくこともある[129]。たとえば、福島原発事故に伴う放射能汚染が、世界史的な災害であり、未だ汚染水の海洋流出も止まらず、廃炉に向けた技術も未解明で、社会的にも一〇万人に及ぶ避難者を出すなど、甚大な被害があり、いずれの解決への道筋もまだみえていないにもかかわらず、日本のメディアで報道されることが少なくなり人々の関心が下がってきていることも、このイシューアテンションサイクルによって説明できよう。

「政策の窓」を開く三つの流れのうち、「問題の流れ」は上述の「問題認識プロセス」、「政策の流れ」は「政策課題」プロセスに、それぞれ該当する。「政治の流れ」とは、環境上の悲惨な事件が生じたり、あるいは環境被害が衝撃的な形で報道されたりすることで、一気に関心が高まり、政策課題の俎上にのぼるようなことをさす。ロンドンスモッグ事件やラブ・キャナル事件などはその典型例である。そのような事件がない場合でも、被害を訴える声がメディア等に届くことで、課題設定につながる場合もある。その場合は、後述の政策起業家が重要な役割を果たす。他方で、環境以外の偶発的な出来事により、政策に大きな変化が見られることもしばしば起こる。上述のヤングの「外因的ショック」に該当しよう。たとえば、一九七三年の第四次中東戦争の勃発は、第一次石油危機を招いた。石油危機は、各国の経済停滞をもたらしたが、公害に喘いでいた資源小国日本では、省エネ工程や省エネ製品開発の原動力となるという副次的効果をもった。しかし、偶発的出来事は、政策の窓を開くだけでなく、閉ざす方向に作用することもある。石油危機は、日本では省エネ促進の方向に働いたが、アメリカでは環境規制緩和の方向に働いたのは、その一例といえる。ところで、石油危機を経て、各国は、石油依存を弱めるために、新エネルギー開発を進めた。デンマーク等では風力発電などの再生可能エネルギーの開発が進んだ。日本でもサンシャイン計画による太陽光発電の技術開発が進められたが普及には至らず、かわりに、国のトップダウン型で導入された電源三法に支えられた原子力発電のシェアが伸びた。その原子力発電が、世界史級の環境災害である福島原発事故を招いたことは周知のとおりである。一つの偶発的事件が、環境対策につながったり、あるいは環境災害の遠因となったり、といった影響を及ぼしていることがわかる。

以上に見たような、「政策プロセス」「政策の窓」といった分析枠組は、もともと国内の政治的営みを分析するために編み出されたものだが、わかりやすくシンプルな枠組ゆえに、越境型環境問題をめぐる国際レベルの政治的営みを分析するためにも有効である。概して、以下のような整理が可能である。第一に、欧州では、一九七〇年代に、政策の窓が開き、課題設定から政策提案、決定に至るまでのプロセスが進んだ。決定された政策、すなわちＬＲＴＡＰ条約では、欧州という地域レベルで政策プロセスを半永久的に回すという制度設計がなされた。

このことがさらなる議定書の量産を可能にした。北米では、問題認識から、課題設定にいたるまでの時間が、欧州よりも時間がかかり、一九九一年になってようやく政策の窓が開き、政策決定にいたった。しかし、政策提案にかかわるアクターが欧州と異なっていること等から、欧州とは似て非なる政策内容になった。東アジアでは、問題認識を共有するプロセスの制度化は進んだ。しかし政策の窓はまだ開いておらず、課題設定から政策提案、決定にいたるまで政策プロセスは未だ循環していない。

8 認識枠組(パラダイム)

前節では、「政策プロセス」概念を提起し、政策プロセスの進展に差異をもたらす要因として「政策の窓」から「問題の流れ」「政策の流れ」「政治の流れ」が合致するかどうかをみていくことが重要であると明らかにした。その結果、政策プロセスが進展するかどうかは、国や自治体などの行政機構だけでなく、科学者、市民社会、NGO、企業、国際機関などの多様なアクターや制度の間のダイナミックな相互関係を見ていく必要性が、再確認された。そうしたプロセスに、目には見えにくいが、間接的に、そして根底から大きく影響を及ぼすのが、諸アクターに内在する認識枠組(以下、パラダイム)である。本節では、「科学」を中心とする知に対してのパラダイム、および「政策」に関するパラダイムの順に、論じていくとしよう。

上述の「政策の窓」を開くに、最も重要な役割を果たしてきた要素の一つは、言うまでもなく〝科学〟である。科学はデータの集積と解析により、問題の所在や因果関係を明らかにするだけでなく、問題解決のための技術革新も担う。たとえば、上述の図2の酸性物質の沈着のメカニズムを例に見てみよう。広域酸性雨被害の因果関係を明らかにするには、酸性化物質がどれほど地上に降下しているかという沈着モニタリングに加え、排出源インベントリ、輸送拡散の大気モデリング、生態系への影響度、全てについて詳細なデータをとり、またその相互関係を体系的に明らかにしなくてはならない。人体への健康影響が出る場合は、そのメカニズムや影響の度合い、治療法等を解明する医学も重要になる。つまり、極めて多岐の分野に渡る高度な科学を、接続して検討することが要求されるのである。

　科学の役割は、自然科学に限らない。経済学や法学等の社会科学も、問題解決のための方策や法制度の構築、費用計算等に重要な役割を果たす。さらに、人文科学からの倫理的な問題提起も、課題設定や政策提案を促す場合もある。極めて包括的かつ詳細にわたる科学的検討が必要となる。

　今日、科学的知見の構築に従事する科学者たちが、各種研究所や大学機関、市民研究所等に幅広く存在している。主要な科学者たちは、研究室から引っ張りだされ、課題設定や政策決定の〝場〟についている。ただし、異なる見解が存在する場合、どの科学的知見を支持する科学者が課題設定や政策決定の場に位置づけられるかは、政治的決定である。それ以前に、どの〝科学的分野〟の科学者が引っ張り出されるかは政治的決定である。もっというなら、どの〝科学的分野〟にそもそも研究予算が提供されているのかも、政治的決定である。たとえば、二〇〇〇年代に入って、京都議定書を離脱したブッシュ政権は、地球環境科学への予算を大幅に減らしたことはよく知られている[130]。このことが、二〇〇〇年代前半、アメリカにおける気候変動の「問題の流れ」を見えにくくしたことは間違いない。そのようななかで、個々の科学者たちが、どのような信条や価値観をもつか、政治的経済的利害から中立的・自律的に意思決定ができるか、どのように予算や情報源へアクセスできるか、といった問題は、「問題の流れ」の可視化に決定的な影響を及ぼす。

　さらに、難問は、科学的解明のための技術が進展し、科学的蓄積が進んでも、依然として、科学には「不明」なところ、「不確実性」が伴うことである。それをどう扱うか、つまり「不確実」であるから「確実」になるまで待つのか、あるいは「不確実性」を前提に、被害の救済を試みるのかは、もはや科学を越えた倫理・政治の問題である。「不確実性」や科学の限界について、極めて重要な指摘をしているのは、宇井である。

被害が認識されたとき、被害者はその被害を全身で感じているが、それを他人に言葉で伝えるように客観化するのは、これも容易なことではなく、多くの場合十分には表現できない。だが公害の認識は全身的であり、総合的である。これに対して加害者である発生源の認識は、せいぜい汚染物質の濃度や被害者の数と行った数字で表現できる部分に限られた、部分的なものでしかない。（中略）もし公平な第三者と称するものが居て、双方の言い分を均等に聞こうとすればそれは部分と全体の中間を撮る認識になり、必然的に加害者と同じ部分の次元になってしまう[131]。

だからこそ、宇井は「公害に第三者はいない」という有名な言葉を残したのだが、佐藤は、宇井が指摘することの状況を「経験の無力化」と呼び、その問題を克服するために「知の階級性がもたらす効果を検証し、近代科学が軽視してきた暗黙知や判断の役割を回復する」ことが必要であると主張している[132]。宇井や佐藤の問題提起から導きだされる論点は、「問題の流れ」において、問われるのは、「科学」そのものだけでなく、被害の救済を主眼においた上で、「科学の相対化」がどこまで行なわれるかどうかということである。

同様の指摘を、『リスク・ソサエティ』を著したベックも行っている[133]。ベックは、高度に発達した科学技術や経済は、多大なリスクをも同時に生産してきたと指摘する。どのようなリスクをどこまで受け入れられるのかは、個体によって差があり、またどのように生きたいかという規範的判断と切り離せない。そういう意味において、いわゆる環境規制で示される規制値は、全ての人ではなく大多数の人に影響が出ない程度の我慢値にすぎない。その基準は、社会の中の権力構造、分配構造、官僚機構、支配的規範、合理性などの事柄に大きく依存する。それゆえ、リスクはしばしば科学的に感知されてきたが、「科学的合理性」と「社会的合理性」は必然的に対立するものであり、科学的な観点だけで理解されてはならないとベックは警告する。

欧州発のＬＲＴＡＰレジームが設立をみたのは、ベックが『リスク・ソサエティ』を著す前のことであるが、まさに、ベックが指摘するようなリスクに関する科学的認識が前提となっている。すなわち、先述したとおり、「科学の役割」が相対化されている。

それだけではない。さらに、問題解決志向をもって「科学」が方向付けられ異分野間の統合が進んでいる。このように、「既存の専門分野の中での知識生産」ではなく、「社会的要請の文脈の中で行なわれる知識生産」は、区別して取り扱われ、ギボンズは前者をモード１、後者をモード２と呼んでいる[134]。「モード２」の科学が、自覚的に行なわれてきたのが、欧州ＬＲＴＡＰ条約レジームであると位置づけられよう。

ギボンズの論考を含め、「科学の相対化」および「目的志向」は、科学社会学ないしは科学技術社会論とよばれる学問分野において、広く議論されている。科学技術社会論の主題は、「科学の概念や言明」が政策決定にあたって「経験的な証拠」となるかどうかという点であった。松本によれば、一九五〇年代から六〇年代にかけては、「第一の波」といわれるように、科学が信頼できる知識として政策形成に成功しているとする「実証主義」が主流であったという。しかし、一九七〇年代までに「第一の波」は「砕け散」り、一九七〇年代初頭から「社会構築主義」、すなわち「科学技術の論争が科学技術内部の要因だけで決着せず、社会的要因によって決着する」という考え方が席巻したという[135]。科学がもつ「知的な特権性」を半ば「脱構築」したとされる[136]、この「第二の波」は今日まで隆盛である一方で、二〇〇〇年代からは、「第三の波」が訪れつつあるという。その含意は、「第二の波」の考え方では、「政策においては迅速な選択が可能となるように即座に答えが求められる」状況においても、「真理」はよくてせいぜい長い間に起きたことを後から振り返ることでしか認識できない」ということになり、端的にいえば、問題対応への遅れを正当化してしまうことへの危惧感による。そこへの危惧から、科学論の「第三の波」では、「科学の有効性の源泉や専門知の専門性の由来を探る」「一種の知識論」にもとづいて、専門知を反映した「よりよい決定」を探るというのである。

科学の有効性について、自然科学や社会科学ともに「相互の守備範囲を遵守し、相手の領域を侵さない」という「不文律」があることを指摘した上で、環境問題の大半は、「十八世紀以降の文明のイデオロギーと、それがもたらした知識や学問のカテゴリーにはうまく収まらない性格の問題」であると指摘したのは、近代西欧科学の歴史や構造を追ってきた村上である。それゆえに、「自然科学と社会科学や人文学という区別と分類が陳腐化している」と、村上は、一九七九年に出された著作の中で論じた[137]。同様のことは、環境社会学者の鳥越も論じており、一九八五年に出された著作の中で、近代科学に内在する、「要素主義」「普遍主義」「客観主義」が、皮肉にも環境問題の認識や解決法の提示の足かせとなっており、「全体主義、個別主義、主観主義」が問われていることを指摘した[138]。

藤垣も、「伝統的な専門領域に拘束されずに広く科学技術と社会との間に興る問題群に対して学際的に扱う」という科学技術社会論の姿勢を肯定する一方で、その過程において、「個別領域における「理想的解」にこだわることは、個別の分野の妥当性境界(validation-boundary、その分野の専門誌において妥当性が保証されるために必要な知識の要求水準)にこだわって異聞や摩擦を起こす」という難問を提起し、「その克服のためには、各分野のvalidation-boundaryの見直しが必要」と論じた[139]。つまり、「今ある問題、不具合、解決すべき課題に対して必要な既存の先行研究の情報を、使用可能な形に整理分類し、ガイドラインや提言の形で示す」など、異分野の協力においては「各専門家が属する専門誌共同体に必要なvalidation-boundaryをもつ測定法にこだわるのではなく、具体的な職場ですぐ利用できる簡便な評価法を開発することが要請され」るのである。こうした異分野の研究者の交流や協力、すなわち、「伝統的な専門領域に拘束されずに広く科学技術と社会との間に起こる問題群に対して学際的に扱う」、ギボンズのいうモード2の知的生産が進んでいるのが、欧州であると、藤垣は指摘している。「日本において科学論という閉じられた分野と科学技術政策分野との間に殆ど交流がない現状を鑑みると、欧州の研究者たちの分野を超えた活動性と責任感の高さは驚嘆に値する」と、藤垣は、一九九九年に公表した論文において述べている。このように、研究者たちが、自覚的自律的に、モード2の知的生産に携わるという認識枠組が、欧州の越境大気汚染分野における科学者や政策担当者に共有されているとすれば、欧州と東アジア、北米との取組みの差異を説明する一助になるのではなかろうか。

以上を要約すれば、「科学知」だけでなく「暗黙知」や「経験知」も尊重するか、「モード1かモード2か」、「要素主義」「普遍主義」「客観主義」か、あるいは「全体主義、個別主義、主観主義」か、「個別領域の理想的解」にこだわるか、validation-boundaryを下げて、簡便な評価法を開発し適用するかどうか、それを研究者が自覚的自律的に行なうかどうか、そうした認識が科学者や政策担当者に広がっているかどうか、など、「科学」を中心とする知に対して、実に多様な認識枠組が存在していることがわかる。その認識枠組こそが、本書が分析対象とする三地域の差異をもたらしている可能性が推測されるのである。

次に、環境問題による社会的ジレンマの解消に向けた「政策」についての認識枠組をみていこう。今ある問題、解決すべき課題に対してとられる政策は、主として、賠償・補償、外部不経済の解消、根本的解決、の三分野に大別される。政策分野と認識枠組を交差させながら、「認識枠組」の多様性を確認していきたい。

まず、賠償や補償である。生態系の破壊により生活の糧が奪われたり、居住環境が損なわれたり、あるいは人体へ健康被害が出たり命が脅かされたりする事態が生じると、およそ法治国家の国内レベルにおいては、補償による救済が一義的に考えられる。この場合、どのような要件を満たす受苦アクターに、どのような基準で、どのような内容の賠償や補償が提供されるかなどの決定がなされるが、決定プロセスと決定事項は、上述の通り、アクターの強さと影響力、アクターと制度の相互作用によって、大きく影響を受ける。具体的には、日本では、一九七三年に公害健康被害補償法が策定され、認定患者を包括的に補償給付金やその他の手当を提供した事例がある。他の事例として、先述のアメリカのスーパーファンド法も、被害者への幅広い補償を義務づけた。また、福島原発事故では、原子力損害賠償支援機構法が二〇一一年に設立された[140]。日本国内では、賠償や補償の考え方は広くいきわたっている。一方、国際レベルでは、環境被害への賠償という方法は、二〇世紀初頭の米加トレイル事件、また一九五四年にアメリカの核実験により被ばくした第五福竜丸乗組員への補償を除き、あまり一般的ではない。ただし、オゾン層保護条約や気候変動枠組条約など地球規模の環境問題では、先進国には技術・資金援助が義務づけられた。その一因は、歴史的に排出量が多い先進国が問題を引き起こしてきたのだから、先進国は先に削減するだけでなく、汚染物質を回避する技術オプションが途上国で導入できるよう、対価を払うべきとするロジックである。これも、一種の補償として捉えられる。

環境問題による社会的ジレンマ解消のための第二の政策分野は、環境汚染行為への事後的対応としての、外部不経済の解消である。国内の公害型大気汚染の場合、日本では総量規制やSO_2排出規制、公害防止協定などの方法が[141]、ドイツでも大規模燃焼施設規制令など、行政のトップダウンによるコマンド・アンド・コントロール型の対策が幅広くとられてきた。このような規制は国際レベルでも観察される。LRTAP条約レジーム条約の議定書でも、特定の大気汚染物質の排出規制という方法が多く用いられた。オゾン層保護条約や気候変動枠組でも同様に、基準年に対しての削減目標が定められた。

環境言説[142]の包括的な分析を行ったドライゼクは、これら規制的手法を重用する認識枠組を「行政的合理主義」と呼んでいる[143]。専門的な資源管理官僚制による規制的アプローチにより問題解決が事後的に出来る、とする立場である。この「行政的合理主義」において、最も効果を挙げた国は、他ならぬ日本であろう[144]。一例として自動車の排ガス規制について取り上げてみよう。一九六八年のアメリカ大統領選で、共和党の大統領候補ニクソンと民主党の副大統領候補であったマスキー上院議員の間に、突如、大気汚染対策をめぐる論争が起き、それをきっかけにマスキー法(大気浄化法一九七〇年改正法)と呼ばれる、当時、世界でもっとも厳しい自動車排ガス基準を定めた規制が成立した[145]。当時は、従前の産業公害型大気汚染に加え、モータリゼーションの進行に伴う大気汚染が増加していたのである。日本は、アメリカのマスキー法に倣い、同レベルの自動車排ガス基準を一九七五年に制定した。その間、官民の協調により、関係企業における劇的な技術開発が促された。石油危機による省エネ需要の高まりも、技術開発を促す要因となっていた[146]。実はアメリカ本国では、その後、石油危機に伴う景気の悪化により自動車の排ガス基準は緩和されるのだが、日本では厳格な規制がそのまま施行された。その結果、日本の自動車業界は、当初、実現不可能とまでいわれた基準をクリアし、その後も技術革新を続けたのである。このことが、今日まで続く、トヨタやホンダなど、日本の自動車業界の繁栄を生んだとされる。日本の自動車排ガス規制の事例から、適切にデザインされた環境規制は企業の国際競争力を強化させるという、ポーター仮説も生み出された[147]。

ただし、こうした事例から高く評価された日本の公害対策にも、事後的対応で本当に良かったのか、という疑問はつきまとっていた。公害経験や大気汚染経験にかかわった主要な研究者グループは、「公害が生じてからの事後的対策に比べ、未然防止対策の方が遥かに経済的」であること、また公害国会が紛糾するより数年前の対策投資が最適シナリオとなったこと、などを計量経済学の試算から明らかにし、「開発の初期段階から公害対策を行うことの大切さ」を訴えた[148]。経済的な視点のみならず、社会的、人的損失の重さからしても、事後的対応よりは、予防的原則が肝要という考え方は、国際的に広まっている。予防的原則は、国際社会においても規範化されている[149]。予防原則に則った環境アセスメントなどの政策手法も、世界各国で導入されている。このように「行政的合理主義」にもとづく政策手法も多様化している。

外部不経済の解消に向けた政策は、上述したコマンド・アンド・コントロール型の規制に限らない。政策担当者や研究者間での社会的学習が進み[150]、近年では多様化しているが、特に顕著なのは、一九九〇年頃から進展した経済的手法の導入や自主規制的な方策である。具体的には、環境税、排出量取引、税制上の優遇措置、拡大生産者責任原則[151]、デポジット制などといった手法があてはまる。経済的手法を重用する考え方を、先述のドライゼクは「経済的合理主義」と呼んでいる。「市場の力は、個人と制度の行動をかえさせる強力な道具である。正しく設定されるならば、伝統的な規制アプローチよりも、より少ないコストで、またより反対も少なく、環境上の目標を達成ないしそれを超えることさえ出来るであろう」といった考えである[152]。国レベルにおける経済的手法の導入は、経済開発協力機構（OECD）が重ねて勧告をだすなど、ソフトローによっても普及が進んでいる。「経済的合理主義」にもとづく政策手法は、とりわけ欧州全般で導入が進んだが、二一世紀に入ってからは、非OECD諸国においても導入が進んでいる。

社会的ジレンマを解消する第三の政策対応は、環境汚染行為そのものが起きないような根本的な解決である。一言で〝根本的な解決〟といっても、様々な捉え方があり、それによって具体的な政策手法も全く異なる。先述の環境言説を用いて整理しておくとしよう。

環境汚染の根本的解決については、古くは、ローマクラブの「ゼロ成長」や「コモンズの悲劇」が提唱する人口制限のように、厳格な措置により汚染がおさえられなければならないという考え方があった[153]。この考えを「生存主義」とドライゼクは呼ぶ。足尾鉱毒事件の場合は、田中正造が主張した、銅山の生産を停止するという方法が「生存主義」に相当する。増加する人口をおさえるための強制的な人口政策なども、これに相当しよう。身近なところでは、温暖化を止めるために、クーラーを使わず暑くても我慢する、というのも「生存主義」的な考え方といえる。

こうした厳格な生存主義に対しては、根強いアンチテーゼがあった。環境問題は存在しないので何もしなくてもよい、あるいは部分的に問題があっても、経済成長の恩恵が大きいことに比べて、重要性が低い、あるいは技術的にいずれ解決できるといった立場である。ドライゼクの言葉を借りると、こうした考え方は「プロメテウス派」と呼ばれる[154]。足尾の事例で言えば、銅は国の基幹産業であり、産銅を停止するなどありえない、国策の重要性からすれば、環境問題は、とるに足らないという見方である。「生存主義」対「プロメテウス派」の論争は、現実社会でも未だに散見される[155]。

しかし、学説的にみても、また国際規範の潮流からしても、文明の在り方の変化により、環境問題の根本的解決は可能、とするパラダイム・シフトが進行中である。農業革命、産業革命につぐ第三の波として〝脱工業社会〟ないしは〝情報化社会〟の到来を予言したトフラーはよく知られているが[156]、環境の文脈において相当する用語は、大量生産・大量消費・大量廃棄型の経済から脱却して、「持続可能な発展」「エコロジー的近代化」をめざすというあたりであろう。

「持続可能な発展」を最初に打ち出したのは、一九八七年に公表された、環境と開発に関する世界委員会、通称ブルントラント委員会の報告「地球の未来を守るために」である。同報告書では、人類は開発を持続可能にする能力、つまり、将来世代のニーズを充足しつつ、現在世代のニーズを満たすことを保証する能力をもっている、との認識が示された。換言すれば、経済と環境保護は両立しうるということである。そのために重要なのは、超国家、国、自治体、市民、企業等、あらゆる主体が関与することであった。ブルントラント委員会の精神は、そのまま一九九二年の国連環境開発会議で採択されたリオ宣言に引き継がれている。あらゆる主体の参加を提起した第一〇原則を以下に示しておこう。

環境問題は、それぞれのレベルで、関心のある全ての市民が参加することにより最も適切に扱われる。国内レベルでは、各個人が、有害物質や地域社会における活動の情報を含め、公共機関が有している環境関連情報を適切に入手し、そして、意志決定過程に参加する機会を有しなくてはならない。各国は、情報を広く行き渡らせることにより、国民の啓発と参加を促進しかつ奨励しなくてはならない。賠償、救済を含む司法及び行政手続きへの効果的なアクセスが与えられなければならない。

リオ宣言は、女性、若者、先住民といった、政策プロセスから疎外されてきたアクターにとりわけ注意を払い、その参加を確保することを謳っている。こうした「持続可能性」の分権的指向のイデオロギー的背景には、北欧の社会民主主義があることが、先行研究により明らかにされている。イギリスやアメリカが主導する新自由主義的グローバリゼーションが持つ、弱者切り捨て的な性格を濃く持つことに対する問題意識から、「弱者強化を目的とした『普遍的参加』に基づく『民主的世界内政』という世界秩序」が模索されたものと捉えられる[157]。

人為的環境問題の発生源が産業公害型から都市型・生活型へと広がり、分散していることをふまえると、「持続可能な発展」概念における分権化志向には高い合理性がある。一九五〇年代の日本の主要な環境汚染の発生源は、石炭火力発電所や重化学工業の工場などを中心としたが、その後モータリゼーションの進展に伴い、移動発生源と呼ばれる自動車が大気汚染の主因の一つとなった。また、プラスチック製品や使い捨て容器の増大とリサイクルが課題になっているが、リサイクルのための分別排出の担い手は、他ならぬ消費者である。多様化した発生源が、よりよく環境問題に対応するためには、まさにリオ宣言で謳われた参加型の意思決定が必要であろう。アメリカのイエール大学とコロンビア大学が開発した環境パフォーマンス指数において[158]、常に北欧諸国が上位を独占していることは、社会民主主義的イデオロギーに基づく分権的志向が、環境保全に効果を発揮していることのひとつの証である。

次に、「持続可能な発展」の言説の一つで、より実践的・資本主義的な政治経済が、より環境に優しい方向に沿って再編成できると考える「エコロジー的近代化」の立場を取り上げよう[159]。ハイアールは、環境か経済かという従前のゼロサムゲーム的二元論から「ポジティブサムゲーム」へと転換する物語として、エコロジー的近代化を捉えている[160]。より具体的に言えば、ワイツゼッカーらによる「ファクター4」に代表される[161]、生活の豊かさを二倍、資源消費を半分にすることは可能である、とする立場である。

自動車由来の大気汚染を例にとって考えてみよう。排ガスは、局地的大気汚染、光化学スモッグ、酸性雨、さらには気候変動までを多重に引き起こす大気汚染物質である。先に紹介した「行政的合理主義」の立場では、単体の排ガス規制の段階的な強化が試みられた。しかし、自動車の利用数が増加すれば、結局、NOx総量の削減には至らない。では「エコロジー的近代化」の考え方によって、どのような社会経済システムが可能となるのだろうか。たとえば、モーダルシフトを進め、地下鉄を通すことで、自動車交通量は格段に減らすことが出来る。東京や大阪などの大都市は、地下鉄が碁盤の目のように張り巡らされ、人口割合に比べ、自動車由来のNOxやCO_2排出量は格段に少ないはずである。むろん地方では自動車交通に頼らざるを得ない。その場合でも、コンパクトシティを形成してパークアンドライドのような仕組みを作り、バスとの接続を良くすることで、NOx総量は減らせる。さらに、ガソリンではなく、生ごみを発酵させたバイオガスを利用すれば、カーボンニュートラルの達成にもつながる。交通の総量を減らすために、流通ルートを管理し、地産地消を推進し、フード・マイレージやウッド・マイレージを普及させるという方法もあろう。このように環境負荷を減らしながら豊かさを充足させるという試みは、今日枚挙に暇がない。ただし、こうした社会経済システムの変革には、意識的で組織的な介入を要するとされる[162]。

日本は「エコロジー的近代化」に最も早期に成功した国とされる。先述した自動車排ガス技術だけでなく、資源多消費型の重化学工業の工程が、七〇年代の一連の公害規制やポリシーミックスにより、環境に優しい方向へと再編成されつつ[163]、同時に経済成長も達成していった。成功した環境政策の比較から、エコロジー的成長の条件を探ったイエニッケらも、七〇年代から八〇年代にかけての日本は、環境保全と経済成長の両立で、欧米のどの国よりも成功していると評価している[164]。また、二一世紀に入ってから低炭素経済を目指しはじめたイギリスも、日本のトップランナー制度（特定のエネルギー多消費型機器の省エネ基準を、基準設定時に商品化されている製品のうち最も性能が優れているもの「トップランナー」以上に設定する制度）を参考とするなど、日本の環境政策のいくつかは、欧米から熱い視線を浴びてきた。こうした対策は、科学者、経済エリート、政治エリートが独占的に政策決定を行う、テクノクラティックコーポラティズム的スタイルによって達成されたことが特徴である[165]。ただし、日本はじめ先進各国のエコロジー的近代化は、しばしば、多汚染型の工程を途上国へと移転することにより達成された。そのためクリストフやドライゼクは、「特権的な国々は、自らの経済的な優位を踏み固める為にエコロジー的近代化を利用し、そうすることにより、世界の貧困国の悲惨な経済的・環境的状況から自らを遠ざけることができる」として、これを「弱いエコロジー的近代化」と呼んでいる[166]。そして、「市民の参加機会を極大化するだけでなく、環境的事象についての適切なコミュニケーションをも極大化するような拓かれた民主的な決定」を通して、問題の転嫁をせず、国際的にも環境と発展を両立させる「強いエコロジー的近代化」こそ、真に目指すべきとされた[167]。

環境問題の根本的解決は、伝統的な自然保護の立場、すなわち、人間は自然の上に君臨しない、自然そのものが尊重されるべきであるとする「緑のラディカリズム」の立場からも提唱されている[168]。「緑のラディカリズム」では、「人々が経験する仕方と、人びとが暮らしている世界の見方ならびにその相互作用こそが、緑の変革の鍵になる」と捉え、「ひとたび、意識性が適切な方向に変えられたのであれば、政策、社会構造、制度、そして経済システムが納まるべきところに収まると想定されている」と思考する[169]。たとえば、「エコロジー的シティズンシップ」では、「持続可能な社会は、エコロジー的に動機づけられた市民によってのみ形成できる」とし、「エコロジー的な場に敬意を払う市民になることを学ぶ」ことを奨励する。また「緑のライフスタイル」では「哲学的な分析を厳守するのではなく、緑のライフスタイルをとること」、すなわち、「有機栽培の野菜、生分解性の洗剤、再生紙トイレットペーパー、リサイクル、コンポスト、自転車」などの利用を推奨する。人間が皆そのような志向にあれば、おのずと市場も社会経済システムも変化していくだろう、という立場である。「意識性の変革のみならず、そのための政治改革をもめざす」立場を取るのが、「緑の政治」である。欧州各国で議席を獲得している「緑の党」がその象徴的な存在である[170]。

以上を要約すれば、政策といっても賠償・補償、外部不経済の解消、根本的解決といったように異なる分野があること、またそれぞれの政策や取組内容も、「行政的合理主義」「経済的合理主義」「生存主義」「プロメテウス派」「持続可能な発展」「エコロジー的近代化」「緑のラディカリズム」などの認識枠組によって、大きく異なることがわかる。意思決定過程において重要な役割を果たす政策担当者や科学者、あるいは政策起業家や意思決定の場全体において、どのような認識枠組が支配的であるかにより、形作られる政策や条約の内容は大きく変わってくるであろうし、その認識枠組こそが、本書が分析対象とする三地域の差異をもたらしている可能性が高いことは、すでに指摘したとおりである。

本節では、「科学」にも「政策」にも多様な認識方法があることを明らかにした。こうした政策の多様性や認識枠組をふまえて、越境大気汚染への地域間取組みの相違を明らかにしようとする先行研究は、洋の東西を問わずこれまでに類がない。また、キーアクターの認識枠組を問う先行研究も、欧州LRTAP条約レジームへのオランダとイギリスの環境言説を「エコロジー的近代化」から説明したハイアールの先行研究を除いて、殆ど例をみない。しかし、キーアクターが、「科学」を相対化し「モード2」のような目的指向型として活用させようとしているかどうかによって、「科学」の構築とその帰結としての「政策」の方向性も大きく変わってくる。キーアクターが「行政的合理主義」「経済的合理主義」「生存主義」「プロメテウス派」「弱いエコロジー的近代化」「強いエコロジー的近代化」「緑のライフスタイル」「緑の政治」などの、どのような認識枠組を有しているかによって、国際合意形成に向けて重視する内容も、とる行動も大きく変わってくる。複雑で奥深い政治的ダイナミクスを語るには、以上に見た「認識枠組」への観察が欠かせない。

9 本書のねらいと構成

本書は、欧州、北米、東アジアの三地域における地域環境ガバナンスの差異について、歴史的視座から、より良き理解を得ることに関心を寄せている。ここでいう地域的な取組とは、レジームのような条約や協定などの法的拘束力を有するものだけでなく、問題の認識から行動プログラムや国際・国内政策の形成や実施に至るまでの地域環境ガバナンス、すなわち、広範な政策プロセスを分析の射程においている。本書では、そうした地域環境ガバナンスの営みにおける、力、アイディア、認識枠組、利害、制度の相互作用を探求する。なぜ、どうやって、多様な国や超国家レベルのアクターたちが、地域環境ガバナンスの営みにかかわっているのかを、科学や政策などの環境問題に内在する要因に加え、政治経済などの偶発的外部要因まで視野に入れながら、明らかにしようとするものである。加えて、取組みが欧州で先行したことをふまえ、欧州の取組みや管理能力が他の地域にどのように影響を及ぼしたのか、また、特に多数国間での地域枠組を形成した欧州と東アジアでは、包括的あるいは環境に関する地域制度が、越境大気汚染問題への取組みにどのような影響を及ぼしたのかにも着目する。

こうした、地域環境取組と国際・国内レベルの社会との相互作用による地域制度の発展に着目することで、いくつかの根源的な問立てが浮かび上がってくる。すなわち、越境する環境問題を管理する為のアプローチが発展する中で、科学的研究、政策、政治的営みの相互作用はどのようなものであったのか。同根の大気汚染物質による複数のスケールでの環境リスクが、ある地域では管理に値するリスクだと注目されても、別のリスクは注目されて来なかったのは何故か。どのような条件がそろったときに、地域環境ガバナンス発展のための制度へと昇華されていったのか。その制度発展を裏付ける、科学そのものあるいは政策についての認識枠組は何か。

より具体的には、以下のような問いたても生じる。そもそも、LRTAP条約レジームは「成功」であり、

「模範的事例」とみなすべきなのだろうか。なぜスケールの大きな大気汚染が国際政治アジェンダにのぼったのか。問題認識をしたのは誰か。酸性雨はどのアクターにとって深刻だったのか。「科学的知見」は誰によりどのように作られ、どのように「政策形成」へインプットされたのか。西ドイツやイギリスは、規制反対の立場を崩さぬうちに、何故条約締結をうけいれたのか。そして後に、何故賛成派に回ったのか。一連の流れは、欧州統合や国際政治経済全般の流れと何ら関係しているのか。地域統合やその他の国際情勢とはどう関連しているのか。以上のような状況は、東アジアや北米と、何がどのように、また何故異なるのか、その差異は、今日世界規模で深刻化する環境問題に際し、何を示唆しているのか。

本書は、こうした疑問点から出発している。本書は、欧州・北米・東アジアにおける越境大気汚染管理をめぐる地域環境協力制度の形成や発展の軌跡を、通時的、比較的、また多視点的に繙き、その全体像を、理解可能なストーリーとして再構成することをめざす。

この目的に則して、本書は、三地域の越境大気汚染管理の実践の発展にかかわる主要なアクターを抽出し、国際および国内レベルの諸アクターおよび制度間で繰り広げられる政治的相互作用の様態を通時的に記述していくという、過程追跡の手法を念頭においたうえでの、歴史制度分析[171]ないし比較歴史分析[172]の方法論に則る。他方で、純粋な歴史分析ではなく、力、利益、科学、アイディア、認識枠組、制度、アクターなどの相互作用を念頭に置いているという点において、本書は比較政治分析の試みでもある。

断片的な歴史的史実を積みあげる上で、一次的明示的に用いたのは、公文書などの一次資料、日英で書かれた書籍や論文などの二次資料、そして、フィールドワークを通じて行ったインタビューである。一九九九年から二〇〇二年に欧州、日本、東アジアにおいて断続的に行ったフィールドワークの多くは、当時勤務していた地球環境戦略研究機関における外務省や環境省他の委託・請負調査や科学研究費補助金プロジェクトのためのもので、いずれも一、二週間の期間で行った。メールを通じた研究者や政策担当者との対話も、本書に活用されている。北米におけるフィールドワークは、二〇〇四年から二〇〇五年にかけてカナダのブリティッシュコロンビア大学に一一カ月滞在した時に行った。このカナダでの一一カ月の生活体験に加え、二〇一二年の九カ月間のスウェーデンのルンド大学での滞在、一九九五年から一九九七年のイギリスのシェフィールド大学およびサセックス大学での二年間の滞在経験は、いずれも、欧州および北米における参加型観察としての機会ともなった。さらに、一九九八年から二〇〇二年まで環境庁・省の外郭機関である地球環境戦略研究機関勤務中に、オブザーバー参加した国際会議や各種研究会、非公式なインタビューも、本書に活用されている。同研究所に勤務していたことで、通常では接触の難しい、環境省や外務省の主要政策担当者、国内外の研究者や国際機関の政策担当者へのインタビューや非公式な意見交換、あるいはEANETの会合へのオブザーバー参加、また非公開文書の閲覧といった機会を得る事が出来た。これらは本書の事例分析において不可欠な材料である。

なお、本書でとりあげる三地域の越境大気汚染管理の実践の発展は、時期にずれがある。このため、分析対象時期は、欧州については問題認識プロセスが始まった一九六〇年代からレジームが完成し政策プロセスの循環を数度重ねてレジームがほぼ完成形にいたった一九九〇年代末までを主として対象とする。北米については、二国間交渉がはじまった一九七〇年代から協定が締結された一九九〇年代半ばまでを中心としつつも、近年(二〇一〇年代前半)までの動向にも目配りをする。東アジアについては、国境を越えた協力が開始された九〇年代から近年(二〇一〇年代前半)までを対象とする。

第二章では、事例研究に先立ち、越境大気汚染の地域枠組の形成と発展にきわめて重要な影響を及ぼしている、欧州の地域環境協力制度の歴史的変遷を整理する。欧州では、越境問題対応型の地域制度の創設からはじまったが、一九八〇年代にECからEUへと統合が強化されるに従って、環境協力が強化されていった。他方、冷戦終結により民主化促進のための環境協力もはじまるなど、全欧レベル、あるいはバルト海沿岸地域等のサブリージョナルレベルなど、EUとは違ったソフトな複層的ガバナンスも展開された。LRTAP条約レジームの発展は、これらの地域環境協力制度への目配りなくして語れない。

続く第三章・第四章は、欧州のLRTAP条約レジームの形成についてとりあげる。まず第三章では、脆弱な生態系を抱える北欧諸国の環境政策コミュニティが、六〇年代から七〇年代を通じて、加害国たるEC諸国の参加を促し、問題認識と課題設定を試みる様子を描く。条約への道のりは、環境上の理由ではなく東西デタントによりソ連と東側陣営というアクターが登場したことにより実現をみた事情を浮き彫りにする。また、第四章では、欧州のLRTAP条約レジームが発展していく様子を描く。西ドイツ、イギリスが変容し、削減目標を伴う議定書の策定が可能となったこと、冷戦終結により、東側陣営の汚染があきらかになったこと、レジーム内で科学的知見が集積されコンピューターツールが導入され議定書が量産される等、制度が自律的発展をとげていくこと、複数汚染物質複合効果等の戦略的アイディアも導入されること、他方でEUとLRTAP条約レジームの相互関係はより補完的になるも時に対立的であること、その遵守状況と効果など、までを明らかにする。

第五章では、LRTAP条約レジームの参加国で、地理的には独立している北米をとりあげる。米加はLRTAP条約形成直後、二国間協定の策定をめざすも、レーガン政権になると合意形成は行き詰まる。協定締結に至ったのは、欧州より一〇年遅れた九〇年代初頭の米政権交代後であり、合意形成が可能になったのは、アメリカ国内のパラダイム・シフトに因るものであった。

第六章では、東アジアにおける越境大気汚染のための地域制度の形成についてとりあげる。レジーム空白地帯である東アジアでは、九〇年代に入ってから誕生した複数の地域環境協力枠組が誕生した。経済成長や大気汚染対策で他国に先んじた日本は、九〇年代に、EANETを構築したが、韓国と歩調が合わず、地域環境協力制度は入れ子状態に陥った。しかしそれだけが、レジーム不形成の要因ではない。推進国日本の大気汚染や対策の歴史から、近年の中国の変容や福島原発事故による放射性物質の拡散という新たな問題への対応まで視野を拡げながら、現在の状況にいたる原因を、アクターの動機や認識枠組から問うていく。

終章では、第六章までの事例分析を総括し、またプロローグで問題提起した放射性物質拡散にまつわる情報公開の問題をひきあいにしつつ、三地域の主要アクターの認識枠組の差異を明らかにし、今後の展望や課題を論じていく。

でははじめに、欧州における環境協力の歴史からみていくことにしよう。

註

1——Weber, 2000, 9.

2——条約の前文では、「全面的かつ完全な軍備競争に関する合意を出来る限り速やかに達成」することと同時に、「放射性物質による人類の環境汚染を終始させる」ことが、目的として掲げられた。もっとも、米ソ英の三大国が調印したのは、「長距離ミサイルの核弾頭の開発を終えたからであり、条約によって他国の核保有化を抑止できると計算したから」という指摘もある。しかし、放射性降下物問題が世論を喚起した事にも疑いはなく、「近代技術は際限のない環境汚染の原因となり、全ての人が影響を被る」との認識が深まったのもまた事実である。それゆえ、「部分的核実験禁止条約は、地球環境の最初の協定である」とされる(McCormick, 1995, 63)。

3——SO_2を含むスモッグにより、二〇人が命を落とし、全市民の四三%が体の異状を訴えたという(McCormick, 1995, 67)。

4——日本でも「イタイイタイ病」「熊本水俣病」「新潟水俣病」「四日市ぜんそく」の四大公害病に代表される甚大な公害被害が各地で起き、数多くの公害裁判が行われていた。対策法令の整備に取り組んだ一九七〇年一一月の臨時国会は「公害国会」と呼ばれ、議事が紛糾した(McCormick, 1995)。

5——Carson, 1962.

6——Hardin, 1968.

7——Meadows et al., 1972.

8——一九八四年にインドのボパール市で、アメリカ資本のユニオンカーバイト社ボパール農薬工場からもれ出た猛毒のイソチアン酸メチルガスが街を襲い、二五〇〇人の死者と五〇万人にのぼる被災者を出した化学工場災害事故。災害規模としては史上最悪の惨事といわれ、この事故以降、途上国における海外直接投資および開発援助プロジェクトの環境影響評価の重要性が喚起されるようになった。

9——寺西、一九九二年。松本、二〇〇三年。鷲見、一九八九年。

10——村井、一九九八年。

11——Sand, 1992.

12——アジェンダ21行動計画第九章二六項では、以下のように記述されている「一九七九年長距離越境大気汚染に関する欧州経済委員会条約およびその議定書は、大気汚染の体系的観測、評価および情報交換のための審査プロセスおよび協力プログラムに基づいて、ヨーロッパと北米における地域的な制度を確立した。これらのプログラムは継続し、強化されなければならず、またその経験は世界の他の地域にも分け与えなければならない。」

13——たとえばアジアでは、複数の小地域協力枠組が形成されている。東アジアでは、本稿で取り扱う、東アジア酸性雨モニタリングネットワーク(EANET)がある。南アジアでは、バングラデシュ、ブータン、インド、イラン、モルジブ、ネパール、パキスタン、スリランカの八カ国による「南アジアの大気汚染および越境汚染の規制と防止に関するマレ宣言」が一九九八年に合意されている。また東南アジアでは、ASEAN九カ国により、「「越境ヘイズ汚染に関する東南アジア諸国連合(ASEAN)協定」が二〇〇二年に締結された。最大の原因国インドネシアが二〇一四年に批准し、発効した。

14——Munton, 1999. 髙橋、二〇〇七年。

15——Andresen at al., 2000.

16——鴨、一九九二年。

17——Haas, 1958.

18——これをEUトロイカという。EUトロイカを通じた気候変動交渉への参加の詳細な分析については、蟹江(二〇〇一年)が参考となる。

19——Balsiger, 2011; Elliott et al., 2011; Kato et al., 2001.

20——詳細については、金(一九九八年)等を参照のこと。

21——ただし自由貿易協定の締結が、環境悪化が懸念されるとの分析もあり、このことは今日議論されている環太平洋戦略的経済連携協定(TPP)にもあてはまる(東アジア環境情報発伝所、二〇〇六年)。

22——ベルギー、フランス、ドイツ、イタリア、ルクセンブルク、オランダの六カ国である。

23——アジェンダ21行動計画とは、持続可能な発展を実現するために各国や国際機関・地域機構・産業界・市民を含めたあらゆる行為主体が実行すべき行動計画を詳細にかつ具体的に記した文書であり、各国レベルでの取組みに加えて、地域レベルでの取組みが重要であることが繰り返し強調されている。

24——一八六二年五月一二日のロンドン『タイムズ』紙によるルポタージュ(石、一九九二年、三一頁)。

25——一九六二年に、アメリカの海洋学者であり自然文学作家であったレイチェル・カーソンが、化学物質の脅威を警告した本。環境学の分野では、古典的名著として知られ、欧米や日本を始め、多くの国々で翻訳された(Carson, 1962)。

26——藤田、二〇一二年、九頁。

27——飯島、二〇〇〇年。

28——Chandler, 1987.

29——藤田、二〇一二年、四三頁。

30——一九五二年一二月、ロンドンを襲った霧が煙と混合してスモッグを作り、「ロンドン市街地は亜硫酸ガスと煤塵で充満」した。これによって死亡者が四〇〇〇名を超えた。汚染源は、工場からの排煙、自動車の排ガス、家庭での暖房用燃料(石炭・練炭)燃焼に伴う排ガス等とされている。『環境大辞典CD-ROM版』、(工業調査会、一九九八年、一、五、四項)。

31——村野、一九九三年。藤田、二〇一二年。畠山、二〇〇三年。

32——スウェーデンが一九七二年のストックホルム会議向けに作成した研究報告の中では、このような区分が明確にされている。(Royal Ministry for Foreign Affairs and Royal Ministry of Agriculture of Sweden, supra note 7)。

33——「フレーミング」は極めて恣意的に行うことが可能であると佐藤(二〇〇二年)は指摘している。

34——北米は米加二カ国、西欧諸国は、イギリス・フランス・ドイツを筆頭に、南欧・北欧を含む一八カ国、中東欧はポーランドやチェコから、ウクライナのような旧ソ連を含む一二カ国(ただしコソボのデータはなし)、東アジアは、日中韓、モンゴル、北朝鮮、香港のデータを含む北東アジア地域のデータを含めた。ASEAN諸国やインド等の南アジアは含まれていない。

35——石(一九九二年)、村野(一九九二年)も、中国では酸性雨被害の増大が問題になっており、「空中鬼」「空中死神」と呼ばれ恐れられていたとする。

36——レジーム研究の先行研究の代表的なものとして、以下を挙げておきたい(Andersen, 2000; Jervis, 1983; Levy et al., 1995; Spector et al., 1994; Strange, 1982; Young, 1996; Young et al., 1998)。こうした理論的な先行研究を、後続のガバナンス論とともに網羅し整理した日本語文献として、山本(二〇〇八年)が参考となる。

37——ここで、レジームとは、クラズナーの定義を用いて「国際関係の特定の領域においてアクターの期待が収斂する一連の暗示的・明示的な原則・規範・ルールおよび政策決定の手続きの体系」と定義しておこう(Krasner, 1982, 185-6)。具体的には、環境保全のための多国間条約が締結され、その目的に向かって各国が協調行動を行っている状態を示す。

38——Keohane et al., 2001.

39——Keohane, 1984.

40——このように、アクターが「自己利益を最大化するために、最適な手段を選択すると仮定」して分析を行う方法を、「合理的選択論」という。ネオ・リアリズムやネオ・リベラリズムで多用されている分析方法である(大矢根、二〇一三年)。

41——コンストラクティビズム研究は、欧米発であり、英語文献の蓄積が圧倒的である。具体的には、Finnemore et al. (2001)などがある。一方、そうした膨大な欧米発の研究を網羅し整理しつつ、独自の視点や事例分析をふまえた日本語文献での研究蓄積も進んでいる(山田他、二〇一一年。大矢根、二〇一三年)。

42——Haas, 1990.

43——Haas, 1990; Haas, 1992, 34.

44——Goldstain et al., 1993.

45——Liftin, 1994.

46——なお、阪口はこのようなリツフィンの言説(=解釈された知識)アプローチを高く評価しつつもその分析の不十分さをも同時に指摘する。つまり、リツフィンは、言説が政策領域を「どの程度強く規定するのか」への分析や、「言説がアクターの選好に与える影響に関する議論」が不十分であるとする(阪口、一九九八年、一七一〜一七二頁)。

47——Young et al., 1998, 234.

48——Young et al., 1998, 18.

49——Andresen et al., 2000.

50——Andresen et al., 2000, 184.

51——Lowlands, 1994; Young, 1994.

52——Nye et al., 2004.

53——Lowlands, 1994; Young, 1994. なお、リーダーシップに着目した日本語文献の研究としては、蟹江による、ミドルパワーでありながら京都議定書交渉過程で国際的リーダーシップを発揮したオランダの事例研究がある。オランダは、国内政策を先行的に導入し、これを国外にアピールするという形でリーダーシップを果たしたという(蟹江、二〇〇一年)。この他にリーダーシップ論に関する理論的論考として、Zartman et al. (2000) を参照。

54——Barrett, 2006; Sandler, 1997.

55——たとえばジャービス(R. Jervis)は、国際レジーム論はGATTや国際金融システム・エネルギー分野など国家間の協調関係が顕著な領域に主に適用されるが、安全保障等の分野では成立しにくいことを説明し、国際レジーム論の効用が限定的であることを指摘する(Jervis, 1983)。

56——Strange, 1982.

57——Rosenau et al., 1992; Young, 1994.

58——Young, 1997, 3-4.

59——このような欧米における理論的傾向を整理した文献として、亀山(二〇一一年)、山田(二〇一三年)、太田(二〇一一年)を参照。

60——理論的研究としては、以下を参照(Oberthür et al., 2006; Young, 2002; Young et al., 2008)。また日本語文献でも、例えば以下のような複数の事例研究がある(松本、二〇〇四年。大久保他、二〇一一年。猪又、二〇〇一年)。

61——Robert et al., 2011.

62——京都議定書交渉でアンブレラグループと呼ばれた中に入っている、オーストラリアやニュージーランド、日本も、メンバーの中に入った(Grubb et al., 2000)。

63——山田、二〇一三年。大矢根、二〇一三年。

64——上村、二〇一五年。

65——Chambers et al., 2007. 横田、二〇〇八年。

66——阪口、二〇一三年。毛利、一九九九年。

67——Putnam, 1988; Evans et al., 1993.
68——Moravcsik, 1999, 23.
69——Kappen, 1995. 山本、二〇〇八年、三八頁。
70——Schreurs et al., 1997.
71——Porter et al., 1998, 42.
72——Levy, 1995.
73——Andersen, 2000; Wettestad, 1999.
74——石井、二〇〇一年。
75——Levy, 1994.
76——Levy, 1993.
77——米本、一九九八年。
78——Lidskog et al., 2011.
79——髙橋、二〇一一年。
80——Sliggers et al., 2004.
81——Sprinz et al., 1994.
82——Hajer, 1995.
83——事例研究の対象となった国は、ドイツ、イギリス、オランダ、旧ソ連、ハンガリー、日本、メキシコ、カナダ、アメリカが含まれる(Social Learning Group, 2001)。
84——Munton, 2007.
85——Howard et al., 1980; Schmandt et al., 1985.
86——Munton, 1997, 1999.
87——Schreurs, 2002; William et al., 2001, ii.
88——Parson et al., 2001. 髙橋、二〇〇七年。
89——国内および東アジアレベルの酸性雨問題に関する科学および政策の変遷を通史的に描いたものとして、Wilkening (2004)を参照。

90——戸田、二〇〇〇年。市村他、一九九八年。柳下、一九九四年。鈴木、一九九八年、二〇〇〇年、二〇〇二年、二〇一二年。
91——安藤、一九九七年、二〇〇一年、二〇〇三年。
92——Brettell et al., 1998; Yoon et al., 1998.
93——米本は「先進国社会では当然視されている環境保全という社会的価値を、相手国にとってはそれほど必要とは見えない段階で、その順位を繰り上げて実施してもらうこと」は「パターナリスティックな介入」と論じた(米本、一九九八年。朴他、二〇〇一年)。
94——Takahashi, 2000. 髙橋、二〇〇〇年。
95——Takahashi et al., 2001.
96——Takahashi, 2002.
97——横田、二〇一三年。
98——Kim, 2007.
99——松岡、二〇一三年a・b。石井他(二〇一六年)も同様の指摘を行なっている。
100——蟹江他、二〇一三年。この他にも、Drifte (2005)、原(二〇〇九年)、児矢野(二〇一五年)、太田(二〇一〇年)、野口(二〇〇七年)を参照。
101——Yoon, 2008.
102——宮崎、二〇一一年、一三八頁。
103——松岡、二〇一三年b、一七頁。
104——Elder, 2015. 鈴木、二〇一二年。
105——外山、一九八六年。
106——Sand, 1992.
107——松原、二〇〇二年。
108——西村他、二〇〇一年。
109——鳥越、二〇〇四年。
110——Gergen, 1999.

111――松野、二〇〇三年、六九頁。

112――Jänicke et al., 1992.

113――「受益圏」「受苦圏」は、日本の環境社会学の分野で広く用いられている概念である。たとえば舩橋は、「主体がその内部にいることによって、さまざまな消費＝享受的な価値の配分に関して(すなわち欲求の享受機会の配分に関して)、その外部にいる場合には得られない固有の機会を得られるような一定の社会圏」を「受益圏」と定義し、対概念としての「主体がその内部にいることによって、何らかの欲求充足の否定を、すなわち苦痛や損害を被らざるを得ないような社会圏」を「受苦圏」と定義した。本書では、こうした概念を援用している(舩橋、一九八九年)。

114――舩橋、一九八九年。

115――舩橋、一九八九年、二四頁。

116――立石、二〇〇六年。

117――シュラーズ、二〇一一年。Energieversorgung et al., 2013.

118――環境政策コミュニティは、「共通の目的や部分的に重なりあった関心が有れば団結し、政策形成に影響を与えるべく活動する」、「専門的なアクターや組織」からなるコミュニティと定義される。環境政策コミュニティは、時や状況の変化とともに、変化していくものであると、シュラーズは指摘する(Schreurs, 2002, 20)。

119――シュラーズは、ここでピーター・ホールの制度の定義として「公式のルール、承認手続き、標準的な作業手順のこと」と紹介する。

120――たとえば、アメリカでは、環境NGOは、郵便をほぼ無料で送付できる、寄付金に対する免税措置が有る、といった制度があり、これは、環境NGOにとって貴重な政治的機会構造としての役割を果たす。ゆえに、アメリカの環境NGOは、資金力もあり、多くの高度長く術経験を持つ有給スタッフを抱え、政策提言型のNGOが発達している。

121――Schreurs, 2002.

122――Pekkanen et al., 2008.

123――シュラーズは、ピーター・ホールによる、三段階の政策変化を紹介している。このうち一次の政策変化は「既存の政策や対策の型通りで漸進的な変化」、二次の政策変化は「政策が不適切だったことを社会的に学習した結果として生じる、外部のアクターの圧力や参画」なしでの、官僚側での変化、三次の政策変化は「政策を根本的に変えるだけでなく、政策を導く手段の集合や政策目標の優先順位を変えてしまう」ような変化を意味する(Schreurs, 2002)。

124——一定の環境問題に関し、共同で取組むべき一連の活動、例えば共通モニタリング、評価、各国・地域レベルでの環境改善施策の提案や個別などプロジェクト等を含む活動について、明記したもので、多国間で採択あるいは承認された文書である。条約や協定と比べれば、殆どの場合、法的拘束力を持たないが、サミットなどのハイレベルで採択されるものは、国家アクターへの影響力が大きく、ソフトロートも呼ばれている。具体的には、リオ・サミットで採択されたリオ宣言やアジェンダ21行動計画などがある。

125——猪口他、二〇〇〇年。

126——一九七八年、ニューヨーク州ナイアガラフォールズのラブ・キャナル地区で起きた事件。産業廃棄物処分場の跡地に開発された住宅地ラブ・キャナルでは、流産、死産、奇形、がんなどの健康被害が相次いだ。その原因が、地中に受けられた有毒な化学廃棄物が入ったドラム缶にあることが判明し、時のカーター大統領は緊急事態を宣言し、住民数百世帯が移住を余儀なくされた(Gibbs et al., 2009)。

127——Kingdon, 1984.

128——Kingdon, 1984.

129——Downs, 1972. 福島原発事故に伴う放射能汚染が、世界史的な災害であり、今な甚大な被害ガあり解決への道筋もまだみえていないにもかかわらず、メディアで報道されることが少なくなり人々の関心が下がってきていることも、このイシューアテンションサイクルによって説明できよう。関連の指摘をしている書籍として、例えば辻中(二〇一六年)など。

130——Showstack, 2004. そのことが、「問題の流れ」をみえにくくさせたことは、間違いない。

131——宇井、二〇〇〇年、五一頁。

132——佐藤、二〇〇九年、三九頁。

133——Beck et al., 1998.

134——Gibbons et al., 1997.

135——松本、二〇一一年、九頁。

136——Collins et al., 2011.

137——村上、一九七九年、三八頁。

138——鳥越、一九八五年、八二頁。

139——藤垣、一九九九年、一二頁。

140——福島原発事故をめぐる賠償の在り方については、しかしながら、対象者や事項が狭められるなど課題も多い。その背景として、被害の線引きが加害者自身によってなされるなど、加害者主導の被害補償であることが指摘されている(除本、二〇一三年、二〇一四年。大島他、二〇一二年)。

141——Jänicke et al., 1995. 日本の大気汚染経験検討委員会編、一九九七年。

142——ハイアールは、環境言説について、「生産され、再生産され、一連の社会的実践に変容するような、観念、概念、類型化」であり、「それを通じて物理的社会的現実の意味付けがなされるようなもの」と定義する(Hajer, 1995, 44)。ドライゼクもハイアールと通底しており、「世界についての共有された理解方法」であり、「言語のなかに埋め込まれながら、その理解に賛同を示す人々が断片的な情報を解釈し、それらを一貫性のある物語や説明へとまとめあげることを可能にする」ものと捉える(Dryzek et al., 2007, 10)。本書では、ほぼ「認識枠組」と同義で用いている。

143——Dryzek et al., 2007.

144——Jänicke et al., 1995.

145——Schreurs, 2002.

146——地球環境戦略研究機関編、二〇〇〇年。

147——Porter, 1991. 伊藤他、二〇一三年。三橋、二〇〇八年。

148——環境庁地球環境経済研究会、一九九一年。日本の大気汚染経験検討委員会編、一九九七年。

149——たとえばリオ原則の原則一五は、以下のように規定している「環境を防御するため各国はその能力に応じて予防的取組を広く講じなければならない。重大あるいは取り返しのつかない損害の恐れがあるところでは、十分な科学的確実性がないことを、環境悪化を防ぐ費用対効果の高い対策を引き伸ばす理由にしてはならない。」

150——社会的学習は、各国内での政策調査から、OECDやUNEPのような国際機関による調査や普及活動、また研究者らの手による調査を含め、実に多様なルートで行われている。たとえば、以下を参照(Hall, 1993; Ruggie, 1998; Social Learning Group, 2001)。

151——モノの〝生産〟、〝流通〟、〝消費〟、〝分別収集〟、〝リサイクル〟という一連の循環型社会形成サイクルのなかで、生産者に〝生産〟だけではなく〝分別収集〟や〝リサイクル〟の責任をおわせることにより、生産者の環境設計を促そうとする経済的手法。汚染者負担の原則というよりは、生産者が、循環型社会形成の推進に最も影響力を行使しうるとの観点から、構想された。当初はOECD諸国で広まったが、二〇〇〇年代になってからは、非OECD諸国にも幅広く導入されてきている(Kaffine et al., 2015; Lindhqvist, 2000; OECD, 2001)。また日本語文献では、田崎他(二〇一五年)も参照。

152——Dryzek, 2005.

153——「エコシステムの環境収容力に対する人間の要求は爆発して統御不可能になる恐れがあり、したがってこうした要求を抑制するためには厳格な処置がとられなければならない」という見方である(Dryzek et al., 2007)。

154——Dryzek et al., 2007. プロメテウス派による、問題の過小評価や〝否認〟が、いかに繰り返されてきたかについては、佐藤他(二〇一六年)、宇井(二〇〇六年)を参照。

155——たとえば、二〇〇〇年代のブッシュ政権では、アラスカ北極野生動物保護区などにおける石油や天然ガスの開発促進、制限地域の解除などが次々におこなわれた。また二〇〇一年の京都議定書離脱も、地球温暖化が起きているかは不確実であるとの認識を強調した。ブッシュ政権の政策は、プロメテウス派の典型例といえよう。アメリカだけではない。世界史級の原発事故による多重な被害に加え、汚染水や燃料デブリの問題が未解決で見通しも立たない状況だが、経済成長のために原発を再稼働させる、国益のために原発輸出をするという、経済成長が原発リスクよりも重要とする日本政府の立場は、プロメテウス派と位置づけられる。

156——Toffler et al., 1980.

157——津崎は、社会民主主義のイデオロギーが、一九八二年のパルメ委員会、一九八七年のブルントラント委員会、一九九五年のグローバルガバナンス委員会による報告書に通底していることを分析している(津崎、二〇一一年)。弱者強化の含意は、一九九二年のリオ宣言やアジェンダ21行動計画にも色濃く反映されている。たとえば先住民族や女性、若者、市民社会を強化するといったあたりである。

158——環境パフォーマンス指標については、各大学機関や国際機構などによって、九〇年代より開発が進んだ。そのほとんどについて、北欧諸国はほぼ常に、上位にランク入りしている。このうちイエール大学とコロンビア大学の指標には、健康への影響、大気環境、水衛生、水資源、農業、森林、漁業、生物多様性と生息環境、気候とエネルギーといった多岐にわたる分野での指標が統合されたものとなっている。たとえば大気環境であれば、SO_2やNO_x、PMの濃度などを指標として用いる(Hsu, 2016)。

159——Dryzek et al., 2007.

160——Hajer, 1995, 26.

161——Weizsäcker et al., 1998.

162——Dryzek et al., 2007.

163——Jänicke et al., 1995. 岩渕、二〇〇〇年。高崎、二〇〇〇年。笹之内、二〇〇〇年。

164——Jänicke et al., 1995.

165——Jänicke et al., 1995.

166——Christoff, 1996; Dryzek et al., 2007. 同様の指摘は、ハイアールも行なっている（Hajer, 1995）。

167——Dryzek et al., 2007; Christoff, 1996.

168——ドライゼクは、緑のラディカリズムについて、「産業社会の基本的な構造と、その構造内部で環境が概念化されていく方法とを拒絶し、人間とその社会、そしてそれらの世界の中における位置について、まったく異なったオルタナティブな解釈に賛同している」と論じている（Dryzek et al., 2007, 10）。

169——Dryzek et al., 2007, 231.

170——緑の政治思想については、例えば以下を参照（Dobson, 2000; Wall et al., 2012）。

171——Pierson et al., 2002.

172——Mahoney et al., 2003.

第2章 欧州における地域環境協力制度の歴史的変遷

本章では、越境大気汚染の管理に先立って、欧州における地域環境協力制度の歴史的変遷を俯瞰する。長距離越境大気汚染対象とする時期は、欧州については、長距離越境大気汚染レジームが形成・発展をみる、一九七〇年代から一九九〇年代末までである。二〇〇〇年代以降、欧州環境協力はEUを中心にさらなる深化を遂げていくが、本書の目的に照らし、本章では割愛する。

欧州は、一国の国土面積が比較的狭く複数の近隣諸国と国境を接するがゆえに、元々国内問題であった公害問題が早々と国際化した地域であった。このため当地域では、国際河川、国際海洋、大気のいずれの分野においても、他地域に先駆けて環境問題に関する地域協力がはじまった。その代表例が、ライン川汚染防止国際委員会であり、一九七四年のバルト海洋保護協定(ヘルシンキ協定、HELCOM)であり、一九七五年の地中海環境保護条約であり、一九七九年の長距離越境大気汚染条約(LRTAP条約)である。

一方、一九七〇年代後半からは、リージョナリズムの主体であるEC、後のEUを核とした総合的な環境行動計画が展開されるようになる。このプログラムでは、越境問題ばかりではなく環境問題全般についての政策協調が重視されている。さらに、一九八〇年代以降は地球規模の環境問題に対してもEU共通の立場に基づく対外交渉が展開されるようになっている。また、EU(EC)は、総合行動計画と整合性をもたせつつ、個別の環境問題の要素に関する法的拘束力のある指令を採択するなど、国家レベルの環境政策に匹敵するような総合的な環境政策を展開してきた。

他方、一九九〇年代に入ってからは、EUとは一線を画した地域枠組も複数登場するようになった。その一つが、EU域内外国を含む欧州全域を対象としたEnvironment for Europe(欧州の環境)と呼ばれるプロセスである。同プロセスでは「環境問題に関する、情報へのアクセス、意思決定における市民参画、司法へのアクセスに関するオーフス条約」(以下オーフス条約)が策定された。他方、中東欧地域やバルト海沿岸地域などの小地域レベルにおいても、アジェンダ21行動計画に対応した小地域環境行動計画も策定されるなど、複層的な環境取組が展開されてきた。

本章では、越境問題対応型の地域枠組、EUの地域枠組、その他の地域枠組に大別して、それぞれの歴史的展開とその相互関係を素描し、欧州地域環境協力制度におけるパラダイムがいかに変容してきたかを考察する。

1 越境問題対応型の地域枠組

欧州において、越境汚染問題への取組みが最も古くに始まった地域は、ライン川であろう。はじめての地域協定が誕生したのは一八一六年のことであるが、これは河川汚染防止というよりはライン川を国際河川として認め、その自由航行を保障するといった国際河川の共同利用に関するものであった。環境保全を意識した枠組としては一八八五年の鮭保全のための協定があるが、本格的な環境管理を目的とした枠組の誕生は、一九五〇年のライン川保護国際委員会の設立を待たねばならない。ただし、ライン川保護国際委員会も、設立直後は実質的な河川環境改善活動にはほとんど貢献していなかったとされる。ライン川流域における経済活動の活発化に伴う汚染が深刻化し、流域国が環境改善の必要性について共有認識をもつようになったのは、一九六〇年代に入ってからのことである。ライン川汚染防止のための協定がスイス、ドイツ、フランス、ルクセンブルグ、オランダによって締結されたのは一九六三年のことである。常設事務局を有するようになったライン川汚染防止国際委員会は、ライン川の汚染防止のための調査実施、各締約国政府へ適切な措置の提案、将来の取決めの基礎作成などの業務に従事した。委員会による活動は、一九七六年の、ライン川化学汚染防止条約およびライン川塩化物汚染防止条約の締結につながっていった[1]。リージョナリズムの主体であるECは、同年、協定および条約に加盟している。八〇年代に入ると、ECおよび各国における大量の資金がライン川流域の環境改善事業に投下され、およそ二〇年もの月日を経た一九九六年には鮭が戻るほどの川に再生したことが報告されている[2]。

欧州における国際河川は、ライン川のみではない。他にもドナウ川やポー川などがあり、いずれも古くより国際河川の自由航行や環境保護を目的とした国際委員会が設立されている。ただし、環境管理の観点からすれば、これらの地域枠組がいかほど効果を上げたのかは定かではない。一九九〇年代に入ってから、他の国際河川でもライン川の取組みをモデルとした地域枠組形成が試みられており、例えばドナウ川に関しては、越境汚染および環境保護のため国際条約が一九九四年に採択され、一九九八年に発効するなどの動きがみられる。

次に、海洋環境に目を転じてみよう。欧州には、バルト海および地中海という二大閉鎖水域があり、いずれも深刻な越境環境汚染に悩まされてきたことが記録されている[3]。このうちバルト海沿岸地域は、一九六〇年代から、沿岸地域の急速な経済発展と産業化を背景に工場や船からの汚水が堆積し、生態系のバランスが崩れ始めたという。一九七〇年代には事態は深刻化して海の富栄養化が進行し、また海産物の乱獲によって海洋資源が減少していった。そこで、まず一九七三年に、ポーランドのイニシアティブでバルト海漁業会議が開催された。会議にはポーランドをはじめ、ソ連、スウェーデン、フィンランド、デンマーク、東西ドイツ、ECが参加し、海洋資源を保護するための方策が話し合われた。一九八二年には漁業規制に関する議定書が採択され、各国に漁獲高が割り当てられた[4]。これと並行して、一九七四年には、デンマーク、フィンランド、東ドイツ、西ドイツ、ポーランド、スウェーデン、ソ連が参加した多国間会合が開催され、より総合的に海洋環境にかかわるすべての有害な汚染に対する監視・保全活動の実施を目的として、HELCOMが策定された。条約は一九八〇年に発効し、同時に条約意思決定機関としてヘルシンキ委員会が設置された。委員会では、締約国による定期報告を基に海洋環境を継続的に監視するとともに、陸上起源の汚染削減や船舶からの汚染防止にむけた取組みを加盟各国に要請してきた。ただし、当時東側諸国から提出されていた環境データは質量ともに不十分であったこと、またヘルシンキ委員会における議決はすべて全会一致方式であり、また政策提言もあくまで勧告にとどまっていたこと、また、勧告内容をどこまで実施するかは各国の裁量にゆだねられていたとする指摘をふまえれば[5]、八〇年代におけるHELCOMの活動が、環境負荷低減の観点から十分な効果をあげたとは言いがたい。

しかし、九〇年代に入ると状況が変化する。まず冷戦終結によって、中東欧地域の劣悪な環境状況が広く知られることになり、環境改善活動のための資金が北欧金融グループやEU、欧州開発復興銀行や世界銀行などから多く寄せられるようになった。これについては次節以降に詳説する。社会主義国家時代とは異なり、環境データの開示・提供を躊躇しなくなった旧東側諸国からは、八〇年代に比べはるかに質の高いデータがよせられるようになったという。これらを軸に、より効果的な環境管理が可能になってきたことが指摘されている[6]。

一方の地中海に関しても、バルト海沿岸地域と同様に一九七〇年に地域枠組形成への模索が始まった。地中海では一九六〇年代から沿岸地域の環境汚染が深刻化していたが、汚染が何に起因するかという因果関係が明らかでなかった。そこで、沿岸各国は国連環境計画（UNEP）に、因果関係の解明と国際協調行動のための政策枠組形成を依頼した。これをうけて一九七五年、UNEPのイニシアティブによる地中海行動計画が策定された。翌一九七六年には地中海を汚染から保護するための条約（バルセロナ条約）と危険物ダンピング禁止およびオイルタンカー座礁等に伴う緊急時対策のための議定書が策定された。一九七七年にUNEPは、地中海の汚染は陸上起因の汚染源が主たる要因であるとする報告書を発行する。報告書を受けて、一九八〇年には陸上起因の汚染源に関する議定書が採択された。また、バルセロナ条約の組織も整備された。まず、地中海行動計画の調整ユニットがアテネに配置され、データ収集・分析あるいは各種環境改善活動の拠点となるセンターが旧ユーゴ、フランス、チュニジア、マルタおよびイタリアに設立されるなど、制度・組織面での体制も充実されていった。

地中海沿岸諸国は経済的にも政治的にも多様であり、この地域の安全保障が不安定な状態におかれ続けてきたことを考慮すると、地中海地域でこれほど包括的な政策枠組が短期に成功裏に形成されたことは、注目に値する。事実多くの研究者がバルセロナ条約の成功の理由を調査した。国際政治学者ハースは、生態学者や海洋学者の国境を越えた協働が国際的アジェンダの設定を促し、国際および国内の双方のレベルにおいて、強力な汚染防止対策導入へと誘導したと分析した[7]。第一章でも紹介した、認知共同体論である。

地中海行動計画のうち、環境負荷逓減について最も重要なのは、陸上起源の汚染源に関する議定書であった。同議定書は一九八〇年に調印され一九八三年に発効したが、レバノンとシリアを除く全加盟国が批准したのは一九九三年のことである。九〇年代に入ってからは、締約各国は徐々に国内法を整備しており、たとえば沿岸地域における廃水処理施設が増加していることが報告されている。この一事をとっても、地中海行動計画が沿岸各国の行動パターンを変化させるのに一定程度の影響を与えたことは確認できる。ただし、地中海行動計画が現にどれほど環境改善に実効を及ぼしたかに関しては、評価が難しいのとの指摘がある。指摘の背景として、汚染の度合いや排出源に関する時系列的なデータが不備であることが挙げられている[8]。

欧州地域において、国際河川、国際海洋と並ぶもう一つの重要な越境問題が、本書で取り上げる長距離越境大気汚染問題であるが、LRTAP条約レジームについては、前章ですでにあらましを述べており、また次章以降において詳説するため、ここでは割愛する。

以上にみた越境汚染対応型地域枠組は、世界的に国際環境管理の成功例と位置づけられるものばかりである。そして、欧州で地域レベルの環境管理が進んだのは、経済レベルが比較的高い先進国グループから構成され、また汎ヨーロッパ思想に基づく地域的一体感が強いからこそ可能であったと考えられることが一般的である。

しかし、こうした一般論が、少なくとも上述した越境問題対応型地域枠組には必ずしも妥当しないことを確認しておきたい。第一に、ライン川委員会を除く、いずれの枠組にも、構成国として、西欧諸国以外の経済レベルや政治体制が異なる国々が含まれている。すなわち、ヘルシンキ委員会やバルト海漁業会議、また長距離越境大気汚染条約には旧ソ連やポーランドなどの東側諸国が含まれていたし、地中海計画には、エジプト、シリア、アルジェリアなどの北アフリカ諸国が含まれている。地域枠組の構成メンバーは、均一的どころかむしろ多様である。

第二に、いずれの政策枠組の事務局も、リージョナリズムの主体であるEC（EU）にはおかれていないことである。ライン川委員会、ヘルシンキ委員会は、それぞれ加盟国のいずれかに事務局が新設された。地中海プログラム、長距離越境大気汚染はそれぞれ国連機関、つまり前者はUNEP、後者は国連欧州経済委員会（UN／ECE）に事務局が置かれた。さらに言えば、ECは上記の枠組に積極的に関与していた訳ではなかった。とりわけ、越境大気汚染問題では、西ドイツ、フランス、イギリスといったEC諸国が、加害国として糾弾される側にあった。EC自体が、条約形成に極めて消極的であったことは、全く不思議ではない。以上の点から、越境問題対応型の地域政策枠組創設には、必ずしも地域機構の存在が前提にならないことが確認できる。

だからといって、上記越境問題対応型枠組におけるEC／EUの役割が過小評価されてはならない。ECの存在が、各枠組の発展にとって重要性を増すのは一九八〇年代後半以降、つまり各政策枠組において、実質的な環境負荷低減への取組みが進む時期のことである。この時期は、ECが環境政策あるいは持続可能な発展政策を強化した時期と重なっている。それでは次に、EC／EUの政策枠組についてみていこう。

2 EC／EUの地域枠組

EUには、二〇一七年一月現在、ベルギー、ブルガリア、チェコ、デンマーク、ドイツ（加盟時は西ドイツ）、エストニア、アイルランド、ギリシャ、スペイン、フランス、クロアチア、イタリア、キプロス、ラトビア、リトアニア、ルクセンブルク、ハンガリー、マルタ、オランダ、オーストリア、ポーランド、ポルトガル、ルーマニア、スロベニア、スロバキア、フィンランド、スウェーデン、イギリスの計二八カ国が加盟している（二〇一六年六月、英国が離脱を表明）。しかし、環境行動計画が初めて策定された一九七三年には、設立メンバーである西ドイツ、ベルギー、フランス、イタリア、ルクセンブルグ、オランダと、加盟したばかりのイギリス、アイルランド、デンマークという、九カ国から構成されており、ECの環境協力もまた、この九カ国の状態から始まった。その概略は表2に示したとおりである。本節では、本書が分析対象とする七〇年からの九〇年代末まで中心に、EC／EUの環境枠組の変遷を俯瞰する。

✣七〇年代から欧州単一議定書まで

一九七〇年代、EC加盟国は九カ国へと増え、域内輸出比率も一九五八年には三〇％程度であったのが、一九七〇年代には五〇％を超えるなど[9]、域内経済相互依存が深まっていった。そのため、環境に対しても共通の取組が必要であるとの問題喚起されていた[10]。

そこで、一九七二年のストックホルム会議を機に、ECは一九七三年から一九七六年を対象として第一次EC環境行動計画を策定し、同様に一九七七年には第二次環境行動計画を策定した。その後、第三次環境行動計

表2 EC・EUの環境制度の歩み(1970～90年代末)

1973	EC第一次環境行動計画
1974	欧州環境庁設立
1977	EC第二次行動計画
1981	EC環境保護総局設立
1983	EC第三次行動計画
1987	EC第四次行動計画 単一欧州議定書 → ローマ条約に環境条項追加、欧州議会権限強化、理事会決議に特定多数決制導入 EU 地球環境管理でイニシアティブ発揮
1988	EC大規模燃焼施設指令
1992	排出ガス基準EURO1開始
1993	EC第五次行動計画 → 環境と持続可能な発展のための新戦略 EU 加盟候補国向け支援強化
1995	スウェーデン、フィンランド、EU加盟
1997	EU酸性雨対策戦略(→2002年 シーリング指令)

画(一九八三年)・第四次環境行動計画(一九八七年)・第五次環境行動計画(一九九三年)、第六次環境行動計画(二〇〇一年から二〇一〇年)、第七次環境行動計画(二〇一三年から二〇二〇年)に至るまで、断続的に環境行動計画が策定された。第五次行動計画以降は、いずれも経済活動と環境保全の両立や汚染者負担の原則、汚染予防の原則等が掲げられており、現在の第七次行動計画に至るまで貫かれているEU環境政策の中心的要素はすでに埋め込まれている。EUでは、こういった総合的な環境計画と両輪で、個々の環境問題に関連して汚染防止の規制のための指令や決議を多数策定している。また、機構面については、一九七四年には欧州環境局が、一九八一年には環境保護総局(DG－XI)が設立された。

現在でこそ環境問題対策先進地域としての地位を確立した感のあるEUだが、七〇年代・八〇年代半ばごろまでのECの環境政策がどれほど先進的であったかについては、注意深い吟味が必要なところである。ECの環境政策を概観すると、一九七三年から一九八六年までの時期には、総合的な環境行動計画に加えて、水質や大気質・有害廃棄物投棄等を規制するため一〇〇を超える指令が策定されている。しかし、これらの施策は、あくまで自由貿易振興のための統一規格作りが目的であったため、環境保護の観点からは十分とは言いがたく[11]、また数々の指令・決議・行動計画が策定されたといえども、施策の関連性としては、全体の方向性やまとまりに欠けていたとする見方が一般的である[12]。たとえば、大気汚染の主要な汚染源である自動車排ガス基準について、ECの指令が策定されたのは一九七〇年であったが、実質的な乗用車向けの排ガス基準規制が導入されたのは、一九九二年のことであった[13]。

対策の遅れの背景として、ECの環境政策に法的根拠が乏しかったことが指摘されている。ECの前身であるEECの設立条約(第一次ローマ条約)には、環境保全に関する条文が設けられていなかった。それゆえ、ECの環境政策は「事実上、確固たる方向性が定まっておらず」、「断片的で状況対応的であり」、「環境保護総局の担当者の個人的な関心によって大きく左右され」ていたという[14]。

この状況に大きな変化を与えたのが、一九八七年に発効した欧州単一議定書であった。欧州単一議定書は、EC第四次環境行動計画が策定された一九八七年に発効しており、以下の点において、ECの環境政策の進展に大きな影響を及ぼしたことが指摘されている[15]。

第一に、それまではアドホックに制定されてきたECの環境政策に、法的基盤が与えられたことである。単一欧州議定書のうち、一九五七年に発効したEECのローマ条約改定では、ECは、環境に関する行動目的を「環境質の維持・保護・保全、人間の健康保護への寄与、天然資源の控えめで合理的な消費、地域あるいは地球規模の環境問題の国際的な取組推進」と規定し(第一三〇条r①)、そのためにECとして、環境政策を発展させるべきことを明示した(第一三〇条r②)。このことにより、ECにおける環境政策の優位性にも根拠が与えられた。

第二に、議定書によって経済統合の動きに更に拍車がかかり、各種障壁撤廃への流れが格段に強化されたことである。単一欧州議定書では、経済・市場の統合に伴って、EC域内では「境界のない領域」を作り出す必要性を謳っているが(第一三条)、そのためにはECでは「物理的障壁」、「技術的障壁」「税障壁」を撤廃する必要があった[16]。一六加盟国間で異なった製品規制や基準が存在すれば、それによって生産パターンやコストがゆがめられて、共通市場の効率的な運営が損なわれるおそれがあるからである。そこで議定書は、すべての政策分野に関してEC域内の規制・基準を標準化させることをめざし、その標準化プロセスに環境保護の要件への考慮を義務付けたのである(第一三〇条r②)。ここに、経済と環境の統合に向けた具体的な道が開かれた。

第三に、EC共通政策の政策過程が改革されたことである。従来ECでは、重要な政策が決定される際は、理事会の全会一致が必要であった。言い換えれば、域内で一国でも決議に反対する国があれば、拒否権を行使することが可能であった。そのため、環境面でも、緩やかな環境基準を求める国の反対によって、厳しい環境基準の導入は難しくなっていた。しかし議定書の定めにより、理事会決議が特定多数決制となったこと、さらに立法過程で欧州議会の関与を大幅に認める「協力手続き」で環境保護派が強い議会の権限が増したことから[17]、実効力のある厳格な環境基準・規制の導入が格段に容易になった。その一例として、一九八八年に採択された大規模燃焼施設や、一九九三年以降導入され強化された自動車排気ガス規制のケースが挙げられる。いずれのケースにおいても、欧州の中では他国に先駆けて厳しい規制を導入した西ドイツまたはドイツがEUへの導入を進めたと、先行研究により明らかにされている[18]。

第四次環境行動計画は、上記のような単一欧州議定書による環境政策強化に基づき、経済と環境の統合を具体化するために必要な事項を詳細に描いたものとなった。さらに議定書は、環境施策を準備するにあたって「科学的・技術的データ」が重要であることを指摘し(第一三〇条r③)、環境に関するデータ・情報を収集し公開することを目的に、欧州環境機関が設立された[19]。

なお、ECでは、域内政策に加え、対外政策においても共通の立場で臨むようになってきている。ECが対外交渉を行う場合、域内各国が個別に対外交渉を行うのではなく、「EUトロイカ」と呼ばれる代表団チームを結成して対外折衝を行うことが慣例になっている[20]。「EUトロイカ」とは、欧州理事会の議長国とその前後に議長国を務める二カ国の計三国で構成され、これに欧州委員会の担当者が入った交渉団を形成する。議長国は、半年毎に交代する。このEUトロイカ方式は、一九八〇年代後半に出現した地球規模の環境問題に対する国際交渉でも活用された。最初の事例はオゾン層破壊問題である。現在の環境保護派のイメージとは逆に、交渉開始時のECは、オゾン層破壊問題そのものの存在に懐疑的であり、オゾン層破壊物質規制の導入にも後ろ向きであった[21]。しかし一九八七年に、議長国がイギリスから、環境規制導入に前向きな西ドイツに変わると、ECは徐々にそのスタンスを変え、やがてEC全体で、ウィーン条約・モントリオール議定書のコミットメントを受け入れるに至った。

他方、地球温暖化問題では、EUはより先導的な役割を果たし、世界のどの地域よりも厳しく実効性のある温暖化抑制政策を牽引してきた[22]。とりわけ、京都議定書の交渉過程においては、当時のEU議長国オランダの強いリーダーシップの下、ECは法的拘束力を持つ温室効果ガス排出削減数値目標導入に成功した[23]。また、目標数値の達成に関しては、欧州バブルといわれるように、域内各国の個別事情に照らし合わせて目標数値を差別化させ、全体として一八%になるように定めた。さらに、温室効果ガス削減目標をより効果的に達成するために、京都メカニズムのひとつである排出量取引を、欧州内で実現させる準備が進められている。

❖EUにおける戦略的・包括的環境枠組の発展

一九九〇年代に入ってからのEC(EU)を特徴付けているのは、地球規模の環境対策と域内の環境問題を経済と環境の統合という観点から包括し、さらに統合的なアプローチを取り入れている点である。すなわちエンドオブパイプ型の環境規制の導入ではなく、より包括的戦略的な観点から、持続可能な発展のあるべき姿が追求されている。このような戦略的・包括的取組みが明文化されたのが、一九九三年に策定された第五次環境行動計画であった。この行動計画では、環境保護を高いレベルで行うこと、補完性の原理にもとづいた地域の多様性を考慮したうえで環境保全を進めること、汚染者負担の原則、発生源対策の重視、予防的行動、予防原則といった先進的な政策原則が明示的に組み込まれた。

このうち、補完性の原理については、いくばくかの補足が必要であろう。補完性の原理とは、「個人が自らできることは個人が行い、個人では不可能あるいは非効率なことは、家族・地域社会で行い、家族・地域社会でもできないことは市町村が、それでもむずかしいことは県が行い、県でも手におえない事は国が行うという、小さな単位を優先させる原理」「住民に身近なところからの階層秩序原理」と一般的に理解されている[24]。近年、地方分権の文脈から、権限委譲、業務移管という意味合いで、日本でも盛んに議論されている概念であるが、EUにおける補完性の原理は、ややニュアンスが異なっている。先行研究によれば、EUにおける補完性の原則の根底には、戦前に台頭した全体主義へのアンチテーゼがあり、「個々の市民を自由で自律した人格の担い手として尊重すべしとする価値観」、すなわち「個人の尊厳」を尊重するという立憲民主主義の基本原理と不可分な原理がある[25]。それを基底に、一九八五年の欧州地方自治憲章では、「公的な責務は、一般に、市民に最も身近な地方自治体が優先的に履行する」ことが明記されている[26]。また、一九九三年に発効したマーストリヒト条約第三条bにおいては、「共同体が排他的権限を持たない分野においては、共同体が行動したほうが規模と効果のためによりよく達成の目的が加盟国によっては十分な成果が得られず、共同体が行動したほうが規模と効果のためによりよく達成される場合に限って、共同体は行動する」と定められている。環境問題の場合は、たとえば大気指令に長年抵触したギリシャが罰金という制裁措置を受けたように、国家としては必ずしも合意していない指令により法的に拘束されることはある。しかし、そうした強制的な超国家的法規で、すべてトップダウンで行なうのはよしとしない。むしろ、補完性の原則の含意は、そうしたエコロジー的な全体主義と、民主主権を、いかに調和させるかという試みとして解釈される[27]。すなわち、自然と人間の共生のために、包括的な視野から環境上の目標を大枠で出し、そこにどう到達するかという筋道や手法については、できるだけ低いレベルでの自律、自決を尊重し、また

図6 EU第五次環境行動計画における「環境と持続可能な発展のための新戦略」概図

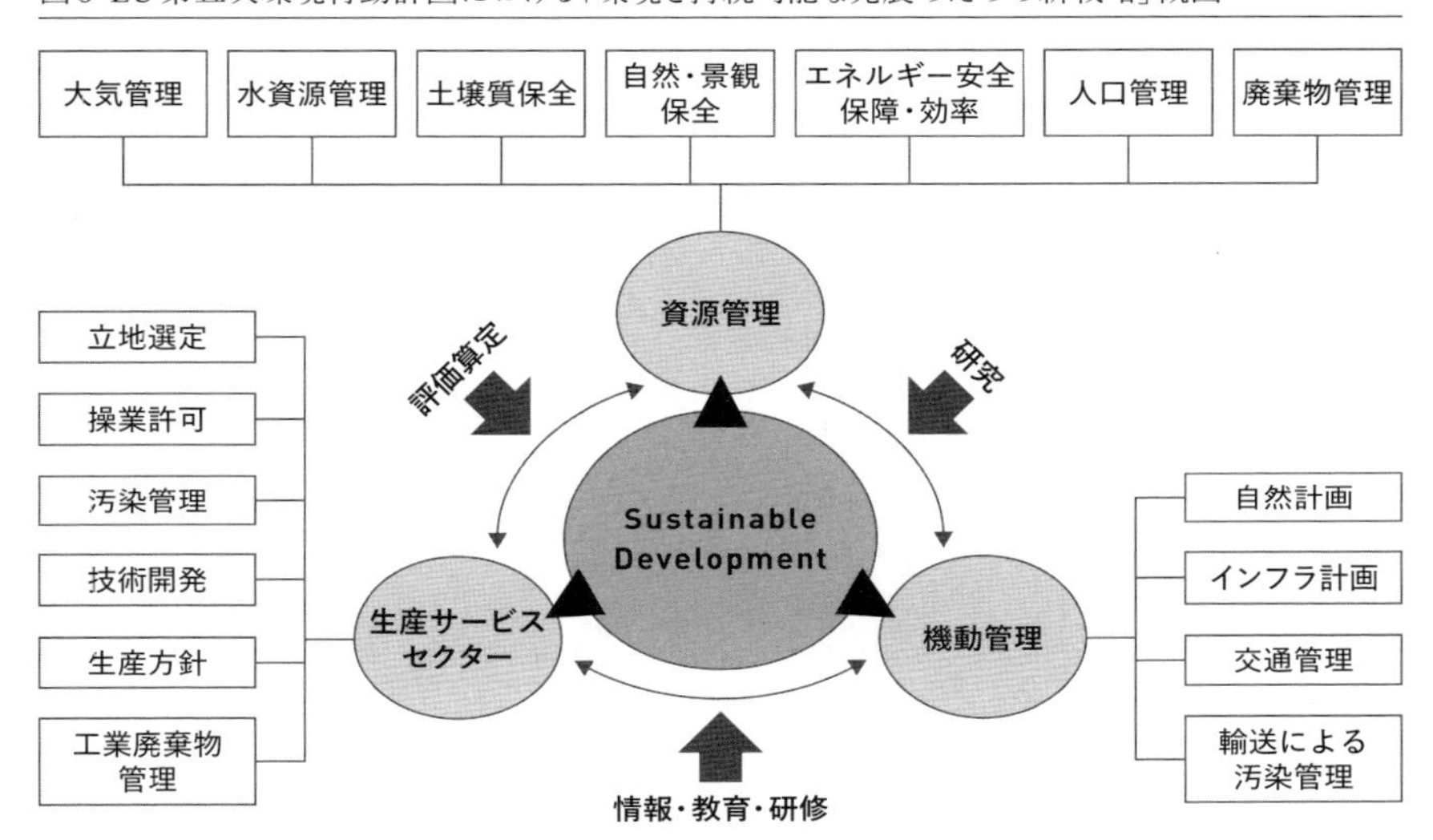

出典：CEC（1992）（筆者翻訳）。

それを支援するという姿勢である。

このような政策原則をふまえ、第五次環境行動計画では、気候変動問題・酸性化問題・水質汚染・土壌劣化・廃棄物管理等の主要な環境問題について、個別的に取り組むのではなく、むしろ政府や企業・市民や専門家といった各関連主体間の相互作用、および製造業・エネルギー・運輸・農業・観光事業といった主要経済セクターに環境的要素を統合させることで、戦略的に持続可能な発展をめざすことが目標とされた。様々な政策分野・資源利用・セクター統合型の取組に関する相互依存関係は、図6に示したとおりである[28]。資源管理、軌道管理、生産サービスセクターの三軸を連携させ、持続可能な発展を目指すこと、そのために情報共有、教育、研修を促進させ、戦略的研究を進め、そのパフォーマンスについては評価算定を加え、相対的に管理していこうとする枠組である。このように、経済発展と環境保全を相反するものではなく、同時達成可能なものと捉え、その為に総合的戦略的アプローチを採用するというエコロジー的近代化のパラダイムが、初めて明解にしめされたのが、本行動計画

表3 エネルギー・セクターにおける主要施策(EU第五次環境行動計画)

施策	手法	主体者
持続可能なエネルギー使用・使用方法改善のための意識向上やインセンティブ付与	情報・教育・消費者研修	MS+EC+市民+ES
	産業と効率性に関する取決締結	MS+産業+EC
	関連者の行動規範作成	ES+MS+産業+EC
	経済・財政的手法の導入	EC+MS
	汚染を助長する政策の廃止	MS+EC
エネルギー効率化プログラム	PACE、SAVE、国別計画の実施:	EC+MS+産業+ES
	A) 低価格立案	産業+ES
	電気器具や乗物のエネルギー効率基準策定	ES+MS+産業+運輸
	B) エネルギー技術効率基準策定	EC+産業
	C) 建物の断熱基準策定	MS+産業+EC
	D) 天然ガス供給システムからのメタン漏出最小化	MS+ES
技術プログラム	THERMIE・JOULEプログラム実施	EC+MS+産業+ES
	新エネルギー技術研究開発と実用化	〃
	再生可能エネルギーの研究開発(バイオマス等)	〃
利用促進プログラム	ALTENER:再生可能エネルギー利用促進(試行プロジェクトの実施や標準化)	〃
原子力安全プログラム	原子力エネルギーの安全と廃棄物に関する研究	EC+MS+ES

注:関連主体者のうち、MS=加盟各国レベルでの行動、EC=EUレベルでの行動、ES=エネルギー・セクターをそれぞれ示す。PACE、SAVE、ALTENER、JOULE-THERMIEは何れもRT&D枠組プログラムのもとで作られた援助プログラム。SAVEはエネルギー効率改善、ALTENERは再生可能なエネルギー開発促進、JOULE-THERMIEは新クリーンエネルギー等のデモンストレーション等を行う。このうちSAVE IIでは1996年から中東欧諸国へも支援を開始した。
出典:CEC(1993)より作成。

だったのである。

EU第五次行動計画では、とりわけ製造業・エネルギー・運輸・農業・観光事業という五セクターに焦点を当て、それぞれについて目標・具体的施策・達成時期・主体を指定して詳細な計画を作成し、さらにこれらを実現するために様々な資金メカニズムを構築した。表3に、エネルギー・セクターに関する計画の概要を例示した。再生可能エネルギーの技術開発や利用を促進する一方、建物や乗り物における省エネ基準を設け、また環境汚染を助長する政策を廃止させる。さらに、一連の政策を促進させる為の意識向上やインセンティブ付与を強調するなど、これら総合的なアプローチは、温暖化問題、酸性雨問題、大気汚染問題などの異なる環境問題に総合的に対応しつつ、新たなエネルギー・セクターの成長も目指すという政策パッケージとして表れている。一体的に単なる施策を並べるばかりでなく、それを達成させる為の手法や、主体者、資金メカニズムまでを含んだ実効的な計画作りは、第五次環境行動計画以降の特徴と言って良い。

一九九六年に欧州委員会が出したプログレス・レポートは[29]、各種施策が概ね順調に進んでいると評価した[30]。エコロジー的近代化のパラダイムに基づき、戦略的・包括的環境行動計画を策定し、実現可能性を高める為に主体者や資金まで特定するという方法は、二〇〇一年からの第六次環境行動計画にも踏襲されていくことになる。

EUの環境政策が段階的に強化・進化されていくのと並行するようにして、EC（EU）は徐々に加盟国を増やしていった。一九八一年一月にギリシャが一〇番目の加盟国になり、一九八六年にはスペインとポルトガル、さらに一九九五年オーストリア、フィンランド、スウェーデンが加盟し、EUは一五カ国となった。

このうち一九九五年のスウェーデンとフィンランドの加盟以来、EUの環境取組が一段と積極的になっていることが観察される。たとえば、一九九七年に酸性化対策戦略が打ち出された。それまで酸性化問題は、主に長距離越境大気汚染条約のもとで交渉されてきたが、EUは条約による問題改善効果を認めつつも、現行の対策ではまた不十分であると判断した。そこで、更なる汚染物質排出の削減に向けて、国別排出上限（シーリング）指令の交渉が展開され、二〇〇二年に採択された。

上記のような一連のEU環境政策は、EU加盟国に適用されることは言うまでもないが、EU域外国のうちEU加盟候補国、つまり中東欧の移行期経済諸国にも影響を及ぼした。すなわち、EU加盟候補国が、EUの加盟要件を満たすためには、EUの各種法政策を遵守しておく必要があるというのである。EUは第五次環境行動計画のもとで、一九九七年に「環境と持続可能な発展に関する欧州諮問フォーラム」を設置した。フォーラムはEU拡大と環境に関して検討を行い、加盟候補国に対し、以下のような政策提言を行った。すなわち加盟候補国は、加盟の条件として①全ての政策分野に環境要素を統合させること、②上記を実現するために制度面を整備すること（とりわけ、環境以外の全ての関連制度において環境目標・課題設定を行うこと）、③加盟するための環境費用および便益を評価し、利用可能な財源を優先課題に振り分けること、④以上の事柄について、透明性を高め、情報公開・市民参加を促進すること、を求めたのである[31]。ただし、候補国がEUの要件を満たすためには、一二〇〇億ECUもの投資が必要との試算があった[32]。このような巨額な投資は、移行期経済諸国である加盟候補国のみで到底まかなえるものではない。フォーラムは同時に、EU側に対しても、加盟国の環境施策を支援するよう求めた。そうして、TACISやISPAといった中東欧向け援助プログラムが設立された[33]。また表3に掲げたようなSAVE、THERMIE、その他のプログラムを通じて、EUは中東欧諸国のエネルギー効率の改善やエネルギー消費の抑制に関するプロジェクトを数多く実施した。その結果、中東欧諸国における大気汚染物質は大幅に削減をみたことがEU公式文書から確認できる[34]。以上から、EU環境法政策が、域内各国のみならず、加盟候補国にまで影響を及ぼしていることは明らかである。

EUにおける環境協力は、二〇〇〇年以降も、さらに拡大し深化を遂げており、今日にいたるまで、欧州の環境協力枠組の核心を占めるものである。にもかかわらず、欧州における環境協力は、前述の越境問題対応型枠組、およびEUの枠組だけでは捉えきれない。以下に、EU外の枠組をさらに追っていこう。

3　その他の地域政策枠組

❖民主化促進のための地域協力

冷戦終結以降に誕生した地域枠組は、その系譜をたどると、冷戦終結すなわち社会主義体制の崩壊と強く結びついている。一九八〇年代を通じ、ソ連および他の社会主義諸国では、大気・水・廃棄物全ての分野において劣悪な環境状況におかれていたことは、よく知られている。バルト海南東岸もそうした環境下にあった。しかし、一九八〇年代半ばになると、バルト三国のソ連からの独立が現実味を帯びるようになった。当時、ゴルバチョフ政権下のペレストロイカ・民主化政策を受け、バルト三共和国では独立志向の強い民族主義運動が展開されていたが、民主化・独立運動は、環境保護運動と密接な関係を持っていた。ソ連下のバルト三共和国内では、大気・水・土壌汚染が大変深刻であったが、環境汚染源である工場や企業はモスクワの管理下にあり、環境保護活動は当局から大きな圧力をかけられ、共和国の訴えが中央政府に届くことはほとんど無かったとされる。しかし一九八〇年代後半、ラトビアで大規模な水力発電所の建設計画反対運動が成功すると、この動きはリトアニアやエストニア全体に広がり、やがて、バルト三国の連帯を示す民主化・独立運動へと変容していったのである。こうした流れの結果、一九九〇年三月にリトアニア共和国最高会議はソビエト連邦からの独立宣言を行い、ラトビア、エストニアもこれに続いた[35]。

バルト三国のケースに象徴的に示されるように、ソ連および他の中東欧諸国は、その後雪崩を打つように、社会主義体制に終止符を打ち、民主化、移行経済への道を歩むこととなる。民主化の過程で環境保護が重視されたのは、前段となる民主化運動と環境保護運動の密接な関係を考えれば、当然のことであったろう。果たして、冷戦終結後、アメリカや欧州諸国、EUは、民主化と環境保護を関連づけた援助をバルト三国を含む中東欧諸国に広く展開していった。その一大拠点となったのが、一九九〇年にハンガリーのセンテンドレに設立された中東欧環境センター（以下REC）であった。

RECの設立構想は、アメリカの強い働きかけにより浮上したという。RECは、一九八九年、当時のブッシュ米大統領がハンガリーを初めて訪問した際、設立が提案され、一九九〇年にハンガリーとアメリカ、ECが署名したREC憲章をうけて設立されたと記録に残っている[36]。RECは、厳密にはハンガリーの一法人であるが、アメリカ、ECおよび日本がドナー国として基金の大半を拠出してきており、とりわけ一九九〇年代後半にはECの関与が増大するようになった[37]。憲章によると、RECの目的は「全ての環境問題に関する地域協力及び市民参加の促進を通じて、中東欧諸国の民主化移行を支援すること」である。つまり、RECの第一義的目標は、あくまで民主化への移行を支援するところに有り、「環境問題」は、それを達成するための手段という位置づけである。日本がアジア各地で展開した環境協力センターなど、他地域の類似の地域環境センターには殆ど見られない点である。実際に、RECでは「民主化促進」のための、数多くの贈与金を直接環境NGOに供与することによって、(環境)NGO育成に努めてきた。と同時に、RECは市民参加のマニュアルをはじめとする数々の出版物も公表してきた。

環境と民主化を結びつけた取組みは、全欧規模でも進展をみた。一九九八年に採択された、環境に関する情報へのアクセス、意思決定における公衆参画、司法へのアクセスに関するオーフス条約(環境に関する、情報へのアクセス、意思決定における市民参加、司法へのアクセスに関する条約)である。環境への市民参加と情報公開が、法的拘束力のある国際条約として展開されたのは、今日に至るまで、他地域では類を見ない。同条約の舞台となったのは、LRTAP条約の事務局でもある、UN/ECEであった。そのプロセスは、Environment for Europe(欧州の環境)とよばれている。オーフス条約は、環境に関する情報に市民が適切にアクセスできること、環境に関する政策決定過程に市民が適切に参加できること、環境に関する司法に市民がアクセスできること、の三点について、各国に法制化・制度化を求めた。また三分野における市民の権利の保障も同時に要求した[38]。オーフス条約は、小国のモナコ、リヒテンシュタインを除く、UN/ECE加盟四六カ国とEUが批准している。同条約については、中東欧諸国よりも西欧諸国で批准が遅れる傾向が見られた。筆者による政策担当者へのインタビューによれば、中東欧諸国の情報公開を迫った同条約が、西欧諸国にブーメラン効果のように影響を及ぼしたことが指摘されている。つまり、相対的に情報公開度が高かった西欧諸国においても、同条約が求める情報公開や意思決定へ

表4 バルト海沿岸地域の環境政策の発展

1970年代	
1972	国連人間環境会議（ストックホルム会議）
1973	バルト海漁業会議
1974	バルト海洋環境保護協定、HELCOM設置
	北欧環境保護条約
1975	欧州安全保障協力会議（CSCE）ヘルシンキ合意書 →　環境保護分野の具体化をUN／ECE委託
1990年代	
1990	中東欧環境センター（REC）設立
	北欧議会 北欧環境金融公社（NEFCO）設立
1992	バルト海沿岸諸国会議（CBSS）設立
1995	バルティック環境フォーラム（BEF）設立
1996	バルティック21策定
	バルト都市連合設立

の参画レベルの高さゆえに、国内法などの整備に迫られたというのである。

❖小地域レベルでの枠組

EU外の欧州地域環境枠組は、欧州全域にまたがるものばかりではなく、小地域レベルでの協力も複層的に存在する。ここでは、バルト海沿岸地域を例に、複層的ガバナンスの諸相をみていくとしよう。

バルト海沿岸地域の枠組に入ってくる国は、デンマーク、フィンランド、アイスランド、ノルウェー、スウェーデンの北欧五カ国に、エストニア、ドイツ、ラトビア、リトアニア、ポーランド、ロシアを加えた一一カ国である[39]。この地域における多国間環境協力は、表4に示すように、一九七〇年代と一九九〇年代以降にそれぞれ大きく進展した。

バルト海沿岸地域は、一九六〇年代から、沿岸地域の急速な経済発展と産業化を背景に、一九六〇年代頃から工場や船からの汚水が堆積し、生態系のバランスが崩れ始めた。一九七〇年代には、これがさらに深刻化して海の富栄養化が進行し、また海産物の乱獲によって海洋資源が減少していった。バルト海沿岸地域における環境協力は、まさに海洋汚染防止・海洋資源保護の分野から始まった。本章の冒頭でも紹介したHELCOMである。

他方、大気汚染については、バルト海沿岸地域全域ではなく、北欧議会を舞台とした穏やかな協力が進められてきた。北欧議会が設立されたのは一九五二年のことで、当初は議員レベルでの交流にとどまっていたが、一九七二年からは政府間協力のフォーラムとして北欧閣僚会議も開催されるようになった。それ以降、サミット会合と各閣僚会合がおよそ二年に一度の頻度で開催されるようになり、環境を含める幅広い分野について政策対話がもたれ、政策の提言も行われてきた。

北欧議会は、決議に強制力がなく、また全会一致方式をとっているため、議会を通じての環境協力も、他政策分野と同様、緩やかなものにとどまった[40]。北欧諸国は一九七四年に北欧環境保護条約を締結している。一九七六年に発効したこの条約では、環境上有害な影響を受けたものは、汚染源である被告の国内で提訴できることを規定しているが(第三条)、どこまで実際の効果を想定していたかは定かではない。越境汚染は、通常、汚染源の特定や被害の証明が難しい。とりわけ酸性雨の場合には科学的不確実性が大きく、また汚染源と考えられていたイギリスやドイツをはじめとする西欧諸国がこの条約に参加していなかったことも考え合わせると、条約本体による汚染低減効果は、殆どなかったと考えるのが妥当である。

同様のことは、海洋汚染についてもあてはまる。すなわち汚染源の大半は、スカンジナビア半島対岸の旧ソ連であったことをふまえると、そうした地域を含まない北欧地域内のみでの越境汚染の提訴という方法に、どの程度の効果があったかは疑わしい。ただし、北欧議会の緩やかな協力形態は、それ自身として法的拘束力のある条約や協定・指令などを生み出すものではなかったが、数多くの域内研究協力を支援し[41]、また政策担当者間の政策対話の機会を増大させていった。このような北欧内におけるフォーマル・インフォーマルな協議が、一九七九年締結のLRTAP条約の形成プロセスにおける北欧の協調姿勢に影響を与えたことが、政策担当者からも指摘されている[42]。

以上にみられるように、一九七〇年代・八〇年代におけるバルト海沿岸地域における環境協力は、HELCOMと北欧議会を中心として、緩やかに展開されていた。一九九〇年代に入ると、冷戦終結に伴って、従来からの地域環境協力機構の活動も活発になった。一九九〇年、初のサミットが開催され、HELCOM参加国に加えノルウェーやチェコスロバキア、欧州委員会、さらに世界銀行などの国際金融機関も参加した。サミットでは、バルト海海洋環境を総合的観点から改善すべきこと、そのための環境監視を強化すべきことが議論された。これをうけて、一九九二年には協定改正が行われ、またバルト海共同包括環境行動プログラムが採択された。HELCOMでは、特に汚染がひどい地域をホットスポットと認定し、国際金融機関等から支援を受けて、その汚染低減のためのプロジェクトを開催してきた。一方の北欧議会も、冷戦終結を受けて、次第に対岸のバルト海沿岸諸国への関与を強めるようになった。北欧議会は一九九〇年頃より中東欧地域向けの支援政策を数々に決定していったが、特に力を入れたのがバルト海沿岸諸国の環境問題に関する援助計画であった。北欧議会では、援助計画を実施に移すために、北欧環境金融公社(NEFCO)を一九九〇年に設立した[43]。NEFCOは二〇〇〇年代以降も、バルト海やバレンツ海汚染関連、および同地域の越境大気汚染関連の環境調査等のプロジェクトへ優先的融資を行なっている。またNEFCOと同様、北欧金融グループの一員である北欧投資銀行(NIB)も、一九九七年よりバルト海沿岸諸国へ熱供給発電システムの改善などの小中規模環境プロジェクトをはじめとする、数々の環境プロジェクトへの融資を開始した[44]。

バルト海沿岸諸国に援助を開始したのは、NEFCOをはじめとする北欧金融グループだけではなかった。元東側諸国の劣悪な環境状況が明らかになるにつれ、世界銀行、欧州復興開発銀行(EBRD)、EUをはじめ、多くの多国間/二国間ドナーが、バルト海沿岸諸国を含む中東欧諸国および独立国家共同体へ大規模な環境援助を展開した。こういった中東欧向け環境援助は、ドナーの目的や志向によって重複する場合もあれば、優先順位が高いにもかかわらず援助が行き届かない分野もあるなど、全体として必ずしも効果的でないという批判は絶えずあった[45]。そこで各援助機関は他の援助機関と協力し援助の質の向上をはかるための措置を講じてきた。たとえば、EBRD、世界銀行をはじめとする複数の国際金融機関およびイギリス、アメリカ、北欧諸国を含むドナー国が集って、プロジェクト準備委員会が設立され、ドナー間のプロジェクトのマッチングをはかるようになった[46]。

優先事項を特定し、効果的に資金が運用されるようとする試みは、ドナー側のみならず、バルト海沿岸地域内においても始まった。これが、九〇年代後半にはじまったバルティック21行動計画である。バルト海沿岸地域における持続可能な発展を促進させるために、関連アクターのネットワーク化を通じて、重層的に存在する複数の枠組の調整が試みるという同計画策定の提案がなされたのは、一九九六年五月に開催されたバルト海沿岸諸国会議(CBSS)の場であった[47]。

このプロセスが、CBSSのサミットレベルでの提案によって始まったことは以下の点において、重要な意味合いを持ったと考えられる。第一に、環境大臣レベルでなく国家首脳レベルでのイニシアティブであったために、バルティック21では単に環境保全を推進するというよりは、環境と経済の統合、すなわち持続可能な発展そのものの観点を強調した点であった。第二に、首脳という国家最高レベルでの決定であったために、環境関連のアクターだけでなく、すべてのセクターの行為主体を統合するプロセスが可能になったという点であった。第三に提案された場所がCBSSであったことから、バルト三国だけでなく北欧、ポーランド、ロシアを含むバルト海沿岸地域のすべての国が、プロセスに参加したということであった。また、CBSSにはEUも参加しているために、EUとの密接な連携も念頭に、行動計画が策定された。サミットでの提案を受けて、一九九六年一〇月、CBSS環境大臣会合で、バルティック21策定に向けたプロセスが公式に開始され、一九九九年に開催されたサミットの場において承認された。

バルティック21の主目的は、バルト海沿岸地域の持続可能な発展を達成することである。一九九二年のグローバルレベルでのアジェンダ21行動計画を受け、バルト海沿岸諸国に既に存在する、各国レベル／地方レベルでのアジェンダ行動計画と整合性を持たせ、それらを補完するようにバルティック21は策定された。

具体的には、経済上・環境上重要な、農業、エネルギー、漁業、森林、工業、交通・運輸、観光に加え、空間計画が選定され、それぞれのセクターに関して、持続可能な発展のための目標やシナリオが設定され、セクターごとの行動プログラムも策定された。また、これらの目標達成度を継続的に監視するための指標も作成され、フォローアップ活動も行われることになっている。各指標は、バルト海沿岸地域が進むべき方向を議論する上で、必要な情報提供の役割を果たすものとなっている。これらの指標を基にデータが集められ解析されて、二年に一度の頻度で、レポートが公表されるようになった。

バルティック21の特徴は、各国政府に加え、EU、北欧議会のような地域機構、国際金融機関（世界銀行、EBRD、欧州投資銀行、NEFCO等）、自治体やNGO連合、ビジネス／産業、研究所等を含む幅広いアクターが、バルティック21プロセスのもとに、ネットワーク化されることである。バルト海沿岸地域は、下位協力とよばれる自治体レベルでの協力が進んでいることが特徴的であるが、これはバルティック21プロセスにおいても例外ではない。バルティック21策定の翌年の一九九七年、フィンランド・ラティにおいて「バルティックローカルアジェンダ21フォーラム（BLA21F）」が設立された。BLA21Fには、デンマーク、エストニア、フィンランド、アイスランド、ラトビア、リトアニア、ポーランド、ロシア、スウェーデンの九カ国の大学や自治体が参加している。BLA21Fにおいては、ローカルアジェンダ21の実施過程に関与する利害関係者間のネットワーク作りとともに、持続可能な開発について、情報および経験を共有するためのさまざまな活動を行っている。たとえば、ローカルアジェンダ21の実現過程上でさまざまな利害関係者となる商業組織や消費者団体、そしてNGOとともに、各省庁の代表者や地方政府関連機関、地方で権限を有する組織を一堂に召集し、国民会議を開催したり、またローカルアジェンダ21を作成していない国やグループに対して、これを作成し設置するための支援を行ったり、あるいは国家代表部と折衝する際の支援を行うなどの活動を展開している。

バルティック21プロセスの実施体制の中核をになうのは、意思決定機関である高級事務官レベルグループ(SOG)である。SOGに参加するのは、バルティック21の主要なメンバーの代表者すべて、すなわち、CBSS一一カ国各国政府と欧州委員会、HELCOMやUN/ECEをはじめとする国際機関、EBRDや欧州投資銀行(EIB)、NEFCOやNIB、世界銀行などの国際金融機関、BLA21Fをはじめとする多くの自治体/NGO連合などが含まれている。これらすべてのメンバーは、「開かれた、民主的で透明性の高いプロセス」という原則の下に、それぞれがバルティック21をどのように実施しているのかを報告・公表しあいバルティック21行動計画の実施をフォローアップするとともに、公式/非公式な方法でもって互いのパートナーシップを高めている。このように、意思決定機関であるSOGに、幅広いアクターが参加することは、バルティック21のひとつの特徴となっている。言い換えれば、ネットワーク化を通じて、すべてのアクターはバルティック21実施に関し各々の役割を果たすことが強く期待されている。さらに七つのセクターとその活動に関しては、それぞれ主導メンバーと責任主体者が特定され、それぞれ各プログラムの活動を主体的に促進させることが期待されている。

バルティック21では、行動計画を効率的に実施するために、意思決定の調整ばかりではなく、財政面での調整も図られている。

地域、国、地方と、異なるレベルの行動計画を統合させたという特徴を持つバルティック21の実施そのものに関しては、官民をまたがって、広範囲にわたる資金が必要とされる。行動計画実施に必要なコストは、各国政府や市町村が資金を拠出するか、あるいは国内のプライベートセクターを活用するなど、国内での調達が原則である。しかしながら、移行経済国のほとんどは、国内で行動計画実施に十分な資金を調達することが難しく、外部からの資金調達が重要であった。そこで、バルティック21では、優先度の高い分野に優先的・効率的に資金調達

図7　バルト海沿岸地域の地域環境枠組みと各援助機関とのリンケージ

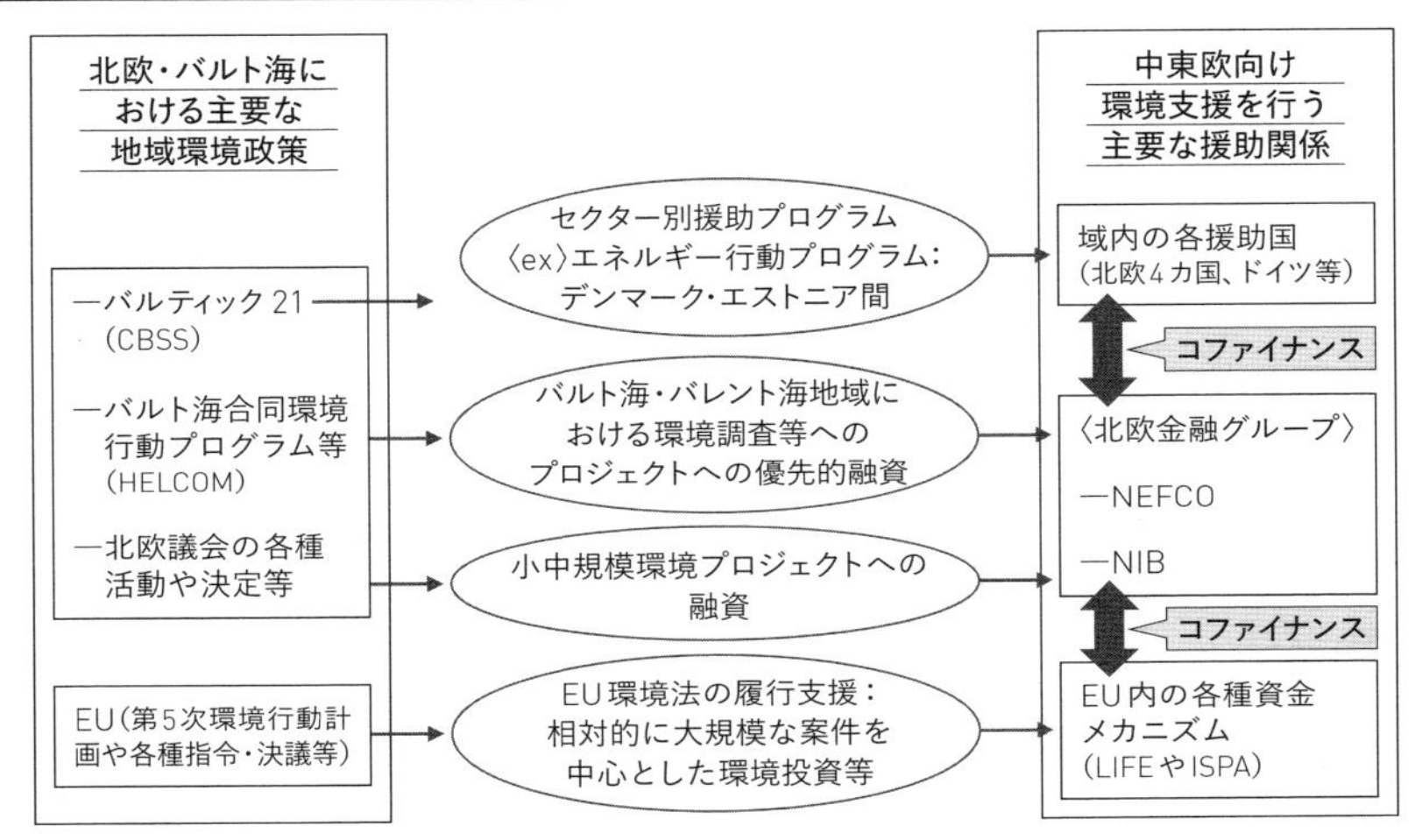

出典：Takahashi (2000, 98).

を行うために、国際機関や国際金融機関による援助プログラムを活用することが位置づけられた。先述したように、一九九〇年以降、NEFCOやEU、世界銀行やEBRDなど多くの国際機関・国際金融機関が、バルト海沿岸地域の環境援助のために支援を展開してきた。ただ、これらは、各機関の各々の優先順位に照らし合わせて援助が展開されているため、優先順位が高い分野でも、ドナー機関の関心事とマッチしなければ援助が進まない場合もあり、全体としては必ずしも効果的な援助ができていないという批判もあった。そのため、バルト海沿岸地域におけるニーズと、国際金融機関による資金援助をどのようにマッチさせるかが、ひとつの重要課題になっていた。そこで、バルティック21プロセスにおいては、CBSS、EUや北欧議会などの国際／地域機関、NEFCO、NIB、世界銀行、EBRD、EIBなどの国際金融機関がネットワーク化された。これらの金融機関はいずれも、バルティック21の決定機関であるSOGに参加し、活動報告を行うとともに、互いに緊密なパートナーシップを保持しながらプロジェクト融資やグラント等を行うようになった。

なお、それぞれの国際金融機関による融資・グラントの資金規模は、バルト海沿岸地域への資金調達の全体からみると、それほど多額ではない。だが、プロジェクト融資を通じてより幅広い資金調達が可能になるように、国際金融機関およびドナー国の殆どは、協調融資を義務付けている(図7を参照)[48]。このような協調融資によって、幅広い資金を連携させ、運用することが可能になっている。

4 小括

欧州地域における地域環境協力制度は、当初は越境環境問題への対応が中心であったが、一九七〇年代前半よりECにおいて、主に市場統合の観点から共通の環境基準・規制が推進された。ECの政策は、当初は必ずしも環境保護の観点からは十分ではなかったとされるが、八〇年代後半に単一欧州議定書が策定されると、環境保護の観点が全ての政策分野に統合されるようになった。ここで特徴的であるのは、個々の環境問題に対してエンドオブパイプ型の対策を進めるのではなく、環境保護と経済の関係を包括的に見直し、セクター毎に計画を具体化させていくという、エコロジー的近代化のパラダイムが、早々と取り入れられていることである。本書では分析対象としていないが、二一世紀に入ってからのEUは、世界の中でも環境政策を牽引する存在となっている。その基盤は、一九八〇年代後半からEUで取り入れられてきたエコロジー的近代化のパラダイムに基づくものであることを再度確認しておきたい。

さらに、本章では、EU外でも、REC、あるいはオーフス条約のような制度、あるいはバルト海沿岸地域で見られた小地域レベルでの制度が形成されるなど、複層的な枠組があることを明らかにした。前者は、民主化と環境保護のプロセスを一体的に捉え、いわば持続可能な発展の前提条件となる市民の権利を保証するような、根源的な取組である。後者はＥＵの協力形式に見られるような強制力のある指令・協定に基づいたものではなく、従来の北欧形式の協力形態が踏襲され、全会一致方式に基づく緩やかな協力である。

このように、レジームコンプレックスの状況が生じているとなれば、当然に、第一章で述べたような「フォーラム・ショッピング」が起き、それにより相互に競合し相殺し合う「スタンブリング・ブロック」の状態に陥り、各枠組の停滞につながらないかという疑念が生じよう。しかし欧州においてはむしろ、相互に補完し合う「ビルディング・ブロック」として機能していると捉えるほうが適切である。なぜならば、第一に、環境と経済の統合という観点から、総括的な環境行動プログラム作りがなされ、セクター別のアプローチをとっているという点である。すなわち、エンドオブパイプ型の行政的合理主義ではなく、持続可能な発展やエコロジー的近代化のパラダイムが共有されている。第二に、とりわけ重要であることは、持続可能性の分権化志向である。ＥＵの補完性の原理、ＲＥＣやオーフス条約の市民の権利の保障、バルティック21の各プロセスが重視する多様なアクターの参加は、全て、自由で自律した人格をもつ個々の市民の尊厳を尊重するという原理に根ざした、分権化志向である。第三に、そうした分権化志向に根ざして、全ての関連アクターを取りこむネットワーク化が進められる点である。いずれの枠組も多様なアクターの参加やネットワークを重視し、密な情報交換をおうことにより、各種資金メカニズムの調整機能が実効性に担保されている。そのことが、たとえばバルト海沿岸地域におけるユニークな地域協力の展開にもつながった。

以上に述べたような地域環境協力制度は、本書が取り扱う越境大気汚染条約レジームや地域制度の形成や発展にも、直接間接に影響を及ぼしている。そうした認識を根底におきつつ、次章からは、越境大気汚染をめぐる欧州地域の具体的取組について論じていく。

註

1——ライン川化学汚染防止条約は、フランス、ルクセンブルグ、オランダ、スイスおよびヨーロッパ経済共同体が、化学物質によるライン川の水質汚染を改善するために締結した条約で、一九七六年に採択され、一九七九年に発効した。この条約によれば、有機ハロゲン物質、有機リン化合物、有機スズ化合物、水銀、カドミウム等の物質をライン川に排出する際、事業者は、当該国政府の所轄官庁の事前認可を得なくてはならず、その基準は、当該加盟国政府が、ライン川汚染防止国際委員会が決定する排出基準（最大値）を上回らない基準で設定することとする。一方のライン川塩化物汚染防止条約は、一九七六年に策定され、一九八五年に発効した。

2——Weber, 2000.

3——Jospersen, 1998.

4——ただし、この議定書に制裁措置はなく、事実上の拘束力は弱いとされている。

5——HELCOM, 1994, 9.

6——Jospersen, 1998, 203.

7——Haas, 1990.

8——Skjærseth, 1996.

9——EC・EU内の域内輸出比率の推移の推移と加盟状況の推移については、例えば、経済産業省（二〇〇一年、一二頁）などを参照。

10——CEC, 1996, xxi.

11——ホルツィンガー、一九九五年、一九八頁。

12——Barnes et al., 1999; McCormick, 1995.

13——Directive 70/229/EEC. EURO1と呼ばれるこの規定は一九九一年に策定され、翌年七月に施行された（91/441/EEC）。一九九三年、同規制の適用範囲は軽トラックにも拡げられ（93/59/EEC）、その後、二〇一四年のEURO6まで、規制は段階的、かつ大幅に強化された。日米欧の排ガス規制の簡易比較については、瀬古（二〇〇五年）などを参照。

14——McCormick, 1995.

15――ホルツィンガー、一九九五年。

16――鴨、一九九二年、五一頁。

17――単一欧州議定書におけるECの政策決定過程の改革は、EEC条約改正第一〇〇条Aおよび第一四九条によって規定されている。第一〇〇条Aでは、理事会決議に特定多数決制が導入され、特定の事項(新規加盟国の承認、付加価値税の調整、人の自由移動等)を除いては、理事会総投票数(七六票)のうち約三分の二(五四票)の賛成で、議決が可能となった。第一四九条の「協力手続き」とは、理事会で採択された提案が、欧州議会に送られ審議されるという手続きである。理事会で承認された案が欧州議会でも承認された場合、その案はそのまま採択され成立することになるが、修正があった場合は、欧州委員会の再検討・再提案を受けて、理事会は再審議を行う。この際、欧州委員会の再提案を再修正するためには、理事会は全会一致の決議を必要とする。同様に、欧州議会が理事会承認案を否決した場合、その案は理事会に差し戻されるが、理事会がその案を成立させるには全会一致が必要となる。

18――ホルツィンガー、一九九五年。

19――欧州環境機関は、デンマークの首都、コペンハーゲンに設置された。

20――ただし、これには例外もある。たとえば気候変動枠組条約第一回締約国会議(COP1)時には、フランスが議長国を務めていたが、トロイカ方式を望ます、フランス・イギリス・ドイツ・オランダの四カ国でEU代表とした。このようにトロイカ方式を用いるかどうかの判断については、欧州理事会の議長国が大きな権限を持っている(蟹江、二〇〇一年)。

21――オゾン層交渉におけるECのスタンスおよびその変化については、以下を参照のこと(Benedick et al., 1999)。

22――EUが温暖化抑制策導入に積極的である理由は、必ずしも環境保護に対する責任意識ばかりではない。むしろ、長期的に見れば環境への早期取組は国際競争力の増大にもつながるとの認識がある(European Communities, 1999)。気候変動枠組条約における欧州のスタンスについては、以下を参照のこと(Grubb et al., 2000; Oberthür et al., 2001)。

23――京都議定書交渉過程におけるオランダおよびEUの交渉スタンスについては、蟹江(二〇〇一年)を参照のこと。

24――岡部、二〇〇七年。

25――福王、二〇一二年。一九三一年に、ローマ教皇ピウス一一世によって発せられた社会回勅「クアドラジェジモ・アンノ(Quadragesimo Anno: QA)第七九項は、「補完性の原則」が最初に明文化されたものとして、しばしば引用されている「個々の人間が、自らの発意と努力によって達成できるものを彼から奪い取り、これを社会の仕事に委せることが許されないのと同様に、より小さく、より下位の共同体が実施、遂行できることを、より範囲の大きい、より高次の社会に委譲することは、正義に反する。同時に、それは社会にきわめて大きな不利益をもたらすし、社会秩序全体を混乱させることになる。社会の活動はすべて、その本性と意味内容からいって補完的である。社会の活動は、社会を構成する成員の誰をも、後援しなければならない。彼らを破滅させたり消耗させるようなことは決してあってはならない。」

26——第四条第三項前段。

27——Jupille, 1998, 226.

28——CEC, 1993.

29——CEC, 1996.

30——ただし、EUでは、環境保護の観点からみて最良の政策がいつも導入されているわけではない。たとえば、欧州委員会は温室効果ガス・大気汚染抑制のために、炭素税とエネルギー税を組み合わせることを提案したが、これは閣僚理事会によって却下されている(Clement et al., 2000等)。

31——European Communities, 1999.

32——European Communities, 1999, 9.

33——PHAREやTACISは中東欧のEU加盟候補国向けの援助プログラムで多岐分野において資金・技術協力を行っており、EU加盟の要件となるEU環境法・政策の遵守のための支援も行う。ISPAは特に環境に関するキャパシティ・ビルディングを目的に、二〇〇〇年から大規模投資向けに環境投資ファンドを開始した(CEC, 1997)。

34——CEC, 1996.

35——百瀬他、一九九五年。

36——REC, 1999, 5. 小野川、二〇〇九年。

37——一九九〇年から九九年までの一〇年間で、最も多く拠出したのは日本(九六一万ユーロ)で、次いでEUが九一六万ユーロ、アメリカが七九〇万ユーロとなっている。その後、たとえば一九九九年には、EUが一一〇万ユーロ、日本が九九万ユーロ、アメリカは六六万ユーロと、EUの割合が拡大した(REC, 1999, 28)。

38——オーフス条約の日本語での紹介は、高村(二〇〇四年)、大久保(二〇〇六年)を参照。

39——地理上から言えば、ノルウェーとアイスランドはバルト海沿岸には当てはまらない。しかしこの二国は、バルト海沿岸地域の協力枠組にほぼ例外なく入っている。

40——ただし、北欧議会の協力方式が緩やかでルーズであるがために、「かえって諸国の利害・要求を考慮して無理押しや見切り発車を避け、しかも忍耐強く協調の可能な点を求めるという慣行を作り出」すという側面があったことは否めないという指摘がある(百瀬、一九八九年、四五頁)。このような協力形態を、百瀬は「プラグマティックな「統合」」と呼んでいる。

41——Nordic Council of Ministers, 1997, 48-49.

42——Amann, 1994; Person, 2002.

43——NEFCO, 2000; Nordic Council of Ministers, 1997.

44——NIB, 1998.

45——以下を参照のこと(Connolly et al., 1996)。

46——現在、PPCの事務局は、EBRD内に設置されている。

47——CBSS第一回会合は一九九〇年に開催されており、CBSSの目的は、バルト海沿岸地域において真の民主的な共同体を実現させることや、旧ソ連・東欧諸国の経済移行の支援を行うこととしている。これに加え、深刻な環境汚染を抱えるバルト海の浄化に向けた協力を進める重要性も認識された。これらの活動を促進するために、外務大臣会合、高級事務官レベル会合が年一回開催されている。さらにその下にも複数の作業グループによる定期的会合が設置された。いずれも会議の議長国は各国持ち回りとなっている。

48——たとえば、NEFCO(2000, 2)などを参照のこと。

第3章

欧州長距離越境大気汚染レジームの形成

欧州では、世界のどの地域よりも早く、長距離越境大気汚染条約（LRTAP条約）レジームの形成をみた。第一章で述べたように、その理由は、大気汚染物質の排出量が他地域に比べて多かったからでもなければ、欧州リージョナリズムの影響をうけたからでもない。欧州では、何故どのようにして、「政策の窓」が開き、レジーム形成にいたったのであろうか。どのように被害は認識されたのだろうか。主要な汚染排出国は、レジーム形成への要望にどのように対応し、何故どのようにレジーム形成を受け入れたのだろう。

本章では、受苦アクターである北欧諸国、汚染排出大国すなわち受益アクターであるイギリスや西ドイツ、北欧諸国とともにレジーム形成に参加したソ連といった国家アクター、その政策担当者や科学者たち、北欧議会や国連欧州経済委員会（UN／ECE）などのアクターを中心に、同レジームをめぐる問題認識と、複数の国際アリーナにおける課題設定のプロセスを追う。また、それらがどのように相互関連しながら、条約形成へと結びついていったかを辿っていく。

予め結論づけるならば、被害が集中した北欧諸国により課題設定された越境大気汚染管理のための地域枠組は、外部要因なくしては成立し得なかった。その外部要因とは当時固有の政治事情である東西デタントである。本章の後半では、東西デタントの流れのなかで、最終的にいかにして越境大気汚染レジームが成立されるにいたったのか、その政治力学を解明する。その上で、本章最後では、政治的ゲームの帰結として成立した長距離越境大気汚染レジームの制度構造をひもとく。制度構造から、次章で扱うようなレジームの発展の基盤が、レジーム形成の時点に整えられた様子が明らかにされるはずである。

1　レジーム前史——産業革命と大気汚染対応

欧州地域において、大気汚染が最も早く深刻化し、また同時に対策も進んだのは、産業革命の祖、イギリスであった。そしてイギリスは、西ドイツと並んで、ＬＲＴＡＰ条約レジームの形成に反対する主要国であった。ここではまず、レジーム前史として、イギリスが大気汚染問題にどのように対応してきたのかを振り返り、イギリスがレジーム反対国となるまでの軌跡を辿る。

産業革命を先導したイギリスでは、一九世紀にはすでに、産業由来の大気汚染が深刻化していた。その主因の一つがアルカリ産業であったことは第一章で触れたとおりである。アルカリ産業をめぐっては、当初汚染除去技術が発達しておらず、工場と住民の間で紛争が続いた。このケースで言えば、工場やそれによって恩恵を受ける労働者、あるいは製品により生活が向上する国民全般が受益アクターと位置づけられ、逆に工場周辺で環境被害を受ける住民が受苦アクターとなる。二四年にわたる紛争の末、領主、一四代ダービー伯が「アルカリ産業によって引き起こされた環境汚染の問題を上院に提訴」したのは、一八六二年のことであった。ダービー伯は、自ら新設された「特別委員会」の長となって審議を牽引し、「塩化水素の排出規制」を議会へ提案した[1]。排出規制の制度化は「産業界への干渉」を意味し、当時としては「ラディカル」な方策であったという。しかし、二十余年もの紛争の間には技術進歩もあり、排出削減は技術的には可能となっていた。「当時のアルカリ産業は、多数の従業員をかかえ多額の売り上げを誇る一大産業だった」がために、「多くの人々は、政府の介入は国家の繁栄に損益をもたらすに違いないと考えた」が、一八六三年、法律は迅速に議会を通過した。これが「環境法の嚆矢」として名高い「アルカリ法」である[2]。

上述のアルカリ産業の工場は、当時グラスゴーやニューカッスルにもあり、規模自体もセントヘレンズより大きかったという。ならば、なぜセントヘレンズの工場に対して提訴がなされたのだろう。また、〝多くの人が、経済への悪影響を懸念する〟、すなわち幅広い受益アクターが存在しているなかで、アルカリ法法案が迅速に議会を通過したのはなぜだったのか。そもそも、塩化水素の排出規制を可能にする技術発展はどのように促されたのだろう。

鍵を握るアクターは、ダービー伯であった。伯は、セントヘレンズの「西四マイル」に所領の一つを持っていた。それゆえ、惨状に「憤慨」し、「開明的な一貴族」として「領民の救済」に尽力したという[3]。さらにダービー伯は、「一八五〇年代から一八六〇年代にかけて内閣を組織した保守党の重鎮」であった。だからこそ、自ら「特別委員会」の長となってリーダーシップをふるい、政策提案を行い、政策決定の中枢で影響力を行使することが出来たのである。一方、産業界への介入規制として忌み嫌われるはずのアルカリ法を企業側が最終的に受入れた理由としては、ダービー伯の政治的圧力に加え、技術的解決の方途が明らかとなっていたことも大きい。長い係争期間中に、「化学者や技術者たちの熱意」から「問題に対するさまざまな発明」が生み出されていた[4]。ダービー伯や住民の社会的な問題提起が、化学者や技術者らの技術革新への熱意を呼び起こしたのではないかと考えられる。また企業への執行猶予というべき措置があったことにも留意しておきたい。すなわち、当初、アルカリ監督官には「強権」が付与されていたが、「審議の過程で解消され、採決が裁判所に委ねられた」。これは、企業側にとって「ただちに製造中止に持ち込まれる」事態を免れ得ることを意味する[5]。期限猶予の設定は、一見、規制の緩和とも問題の先送りとも見えるが、裏を返せば、企業側に対応のための時間的余裕を与えたことにもなる。このようなコーポラティズム的関係が、逆説的に技術開発を下支えした。

その後、法に基づいてアルカリ委員会は発足し、初代総括アルカリ監督官には、ロバート・アンガス・スミスが着任した。委員会の初期においては、「塩化水素の排出量をどこまで低減すれば被害が改善されるのか」は「不明」であり、また「塩化水素よりも大量に」「硫黄化合物」が排出されていることが判明するものの、「既往のアルカリ法の枠内」では改善命令の権限はなかった。こうした限界はあったものの、このアルカリ委員会発足によって、大気汚染物質の観測が公的にはじまり蓄積が進んだことは、極めて重要である。スミスを中心に、アルカリ委員会は一八六四年以降、塩化物、硫酸、硝酸、アンモニウムなどの、有害な汚染物質の降水成分の濃度を観測し、毎年調査年表を公表していく。こうした環境観測データの蓄積とともに、大気汚染の科学的メカニズムの解明をめざす化学気候学が、この後発展していくことになる[6]。

以上からすれば、セントヘレンズの事例は、産業資本家と土地所有者の間の紛争[7]という典型的な対立構造の中で、提起した被害住民と住民の救済に紛争する大地主兼有力政治家が、いわば「政策の窓」を開き、熱心な化学者が技術発展をはかるなかで、環境規制が制度化されていき、すなわち政策形成が進められ、企業の環境配慮行動を方向付けた、すなわち外部不経済の軽減をはかるような政策の実施へと結びついた、と要約出来よう。その基礎として、この時代に、大気の観測およびその公的情報の蓄積と公表が行われたことも重要であった。

近代産業自体、「自然環境破壊的な要素を内包」[8]していたことは、論をまたないが、外部不経済の解消に向けた様々な試みが本格化するには、二〇世紀後半を待たねばならない[9]。しかし、一九世紀においても、環境を観測し、〝外部化〟されていた環境コストを〝内部化〟するための政治的取組みは、ここイギリスで、すでに始まっていたのである。

他方、イギリスの大気汚染のもう一つの主要因であるスモッグについては、長らく有効な対策がないままであった。大規模固定発生源に比べ、都市型分散型発生源の対策が難しいのは、今日まで続く趨勢である。政策変更の直接の契機となったのは、一九五二年一二月に起きたロンドンスモッグ事件である。「風が弱く、大気汚染物質が拡散しにくい」状況下で、「低い高度に大気汚染物質が溜ま」り[10]、とりわけSO_2とばい煙濃度が極めて高くなり、わずか一週間のうちに平時より約四〇〇〇人も多くの死者を出す大惨事となった。これを機に、イギリスは大気清浄法を整備した。その主たる内容は、「家庭暖房用の石炭燃料をガス、電気に切換えるという対策」である。「ばい煙規制区域に指定」された「地域内の世帯」は、自治体や国から「設備の改造費」およそ七割の助成を受けて、切り替えを行わなくてはならないと義務づけられたのである[11]。イギリス政府の対策により、「その後約一三年でロンドンの世帯の七四％が切換えを完了」し、ロンドンの大気汚染は大幅に緩和された。燃料転換により、暖房を諦めずに環境負荷を低減させる、いわばエコロジー的近代化と通底する根本的解決が、ロンドンを舞台に一気に進んだことになる。

このとき、ばい煙以外の汚染物質は規制されなかった。またロンドン以外では依然として家庭暖房用の石炭が汚染の原因となりつづけた。しかも、「付近住民の抗議に応えて、石炭火力発電所に高層煙突の設置」が促された結果、「確かに、発電所周辺の大気汚染こそ軽減されたものの、排煙ははるか遠方まで運ばれ」、「これが、一九六〇年代に入って北欧での酸性雨を加速する一因になったと考えられている」[12]。スケールの小さな、局地的大気汚染の解決策が、スケールの大きな酸性雨被害の伏線になったという構図が、はっきりと見えてくる。さらに、一九世紀から、イギリスでは「酸性の雨や霧は珍しいものではなかった」ことが、専門家により指摘されている。「一九五二年のスモッグ事件の際の霧水のｐＨは約２であった」といわれる[13]。こうした大気汚染との長い戦いの歴史が、逆説的に、イギリスをＬＲＴＡＰ条約レジームに反対させることにつながったと推察される。

2 生態学的弱者——北欧諸国の問題認識と課題設定

北欧諸国で、湖沼の魚が減少し森林が立ち枯れるなどの環境被害が観察されるようになったのが、いつからかは判然としない。一八八一年にノルウェー人科学者が、「ノルウェーの汚い降雪はイギリスの大きな町や工業地域に起因すると指摘した」との記述が残っていること、また図4（第1章）で示したように、一九世紀後半には右肩上がりに西欧諸国のSO_2排出量が増加していることからしても、一九世紀のうちには、すでに影響が出ていた可能性がある。しかし、国家レベルで本格的に酸性雨被害への認識が進むのは、第二次世界大戦後のことであろう。それは、前節で述べた、イギリスの「高層煙突化」に代表される、拡散式の大気汚染対策が進んだ時期とも重なっている。

ただし、いかにイギリスの高層煙突化が大気汚染の越境移動を拡大させたとしても、酸性沈着が、当のイギリスより北欧地域のほうが多かったとは考えにくい。北欧における被害がなぜ顕在化したか、そしてそれがなぜ、重要性の高い問題として認識されたかは、北欧地域の生態学的脆弱性や北欧の人々の生活スタイルへの理解抜きには、語れない。

一九八〇年代から九〇年代を通じて、条約戦略作業グループ長を務めたスウェーデンの政策担当者ビョークボムや、七〇年代から条約形成に関わり八〇年代、九〇年代と条約執行機関[14]の議長を歴任したノルウェーの政策担当者トンプソンは、なぜスウェーデンやノルウェーは酸性雨問題に熱心であったかという問いかけに、北欧地域の土壌の脆弱性を強調する[15]。ビョークボムによれば、氷河期と間氷期の繰り返しによって、北欧地域では何度も土壌が侵食された。そのため、他地域に比べ、土壌が極端に薄く、酸性雨や酸性雪に脆弱であるという。ノルウェーのフィヨルドなどは典型であろうが、スウェーデン中北部などでも、岩の上に張り付くように苔が生え、岩盤の上にかろうじて残った薄い土の上に、しがみつくように木が根を張っている光景をよく目にする。ただ、同じ北欧地域でも、氷河期に荒々しく土壌が削り取られたノルウェーやスウェーデン北部と、削り取られた土壌が辿り着き堆積して肥沃な大地を形成した、デンマークやスウェーデン南部のスコーネ地方などでは、植生が明らかに違い、したがって生態学的脆弱性も明らかに異なっている。酸性雨研究の拠点が、肥沃なデンマーク、スウェーデン南部ではなく、ウプサラやストックホルムなどの北中部スウェーデン、またはノルウェーにあったことは、偶然ではないだろう。

インタビューしたスウェーデンやノルウェーの政策担当者たちが口をそろえて言うのは、一〇〇年前、寒冷な北欧地域では農作物が育たず非常に貧しかったということである。現在のように、EUから安価な野菜や果物が豊富に入って来ない時代には、森林でとれるリンゴなどの果樹、ベリー類、あるいはキノコ類などが、貴重なビタミンなどの栄養源であった。北欧のミートボールに必ずリンゴンジャムが添えられているのはその名残であろうし[16]、リンゴ等の果実を拾って食べたり、森や海岸、川岸などでハマナス、リンゴン、ラズベリー、ブラックベリーなどを摘んでジャムやケーキに使ったり、という風習は今なお多くの家庭で見られることである。北欧のスウェーデン、ノルウェー、フィンランドでは、こうした自然へのアクセスが、慣習法的に保証されてきた。森を自由に歩き回り果実やキノコを自由に採取し、キャンプのテントを張り、川や湖でボートをこぎ、魚釣りをする、冬にはクロスカントリーを行う、などある。自然享受権を行使する営みは、幅広い国民層に、今日に至るまで根付いている。こうした自然享受権をスウェーデンではアレマンスレッテン(allemansrätten)と呼び、二〇〇四年には憲法において明文化までされた[17]。土壌が肥沃で標高の高い山脈を持たないデンマークに、アレマンスレッテンのような慣習法がなかったことからすれば、こうした権利は、脆弱な生態系に依る貧困な土地柄ゆえの、自然と共存するための伝統的な知恵といえよう。この脆弱な生態系が脅かされ、森林や湖に被害が現れるというのは、単に森林産業あるいは水産業の資源が枯渇するというにとどまらず、自然享受権そのものへの脅威であり、生活の場、また生活の糧が脅かされる危機的状況を意味した。だからこそ、北欧各地の幅広いアクターが、酸性雨被害に敏感に反応したと考えられるのである。

一連の環境被害と酸性雨問題の因果関係は不明のまま、研究の蓄積は進んだ。北欧では、一九五〇年代末から酸性化が急激に進んだことが記録されている[18]。一般には、湖沼のpHが6・5から6・0で一部の大型生物が生息困難となり、5・0以下では、ほとんどの生物種が生育不可能になるとされている[19]。ノルウェーのある湖では、一九四〇年には二五〇〇匹以上生息していたマスが一九七五年には半減したという調査もある[20]。酸性雨による影響は湖沼だけでなく、森林枯渇も引き起こしたと議論された[21]。

一九六〇年代、こうした被害がどこからもたらされるのかについて研究を進めていたスウェーデンやノルウェーの科学者たちは、自国における酸性化物質の沈着量が、自国が排出する酸性化物質の量と見合わないことを突き止めた。一九六八年、スウェーデンの科学者オーデンは、イギリスやドイツなどの西欧諸国から排出される大気汚染物質が、北欧の酸性化被害に大きく寄与しているという研究論文を公表した[22]。

科学者たちの問題提起を受け、スウェーデンやノルウェーでは、政府主導で長距離越境大気汚染に関する調査研究プロジェクトが立ち上げられた。北欧諸国の政策担当者および科学者たちは、自国内あるいは北欧諸国共同で酸性雨に関する調査研究を進めるとともに、この問題をどのようにして西欧諸国に認識せしめ、対策を推進するか頻繁に対話をおこなった。こうして北欧諸国は、緊密な連携の下、国際協調行動が不可欠であることを広く国際社会に呼びかけるに至ったのである[23]。

このとき政策対話の場として重要な役割を果たしたのが、前章でも紹介した北欧議会であった。政策担当者と科学者たちは、主要な専門家会合や政府間会合の前に必ず集い、会合をどのように先導すべきかを議論した。一連の会合などにかかる費用や研究費を賄ったのは、北欧議会の外郭団体にあたる財団だったと当時の会合メンバーは語っている[24]。

3　国連人間環境会議と西ドイツ・イギリスの反応

北欧諸国の中で、国際社会にとりわけ積極的な働きかけを行ったのはスウェーデンであった[25]。スウェーデンは、一九七二年に国連人間環境会議（ストックホルム会議）を招致し、「国境を越える大気汚染――大気・降水における硫黄分の環境への影響」と題する報告書を提出した。この報告書は、スウェーデンやノルウェーにおける硫黄沈着量が、国内の硫黄排出総量よりも多いことをデータで明らかにし（図8参照）、長距離越境大気汚染の因果関係には科学的に未解明な部分があることを認めつつも、北欧の酸性雨被害はイギリスや西ドイツなどの欧州諸国から飛来している可能性が高いことを示した。そのうえでスウェーデンは、報告書をもとに広域大気汚染の共同管理にむけた国際研究と、地域全体での硫黄排出量削減を目的とした地域環境共同管理の必要性を訴えたのである。

図8　1971年時点で明らかになっていた欧州主要国の硫黄排出量／沈着量

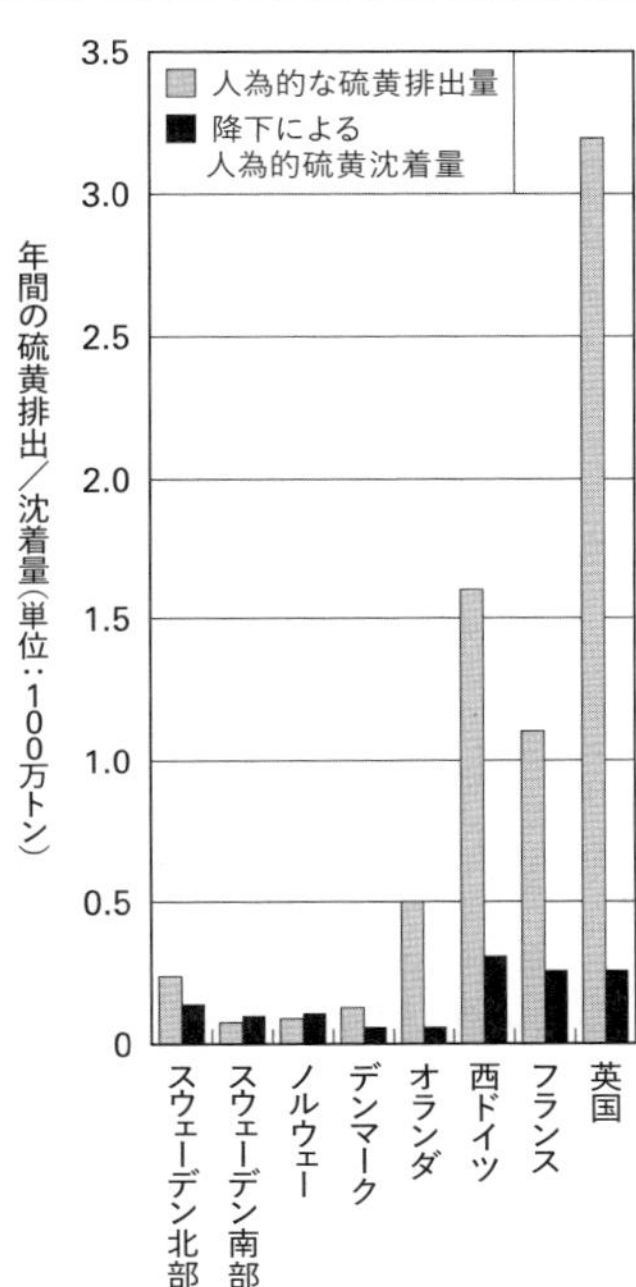

注：このグラフからは、スウェーデン北部およびノルウェーの沈着量が排出量を上回っていることが明らかになっている。
出典：Sweden（1972, 30）表3.3より作成。

実のところ、ストックホルム会

議での議論は、先進国と途上国の利害を調整し、いかに環境と開発に折り合いをつけるか、という争点に収斂されてしまい、スウェーデンが望んだ、国際的管理に向けて何らの前進をもたらすようなものとはならなかった[26]。

しかし、スウェーデンの主張は、西欧諸国の問題関心を喚起し、国際共同モニタリングという国際協調行動へと結びついた。

北欧諸国の問題提起に、排出大国、すなわち受益アクターの反応はどのようなものであったのか、とりわけ影響力を行使した排出大国、イギリスと西ドイツの対応をふりかえっておこう。

西ドイツでは一八八三年に、科学者が、森林被害は産業からの排出によるものだと結論づける文献を公表しており、一八九〇年代初頭には大規模な森林枯死がドイツ全土で観察されていたという。しかし、第二次世界大戦後は、経済復興が他の社会的関心を凌駕し、酸性雨被害が議論されることはあまりなかった。しかし、一九五〇年代、各州における森林所有者が森林枯死についての懸念を記録し始め、一九五七年にはノースラインウェストファリアにおける国家森林協会が「死にゆく森」と題した小冊子を公表した。協会は、ルール工業地帯の大気汚染が森林枯死を招いているとして、工場からの排煙排出の大幅な削減を要求していた。当時、大気汚染問題は酸性雨というより、局地的な汚染に基づく人体健康問題と捉えられていた。一九六〇年代から七〇年代にかけて局地的な大気汚染事件が増えるにつれ、ドイツは他の工業国と同様に、汚染を希釈するため高層煙突を建設していった[27]。

一九七二年のスウェーデンの報告書公表後も、西ドイツで北欧の酸性化問題がメディアで取り上げられることは殆どなかった。先行研究では、西ドイツ政府が各行政機関に対し、スウェーデンの主張を支持するような議論を行わないよう通達する閣議決定を行ったことが明らかにされている[28]。

一方、一九五二年のロンドンスモッグ事件を受けて、大気汚染防止政策を強化し、その成功を自負していたイギリスでは、一九七二年のストックホルム会議でスウェーデンが問題提起を行うまで、越境酸性雨問題の専門家は存在しなかったという。そのため、スウェーデンの報告書は、衝撃をもって受けとめられた[29]。一九七二年、イギリス政府は排出抑制の必要性を認め、環境省は直ちに長距離越境大気汚染問題に関する研究費用を増額した。当時、イギリス最大の硫黄排出源であった産業セクターは、中央電力庁(以下CEGB)であった。CEGBは電気業界の独占的な国有企業である。石炭による火力発電と、原子力発電の双方にかかわり、イギリス国内の硫黄排出総量の半分以上に関与していた。そのため、CEGBにとってもスウェーデンの報告書は重大な関心事であり、この問題の研究費を多く供出するようになった。一九七〇年代までにCEGBは研究プログラムの範囲を拡大し、大気化学、集水池や土壌、樹木の健康影響に関する研究にも着手し、古湖沼学研究にも資金を費やしたことが記録されている[30]。長距離越境大気汚染への対策そのものは別にして、まず調査・研究を通じて問題の事実関係を科学的・客観的に把握しようというのが、その後も一貫したイギリスの態度となった、と当時より国家レベルの調査・研究にかかわり続ける研究者は証言する[31]。

以上のように、一九七〇年代前半、北欧の訴えに対し、ドイツは国家レベルでは、問題自体を等閑視し、イギリスはまず科学的知見を明らかにしようとする姿勢をみせた。こういったなかで、スウェーデンの政策担当者は、酸性雨モニタリングのための国際共同調査プロジェクトの開始を経済協力開発機構(OECD)に呼びかけていた。当時のOECDは欧米地域の二四カ国が参加する国際機関であり、事実上、西側諸国の地域機関でもあった[32]。OECDはスウェーデンの呼びかけに応えて、一九七二年、大気汚染物質の長距離輸送を評価するための国際共同プロジェクトを開始した。このプロジェクトには、オーストリア、ベルギー、デンマーク、フィンランド、フランス、西ドイツ、オランダ、ノルウェー、スウェーデン、スイス、イギリスの一一カ国が参加した。地上六〇箇所のモニタリングサイトからのデータ、および航空機を用いて採集されたサンプルは、ノルウェーの大気研究所(NILU)に集められた。OECDは調査案件への資金提供を数多く行ったが、条約や協定策定に向けた動きはなかった。その後、条約交渉の舞台となったのは、後述するUN／ECEであった。

4　東西デタントと条約の形成

UN／ECEが条約の母体になるきっかけになったのは、環境問題と直接には関係がないように思われる欧州安全保障協力会議（CSCE）プロセスの結果であった[33]。一九六〇年代、デタントの動きに並行してCSCEプロセスは一気に進展を見せ、一九七五年にはヘルシンキ最終合意が採択された。この合意は三つのバスケット群（信頼譲成措置および安全保障と軍備縮小、経済・科学・技術・環境分野における協力、人間の問題その他における協力）に沿って議論された。このとき第二バスケットの重要テーマの一つとして取り上げられたのが環境保護分野であり、なかでも、もっとも具体的な東西協力プロジェクトとして掲げられたのが、長距離越境大気汚染監視・評価プロジェクトであった。

では、どのようにして、長距離越境大気汚染プロジェクトは、CSCEヘルシンキ最終合意における環境分野の目玉プロジェクトとなったのであろうか。

合意に至る交渉プロセスで、環境分野の交渉が行われたのは第二バスケットの副委員会であった。どのようなテーマで東西協力をすればよいか、各国からの提案が行われるなかで、ノルウェーが挙げた事案が「大気汚染物質の長距離輸送に関する（OECD）プロジェクトの拡大」であった[34]。OECDプロジェクトによってノルウェー大気研究所（NILU）センターには各国のデータが集められており、長距離越境輸送に関する知見も徐々に蓄積されていた。ノルウェーは、NILUを核に、プロジェクトの拡大・継続を希望したのである。ノルウェー提案に対し、西欧諸国はすでに加盟している研究プロジェクトの継続であることから、それほど抵抗なく合意し、「環境に関する基本／応用科学分野のプログラム・プロジェクトの共同実施」を望んでいた一方の東側も反対を示さなかった[35]。こうして、西側一一カ国で行われていたOECDプロジェクトが、東西をまたぐ一大環境協力プログラムとなることが決まったのである。

CSCEプロセスでは、環境プロジェクトを含む、第二バスケットの協力案件をどのような機関が具体的に推進するのかが議論された。西側、とりわけEC諸国は「欧州安全保障のために新たな機関が設立されることで、東側諸国からEC統合を阻害するような政治的コントロールが働く恐れがある」ことを嫌い、第二バスケットの具体化は、新規に機関を設けるのではなく、既存の機関を活用して行うべきであると主張した。そこで、東西をまたがる地域的機関でさらに西側・東側諸国の双方がメンバーである機関としてUN／ECEが指名され、プログラムの具体化はUN／ECEに委託された。

UN／ECEは、ヘルシンキ最終合意の具体化を図るため、環境問題に関するECE政府高級顧問会合を定期的に開催し、一九七五年にUN／ECE地域において大気汚染物質の広域移流を監視評価するための協力計画（EMEP）を発足させることが合意された。また、ノルウェーとソ連が「ECE地域の固定発生源からのSO_2排出目録の方法論」作成に従事するよう指名された。UN／ECEは一九七七年に、WMOやUNEPの賛助を得てEMEPを正式に発足させた。EMEPのモニタリングネットワークセンター（化学物質調整センター、CCC）には、OECDプロジェクトのデータセンターを担っていたNILUが指定された。また、このプログラムが「東西協力」を第一の目的としているため、東側にもセンターが必要という政治的配慮から[36]、気象合成センター（MSC）としてノルウェー気象研究所とモスクワ気象研究所の二センターが指定された。

LRTAP条約が設立するのは、このわずか二年後のことである。CSCEのヘルシンキ最終合意では、「OECDプロジェクトの拡大継続」、すなわちEMEPは合意されていたものの、条約や協定といった議論は一切行われていなかった。それがEMEP設立から極めて短い期間に、条約締結という案が浮上し実現した。

これを可能にする上で重要だったのは、長距離越境大気汚染問題の科学的解明の進展である。EMEPが設立された一九七七年、OECDプロジェクトの分析結果をまとめた報告書が、OECDより公表された。この中で、オーストリア、フィンランド、ノルウェー、スウェーデン、スイスは〝純輸入国〟(net-importer 自国由来の他国への硫黄沈着寄与量より、他国由来の自国への硫黄沈着量のほうが多い)であり、他の国は〝純輸出国〟(net-exporter 他国由来の自国への硫黄沈着量より、自国由来の他国への硫黄沈着寄与量が多い)か、あるいは〝均衡予算〟(balanced-budget 他国由来の自国への硫黄沈着量と、自国由来の他国への硫黄沈着寄与量が殆ど変わらない)であることが明らかにされた[37]。つまり、「西欧諸国から飛来した大気汚染物質が、自国の酸性化被害に大きく寄与している」というノルウェーやスウェーデンの従来の主張が、科学的にも認められたのである。

これをうけて同年二月に開催されたUN/ECE政府高級顧問会合では、ノルウェーが、スウェーデンとフィンランドの協力を得て、越境大気汚染を引き起こす大気汚染物質の削減について議論を提起した。ここで留意すべき点は、越境大気汚染問題は、当時のUN/ECEで議論される唯一の議題ではなかったということである。一九七七年五月、UN/ECE事務局は、来たる高級レベル会合において取り扱うべき課題を特定するために、各国とコミュニケーションをもち、バックグラウンドペーパーを準備した[38]。このペーパーには一一項目の協力分野が列挙されており[39]、越境大気汚染はその一項目に過ぎなかった。しかも、越境大気汚染問題の優先順位は当初、必ずしも高くなかった[40]。しかし、ノルウェーをはじめとする北欧諸国は、OECDプロジェクト結果を基に、越境大気汚染問題が非常に深刻で緊急性が高いことを力説した。同年一〇月に開催された政府高級顧問会合で、ノルウェーの環境大臣は、「人間の健康と経済に重大な損害を与えることが明らかにされた以上、これ以上他国から大気汚染物質を大量に受け入れることは耐え難い」として、「拘束力のある国際公約に基づいて各国レベルで対策を行うことが重要」と演説している[41]。フランスなど一部の国は「条約を締結するには時期尚早」としたが[42]、北欧諸国に加え、ソ連や東側諸国もノルウェー演説に賛同の意を示した[43]。結果的にフランスと西ドイツは北欧提案の検討に同意して交渉のテーブルにつき、全てのＥＣＥ参加国が越境大気汚染管理のための国際条約について高級レベル会合で議論することに合意した[44]。

次の問題は、長距離越境大気汚染問題に関する協定の形態や内容を、どの程度のものにするかということであった。一九七八年七月に開催された第一回特別グループにおいて、北欧グループ五カ国のデンマーク、フィンランド、アイスランド、ノルウェー、スウェーデンが、共同で、〝長距離越境汚染の削減に関するＥＣＥ地域条約案〟および、〝硫黄化合物排出に関する附属書に含まれるべき主な要素に関する覚書〟の二提案を提出した。他に提案がなかったことから、この北欧提案をベースに特別グループでの交渉が始まることになる。以降、条約交渉は、主にノルウェー・スウェーデン率いる北欧グループ、西ドイツ・イギリスを中心とするＥＥＣ諸国およびその他の西欧グループ諸国、ソ連率いる東側グループによるものとなり、ＵＮ／ＥＣＥ事務局は調整役を担うこととなった。

このうち北欧グループの交渉スタンスは、「拘束力のある条約」を「硫黄化合物排出に関する附属書」とともに締結することであった。一方、ＥＥＣグループは、当初「条約締結自体が時期尚早であり、暫く問題の監視・評価を続けるのが妥当」という立場であったが、条約の策定が所与のものとなってからは、極力条約または協定に強い実行性を持たせない方向で議論した。とりわけ西ドイツは国内の硫黄排出規制について決定されることを拒否した。北欧グループが「硫黄化合物排出に関する附属書案」をあきらめる妥協案を出したのは、交渉の早い段階のことであった[45]。また「具体的な排出削減」を規定するという文言も、ＥＥＣグループに受け入れられないことで取り下げられ、「できる限りの段階的な削減」に置き換えられることになった[46]。

北欧対西欧という対立構図のなかで、東側諸国が基本的に北欧支持にまわったことは、北欧グループが交渉力を強める上で非常に重要なポイントであった。なぜ東側諸国の交渉姿勢は北欧寄りであったのか。その背景には、ソ連と北欧諸国が互いに協力を約束していたことがあった。

ソ連が条約の締結に前向きであった理由・背景として、ソ連の当時の政策担当者は、環境保護上の要因（経済的要因）および政治的要因の二つを指摘している[47]。まず環境保護上の要因であるが、ソ連の研究所の計算によれば、一九七九年ごろ、欧州全域におけるSO_2の排出総量は年間六〇〇〇万トンを超えた。そのうちソ連への沈着量は一〇〇から二〇〇万トン、西欧諸国起源のものは三〇から六〇万トンあった。ウラル山脈以西のソ連領土の生態系はもともと酸性度が高く脆弱である。ソ連のナザノフ博士はこの硫黄沈着によって見積もられる農業被害額を一億五〇〇〇万ドルと計上した。加えて森林部門や水産部門への被害も懸念された。このためソ連政府は、条約締結により欧州全域の硫黄排出量が抑えられれば、国内の被害額を減じることができるとの認識を有していた。なお、この計算にはソ連自身が排出するSO_2の量はカウントされていない。そこには、東側諸国、すなわちワルシャワ条約機構諸国の中では、環境悪化は資本主義市場経済体制の産物であり社会主義国には関係ないという基本イデオロギーがあったことが指摘されている[48]。

次に、政治的要因であるが、一九一五年のCSCEのヘルシンキ合意をブレジネフとその幹部は重要視していた。前述のとおり、EMEP創設は、CSCEのヘルシンキ合意の中での重要な東西協力プロジェクトの一つとして位置づけられた。ブレジネフ書記長、およびソ連共産党幹部は、環境保護を含むあらゆる分野での国際協力のメカニズム形成に重点をおいていた。とりわけ環境保護については、先に挙げた理由から酸性雨の問題に関心が深く、問題解決の味方となりうる国を模索していた。ソ連とノルウェーの両者の思惑が一致したのである。

一九七八年、ソ連はノルウェーのブルントラント環境大臣をモスクワに招待し、環境大臣会合が実現した。このとき、ブルントラントの通訳として同行したのが、後にノルウェー交渉団の責任者や条約執行機関長を歴任するトンプソンであり[49]、ソ連側の事務担当者は、やはり後にソ連交渉団代表や条約執行機関長を歴任するソコロフスキーであった[50]。両人の友好関係はその後、長年にわたり続く。この会合で、ノルウェー側は北欧諸国と協力して条約締結を提案することをソ連側に約束し、一方のソ連側も東欧諸国に働きかけて北欧案を支持することを約束した[51]。

実際の交渉過程では、西ドイツやイギリスの強硬な反対をみて、ソ連が急に北欧グループの主張を強く支持するような局面もあったことから、北欧諸国とEECを分断させることで、西側グループを分割しようとする狙いもあったのではないかとの指摘もある[52]。この点についてソ連の政策担当者は、もちろん条約締結にこぎつけるには、西側諸国の足並みがそろわないことが必要であったと強調する[53]。ソ連の主導者は、環境問題の東西協力は国民の相互理解を深める、とのプロパガンダをおこなっていたが、そのなかで、西側諸国は環境協力に反対であった、と批難していたとのことであった。

結局、交渉は北欧対西欧を中心とする公式・非公式対話の中で進められた。UN／ECEは事務局として中立的立場にあったが、交渉を円滑に進められるよう各交渉グループに譲歩を迫り、妥協点を見出すのに奔走した[54]。

イギリスは、北欧での環境問題に関する責任の受け入れを拒否していたが、硫黄化合物の附属書案が放棄されたことで、最終的に条約締結を受け入れた。西ドイツは「経済的に可能な」と「最善の利用可能な技術」との文言を入れることによって協定を締結することに合意した[55]。こうして、一九七九年、LRTAP条約は締結至ったのである。

5 条約の制度構造――半永久的な政策プロセス

偶発的な政治要因により、条約形成には至ったが、条約では具体的な削減目標の策定は放棄された。その点では、条約の形成が「膠着」状態からの脱出を意味するわけではなかった。しかしながら、同条約は締約国に対して、長距離越境大気汚染問題を監視・評価し、政策を見直し、大気汚染物質削減を継続的に行うことを義務付けた。この半永久的に反復する監視モニタリングと情報公開の制度化が、レジーム発展の源となったことは疑いがない。本章の最後に、レジームの自律的発展を促す基盤となった同条約の制度構造を紹介しておこう。

❖レジーム全体の政策構図

ＬＲＴＡＰ条約レジームは、一九七七年に発足した欧州における大気汚染物質の広域移流を監視し、評価するための協力計画（以下、ＥＭＥＰ）[56]、一九七九年に採択され一九八三年に発効したＬＲＴＡＰ条約、その後、条約下で順次採択された八つの議定書により構成されている。

条約の基本的原則は「長距離越境大気汚染を含む大気汚染を制限し、可能な限りこれを徐々に削減し、防止する」ことと定められ（第二条）、この目的を達成するために、「情報交換、協議、研究および監視の方法により、（中略）大気汚染物質の放出方法として役立つ政策および戦略」を「発展」させることが目指された（第三条）。さらに、継続的な大気の体系的観測、研究開発、情報交換、協議をもとに、地域政策／戦略を策定・実施し、これを定期的にレビューすることで、締約当事者が半永久的に地域レベルでの大気質管理にコミットするよう定めた。図9は、以上に述べた条約の政策構造を図に示したものである。

これらの政策要素は、いずれも一般的な国際環境条約には例外なく含まれる一般的なものといえる。ただし、オゾン層保護条約や気候変動枠組条約など他の主要な国際環境条約では、議定書の採択や改正に関する条項を設けているのに対し、ＬＲＴＡＰ条約には類する条項がない。ＬＲＴＡＰ条約は、環境条約としてはきわめて初期に作られた為、そのような条項が備わっていなかったと考えられる。しかし現実には、ＬＲＴＡＰ条約に基づいて複数の議定書が採択されており、同条約は、枠組条約としての基本的要素を備えているといえる。

逆に、近年の主要な国際環境条約が、開発途上国など、経済レベルの異なる国への国際協力（資金・技術協力等）

図9 長距離越境大気汚染条約の政策構造

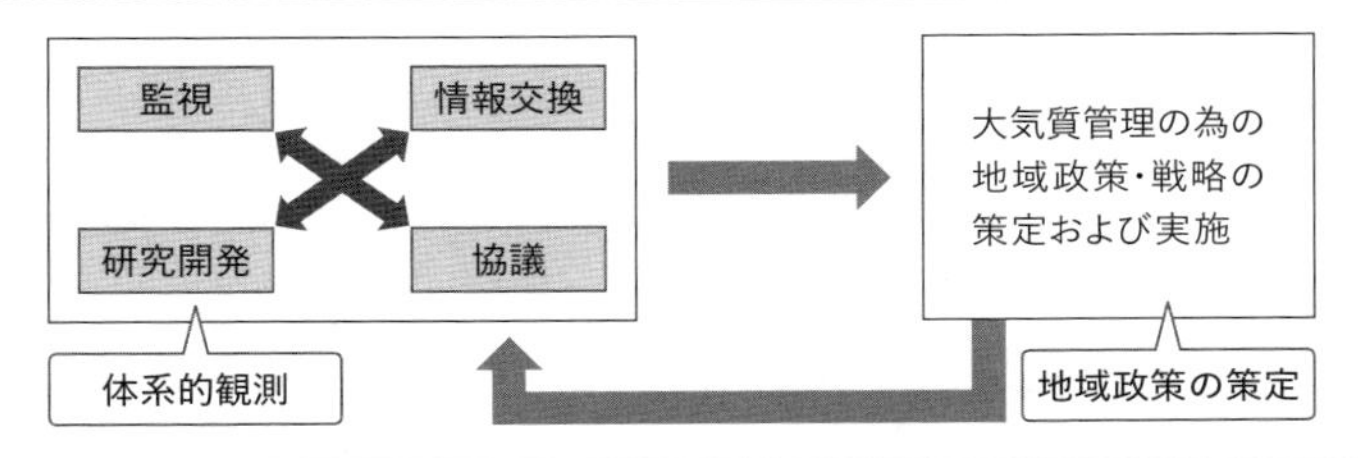

監視 (越境大気汚染の体系的観測)	EMEPの実施・発展 — 標準化された監視手続きの利用 — 国家計画と国際的計画の両者の枠組に基づいた監視計画の作成と実施 — 排出データの収集 — 越境移動データの収集 — 健康・環境影響評価の実施 — 長距離輸送・酸性沈着に関する統合モデルの開発と運用
情報交換	— 汚染物質排出削減技術 — 環境計測の機器 — 長距離輸送モデルの改良 — 環境影響評価方法 — 環境目標達成措置の経済的・社会的・環境的評価 — 教育・研修計画
研究開発	— 汚染物質排出データ — 汚染物質越境移動データ — 汚染原因となる国家政策・産業の変化やその影響 — 汚染物質排出規制コスト — 気象学的・物理化学的データ
協議	— 影響を受ける国と汚染に寄与する国の間での協議の実施 — 執行機関を少なくとも年1回開催し、条約の実施を審査し、条約の実施・発展に関連する事項を検討し、文書を準備し、必要に応じたワーキンググループを設立する — EMEPを活用する — 関連の国際機関からの情報を利用する
地域政策・戦略の策定	— 条約下で、各締約国は、国家計画・政策・戦略を策定する — 国会計画の実施関連の年次報告を執行機関に提出する — 実施委員会を開催し、遵守状況を定期的に評価し、遵守促進方策を提案する

出典：髙橋(2007)、髙橋(2004、173)を改変。

図10 LRTAP条約の組織構造

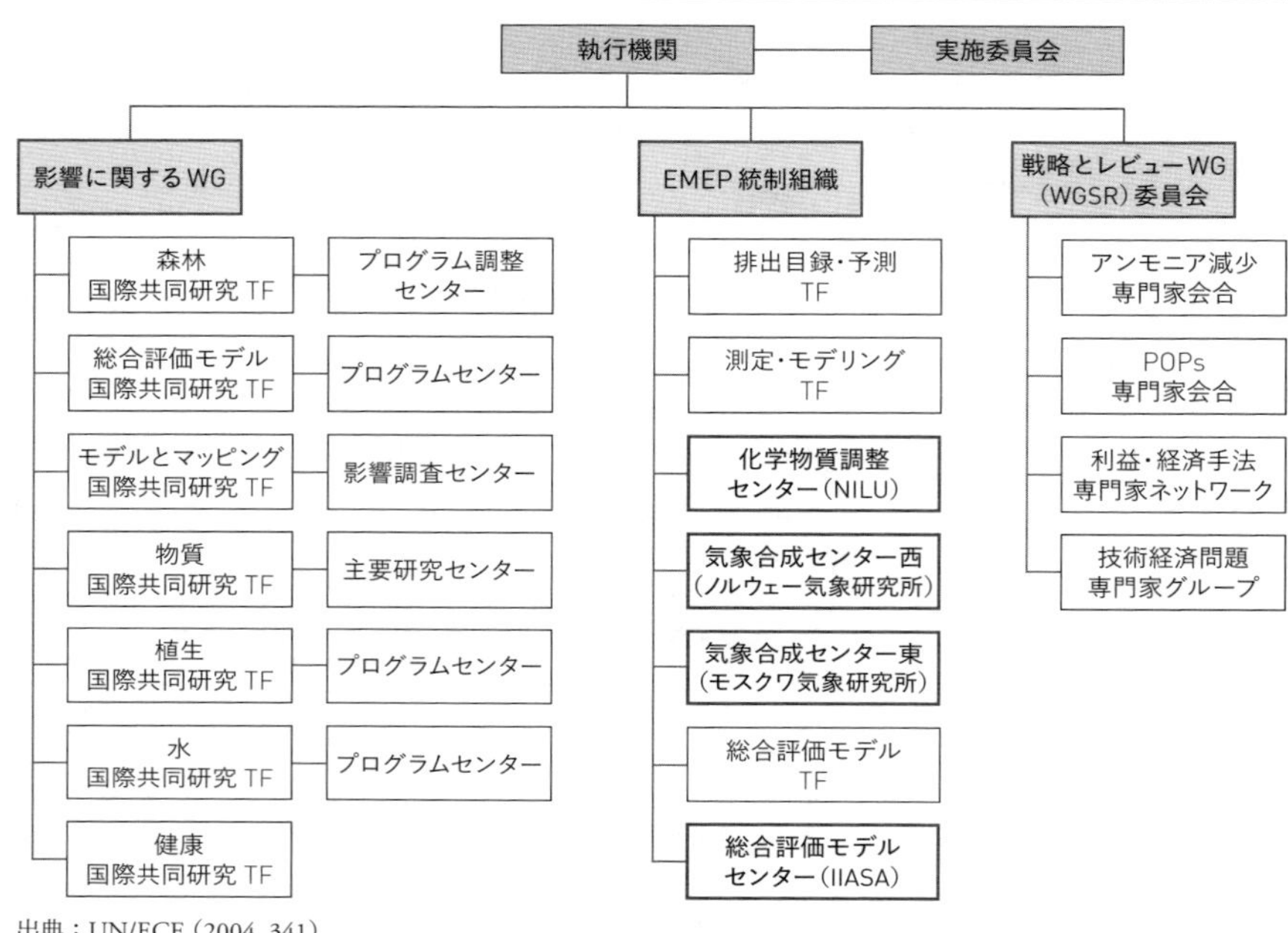

出典：UN/ECE（2004, 341）.

を先進締約国に課し、あるいはこの目的のための資金機構設立を規定しているのに対し、LRTAP条約ではこうした取り決めがない。この点でLRTAP条約は、他の主要な国際環境条約と異なっている。

❖条約の組織構造

条約により、各国政府上級顧問をメンバーとする執行機関が設けられ（第一〇条）、条約の実施および発展に関する全ての事項を検討する最高意思決定機関として中心的な役割を果たしている。執行機関は、必要に応じて各種作業グループ（WG）を設立する。また、データ収集や科学的側面に関してはEMEP運営機関を利用することとなっている（第一〇条三）。

条約が発足してから二〇年近く経った二〇〇二年時点での組織図を図10に示した。このうち主要な条約機関の役割は、以下のとおりである[57]。

第一に、戦略とレビューに関する作業グループ（WGSR）である。条約形成初期から設置されている同グループは、進行中の科学的・技術的な活動を評価し、必要に応じて既存の議定書を改定したり、あらたな議定書の作成が必要と認められる場合には、その議定書の準備や交渉を行う、中心的な組織である。WGSRで議論され決定された事項は、執行機関に送られ、議論、採択されることになる。

第二に、影響に関する作業グループ（WGE）で、こちらも条約形成初期より設置されていた。執行機関の要請に応じて、長距離越境大気汚染の影響評価、その影響が及ぶ地理的範囲や程度の把握、被害-加害関係の定量的把握、臨界負荷量についての把握を行う。また、今後必要な科学的活動および、条約の実施行動計画の諸活動に関し、計画や調整、評価や報告を行う。WGEのもとには、森林（ドイツ）、河川や湖沼（ノルウェー）、歴史文化財などの物質（スウェーデン）、自然植生や穀物（イギリス）、生態系（スウェーデンとフィンランド）、モデルと臨界不可量のマッピングの六つの国際協力プログラムが設立されている。

第三に、前節でも紹介したEMEPの組織である。EMEPは、条約や執行機関、その他の補助機関に対し、毎年、越境大気汚染に関する総合的な分析評価を提供することと定められた。具体的には、①排出データの収集、②大気と降水の測定、③大気輸送と沈着のモデリング、④統合評価モデル、の四分野である。EMEPの意思決定機関は、EMEP運営締約各国でEMEPのデータ収集に関わる政府指定研究機関の専門家や関連する大学研究者、あるいは各国の担当部局の政策担当者等により構成されている[58]。最も重要であるのは、実際に科学的データをとりまとめ、意思決定機関に提供するという業務に従事する、以下の複数のセンターである。

まず一つ目は、OECDのプロジェクトでも中心的な役割を果たした、ノルウェー大気研究所（NILU）である。NILUは、化学物質調整センター（CCC）として、主に「参加国の国家測定プログラムを通じて収集されたデータを収集し精査し、蓄積し、また半年に一度のレポートとして報告し、また化学分析の質確保のために、各国の研究所間の化学分析の質に関するテストも担う[59]。すなわち、EMEP各国に設置されたモニタリング

図11 SO_2および粒状硫酸を測定するEMEPモニタリングステーションの地理的分布（1979～1987年）

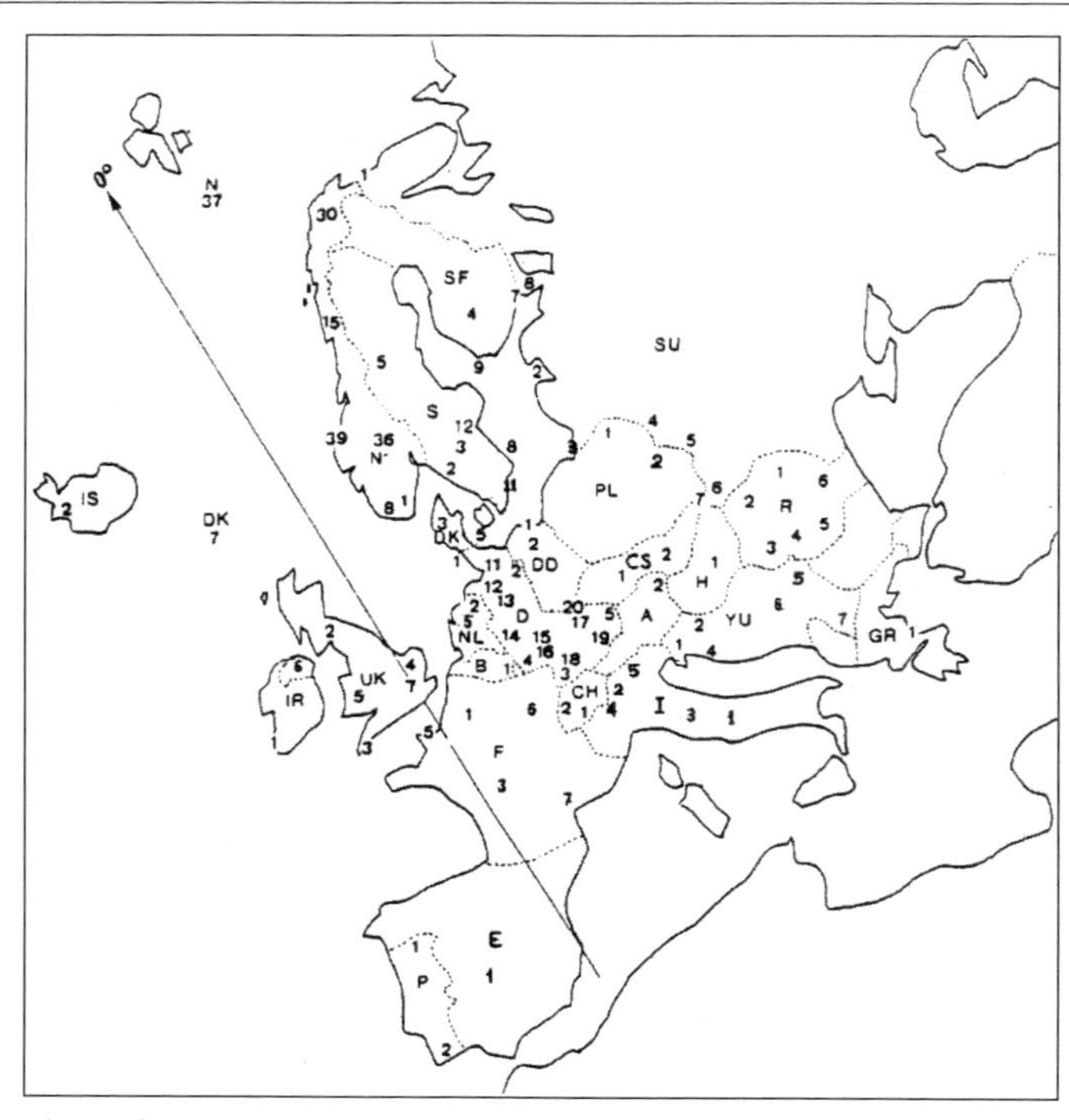

出典：Mylona（1989,16）.

ステーションで採取された大気および降水中の汚染物質（硫黄化合物・窒素化合物・重金属・VOC・オゾン）のモニタリングデータが、全てNILUに集積され、管理されるのである。図11は、一九八〇年代初頭の時点でNILUに集められた、SO_2データのモニタリングステーションの地理的分布を示したものである。北欧諸国、西欧諸国に加え、南欧諸国、ポーランドやチェコスロバキアなど東欧諸国までカバーされている。ただ、ソ連は、国境付近のみでデータ収集が行なわれることとなった。また南欧や東欧ではステーションの数が少ないか、設置されていない国もあった[60]。化学分析の質の確保は、EMEPの科学的データの信憑性の根幹にかかわるため、質を確保するための多くのテストや研修、研究者

図12 排出推計および輸送モデル計算のための150キロメートル四方のモジュール

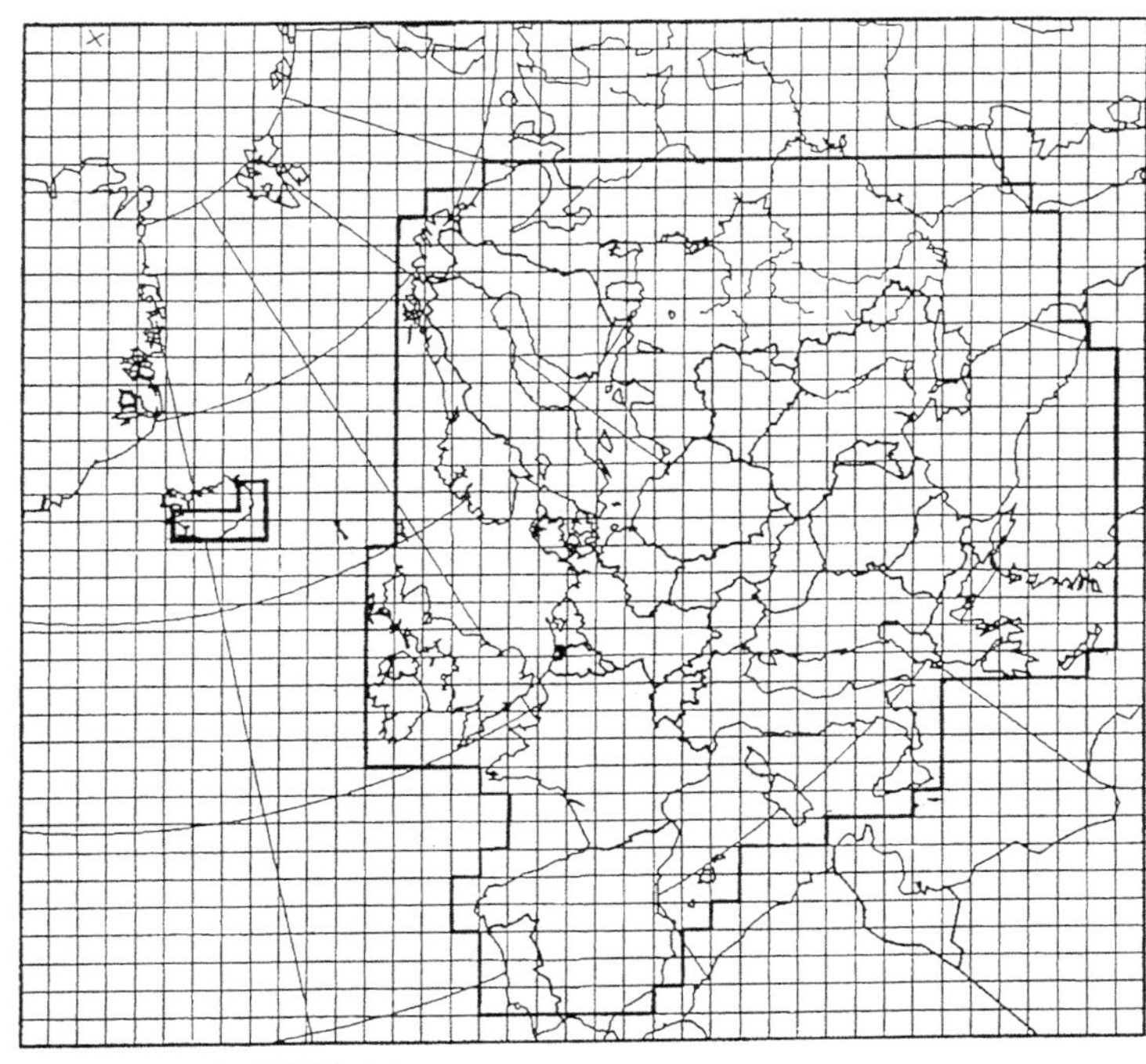

注：太線枠内がEMEPの地理的範囲を示す。
出典：Mylona（1989, 49）.

交流なども積極的に行なわれてきた、とEMEPセンターの担当者は証言している[61]。

二つ目は、気象合成センター（MSC）である。その主要な任務は、世界気象機関と協働して、気象データ、各国の酸性化物質の排出推計値、測定された大気質データの三種を用いて、大気汚染物資の稀少拡散モデルをデザイン・運用し検証し、欧州各国間の国境を越える酸性化物質の量を推計することである[62]。このうち排出データは、EMEPの地理的範囲を一五〇キロ四方のグリッドで区切り計測したものを、各国は、少なくとも一年に一度はEMEPに提出をした（図12参照）。MSCとして、ノルウェー気象研究所とモスクワ気象研究所という東西二つの研究所が指名されたことは、前述したとおりである。両センターは、それぞれ気象合成センター西（MSC－W）、気象合成センター東（MSC－E）と呼ばれ、それぞれにモデル評価に従事してきた。

三つ目のEMEPセンターは、統合アセスメントモデルセンター（CIAM）である。これには、オーストリアの国際応用システム分析研究所（IIASA）が指定されたが、その指定は一九九九年のことである。経緯については、次章で取り扱う。IIASAは、EMEP議定書における排出削減目標の算定と達成のための施策の特定を行うことが主なタスクとされた。

この他、議定書が策定された後に設けられた条約機関として、実施委員会がある。実施委員会は、各国の条約や議定書における義務規定の遵守状況を評価する組織である。義務規定には、議定書での排出削減目標や排出基準等だけでなく、モニタリングデータの提出や、年次報告の提出等も含まれる。こうした遵守状況の定期的評価によって、執行機関の活動を支援するのである。

❖資金構造

以上に見た、条約の実施、とりわけEMEPの運営については、多額の資金を要する。EMEPの国際的活動を実施するための資金は、一九八三年までは、特段定められておらず、参加各国や国連からの任意拠出によってまかなわれていた。不安定な資金状況を改善するために、条約発効の翌年である一九八四年、EMEPへの長期的資金供与に関する議定書が採択され、三九カ国が批准した。

資金拠出は、①強制的拠出、②任意拠出、③現物拠出（in-kind contribution）に大別される。このうち、強制的拠出とは、議定書締約国が、国連分担金割合に準ずる割合での相当額を拠出するものである。任意拠出とは、EMEPの地理的範囲内、あるいは範囲外でも締約国・執行機関の承認を得て、国・機関・個人が任意に資金を供出するものである。

これらの資金は一度UN/ECEの一般信託基金に組み入れられてから、UN/ECEを通じて各EMEPセンターへ分配される。

ただ実際には、これらのセンターの活動資金は充分とは言えず、EMEPセンターの各ホスト国やEUなどが別個個別プログラムを発注するなどして支援している部分も大きいとの証言が、複数の条約関係者から得られている[63]。

なお、EMEP以外の活動については、条約の事務局運営はUN/ECEの通常予算より計上されている。しかしその他の活動に関する公的な資金的メカニズムはなく、たとえば地球環境ファシリティーのような締約国支援のための技術・資金支援メカニズムなどは用意されていない。

総じて、LRTAP条約は、具体的な汚染物質の削減規程を全くふくまない枠組的性格を有するものであった。西ドイツの要望を受けて、「経済的に見合う利用可能な最善の技術(BAT、Best Available Technology)」を利用した国内規制措置を規定した(第六条)ことなどから、各国のコミットメントは、当初の北欧案に比べると、格段に緩やかなものになった。この点において、条約には、レジーム反対国である西欧諸国の主張が多く反映されたことが明らかである。

しかし他方、条約は締約当事者に対して、恒常的に、すなわち半永久的に、長距離越境大気汚染問題を監視・評価し、政策を見直し、大気汚染物質削減を継続的に行うことを義務付けた。とりわけ体系的観測を行なうための仕組みづくりが入念になされた。また第八条(情報交換)においては、「硫黄化合物およびそのほかの主要な大気汚染物質の規制のための国家、小地域および地域の政策と戦略」(第八条(g))についても情報交換を行うよう規定した点で、将来の地域戦略策定に含みを残した。つまり、北欧グループの当初の主張が日の目を見る可能性も残ったのである。

註

1――藤田、二〇一二年、一二頁。
2――藤田、二〇一二年、一三頁。
3――藤田、二〇一三年、一三頁。
4――藤田、二〇一二年、一〇頁。
5――藤田、二〇一二年、一三頁。
6――藤田、二〇一二年、一二頁。
7――Wynne et al., 2001, 97.
8――松野、二〇〇三年、六九頁。
9――ある経済主体の行動が、その費用の支払いや補償を行うことなく、他の経済主体に対して不利益や損失を及ぼすこと環境経済学で用いられる用語（三省堂　大辞林）。特に公害問題等では、従前、環境費用は生産コストに含まれていなかったことから、〝外部不経済〟と呼ばれていた。それゆえ環境汚染に対応するためには、いかに〝外部化〟されていなかった費用を、〝内部化〟していけるかが、重要であるとされた（Turner et al., 1993）。
10――畠山、二〇一四年、四〇頁。
11――経済企画庁、一九七〇年。
12――石、一九九二年、三六頁。
13――藤田、二〇一二年、四七頁。
14――ＬＲＴＡＰ条約執行機関は、年一回開催される条約の最高意思決定機関であり、たとえば気候変動枠組条約でいうところの締約国会議（ＣＯＰ）に相当する。
15――Björkbom, 2002; Thompson, 2002.
16――パンだけでなく、主菜にもジャムを添える習慣や、ミルクやクリーム等の高脂質たんぱくを常用する北欧の食生活は、北欧における糖尿病率が高い理由の一端となっている。
17――憲法二章一八条（Bengtsson, 2004. ヘルリッツ他、二〇〇五年。リンドクウィスト他、一九九七年）。
18――スウェーデンにおけるある研究プロジェクトでは、ガードヨン（Gårdsjön）湖におけるｐＨは、一九六〇年までは

6・0を上回っていたのが、一九七〇年には5・5を下回り、一九七九年には4・5を下回るようになったという(村野、一九九三年)。

19——村野、一九九三年。

20——村野、一九九三年、八九頁。

21——ただし、森林被害に関しては、必ずしも全てが越境酸性雨によるものと断定されているわけではなかった。一般的に見ても、森林被害の要因は、「湿度、乾燥、風などの気候ストレス、病原菌、昆虫などの生物ストレス、栄養素の不足、過剰、有害物質などの科学ストレス、大気汚染ストレス」などがあり、「単独あるいは二、三のストレスでは重大な影響は生じないが、複合することにより森林が衰退する場合がある」ことが、専門家により指摘されている(村野、一九九三年、八五頁)。実際北欧諸国における森林被害がどこまで進行しているか、またその被害がどこまで越境酸性雨によるものであるかについては、北欧や西欧諸国の専門家間においても、大きな議論があったという。しかし、一九七〇年代末から一九八〇年代にかけて、欧州以外の西欧諸国においても、大規模な森林破壊が進行し、これらの被害に酸性雨が大いに関係しているとの認識が弘まったと、当時の政策担当者はふりかえる(Thompson, 2002)。

22——Oden, 1968. この論文は、北欧での酸性雨認識の源として、多くの研究論文で引用されている。

23——Person, 2002.

24——Person, 2002.

25——北欧四カ国(スウェーデン、ノルウェー、デンマーク、フィンランド)の中では、スウェーデンとノルウェーがとりわけ、酸性雨問題に熱心であったことが当時の政策担当者によって指摘されている(Person, 2002)。

26——McCormick, 1995.

27——Cavender-et al., 2001, 63.

28——Cavender et al., 2001, 63.

29——Wynne et al., 2001, 97.

30——Cavender et al., 2001.

31——Williams, 2002.

32——Gehring, 1994.

33——Sliggers et al., 2004.

34 — CSCE/II/G/5.

35 — Gehring, 1994, 65.

36 — Björkbom, 1999; Eliassen, 2002; Person, 2002.

37 — OECD, 1977.

38 — ENV/R.67, Note by the Secretariat.

39 — 一一の課題とは、越境大気汚染、有害物質/有害廃棄物の規制、海洋環境の保護、越境河川汚染問題、低(無)廃棄技術、環境保護のための土地利用/土地利用計画、人間居住の環境側面、環境行政センターの協力、環境動向の監視、越境汚染や他の環境被害による国家間紛争解決のための法的・行政的基礎、化学肥料や殺虫剤使用の環境的側面である。

40 — Chossudovsky, 1989.

41 — ECE/ENV/23, para 16.

42 — ENV/AC.9/4, para 12.

43 — Chossudovsky, 1989, 74.

44 — Chossudovsky, 1989.

45 — Chossudovsky, 1989, 82.

46 — 条約第四条。

47 — Sokolovsky, 2003, 2004.

48 — Chossudovsky, 1989.

49 — Thompson, 2002. トンプソンは大学時代に、ソ連に留学し、ロシア語の語学運用能力が長けている。

50 — Sokolovsky, 2003.

51 — Sliggers et al., 2004; Thompson, 2003.

52 — Lars, 2002; Churchill et al., 1995.

53 — Sokolovsky, 2003.

54 — Chossudovsky, 1989.

55 — Chossudovsky, 1989.

56——条約では、ＥＭＥＰへの「参加および完全なる実施」を欧州の締約当事国に義務付けていることから(第九条)、ＥＭＥＰは条約の重要な要素政策を構成しているとみなすことができる。

57——UN/ECE, 2003, 341.

58——各会の議事録や資料出席者リストはＵＮ／ＥＣＥのホームページ上で公表されている。

59——Mylona, 1989, 1.

60——Larssen et al., 1996.

61——Eliassen, 2002.

62——Mylona, 1989, 1.

63——Lars, 2002; Eliassen, 2002; Thompson, 2003.

第4章 長距離越境大気汚染レジームの発展と変容

前章では、受苦アクターと受益アクター間の「膠着状態」から、いかにして長距離越境大気汚染条約（ＬＲＴＡＰ条約）レジームが形成されたかを追った。いわば、東西冷戦デタントという偶発的な政治的機会に恵まれ、政治的ゲームの帰結として誕生した同条約ではあるが、受苦アクターである北欧諸国が、硫黄化合物の排出削減を望むにもかかわらず、排出大国すなわち受益アクターである西ドイツやイギリスは強硬な反対姿勢を見せつづけ、具体的な削減義務が定められることはなかった。

しかし、レジームの政策構造は、将来の地域戦略策定が可能になるよう入念に構築されていた。一九八〇年代に入ると、受益アクターは順次交渉スタンスを緩和し、具体的な汚染物質、すなわちSO_2やNO_xを規制する議定書の策定が可能になっていった。さらには、体系的観測の進展や新たな科学ツールの登場により、より戦略的合理的、かつ費用対効果の高い削減目標と対策オプションが定められた。こうしたレジームの発展は、冷戦終結に伴い加速した。東西冷戦の終焉、ＥＵ拡大といった時代の転換のなかで、レジームはどのように変貌を遂げたのか。本章では、八〇年代以降のレジームの発展と変容を、さらに追っていく。

1 ヘルシンキ議定書（一九八五年）——最小公分母の合意

条約こそ締結したものの、一九七〇年代には大気汚染物質削減への具体的な道筋はなかなか見えなかった。しかし、一九八四年、西ドイツの政策転換により硫黄排出の国際規制がにわかに現実味を帯びると、翌年九月には「硫黄排出あるいはその越境流出の最低三〇%削減に関する議定書（ヘルシンキ議定書）」が採択される。同議定書は、当時の加盟三二カ国中、西ドイツを含む二一カ国によって署名された。

ヘルシンキ議定書採択の背景としては、大気汚染物質の広域移流を監視評価するための協力計画（EMEP）を基礎とする長距離越境大気汚染監視・評価が進み、大気汚染物質の被害・加害関係が科学的信憑性を持って公表されたことが重要だったと、一般的には考えられるかもしれない。たしかに、EMEPには、各国の酸性沈着の量から排出量、政策内容を含めた様々なデータが集められ、EMEPや条約の執行機関および各種作業グループの場で各国に共有された。しかし、これらの科学的知見の構築は容易なものではなかった。現実には、データの不足や偏在、信憑性の欠如など、多くの難問が生じていたことが、当時のEMEP会議資料や担当者の証言から読み取れる。

たとえば、沈着モニタリングをみてみよう。前章の図12で紹介したように、確かにモニタリング・ステーションは、北欧諸国、西欧諸国に加え、南欧諸国、ポーランドやチェコスロバキアなどの東欧諸国までカバーしていた。しかし、元々、各国内のモニタリング・ステーションの数や質、また計測方法にはそもそも大きな差があったという[1]。南欧や東欧ではステーションの数が少ないか、元来設置されていない国もあった[2]。ソ連は、国境付近のみでデータ収集を行うという条件での参加であったため、地理的範囲を限らなくてはならなかった[3]。さらに、化学分析の技術や機器も国による差異が大きかったという。具体例を公開資料からみてみよう。一九八五年にＥＭＥＰ会議に提出された資料では、どの国の、どの地点の、いつからいつまでのデータが提出されたか、されなかったか、といったデータが手書きで記入されている[4]。ＥＭＥＰセンターの資料は、そうした不完全なデータを用いながら、各モニタリング地点の硫黄酸化物濃度の経年変化を、それぞれ観測値およびモデル計算からの推計値双方で示し、データの整合性を保つ努力が行なわれている[5]。

排出モニタリングについても、各国からの排出データは、不完全で提出が遅れたり、年によって変動が大きかったり、改竄の疑いもあるなど、質確保のために苦悩があったことを、当時の担当者が証言している[6]。このことは、実際にＥＭＥＰセンターによる公開資料から確認ができる。たとえば、一九八九年にとりまとめられた、一九八〇年から八六年までの排出インベントリについては、「一九八六年の国家総計については、一二カ国から情報がまだきていないので、今後の提出を期しつつ前年のデータを一時的に代用する」、「いくつかの国は、年々、ばらばらな数値をだしてくる」などの文言が、ＥＭＥＰ会議提出資料の中で、赤裸々に綴られている[7]。データの信憑性に問題があったことが、十分に推測できる。

当時の科学者側のキーパーソン、エリアセンは、二〇〇二年におこなった筆者のインタビューに「科学者として本音をいえば、当時は、本当に輸送モデルが、政策へと昇華できるのか、疑わしく思った」と述懐し[8]、同席していた政策担当者側のキーパーソンであるトンプソンは、エリアセンの言葉にやや驚きの表情を示しつつ、「それでもやりとげなくてはならなかったよね」と振り返った[9]。このやりとりからも、ＥＭＥＰにおける科学的基盤の構築は、強い政治意思に基づいたものであることが読み取れる。科学者の常識からすれば、本来データを完全にそろえたいところであろう。仮数値による代用は、質を下げ信憑性を損ねることにもつながりかねない。忸怩たる思いもあったろう。しかし彼らには、悪条件のなか多少の誤差を織り込んででも、モデル開発に従事する使命があった。なぜならば、それが、脆弱な生態系を酸性雨から守るための唯一の道である、という固い信念があったからである。被害が起きていることを科学に証明するという「社会的要請の文脈の中で行なわれる知識生産」が、EMEPにおける科学的構築の本質であった。これこそ、第一章で述べたモード2の科学、そのものである。不完全性を前提に、すぐにも政策として還元できる評価法として、排出沈着関係を明らかにするための輸送モデルの開発が、科学者たちによって、自覚的自律的に行われていたのである。

それでも、データや分析内容の質の確保は、EMEPの科学的データの信憑性の根幹にかかわることであった。質を確保するために、当時のEMEPセンターが総力をあげたのが、多くの検査や研修、研究者交流などであったと、エリアセンらは証言する[10]。各国のモニタリングサイト向けの研修や交流、支援が、アドホックに、二国間支援や多国間支援を通じて数多く行なわれたという。どれほどの規模や頻度で行なわれたかを示す、まとまったデータは残されていない。しかし、関連各者へのインタビューからしても、相当な努力が払われたことは疑いようがない[11]。データ改善のための、EMEPセンターによる地道だが精力的な取組とその情報公開が功を奏し、東欧諸国のなかには、データの改竄を思いとどまる向きもあったという[12]。EMEPにおける徹底したデータの収集と分析、そしてその情報公開が、次なる議定書策定への原動力、さらには議定書遵守のインセンティヴとなったことは明白である[13]。しかしそれは、ヘルシンキ議定書からさらに時代を下ってからのことである。一九八〇年代は、どちらかといえば、LRTAP条約レジームでは、科学的信憑性を高めるための悪戦苦闘が続いていた。では、なぜ一九七九年には不可能であったSO_2排出国際規制が、条約締結から六年、条約発効からわずか二年後の一九八五年に実現したのだろうか。

ヘルシンキ議定書の採択に、最も大きな影響を与えたのが、西ドイツの転身であったことは、欧州の政策担当者や多くの専門家によって指摘されている[14]。一九八二年、ストックホルム会議一〇周年の記念として、スウェーデンはストックホルムで国際会議を主催し、再度UN／ECEの場で硫黄削減を政策課題として提案するが、各国からの反応ははかばかしくなかったという[15]。しかしその後、カナダのイニシアティブにより、硫黄三〇％削減可能な国が自発的に「三〇％クラブ」を形成するために、一九八四年三月オタワで一〇カ

表5 30%クラブとヘルシンキ議定書署名国

1984 オタワ会議	30%	スウェーデン、オーストリア、フィンランド、スイス
	40%	オランダ、デンマーク
	50%	フランス、旧西ドイツ、カナダ、ノルウェー
1985 ヘルシンキ議定書	上記10カ国に加え、ベラルーシ、ベルギー、ブルガリア、チェコスロバキア、東ドイツ、ハンガリー、イタリア、リヒテンシュタイン、ルクセンブルグ、ソ連、ウクライナが署名	

出典：John McCormick (1997); UN/ECE (2004) より作成。

国の外務大臣を招き、国際会議を開催した。オタワ会議に参加したのは、デンマーク、フィンランド、ノルウェー、スウェーデンの北欧四カ国に加え、オーストリア、カナダ、フランス、西ドイツ、オランダ、スイスである。一〇カ国は、それぞれ三〇%、四〇%、五〇%という自主目標を掲げた(表5参照)。

オタワ会議のわずか三カ月後、西ドイツはUN／ECEと共催でミュンヘンにて、森林と水を酸性雨から守るための多国間会議を開催した。この場で、三〇%クラブは一〇カ国から一八カ国へと増加した。ソ連をはじめ、ハンガリーや東ドイツなどの東欧諸国、さらには、西ドイツの転換によって、それまでは削減義務の公約に躊躇していたほかのEC諸国、イタリアやベルギーなどの一部西欧諸国も、三〇%公約に踏み切った。ECの主要国、西ドイツの転身を経て、一九八四年九月に硫黄削減議定書起草のための特別作業部会がUN／ECEの中で設置された。ヘルシンキ議定書が採択されたのは翌年九月のことである。同議定書では、一九八〇年を基準年として、出来るだけ早く、おそくとも一九九三年までに、最低でも三〇%削減するという数値目標が掲げられた[16]。また、そのための国別プログラムや政策、戦略を策定し、実行するという文言も入った[17]。

ところで、三〇%という数値目標は、どこからきたのだろう。筆者がインタビューでそう問うたところ、当時EMEPセンターにかかわった科学者たちは、科学的な判断に基づいたものではなく、ゆるすぎず厳しすぎず、現実に達成可能であろうと思われる基準として三〇%が掲げられたのではないかと述べた[18]。議定書のタイトルにある〝少なくとも三〇%〟というのは、三〇%以上であれば、四〇%でも五〇%でも

図13 各国の硫黄排出量とその変遷（1980年〜1986年）

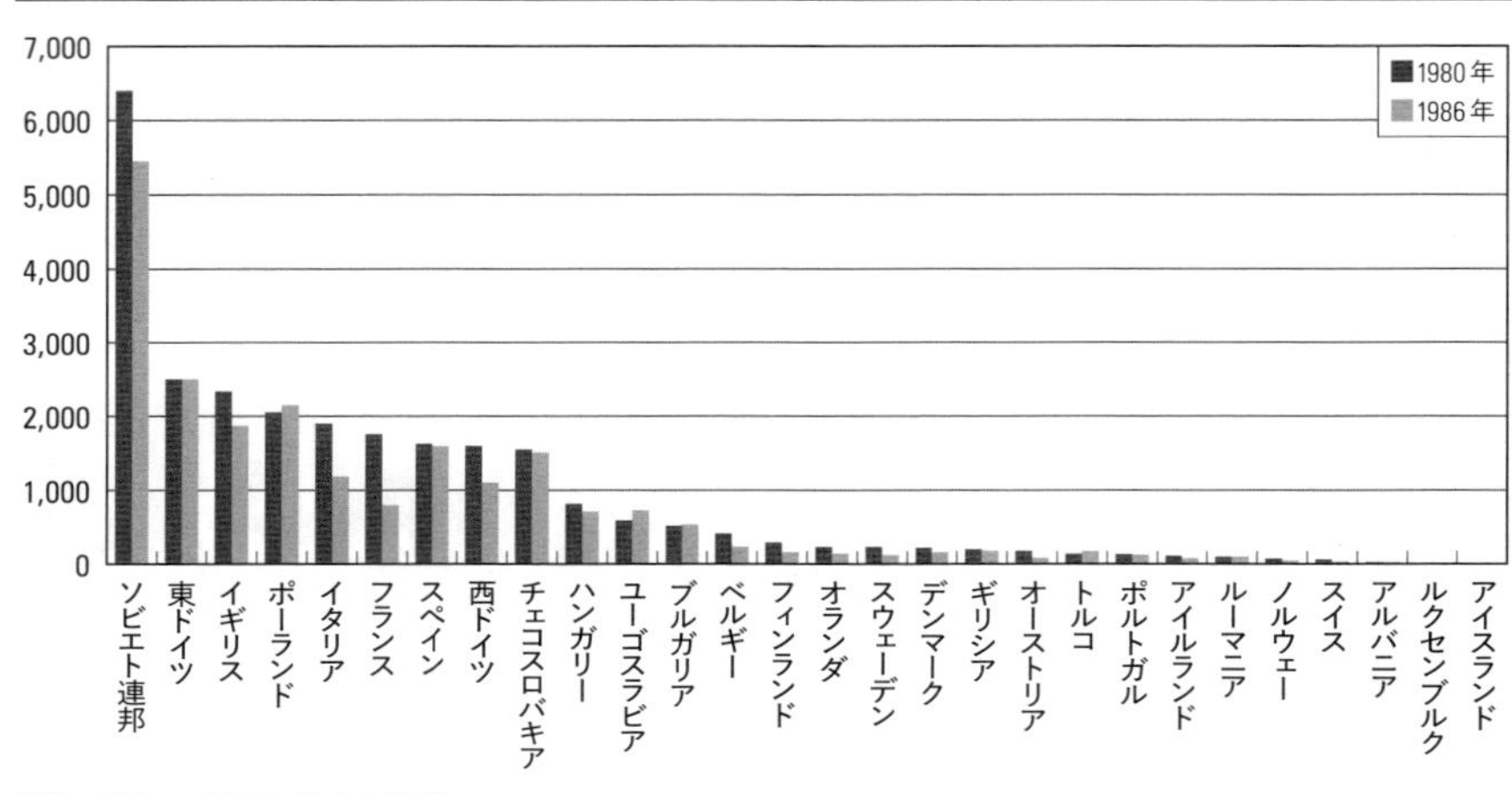

出典：Mylona（1989, 6）より作成。

いいという含みを持たせており、すなわち、各国の目指すところが国によって差異が出ることをむしろ歓迎している。レヴィが「最小公分母の合意」と評するゆえんである[19]。「最小公分母の合意」とは、選択肢に幅を持たせることを意味し、一つの解を求めようとする「最大公約数」とは逆であるという意味で、北欧デモクラシーの根幹概念[20]とも、また北欧の緩やかで「多極共存的」な協力の歴史[21]とも通底している。ただし、環境政策について「最小公分母」を適用した場合、削減をよしとしない排出大国に歯止めをかけることは難しくなり、結果的に問題の先送りを意味することになりかねない。その一方で、強制力を伴う環境規制が事実上困難である国際社会の場合は、他に方法がないというのも実情である。出来るところから先に削減を進め、後発国は時期をずらすという時間差を設けて情報提供や支援などを行なうことにより、対策をとることには合理性がある、という認識を拡げて対応を促す、支援により対策努力を促進させる、というのは、ある意味、合理的路線と言える。

では、最小公分母の合意となった、三〇%あるいはそれ以上という数値が、各国にとって実際にどのような意味をもっていたのかを検証しておこう。

図14 各国の硫黄削減率（1980年〜1986年）

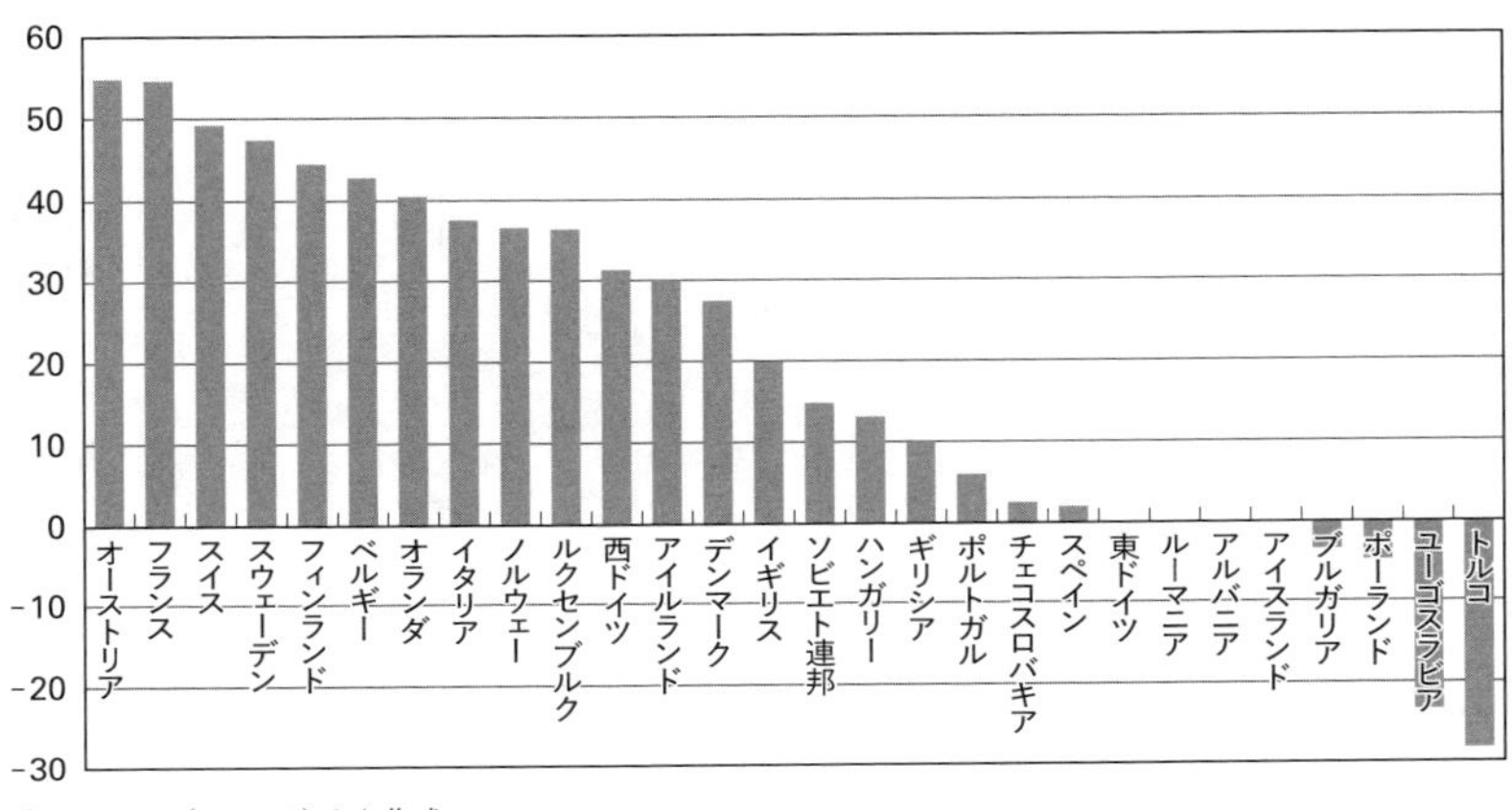

出典：Mylona（1989, 6）より作成。

図13に一九八〇年から一九八六年までの各国の硫黄排出量とその変遷を、図14にこの間の硫黄削減率を、それぞれ示した。これらによれば、当初から三〇％クラブに加盟していた西欧およびカナダの一〇カ国は、議定書の締結前から削減が進んでおり、一九八六年時点で、すでに八〇年比で三〇％減を達成していることがわかる。すなわち、各国の削減はレジームがあったからではなく、国内大気汚染対策など、何らかの理由により、すでに達成できていた数字だったのである。西ドイツの方針転換に追随してヘルシンキ議定書から三〇％クラブ入りしたベルギー、イタリアも、やはり、一九八六年時点で達成済みである。一九八六年時点で削減率が二〇％に満たない国で、議定書に署名をしたのは、主としてソ連、東ドイツ、チェコスロバキア、ハンガリー、といった東側陣営である。

他方、ポーランドやユーゴスラビアなど、排出増の局面にあった東側諸国は、ソ連からの圧力にもかかわらず、最終的に署名をしなかった。同様に経済発展途上であった南欧諸国も署名を見送った。スペイン、ポルトガル、ギリシャ、アイルランドは、産業発展のために、EC大規模燃焼施設指令の交渉において一九九三年までのSO_2増加の権利を獲得していたという事情があった[22]。また、カナダの期待とは裏腹に、アメリカも三〇%という数字に明確な科学的根拠がないこと理由に三〇%クラブ入りしなかった。イギリス、アメリカ、南欧諸国や東欧諸国の一部の国々の署名や批准がないままに、当時三二加盟国中、二一カ国の署名を経て[23]、ヘルシンキ議定書は採択された。

2 西ドイツの変容

これまで述べたように、ヘルシンキ議定書は、いわば各国が削減達成可能な範囲を公約とし、それを議定書として明文化したものであった。そう考えると、議定書は締約各国に追加的な削減を法的に迫るものではないが、だからといってその意義を大きく毀損されるものでもない。ヘルシンキ議定書は、具体的削減目標を欠く枠組条約であったLRTAP条約に、法的拘束力のある数値目標設定の道を切り開いたのである。そして、議定書を強く後押ししたのは、ほかでもない西ドイツであった。

西ドイツ転身の理由を、前掲の図13に探ってみよう。同図によれば、一九八〇年代から一九八六年にかけて、西ドイツは三〇%超の硫黄排出削減を達成していた。しかし、西ドイツは欧州随一の重工業地帯を抱え、石炭産出・消費大国であり続けた。隣国のフランスでは、原子力へのエネルギー転換が急速に進み石炭利用が激減していたため、石炭由来の硫黄排出減は国内努力に拠るというより自然減であっただろう。しかし西ドイツについては、この間の一次エネルギー消費推移のデータを繙いても、一九八〇年代を通じて石炭は五割以上で推移しており、石炭依存の構図は変わらない。それでも硫黄排出物の削減が可能となったのは、西ドイツが従前の大気汚染物質拡散政策から、根本的な削減政策へと舵を切ったからにほかならない。

その理由について、当時の政府担当者は[24]、西ドイツ国内で大規模な森林被害が明らかになってきたこと、西ドイツは加害者(net-exporter)である一方被害者(net-importer)でもあり、ソース・レセプター(排出・沈着)関係で見れば五分五分であったこと、北欧諸国に越境汚染被害への補償を求める意図がないことが明らかになったことなどが、判断材料となったと述べた。すなわち、西ドイツは、受益アクターであるだけでなく、受苦アクターでもあったことに自ら気づいたことになる。

ただし、西ドイツにおける森林枯死の状況は、一九八〇年代に入って突如発見されたわけではない。一九五七年には、ノースラインウェストファリアにおける国家森林協会が「死にゆく森」と題した小冊子を公表し、ルール工業地帯における大気汚染が森林枯死を招いているとし、ルール工業地帯における排出の大幅削減を要求していたという。しかし、そうした声が、政策の中枢に届き、政策転換がはかられることはなかった。全般には、大気汚染問題は、人体健康問題として、課題設定がされていた。だからこそ一九六〇年代と七〇年代における局地的な大気汚染事件が増えるにつれ、ドイツは他の工業国のように、汚染を希釈するための高層煙突を建設していたのである[25]。

より本質的には、森林枯死が、酸性雨と結びつけて、重要な政策課題として課題設定されたこと、そしてその対策推進を、国内政治の劇的な変化が後押ししたことが重要である。複数の先行研究から[26]、経緯を辿ってみよう。政策の大転換のはじまりは、一九七〇年代末のことである。この頃には、大気質に関する省庁レベルの専門家たちは、高層煙突と汚染の長距離輸送、土壌の酸性化の関連性について気付いていた[27]。一九七八年、西ドイツ内務省の大気浄化局は、長距離離輸送問題に対応するために、それまでの高層煙突による大気汚染物質拡散政策から転換して、発電所の排出基準を制定する法案を草案した。大規模燃焼施設に関する最初の草案では、一七〇メガワットを超える発電所は最新式の排出削減技術を搭載し、硫黄酸化物の短期的な基準を立方メートルあたり八五〇ミリグラム以下にするよう求めた。しかし、内務省大気浄化局の草案は、経済省により完全に拒否された。西ドイツが、他の三二カ国とともに、しぶしぶLRTAP条約に署名をしたのはその翌年のことである。

すなわちこの時期は、内務省や環境庁において、個々の担当者が問題に気付いていたが、酸性雨は、国家レベルでの政治課題にのぼることはなかった。

西ドイツが条約に調印した一九七九年、土壌科学者バーナード・ウーリッヒは、ソリング地方の森林地帯における酸性雨による生態系への影響についての研究を公表した。西ドイツで広がっていたもみの木の枯死を説明したものであった。ウーリッヒの研究は、一九八一年に、「ドイツを覆う酸性雨――森林が枯死している」というシュピーゲル誌の特集記事で紹介される。この記事は、西ドイツのトウヒ類の半分が危機に瀕しており、きたる五年のうちには、大規模な森林枯死があるであろうと結論づけていた[28]。特集記事は市民の強い関心を呼び起こし、熱い政治的論争を招くこととなった。ここに「酸性雨は、古典的な大気汚染問題ではなく森林破壊の脅威として、課題設定」されることになったのである[29]。ドイツ文化にとって森林は、伝統的に、そして民俗学においてもたいへん重要な地位を担っている[30]。ドイツの国土の三〇%は森林に占められ、ドイツの森林産業はきわめて大きい。森林保護には強い経済利害が存在している。ゆえに大規模な森林被害と酸性雨はセットで議論されるようになり、危機的な状況に政治的関心が一気に高まったのである。

一九八一年、連邦食糧農業森林省は、大気汚染による森林被害を評価する専門家チームを結成した。同時に、二酸化硫黄の排出制限のための、大規模燃焼施設規制を強く求めるようになった。新たなアクターの登場である。食糧農業森林省と内務省が連携して排出制限を強化する法案が作られ、経済省の反対は押切られた。提案された大規模燃焼施設規制の最終バージョンは、一九七八年当初の内務省案に比べ、遥かに厳しいものとなった。規制対象は、当初、一七〇メガワット以上の新規発電所のみであったところ、五〇メガワット以上の既存の発電所も対象に含まれた。硫黄酸化物の排出枠も、当初の立方メートルあたり八五〇ミリグラムから四〇〇ミリグラムに大幅に強化された。連邦大気保護法改正や、大気に関する技術ガイドラインも続いて改正され、一般環境大気汚染基準もより高く、また実施スケジュールもより強化された。

こうした法案が議会を通過するにあたっては、西ドイツ国内の政治的変化も極めて重要であった。西ドイツでは、一九七〇年代末には、反核、反原発、エコロジーへの市民運動の高まりから[31]、緑の党が州や国家レベルで議席を獲得するようになっていた。このことが、西ドイツの国内・国際政策の変化に決定的な影響をおよぼしていることは、先行研究において指摘されている[32]。緑の党の存在を意識することで、他の既存政党も環境を政策課題に載せるようになった。「キリスト教民主同盟(CDU)・キリスト教社会同盟(CSU)・社会民主党(SPD)、自由民主党(FDP)にとって、環境問題を取り上げないまま選挙に臨むことはもはや不可能」になったのである[33]。事実、一九八二年末の選挙で、主要な政党は全て、酸性雨問題をキャンペーンプログラムに含めた。キリスト教民主同盟、キリスト教社会同盟、自由民主党が連立政権を取った際には、最も優先すべき政策課題として、大規模燃焼施設規制法案の通過を挙げていた。

一九八四年の三〇%クラブ入りという、西ドイツの、唐突にみえる国際社会での転身は、七〇年代末から八〇年代前半にかけての森林枯死に対する課題設定と国内政治の変化を照らしあわせると、素直に理解できる。さらにいえば、西ドイツが、この後、国内の大規模燃焼施設規制法案をそのまま踏襲したような案をECに提起し、規制を国際的に拡げていったこと、さらに三元触媒の導入による自動車の排ガス削減規制をもEC内で合意形成するようもちかけ、一九八五年に合意形成を行なったこと、さらにLRTAP条約で二つ目となる、具体的削減数目標を伴ったNOx規制議定書で、排出基準目標を盛り込んだことに鑑みれば[34]、西ドイツは、自国の環境規制を、EC全域に拡げるよう努力していたことがわかる。当時の西ドイツは、他の条約加盟国に比べて一人当たりGNPの金額が遥かに高く、環境管理能力を吸収する余地があったともいわれる[35]。そのドイツが、高い環境基準や高レベルの環境技術をもって、さらなる経済的優位性を確立しようとしていたことが窺える。

3　イギリスの転換

一九八四年にLRTAP条約レジーム推進側に転じた西ドイツや他の多数のEC諸国と異なり、イギリスは一九八五年のヘルシンキ議定書には加盟しなかった。ところが、その後、一九九四年の第二次硫黄規制議定書を含め、一九八八年以降に締結された議定書全てに署名し批准した。なぜイギリスはヘルシンキ議定書に加盟しなかったのか。そしてその後、レジーム賛同側に転じたのか。

イギリスの不参加と転身の理由も、西ドイツとはまた異なる形で、イギリスの国内政治やエネルギー事情の変化に大きく拠っている。先行研究や筆者インタビューをまとめれば、以下のようなストーリーラインで、イギリスの抵抗と転身が語られよう[36]。

前章で述べたように、イギリスの酸性雨に関わる産業界の主要なアクターは、自ら建設した石炭火力発電所を稼働させ、イギリスの硫黄排出の半分以上に寄与していた中央電力庁(CEGB)であった。CEGBは事業の拡張期であった一九七〇年代に、イギリスはスウェーデンからの問題提起を受ける訳だが、これに応じて、CEGBもまた、一九七〇年代、八〇年代を通じて、酸性雨に関する多くの環境研究に従事した。イギリスの環境政策においては、伝統的に、科学に基づいた政策アプローチ(Science-based Policy Approach)が推奨されていた。とりわけ、イギリスからのSO_2の排出が、ノルウェーやスウェーデンの汚染に寄与しているとする研究内容が一九七七年にOECDの研究で公表されてからは、研究範囲は広がり、大気化学、集水池や土壌、樹木の健康影響、古湖沼学までを含んだものとなったことにはすでに触れた。

このように科学的知見を蓄積することは、もっとも信頼を寄せうる行為と見なされた。「電力は全ての人が使うことから、(脱硫装置の導入等の環境対策に伴う)電力価格の上昇は、人々の生活レベルを確実に下げうるために、正確な科学的理解抜きに環境対策を行なうことは、まかりならない」というロジックに基づき、厳格に科学と整合性がある政策アプローチが、CEGBばかりでなく環境省の指針にすらなっていたのである[37]。CEGBのなかにも、北欧の湖の魚の死滅は、イギリスの酸性雨によるものではないかと考える研究者はいたという。しかし、CEGBの公的立場は、科学的証拠は十分ではなく、臨界負荷量の概念にも科学的不確実性があり、そうしたなかで、高価な脱硫装置の導入は非合理的だということであった。時のサッチャー首相もCEGBの立場を支持した[38]。こうしてCEGBは対策をとることを拒みつづけた。CEGBは、脱硫装置導入等の抜本的対策を高額な費用をかけて行なう意味はなく、酸性化により影響を受けた地表水のライミング[39]や、その他の影響がすでに出ているところへのピンポイントの対策のほうが、費用対効果が高いと主張した。また時には、スカンジナビア諸国の酸性化現象や、その理由がイギリスにあるという主張を真っ向から否定するようなコマーシャルを、メディアを通じて流すこともあり、ノルウェーやスウェーデンの政策担当者が抗議に訪れた。その後、イギリス・北欧間で共同研究が行なわれることになった[40]。一九八三年、CEGBが五〇〇万ポンドをかけて、王立スウェーデン科学院および王立ノルウェー科学院との共同で開始したSWAPプロジェクトである。しかし、このプロジェクトは、厳密な科学的理解の構築を追求するあまり、皮肉にも、対策手段の考案や導入を遅らせる効果を持った[41]。

イギリス国内が、常に一枚岩であった訳ではない。国内にも論争があり、CEGBへの批判が生じていたとハイアールは指摘する[42]。イギリスにおいて、「グリーンピース」や「地球の友(Friends of the Earth)」といった環境NGOは、一九八〇年代まで酸性雨問題に関与していなかったが、その後、酸性雨問題への認識が広まると、一九八三年以降、短期的な解決方法として、排ガス脱硫装置技術を用いることを求めるようになった[43]。同時に、NGOはエネルギー政策を、供給サイドが排他的な関心のもと拡大を続けるのではなく、需要者側が省エネ対策や再生可能エネルギー技術の発展を通じて管理を担うべきだとするキャンペーンを行った。国際的な酸性雨問題への政策的関心とともに、大衆の関心を引き寄せるためにも、NGOは身近な所に表れる影響に関心を示し始めた。イギリスの樹木診断に関心が向くと、「地球の友」は一九八四年より初の樹木診断調査を行い、翌年のさらに大規模な調査によって、樹木が被害を受けている実態を明らかにし、イギリス政府の安全神話が矛盾していることを突きとめた[44]。また、王立環境汚染委員会も、ノルウェーやスウェーデンとの間を取り持つ仲裁的な立場から、あるいは臨界負荷量の概念を念頭に置いた予防的立場から、対策をとるべきではないかとの提言を行なっていた。ハイアールは、このような主張をするアクターたちを、エコロジー的近代化の言説の持ち主と分析している[45]。ところが、王立環境汚染委員会の提言も、地球の友やグリーンピースによる調査やキャンペーンも、広く民衆の支持を得るには至らなかった。これらのアクターは、政策変化を主導する政治的機会に恵まれていなかった。

CEGBの主張のみが政策に反映されるという状況は、当時の環境政治をめぐるイギリスの政治文化を鑑みると、より理解できる。西ドイツと異なり、二大政党制によって、緑の党が議席をとることがなかったイギリスでは、西ドイツのような国内の政治状況による後押しはなかった。政権を担当していたサッチャー首相は、アメリカのレーガン大統領と並ぶ新自由主義派であり、環境規制緩和派であった。また、科学的知見の構築については、「意見の不一致や分裂に対しては、比較的ハイレベルでの非公式なコントロールが行なわれ」るのが一般的なイギリスの政治文化であるとされる[46]。いいかえると、「科学エリートたち」は、「通常は産業界よりの科学者やコンサルタントで占められ」、「公益の表出者は極めて稀」であり、「相対的に閉鎖的で、多元主義や説明責任は限定的」であったのである[47]。それゆえ、王立環境汚染委員会のような諮問機関による提言も退けられた。地球の友やグリーンピースのような、当時からすれば新しい環境NGOも政策決定へのアクセスもなかった。CEGBの姿勢は、科学的証明を厳密にすることによる時間稼ぎでもあったとハイアールは指摘する。すなわち第一章で触れたモード1の科学に固執することにより、問題解決志向型の議論が立ち後れ、エコロジー的近代化的の言説が退けられ阻まれる結果となったという[48]。

つまるところ、国際的にはＬＲＴＡＰ条約レジーム、そして国内的にはＮＧＯのキャンペーンといった圧力の増大にもかかわらず、一九八〇年代半ばまではイギリス政府とＣＥＧＢは、問題について科学的不確実性があると主張し、緩和策をとることに抵抗しつづけ、政策変化に同意しなかった。ＥＣの大規模燃焼施設指令で提案された排出抑制基準の受入れを渋ったこと、国連欧州経済委員会（ＵＮ／ＥＣＥ）の長距離越境大気汚染交渉においてイギリスの排出目標をゆるめるよう求めたこと、一九八五年の硫黄規制のためのヘルシンキ議定書の署名を拒否したことは、その象徴である。イギリス政府の頑な姿勢は、「ヨーロッパの汚し屋」という不名誉な異名を招くことになった[49]。

しかし、一九八六年、ＣＥＧＢ会長と研究部長が環境被害の状況視察にスカンジナビアの環境センターを訪れたことを契機に、ＣＥＧＢは方針を転換する。ＣＥＧＢは一九九七年までに、六〇〇〇メガワット級の発電所三基に排ガス脱硫装置を設置することを提案し、政府の承認も得た。翌一九八七年には、一九八八年から九八年にかけて、大規模石炭火力発電所の低ＮＯｘバーナーを更新することを決定した。

この方針転換の理由は、幹部のスカンジナビア諸国訪問だけではなかっただろう。ノルウェーの政策担当者は、ノルウェー・スウェーデン・イギリス共同研究プロジェクトを実施したことで、環境庁関連の科学者たちが長距離越境大気汚染に関する科学的知見を北欧と共有するようになったことがイギリスの政策変更をもたらしたと、語った[50]。受苦アクターは、スカンジナビア諸国だけではなかった。イギリス国内でも、たとえばスコットランドの湖沼などで漁獲高が減少するなど、悪影響が出ているとの研究結果があがっていた[51]。加えて、イギリスでは地上レベルのオゾン問題、いわゆる光化学スモッグによる被害も増大していた。ＮＯｘ削減が、スカンジナビア諸国のためにも自国のためにも重要であると認識するに至ったことが、当時のイギリスの政策担当者より指摘されている[52]。しかし、西ドイツが五〇メガワット以上の発電所すべてを対象としたのに対し、ＣＥＧＢ

が数ある発電所のなかでも、遥かに大規模な六〇〇〇ワットの発電所たった三基に脱硫装置を入れたことは、果たして本当に画期的であったのだろうか。答えは否である。CEGBの決定は、大規模な削減にはつながらないと見た「ノルウェーをがっかりさせた」とハイアールは述べる[53]。

ところが、八〇年代末を迎えるころから、イギリスはエコロジー的近代化に踏み出していくことになる。サッチャー政権は、任期末にあたる同時期、環境保護派にあざやかに転身しており[54]、イギリスは、長らく抵抗してきたECの大規模燃焼施設指令を受入れることになった。また、サッチャー政権は、最大の受益アクターであり大排出源であったCEGBを解体し民営化を断行した。折しも北海油田の採掘量が順調に増加していた。新設された民間電力会社は、硫黄分を多く含んだイギリスの石炭を使い続けながら発電所に排煙脱硫装置をつけるのではなく、はじめから低硫黄型の石炭を輸入したり、急速に天然ガス発電にシフトするなどして、EC指令に準拠していった。

石炭の使用量減は、そのままSO_2やNO_x排出総量の減少につながった。そのため、石炭由来の酸性雨や気候変動緩和について公約を行うこと自体、もはや不必要とみなされるようになってきたという。

CEGBの解体は、産業界寄りの酸性雨研究に終止符をうつことにもなった。一九九〇年初頭には、酸性雨問題より地球温暖化やオゾンホール問題への公共の関心が高まり、一九九三年までには地球の友やグリーンピースのイギリス支部もキャンペーンを停止した[55]。酸性雨問題へのイギリスの対応が進んだのは、民営化、さらには石炭からガスへの大胆な燃料転換という、偶発的、かつ大規模な政治経済発展に大きく拠っており、酸性雨独自の対策によるものではなかったのである。

図15 体系的観測の各個別要素の導入時期

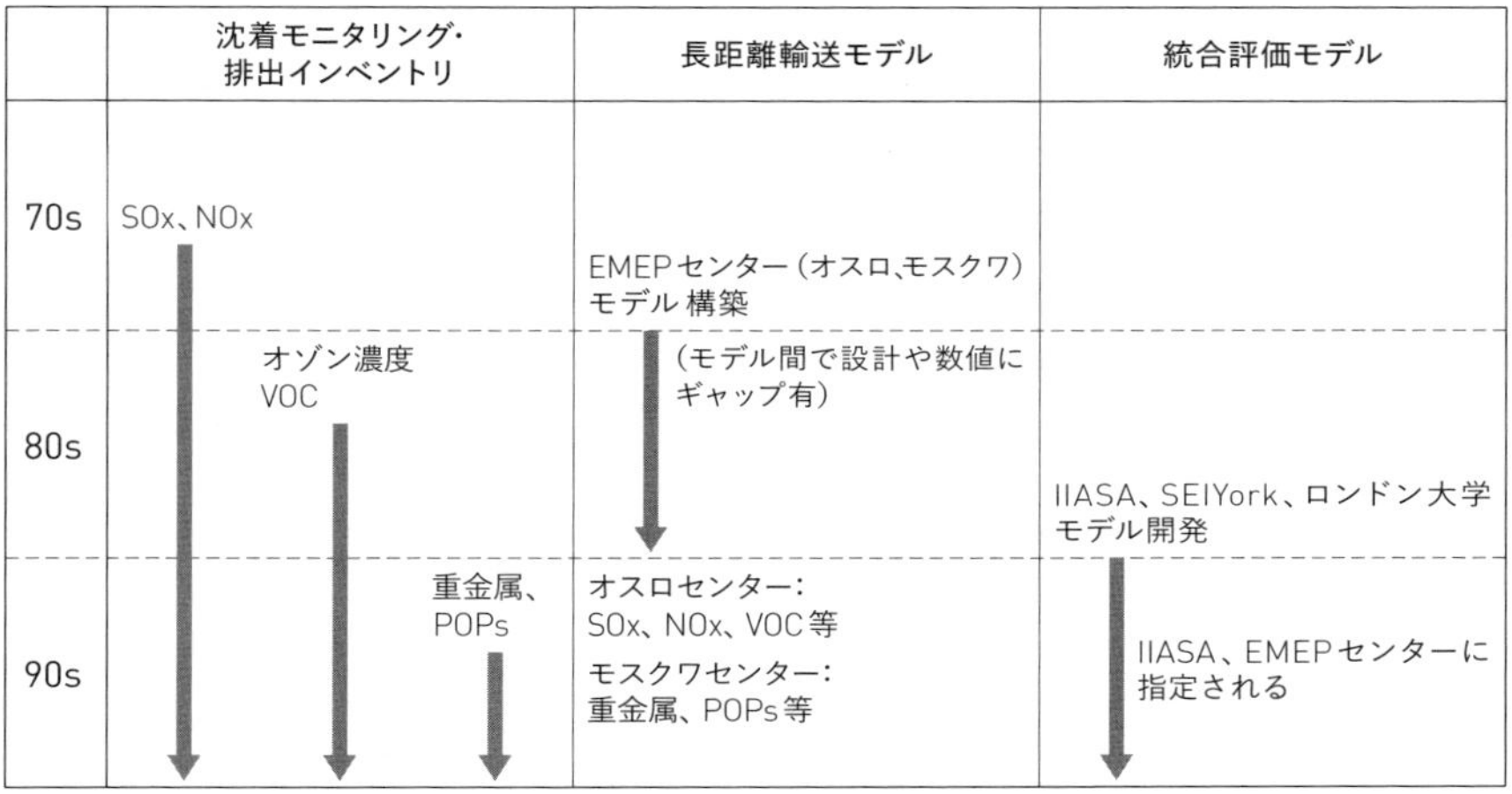

	沈着モニタリング・排出インベントリ	長距離輸送モデル	統合評価モデル
70s	SOx、NOx	EMEPセンター（オスロ、モスクワ）モデル構築	
80s	オゾン濃度 VOC	（モデル間で設計や数値にギャップ有）	IIASA、SEIYork、ロンドン大学モデル開発
90s	重金属、POPs	オスロセンター：SOx、NOx、VOC等 モスクワセンター：重金属、POPs等	IIASA、EMEPセンターに指定される

4 科学的知見の蓄積

ヘルシンキ議定書を皮切りに、LRTAP条約の下で、法的拘束力をもち具体的な削減目標を伴った議定書が量産されていった。それはレジームの自律的発展とも評されている[56]。量産を支えたのは、前章で概説した制度構造の中で約束された、半永久的な体系的観測・監視体制であり、その監視に基づいて蓄積された科学的知見であった。いわば、モード2の科学の蓄積が進んだのである。LRTAP条約で定められた体系的観測は、沈着モニタリング・排出インベントリ、長距離輸送モデル開発、影響評価、統合評価モデル、といった個別要素に分類できる。図15は、各個別要素の導入経過および経緯を示したものである。

本節では、レジーム内において、いかなる科学的知見が蓄積されていったか、またそれと対応するようにどのような地域政策（議定書）が策定されたかをみていくことにしよう。

❖沈着モニタリング・排出インベントリ

SO^2、NOxに関する沈着モニタリングおよび排出イン

図16 SO_2の年間沈着推計(1988)

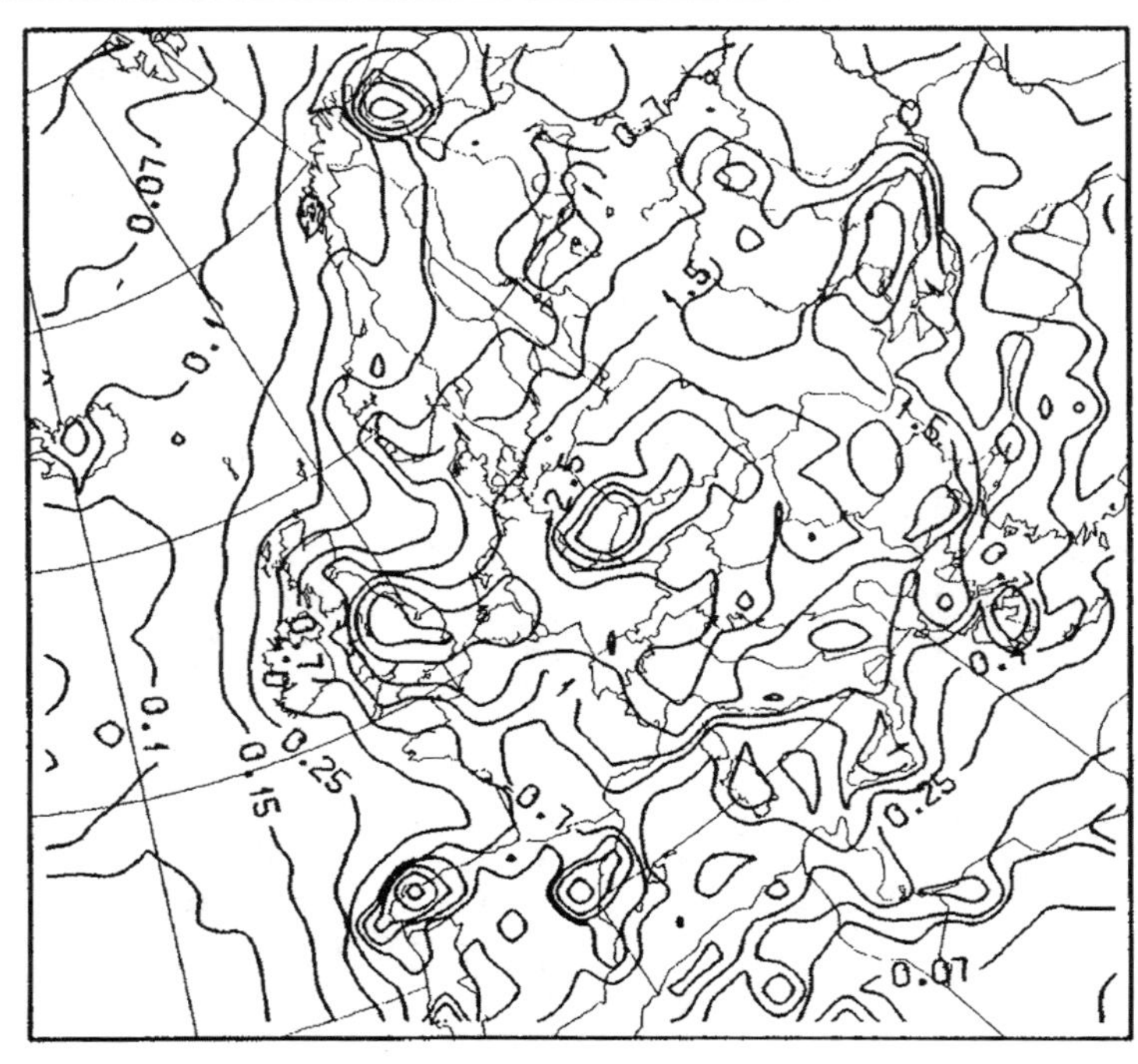

出典:Iversen et al., (1991, 44).

ベントリは、一九七二年開始のOECDプログラムを引き継いで、経年的に蓄積されてきた。図16に、一九九一年にまとめられたEMEP資料に掲載された、SO^2の年間沈着推計地図を示した。同地図は、沈着モニタリングから判明した沈着レベルを線で結んで表示しており、どの国のどの地域で沈着量が多いか一目瞭然となっている。図17には、SO^2の排出推計地図を例示した。一五〇キロメートル四方のグリッドの中に、それぞれのSO^2排出量推計の数字が書き込まれている。この地図からは、どの地域から多くの汚染物質が排出されているかを窺い知ることが出来る。

❖長距離輸送モデル

上記の沈着データ、排出データ、そして気象データをあわせることによっ

図17 SO_2の排出推計（1989年：MSC-W）

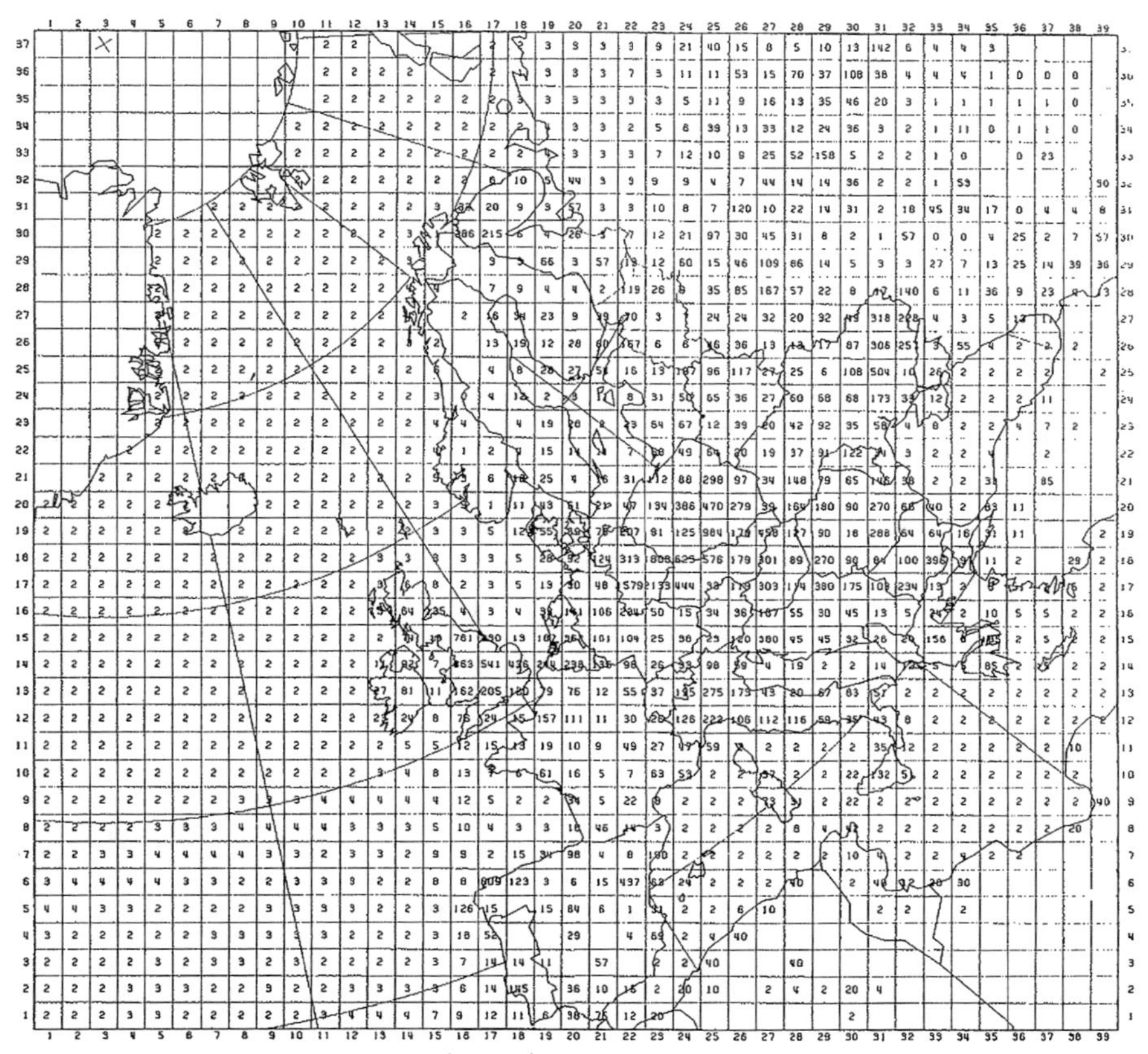

出典：Iversen, Halvorsen, Mylona, & Sandnes (1991, 10).

Emitter countries

—————————>

L	NL	N	PL	P	R	E	S	CH	TR	SU	UK	YU	RE	IND	SUM
0	0	0	1	0	1	1	0	0	0	0	1	19	1	14	85
1	2	0	17	0	1	4	0	4	0	2	11	42	0	36	422
1	6	0	1	0	0	1	0	0	0	0	21	0	0	12	198
0	0	0	10	0	23	2	0	0	5	13	2	57	1	35	413
1	4	0	88	0	5	2	0	2	0	7	14	43	0	37	969
0	2	0	6	0	0	0	2	0	0	1	15	1	0	14	132
0	3	2	22	0	1	0	17	0	0	53	20	4	0	66	363
6	17	0	9	3	0	94	1	9	0	1	122	6	2	205	1505
1	8	0	29	0	1	1	1	1	0	3	28	7	0	30	918
6	27	0	24	0	1	9	1	8	0	3	88	15	0	96	1388
0	0	0	4	0	5	3	0	0	5	5	2	37	2	36	305
0	1	0	29	0	11	1	0	0	0	5	5	93	0	24	560
0	0	0	0	0	0	0	0	0	0	0	2	0	0	20	26
0	0	0	0	0	0	1	0	0	0	0	15	0	0	32	80
1	2	0	11	0	2	22	0	8	0	2	13	73	6	103	1355
4	0	0	0	0	0	0	0	0	0	0	1	0	0	1	14
0	53	0	1	0	0	1	0	0	0	0	33	1	0	14	210
0	5	24	14	0	0	2	11	0	0	9	53	3	0	92	314
2	10	0	776	0	8	3	5	1	1	36	41	45	0	90	1712
0	0	0	0	25	0	16	0	0	0	0	1	0	0	30	80
1	2	0	54	0	192	2	1	1	4	53	8	143	1	70	827
1	3	0	1	11	0	429	0	1	0	0	17	1	3	113	666
1	7	10	41	0	2	2	100	0	0	27	51	8	0	138	587
0	1	0	2	0	0	4	0	16	0	0	7	3	0	21	165
0	1	0	9	0	8	4	0	0	209	23	2	30	2	93	505
5	29	6	538	0	139	11	45	4	53	4273	126	232	3	1090	7972
1	7	0	4	0	0	5	0	0	0	1	790	1	0	87	996
1	3	0	30	0	17	10	0	2	1	10	13	678	3	106	1377
L	NL	N	PL	P	R	E	S	CH	TR	SU	UK	YU	RE	IND	SUM

AL アルバニア
A オーストリア
B ベルギー
BG ブルガリア
CS チェコスロバキア
DK デンマーク
SF フィンランド
F フランス
DDR 東ドイツ
D 西ドイツ

GR ギリシャ
H ハンガリー
IS アイスランド
IRL アイルランド
I イタリア
L ルクセンブルグ
NL オランダ
N ノルウェー
PL ポーランド
P ポルトガル

R ルーマニア
E スペイン
S スウェーデン
CH スイス
TR トルコ
SU ソ連
UK イギリス
YU ユーゴスラビア

図18 硫黄の4年間の、国別ソース・レセプター関係(1979年10月より4年間)

MEAN ANNUAL DEPOSITION
MEAN ANNUAL DEPOSITION FOR THE PERIOD
TOTAL (DRY+WET) DEPOSITION OF SULPHUR
HORISONTAL - EMITTERS
VERTICAL - RECEIVERS
UNIT - 1000. TONNES SULPHUR PER YEAR

Emitter countries ⟶

	AL	A	B	BG	CS	DK	SF	F	DDR	D	GR	H	IS	IRL	I
AL	12	0	0	3	2	0	0	3	2	1	3	3	0	0	12
A	0	62	3	0	46	0	0	26	31	40	0	16	0	0	72
B	0	0	84	0	2	0	0	34	3	29	0	0	0	0	1
BG	2	1	0	189	11	0	0	3	9	6	9	17	0	0	12
CS	0	15	5	1	440	1	0	24	131	59	0	61	0	0	24
DK	0	0	2	0	4	47	0	5	14	14	0	1	0	0	1
SF	0	0	3	1	10	5	92	7	25	20	0	4	0	0	2
F	0	2	41	0	15	1	0	760	33	124	0	2	0	3	48
DDR	0	2	10	0	64	4	0	25	586	103	0	5	0	0	5
D	0	9	45	0	60	6	0	136	149	660	0	7	0	1	31
GR	4	1	0	39	5	0	0	4	5	5	111	7	0	0	20
H	0	11	1	3	56	0	0	9	25	17	0	227	0	0	36
IS	0	0	0	0	0	0	0	0	0	1	0	0	1	0	0
IRL	0	0	0	0	0	0	0	2	1	2	0	0	0	22	0
I	0	8	3	2	17	0	0	68	17	29	1	14	0	0	948
L	0	0	1	0	0	0	0	4	0	2	0	0	0	0	0
NL	0	0	21	0	3	0	0	19	7	51	0	0	0	0	1
N	0	0	5	0	9	9	2	15	26	25	0	2	0	1	2
PL	0	9	11	3	168	10	1	36	270	106	1	48	0	1	26
P	0	0	0	0	0	0	0	2	0	2	0	0	0	0	0
R	1	5	2	35	49	1	0	11	35	23	5	91	0	0	34
E	0	0	3	0	2	0	0	44	6	22	0	0	0	0	4
S	0	1	7	1	22	23	12	19	53	45	0	6	0	1	7
CH	0	1	2	0	4	0	0	29	6	19	0	1	0	0	45
TR	1	1	0	37	8	0	0	5	9	6	25	10	0	0	16
SU	4	17	23	80	221	30	60	82	342	233	27	155	0	3	108
UK	0	0	9	0	5	1	0	35	12	26	0	1	0	8	1
YU	4	19	3	39	52	1	0	32	35	30	6	86	0	0	193
	AL	A	B	BG	CS	DK	SF	F	DDR	D	GR	H	IS	IRL	I

Table 1: Calculated European sulphur budget for a 4-year period starting 1 October 1978.
Unit: 10^3 tonnes of sulphur per annum. Assumed emissions are given in Table 2.
Depositions form emitter countries are given in bertical columns, depositions to receiver countries in horizontal rows.
IND signifies indeterminate wet depositions.
Total estimated deposition is given as SUM in the right - hand column.

出典:Lehmhaus et al., (1985, 7).

て、大気汚染物質がどのように長距離輸送されているかという、ソース・レセプター関係を明らかにすることが可能になる。輸送モデルを用いたソース・レセプター関係の評価は、SO_2、NOxに関しては、一九七二年開始のOECDプログラムの中ですでに行われてきた。

一九七七年のEMEP発足後、MSC-Wに指定されたノルウェー気象研究所とモスクワ気象研究所（MSC-E）の双方が、輸送モデルの開発・改良と輸送評価を担うことになった。双方は、それぞれに輸送モデルを構築したが、前述したように、データやモデルの設計方法の相違があったことから、排出沈着評価に二〇％ほどのギャップが生じていた。両者の間では、このギャップをめぐる議論があったが、八〇年代を通じてどちらのモデルが正しいかは決着がつかなかった[57]。公表されているデータは、全てMSC-Wのデータである。図18は、一九七九年から四年間の、国別のソース・レセプターの相関マトリックスである。同図から、どの国から、どれだけの排出があり、それがどの国へ沈着したのかが一目で分かる。例えば、ノルウェーやスウェーデンでは、自国の排出量の三、四倍もの沈着量があり、東西ドイツ、イギリス、ポーランド、デンマークなどから多くの沈着があることがわかる。

こうしたモニタリングによる沈着、排出推計やソース・レセプター関係に関するデータの蓄積は、その後、地上レベルのオゾン濃度にも向けられた。オゾン濃度測定においても、OECDの取組みが先行しており、OECDは一九八五年に九カ国二四ステーションで観測を行っていた。EMEPでは、一九八七年に地上レベルでのオゾン観測の開始が合意され、計測のための共通マニュアルの開発が行われた[58]。重金属や残留有機化合物（POPs）の観測は、一九九〇年代に入ってからのことである。

✣臨界負荷量概念の導入

酸性被害は、土壌・森林・湖沼の生態系に、どれだけ硫酸や硝酸が沈着したかによって程度が異なるため、酸性雨のような湿性沈着だけでなく、乾性沈着も含め沈着総量をトータルに見る必要がある。また、土壌・生態系全体が、どれだけの酸性沈着に耐えられるかは決定的に重要であり、その耐性は、気候条件や土地条件によって大きく左右される。氷帽の浸食を受けたスカンジナビア半島は土壌が極めて薄い上、土壌自体の酸中和機能も低いことから、酸性化に極めて脆弱であることは前述した。逆に南欧諸国は比較的耐性がある。生態系が守られているところに排出削減を一律に課すことはあまり意味がなく[59]、土地の耐性に応じて、汚染物質削減目標が設定できれば、もっとも合理的かつ費用効果的に生態系を保全することが出来る。そのためには、まず、その土壌の耐性あるいは脆弱性を知っておかねばならない。そうした認識から、一九八〇年代末より、条約内に、〝臨界負荷量〟の概念が導入されるようになった。臨界負荷量は、「指定された環境の要素が重大な悪影響にさらされることのない、現在得られる知見に基づいて算出された汚染物質の負荷量」と定義づけられる[60]。一般的には、それぞれの単位地域において、生態系の中でもっとも脆弱な部分が致命的影響を受けない限度内の汚染物質の降下量を意味している[61]。〝臨界負荷量〟概念の導入は、LRTAP条約の、きわめて特異な科学的特徴の一つである。

臨界負荷量のマッピングについては、一九七〇年代にはすでにスカンジナビア諸国で議論されており、その後カナダ、さらにイギリスにおいて議論が進んだ[62]。条約組織においては、イギリスが議長を務める、影響に関する作業グループのマッピングプログラムの中で重ねて議論された[63]。臨界負荷量を最終的にまとめるに重要な役割を果たしたのは、条約機構の影響調査センター（CCE、第三章図11参照）に指定された、オランダの国立公衆衛生環境保護研究所（RIVM）であり、その資金は、ほぼオランダの自発的拠出によって賄われていた。RIVMは、関連の機関や研究者等との度重なる協議から、臨界負荷量算出のための方法論を確立した。臨界負荷量のマッピングの作業には、オランダのRIVMだけでなく、ノルウェーのMSC-W、後述する国際応用システム分析研究所（IIASA）など、多くの研究機関や研究者たちとの共同作業があったことが、数々の文献や資料において確認することが出来る[64]。そこで推奨された方法論を用い、各国では政策担当者と科学者の相互関与のもと、臨界負荷量が算出された。各国がCCEに提出したデータは、CCEにより統括され、「欧州のための臨界負荷量マッピング」と題する報告書として一九九一年に公表された。

同報告書では、酸性化全体、またSO_2やNOxに対する臨界負荷量の地図が、カラー版で見た目にも分かりやすい形で公表された。カラー口絵の図19は、一五〇キロメートル四方に区切ったグリッドを単位として、それぞれの酸性化に対する臨界負荷量を示した地図である。色が濃い方が、臨界負荷量が低い、すなわち耐性が弱いことを示している。当初より指摘されていたように、ノルウェーやスウェーデン中北部、フィンランドで、とりわけ臨界負荷量が低いことが明らかである。ただし、北欧以外にも、イギリスやドイツ、また中東欧にも、臨界負荷量の低い生態系が散在していることが確認できる。

臨界負荷量は、NOx排出を規制した一九八八年のソフィア議定書に初めて明記された[65]。ソフィア議定書が採択された当時、臨界負荷量はまだ確立した概念ではなかったが、議定書前文には、「臨界負荷量」は、「この議定書の運用を再検討する際に考慮すべき効果志向型の科学的基礎」であり、「窒素酸化物の放出又はその越境移動の国際的に合意された規制および削減措置を決定することを目的とする」ものと明文化されている。その後、一九九四年の第二次硫黄議定書（以下オスロ議定書、後述）のなかで、初めて臨界負荷量を用いた削減目標が設定された。

❖統合評価モデルの導入

ヘルシンキ議定書に対しても、硫黄三〇％削減には何ら科学的根拠がないという米英等からの批判があったが、LRTAP条約についても、統合評価に基づく、より合理的で費用対効果の高い削減目標の設定が必要だとする議論は、条約締結直後から始まっていた。一九八五年には、ウィーンにあるIIASA他の研究機関と協力して統合モデルを開発すべきことが、レジーム内での公的合意となった[66]。

実は、統合評価モデルを開発したのは、ＩＩＡＳＡだけではない。一九八〇年代には、ロンドン大学のインペリアルカレッジが、削減戦略評価モデル（Abatement Strategies Assessment Model）を、ストックホルム環境研究所ヨーク支部が、調整削減戦略モデル（Coordinated Abatement Strategy Model）を開発する等、複数の動きがあった。このうちＩＩＡＳＡにおけるＲＡＩＮＳモデル（Regional Air Pollution Information and Simulation Model）は、当初から「政策担当者が欧州の酸性雨抑制のための戦略評価を行なうことを支援するツール」として「利用者に理解しやすく使用が容易いこと」を強調した点で特徴的であった[67]。実際、ＲＡＩＮＳ開発に中心的に携わったアルカモやホルディックらによれば、モデルは、異なる分野の「分析者、専門家、潜在的な利用者によって共同で設計されるべき」であること、詳細で必要充分な包括的データに基づきつつも、できるだけ単純であるべきこと、コンピューターにより使用できること、「利用を促進するため」に「双方向」の「コミュニケーション」に基づくべきであり、「わかりやすいグラフのアウトプット」が必要である、という[68]。まさに、第一章で述べたモード2型の科学、つまり異分野を網羅した簡便な評価方法の開発により、問題の全体像とあるべき政策提言までを行なうという科学技術の構築が、意識的戦略的に展開されたことになる。

ＲＡＩＮＳは、ＩＩＡＳＡの各研究者たちが、ＭＳＣ－ＷやＣＣＥ、あるいは大学機関などの研究者、また政策担当者とも協力し、数年がかりで開発した総合モデルである。具体的には、「エネルギー消費／農業予測」「汚染物質（SO_2、NO_x）排出抑制オプション」「排出量」と「削減のための費用計算」、「汚染物質の長距離輸送予測」、「酸性沈着による環境・生態系等への影響予測（臨界負荷量）」といったサブモデルを統合させ、環境目標を設置し、最適化された排出抑制オプションを提示していくという構造である（図20参照）。これによって、現在から未来にわたって、排出削減のためのエネルギー消費や、最適な排出源対策政策を予測することが可能になった[69]。

図20 RAINSモデルの枠組

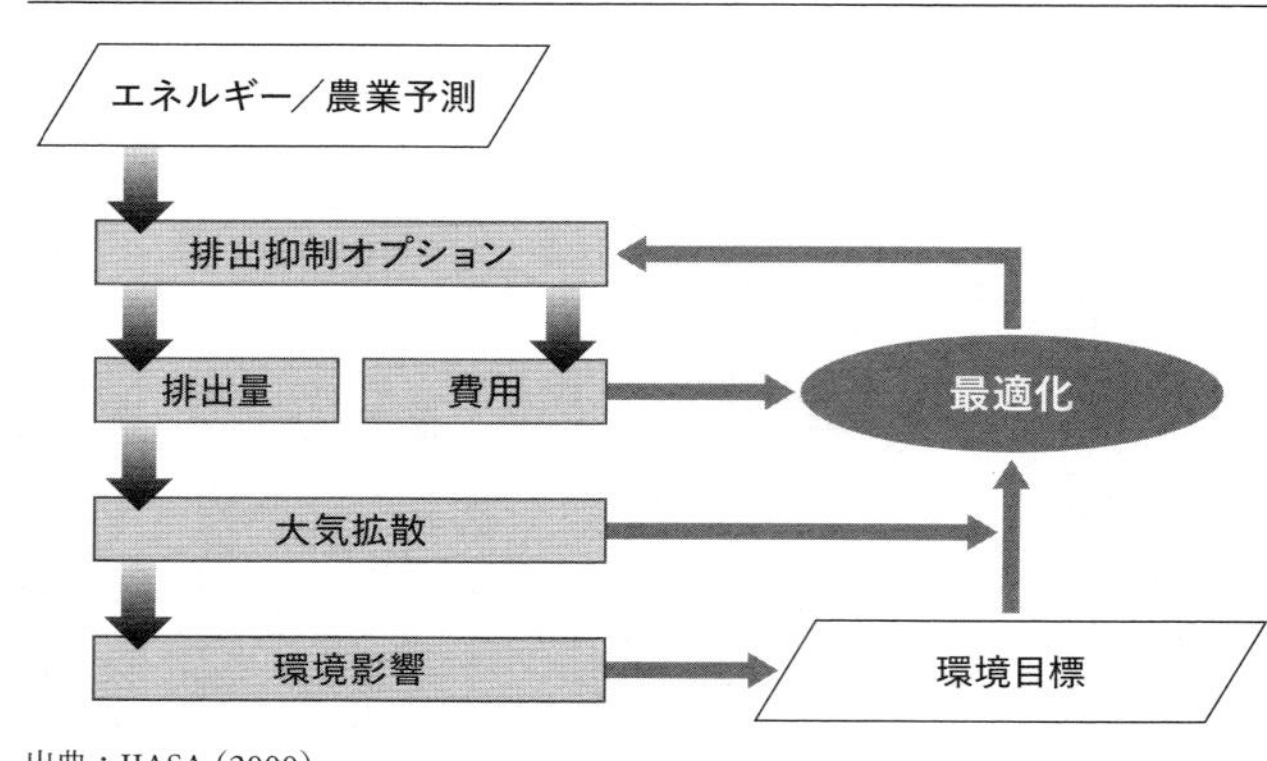

出典：IIASA (2000).

統合モデルは、臨界負荷量概念とともに、その後、一九九四年に採択された第二次硫黄議定書（以下オスロ議定書）および、一九九九年の複合汚染複数汚染物質議定書（以下ヨーテボリ議定書）で活用されるところとなった。一九九四年のオスロ議定書ではＲＡＩＮＳおよび他の二研究所のモデルが用いられたが、一九九九年のヨーテボリ議定書では、排出削減目標の算定と達成のための施策特定に用いる統合評価モデルとして、ＲＡＩＮＳを利用することが決定された。これによって、ＩＩＡＳＡはＥＭＥＰセンターの一つとして認定された。

ＩＩＡＳＡのモデルが選ばれた理由として、ＩＩＡＳＡで中心的にモデル開発に拘りつづけたホルディックは、北欧、オランダ、西欧からロシアまで含む多くの研究者や政策担当者の参加を得て開発されたこと、詳細なデータを詰め込みつつもユーザーフレンドリーであること、公開された定期的なレビュー活動により科学的信頼性向上につとめたこと、オーストリアという東西の狭間に位置し、国際色豊かであるというＩＩＡＳＡの特徴、それゆえに東西ヨーロッパの協力が可能となったこと、ＥＭＥＰの諸機関と緊密な連携をとり、データや輸送モデルが用いられていることなどを挙げている[70]。すなわち、モデル自体の科学的優位性だけではなく、むしろ政治的に公開されたプロセス、政策担当者による利用に配慮した作り、分かりやすさ、国際色、東西の架け橋としての存在など、透明性や説明責任、政治的中立性を意識した政治的な配慮から、ＲＡＩＮＳの利用が決定されたことが明らかである[71]。

5 レジームの自律的発展――議定書の量産

科学的知見の蓄積は、その後、LRTAP条約における議定書の量産を招くことになる。条約レジームで、最初に取り上げられたのは硫黄であったが、欧州全体で進む森林枯死現象は、むしろ窒素酸化物(地上レベルのオゾン含む)、揮発性有機物質などによる影響が大きいことが判明していた[72]。一九八八年には「NOxの排出あるいはその越境流出の排出規制に関する議定書(ソフィア議定書)」が締結された。この条約で、加盟国はその国のNOx総排出量または越境流出を、削減あるいは規制することによって、一九八七年の総排出量を越えないことを約した。ここでは、BATをもとにした排出基準を、新規あるいは十分に改善が加えられた主要固定排出源や新規の移動排出源に適用することも定められた。排出基準の項目を入れるよう強く推したのは、西ドイツであった。

なお、一九八八年のNOx規制については、それまで条約推進のリーダー的存在であった北欧グループのうち、ノルウェーが消極的であったことを指摘しておきたい。NOx凍結を目指したソフィア議定書は、当初の交渉では、ヘルシンキ最終合意のSO_2と同様、三〇%の削減が目指されていた。しかし、ノルウェーは、船舶交通に起因するNOx排出の問題を抱えており、これを削減することは到底不可能であった[73]。交渉団の中心メンバーであるノルウェー環境省は、国内の他省庁から反対を受け、条約交渉では難しい立場に立たされることになる。結局、ソフィア議定書の目標値はノルウェーが最大限譲歩しうる凍結(現状維持)に定められた。議定書推進派がマイナス三〇%から〇%へ譲歩した背景には、これまで条約プロセスを共有し、共通の価値観を醸成してきた各国の政策担当者たちが、排出総量としては極めて小さいものの、先導的立場にあったノルウェーが批准でき

表6 CLRTAPの各議定書およびその取決め内容一覧

	条約／議定書名	主な取決め内容
1984	EMEPの長期的資金計画に関する議定書（EMEP議定書）	CLRTAP締約国に対し、EMEP実施のための資金を拠出するよう規定。
1985	硫黄排出削減またはその越境移動を少なくとも30%削減する議定書（ヘルシンキ議定書）	各国が1993年までに、硫黄排出量を1980年レベル比で30%以上削減することを定める。
1988	窒素酸化物またはその越境移動の規制に関する議定書（ソフィア議定書）	1 1994年までに窒素酸化物の排出量を1987年レベルで凍結し、 2 経済的に導入可能なBATを、国家排出基準を通じて新規移動／固定排出源に適用し、既存の排出源には汚染コントロール措置を課し、 3 触媒付の車普及のために、無鉛ガソリン普及を義務づけることを規定。
1991	揮発性有機化合物の排出またはその越境移動の規制に関する議定書（VOCs議定書）	1 1999年までに1984年から1990年までを基準年とした揮発性有機化合物排出を少なくとも30%以下に削減する、もしくは 2 附属書Iの対流圏オゾン管理地域では1999年までに1988年レベルを超えない排出を確保する、又は 3 1988年における排出量が一定のレベルを超えない場合、そのレベルで排出量を凍結することを規定。
1994	硫黄排出のさらなる削減に関する議定書（オスロ議定書）	1 過重な経済的負担を伴わない範囲で、統合モデル（RAINS）算出を基に設定された各国別の硫黄排出削減目標を達成し、 2 全ての新規大規模排出源へ排出基準を適用し、2004年までに一定の排出基準・規制を既存の排出源に課し、発効してから2年以内にGas Oilに含まれる硫黄含有量を基準値以下に抑えることを規定。
1998	重金属議定書	カドミウム、鉛、水銀を対象に、固定発生源からの排出を規制するとともにガソリンの無鉛化や製品からの鉛削減措置導入を規定する。
1998	残留性有機汚染物質議定書	ダイオキシンなどの残留性有機汚染物質の排出規制・削減または除去を目的としており、ダイオキシンについては1990年レベル以下に下げるよう義務化を求める。
1999	酸性化・富栄養化・地上レベルオゾンの低減に関する議定書（ヨーテボリ議定書）	1 2010年までに、硫黄、NOx、アンモニア、VOCsの4物質について、統合モデルの算出結果を基に設定された排出目標まで排出削減を行い、 2 既存の排出源については、技術的かつ経済的に可能で費用と便益を考慮に入れて適当である範囲で、硫黄、NOx、VOCsの排出基準および、硫黄の燃料基準を達成することを規定。

出典：UN/ECE資料より作成。

図21 議定書の規制対象物質拡大

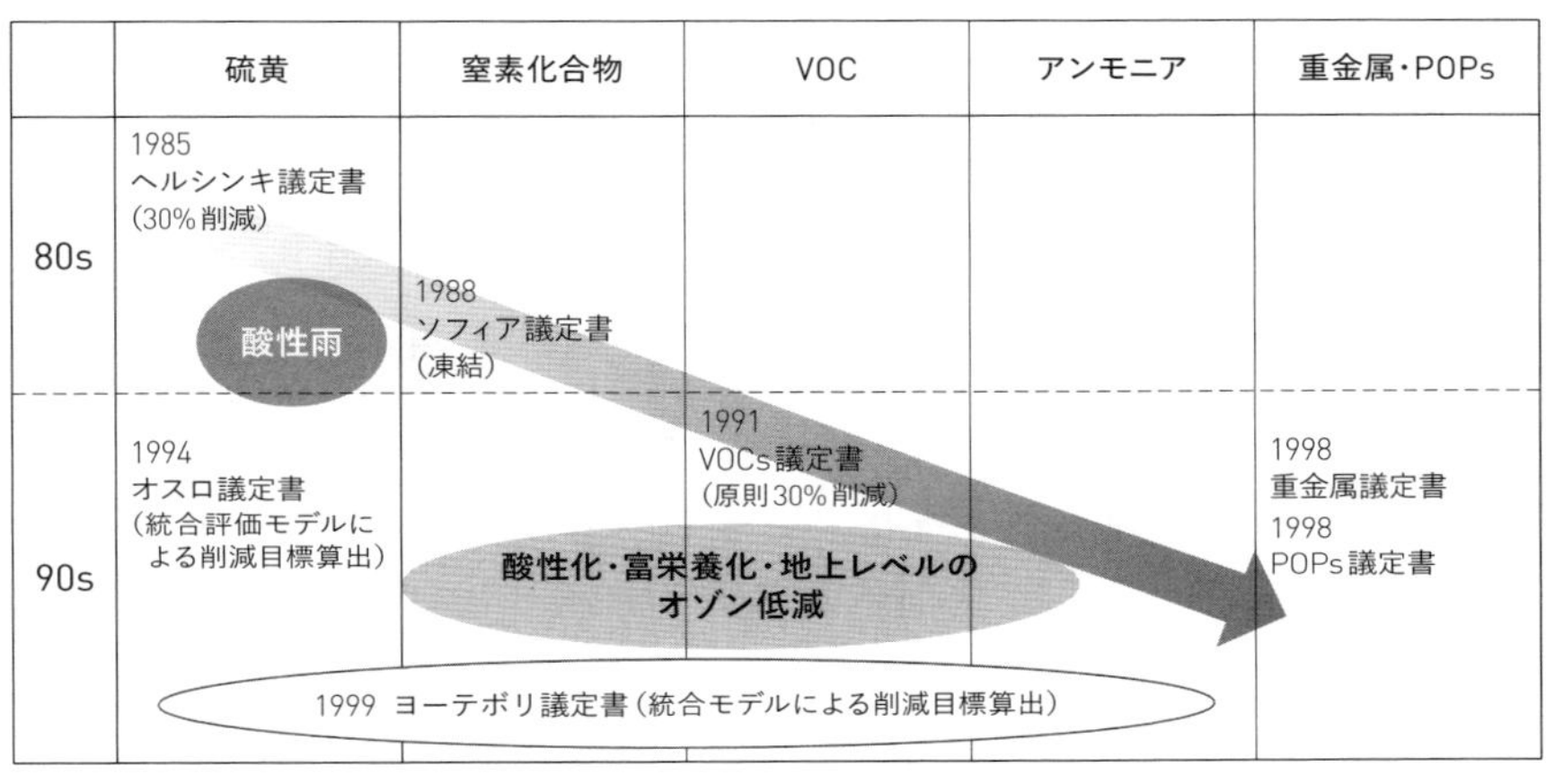

出典：髙橋(2004、175)。

ないケースが生じないよう配慮した結果とされている[74]。

さらに、一九九一年には揮発性有機物質(VOCs)三〇%削減に関する議定書も締結された。一九九四年にはオスロ議定書も締結され、前述した長距離輸送モデルの適用による「臨界負荷量」に基づいて、それぞれの削減目標が定められた。この議定書ではBATや経済的手法の導入も盛り込むことが定められた。次いで一九九八年には、重金属および残留性有機化合物質を規制する議定書が、一九九九年には、複合効果・複数汚染物質に関する議定書が締結された。

表6は、越境大気汚染条約の枠組みの下で採択された議定書の一覧である。

条約で扱われる規制対象物質も、当初は硫黄やNOxといった酸性雨物質に限定されていたものが、次第にVOCsやアンモニアや重金属、POPsへと拡大されていった(図21参照)。このようにして、LRTAP条約は欧州の越境大気汚染管理の総合的な政策枠組へと発展していったのである。

❖オスロ議定書

これらのうち、際立っているのは、一九九四年のオスロ議定書であろう。同議定書は硫黄一律削減を規定した一九八五年のヘルシンキ議定書の改訂版であった。これは第三章の図10に示したLRTAP条約レジームの政策プロセスが、循環を繰り返していることを意味している。

オスロ議定書が、それまでの議定書と決定的に異なっているのは、先述のように、統合評価モデルRAINSを用いた戦略的削減目標が設定されている点である。また、削減目標達成のための排出削減オプションとその費用についての手引きも示している。加えて議定書は、排出源対策を重視し、これに関する付属書も採択した。新規大型燃焼施設に適用する排出基準やガソリンの最大硫黄含有量を示す燃料基準を設けたのである。この基準は、一九八八年のEC指令と類似しており、ドイツが導入を強く推し、EU一二カ国も賛同した。先行研究も指摘するように、先行的に排出基準を導入している国にとっては、基準の導入を条約全締約国に課すことで、競争力の向上を見込むことができたのである[75]。

統合評価モデルの活用により、両議定書は、これまでの議定書とは全く異なるという意味で、第二世代の議定書ともいわれるようになった。交渉における外交の余地を狭めて科学の役割を増大したことは、広く評価されるところとなった[76]。ただ同時に、全く政治介入の余地がなくなった訳ではないことも指摘されている。オスロ議定書の場合、臨界負荷量に応じて酸性沈着を削減しようとすると、地域によっては一〇〇%硫黄を削減しなくてはならないところがでてくる。そこで、スウェーデン、ドイツ、オランダ、オーストリアは、酸性沈着と臨界負荷量の隔たりを五〇%にするとする議定書案を提出した。この案でもヨーロッパ地域の九六%を臨界負荷量以下に押さえることができると判断された。フランスはこの案を支持したが、ギリシャ、イタリア、スペイン、ポルトガルといった南欧諸国は特別な関心を示さなかった。それは、これらの国々が越境大気汚染の影響をあまり受けていないこと、そして環境改善よりも排出削減コストを重要視する環境・エネルギー政策を取っていたこと、による。同様のことは中央・東欧諸国にも当てはまったが、これらの国は環境被害が深刻なため、南欧よりも環境問題を重視する傾向にあった。結局、対策コストが高すぎることなどから東欧諸国もモデルの要請に応えることができないと判断され、スカンジナビア、ドイツ、オランダを除くヨーロッパにおける酸性沈着率と臨界負荷量の隔たりを六〇％に緩和することで合意が図られた。各国の排出削減目標の範囲は、この目標にしたがって定められた。この時点で、すでに削減量を達成していたのは、オーストリア、ベラルーシ、スカンジナビア諸国、オランダなどである。一方、その他の地域は目標に届いておらず、各国は交渉ポジションを見直すように要請された。削減目標はモデル計算によって明らかになっていたため、主要な交渉の論点はその達成期限であり、結局その期限も国によって幅を持たせることになった[77]。なお、広大な国土を持つロシアについては、越境性汚染の大半を引き起こす汚染物質排出管理区域（PEMA、Pollutant Emission Management Area）を定め、そこからの排出削減のみが定められた。

一九九〇年後半に入ると、欧州の越境大気汚染管理は更なる展開を見せる。酸性雨や対流圏オゾン以外の長距離越境大気汚染問題、すなわちPOPs問題にも力が注がれるようになった。重金属やPOPsの沈着排出モニタリングと輸送モデルの科学的知見の蓄積は一九九〇年よりはじまり、モスクワのMSC-Eが統括してきた。図22は、鉛濃度の分布を示したものである。西欧諸国やバルト海沿岸諸国、中東欧諸国を中心に、排出源がない海上にまで、広くひろがっている。こうしたガス状の重金属、POPsによる越境大気汚染が明らかになるにつれて、条約事務局のUN/ECE、条約最高意思決定機関である執行機関議長、戦略作業グループ議長らが主導する形で、一九九八年に、重金属議定書、残留性有機汚染物質議定書が採択された。その牽引役を担ったのは、主に北欧諸国やドイツ、イギリスなどである。興味深いのは、この頃には、レジームがまるで有機的ネットワークであるかのように発展を遂げている点である。すなわちEMEPからもたらされたデータを基に、問題が特定されると、UN/ECE事務局、UN/ECE、条約最高意思決定機関である執行議長、戦略WG議長、北

図22 鉛濃度の分布(1990年)

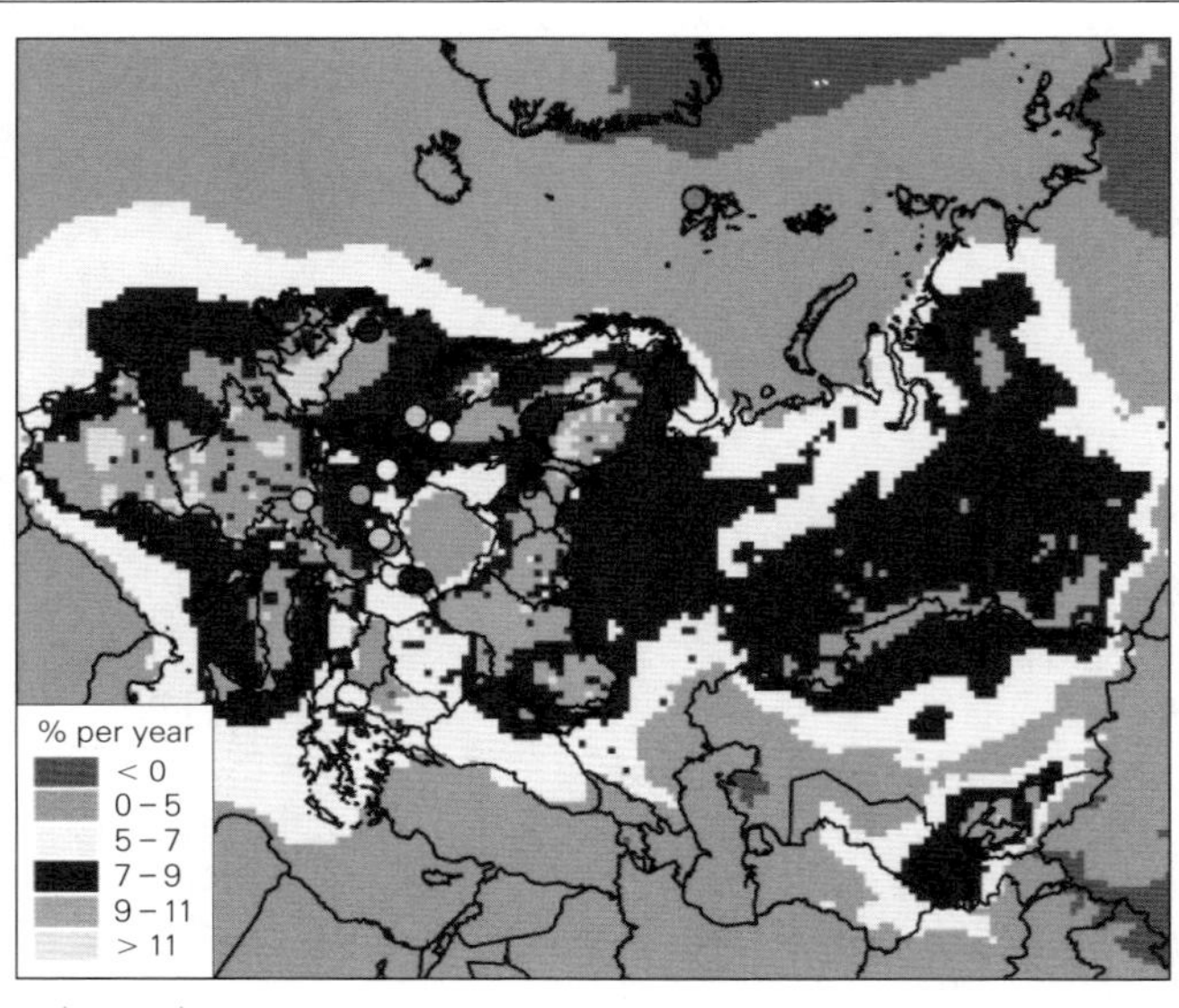

出典：Ilyin et al.,（2015, 21).

欧諸国やドイツ・イギリス等の政策担当者が中心となって協議し、新種の越境大気汚染に対処するための議定書を、条約の過去の議定書と類似の方法で、次々に策定しているのである。この段階にいたって、LRTAPレジームは自律的発展といえる段階に到達しており、レジームとしてかなり成熟してきていると評価されている[78]。さらに、POPs議定書や重金属議定書は、地球規模の国際条約である二〇〇一年のPOPs条約、そして二〇一三年の水俣条約の伏線にもなった。実際EMEPセンターが、条約起草やデータ提供に貢献をしていることは資料からも読み取れる[79]。

❖ヨーテボリ議定書

当初、一九八八年に採択されたNOx規制、ソフィア議定書の見直しを目的としていた一九九九年のヨーテボリ議定書は、NOxだけでなくアンモニア、VOCs、硫黄も含めて、酸性化・富栄養化・地上レベルのオゾン問題の三つの問題を同時に改善するアプローチへと変貌した(図23-1)。

その理由としては、NOxだけでなく硫黄についても、オスロ議定書より削減目標を強化すべきという意見が締約国にあったこと、しかしオスロ議定書を改訂するよりも、ヨーテボリ議定書に統合した方が、トランザクションコストや、費用対効果、環境改善効果の点で優れていると判断されたこと、などが指摘されている[80]。それぞれの削減目標を定めるために、ここでも統合評価モデルRAINSが用いられた。すなわち、排出・輸送・沈着、臨界負荷量、削減費用をコンピューターモデルに入力し、削減目標や達成するための技術オプションを最適

図23-1 複数汚染物質・複合効果アプローチ

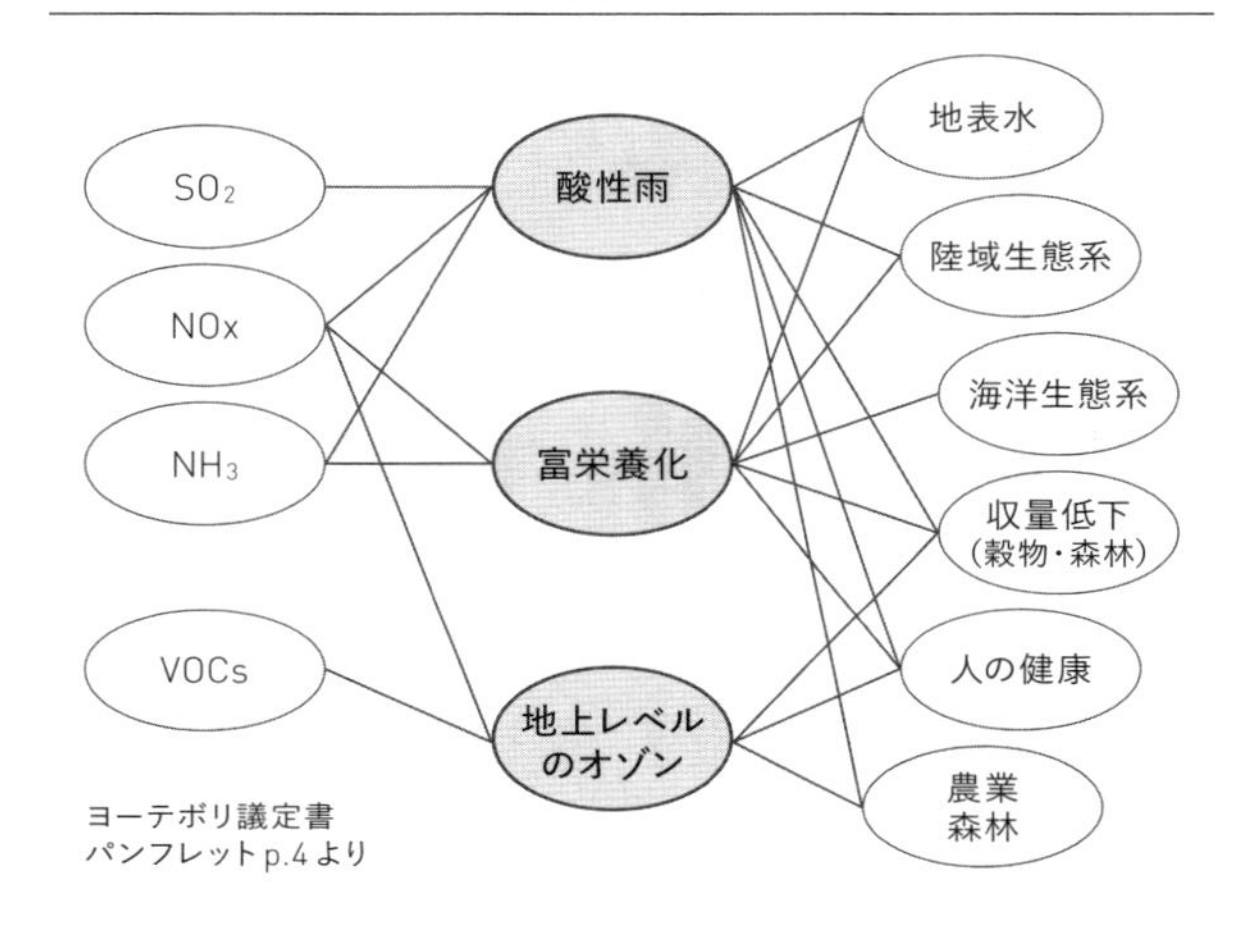

ヨーテボリ議定書パンフレットp.4より

図23-2 統合評価モデルの概念図

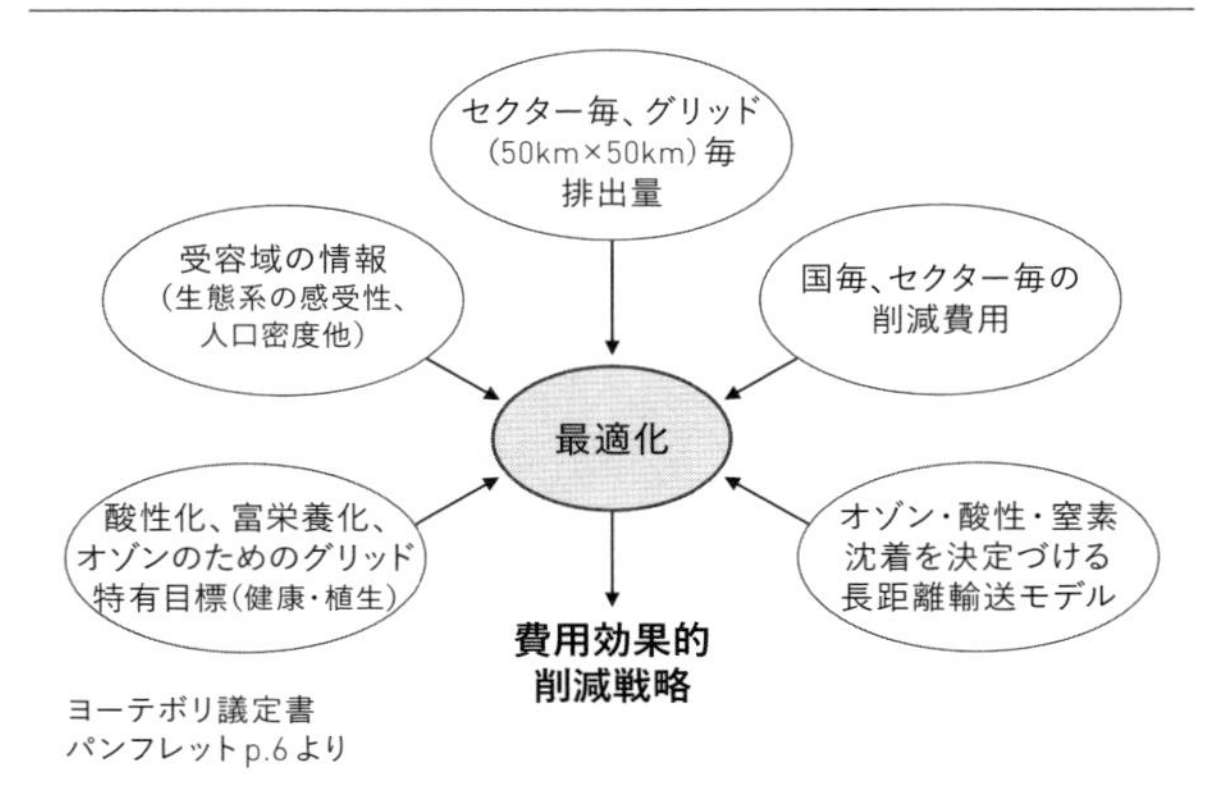

ヨーテボリ議定書パンフレットp.6より

化するという、費用効果的な削減戦略である(図23‐2)。国別排出削減の上限を定める交渉は、基本的にはオスロ議定書と同様、IIASA担当者と各国担当者がモデル計算に基づいて協議をした[81]。IIASAは各国に、高/中/低レベルの目標負荷量、および四つの汚染物質の削減パターンの複数の組合せ、それぞれの技術オプションと削減費用をセットで提示した。殆どの国は、中レベルか低レベルの目標を選択したという[82]。その結果、いずれの地域でも臨界負荷量を超えない、という目標の達成は難しいものの、臨界負荷量を超える地域やその割合は格段に下がるレベルで交渉が妥結した。具体的には、地域全体で二〇一〇年までに、SO2は六三%、NOxは四一%、VOCは四〇%、アンモニアは一七%の削減が図られることになった(図23‐3)。

図23‐3 1980年、1990年の排出実績と2010年の排出削減目標

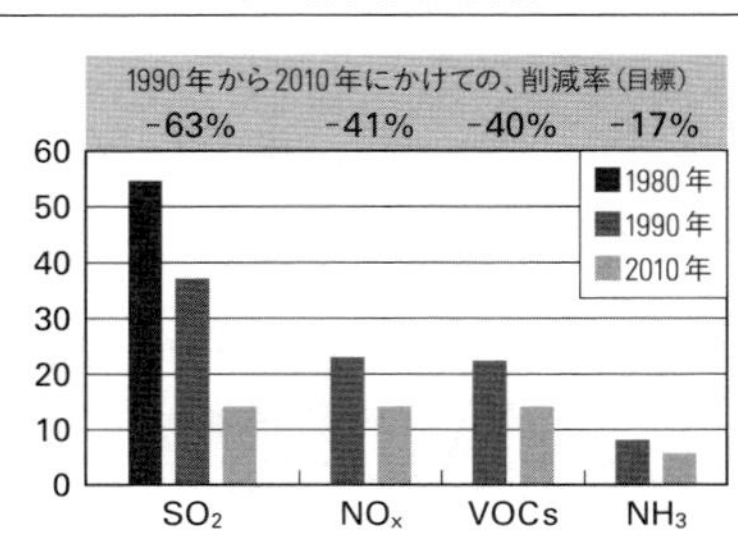

注:単位、100万トン
出典:UN/ECE(1999, 5).

ヨーテボリ議定書の交渉は、条約各機関の担当者、加盟各国の政策担当者、IIASAを中心とするEMEPの研究者、専門家などが、度重なる交流を保ちながら進められた、というのが当事者各人の共通した見解である[83]。ノルウェーやスウェーデン、オランダやデンマーク、オーストリア、ドイツ、イギリス各国の出身者が、条約関連の会議だけでなく、セミナーや学会など多くの会議で交流し、親睦を深め、時には共同研究を進め、電話一本で意見交換が出来る状況にあったという。その中には、MSC‐Wのエリアセンやノルウェー代表団の一員で執行機関議長のトンプソン、スウェーデン代表団で戦略作業グループ議長のビョークボムのように、長期にわたって同じポジションに留まるケースもあれば、キャリアが流動的な欧州らしく、職場を変えながらレジームにかかわりつづけた人材もいる。一例をあげると、IIASAのホルディックは、もともとオランダ出身で、臨界負荷量マップ作りの中心であったオランダの研究所RIVMでの勤務経験も長い。そのホルディックは、八〇

年代には、オーストリアのＩＩＡＳＡに移り、モデル開発に関わっていたという。その後は、フィンランドのアセスメント評価に関わり、気候変動政策にも関わり、二〇〇二年からはまたＩＩＡＳＡで理事を務める、といった具合である。こうした国境を越えた研究者や政策担当者たちの交流は、ホルディックに限ったことではないが、第一章で紹介した藤垣が言うところの「欧州の研究者たちの」「驚嘆に値する」ような「分野を超えた活動性と責任感」の賜物であろう。モード2型の科学的知見を構築すること、臨界負荷量や統合評価モデルを活用し、脆弱性に差異がある生態系を、費用効果的に戦略的に保全していくべきとする価値観や信念が、多くの当事者間で共有されていたのである。そういった意味で、ここにはハースのいう認知共同体が形成されていたと判断できる。

他方、いかにＲＡＩＮＳが簡便で政策担当者には分かりやすい科学ツールであったとしても、やはり交渉内容は、それなりに専門的で複雑だったため、それ以外のアクターによる影響力は限られていた。石井は、産業界からは距離をおいて運営されていたと指摘しているし、環境ＮＧＯの関与なども限定的であったという[84]。ただし、そのことをもって、議定書交渉が非民主的手続きであったと結論づけるべきではない。ＮＧＯの参加が限定的だったのは、多くの団体の関心が、すでに気候変動問題に移っていたためでもあると指摘されている[85]。換言すれば、ＮＧＯが広く訴えなくても、すでにレジーム側が、環境価値を十二分に取り込んでいたとも言えるだろう。重要なことは、ＩＩＡＳＡによる統合モデルの構築も、交渉過程も、ガラス張りそのものであったことである。情報公開と共有、透明性を高め、責任説明を果たすという民主的手続きこそレジーム推進の要であった。

6　高い遵守率と進む排出汚染物質削減

議定書は発効すれば法的拘束力をもつものの、環境条約の特性として、多くのケースにおいて遵守強制力はない[86]。各国が削減目標や排出基準を遵守できるかを追跡し検証し、必要に応じて遵守促進措置をとることは、LRTAP条約にとって極めて重要であった。各国は、遵守状況について、毎年条約に報告を行うが、EMEPにおける体系的観測もまた、状況の把握に貢献している。主要な議定書の遵守実施を、条約ホームページ上の文書より確認しておこう。

まず、一九八五年に採択されたヘルシンキ議定書では、締約国二二カ国の全てが、達成期限とされた一九九三年までに一九八〇年比で硫黄排出量を三〇%削減という目標を達成した。批准していない国々の中でも、イギリスなどは、結果的には三〇%削減を達成している。

一方、遵守がやや難航したのが、ソフィア議定書であった。NOxの年間排出量を一九九四年末までに一九八七年以下のレベルに抑えることを規定した削減義務は、一九九四年以降も適用された[87]。条約執行機関に提出されたデータによれば、二六締約国は、一九九六年までに概ね、この削減目標を達成した。また、ソフィア議定書は、経済的に実行可能な最良技術に基づくNOx排出基準の適用を求めているが、二六締約国中、二二カ国が固定発生源、二〇カ国が移動発生源について、排出基準を満たした。

VOCs削減の達成目標時期は一九九九年までとなっていたが、一九九六年時点では半数近くが不遵守であった。しかし、二〇〇〇年のデータでは、イタリアとノルウェー領域内の対流圏オゾン管理地域を除き、一六カ国は遵守を達成した。オスロ議定書は、一九九六年時点で未達成だった国も、概ね二〇〇〇年には達成している。

こうした遵守状況を反映するかのように、これまでに規制された汚染物質が、着実に減少していることが、EMEPデータで公開されている。図24は、一九九〇年から二〇一三年までのEMEP地域における大気汚染物質減少を示した、EMEPセンター共同のデータである。同図より、SOxはEMEP全域で減少していることが分かる。とりわけ注目すべきは西欧・南欧・中欧・北欧諸国のデータを含むEMEP‐WESTのデータである。いずれの物質についても一九九〇年代から期間全体を通じて、着実に減少していることが明らかである。

図24 EMEP地域の大気汚染物質排出推移(1990〜2013年)

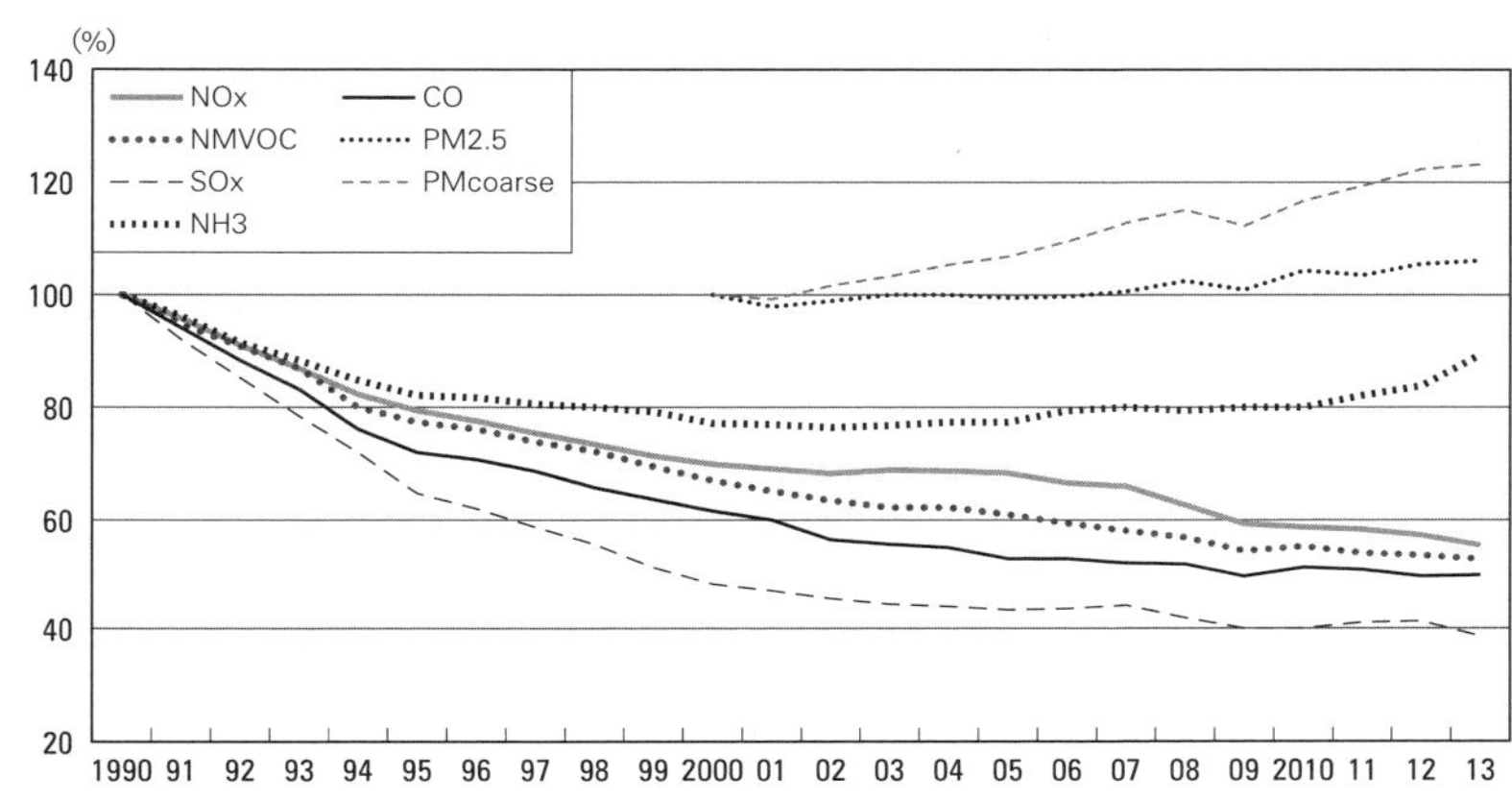

出典:Ilyin et al., (2015, 55).

また図25(カラー口絵参照)は、臨界負荷量を超える地域の変遷を表したEMEPのデータである。一九八〇年・九〇年と、臨界不可量を超える地域が多かったが、二〇〇〇年までに大幅に改善されていることがわかる。

以上から、LRTAP条約レジームでは、殆どの国が議定書で定められた数値目標を達成しており、遵守率が極めて高いこと。また、規制された大気汚染物質も確実に減少していることが確認できる。

LRTAPレジーム自体に、遵守のための罰則規定、あるいは遵守支援のための資金メカニズムが備わっているわけではない。むろん、第三章で示したように、条約機構として実施委員会が設けられ、締約国の不遵守が判明した場合、ここでの協議を経て不遵守国に勧告を行うことが出来る。しかし、実施委員会の勧告に強制力はなく、遵守は事実上各国の裁量に委ねられているのが実情である。にもかかわらず、これほどLRTAPレジームの遵守率が高いのはなぜだろうか。その理由は、東西冷戦の終焉と、EU、その他の国際枠組への考察を抜きに語ることはできない。

7　東西冷戦の終焉――東欧革命と東側陣営の多様化

ここで時計の針を一九九〇年代初頭に戻してみる。冷戦が終結し、それまでなかなか表に出ることがなかった旧ソ連・東欧諸国における劣悪な環境状況が国際社会に広く報じられるようになった。酸性雨もその例外ではなかった。東ドイツ、ポーランドやチェコスロバキアなど、一帯の森林が大規模な酸性雨被害に晒されていている実態が初めて明らかにされたのである[88]。

ＥＭＥＰは、体系的観測を通じて中東欧地域の深刻な汚染状況を、冷戦の終結前から把握していた。ＥＭＥＰのソース・レセプター関係のマトリックス、すなわち受苦・受益関係が一目瞭然でわかる科学的知見が、一九七九年から蓄積され、逐次公表され、改良が進められてきたことを、再度指摘しておきたい。酸性化の臨界負荷量を超えている地域を五〇キロ四方のグリッドで示したＥＭＥＰのデータである図25を再度みてみよう。色が濃いほど、臨界負荷量の超過の割合が高いことを示している。一九八〇年・九〇年いずれにおいても、欧州全域に臨界負荷量を高割合で超えている地域が点在しているが、より深刻なのは中東欧、とりわけドイツ、チェコスロバキア、ポーランドでは、ほぼ全国土を覆う勢いで汚染地帯が広がっていることが分かる。図26に、ＥＭＥＰが把握していた一九九〇年時点での国別SO_2排出量を示した。イギリスやイタリアを除くと、東ドイツ、ポーランド、チェコ、ブルガリア、ルーマニアなどの中東欧諸国の排出量が突出している。

こうした旧東欧諸国の凄まじい環境破壊と健康被害が、情報非公開や隠蔽に特徴づけられる中央集権的計画経済体制により引き起こされていたことも、もはや自明となっている[89]。第二章ですでに述べたように、冷戦終結やバルト三国の独立に向けた民主化運動などは、しばしば環境運動と連動していた。環境保全は、民主化の象徴でありバロメーターでもあった。生態学的に見ても、政治的に見ても、環境改善の優先度は高かった。そし

図26 SO_2の国別排出量（1990年）

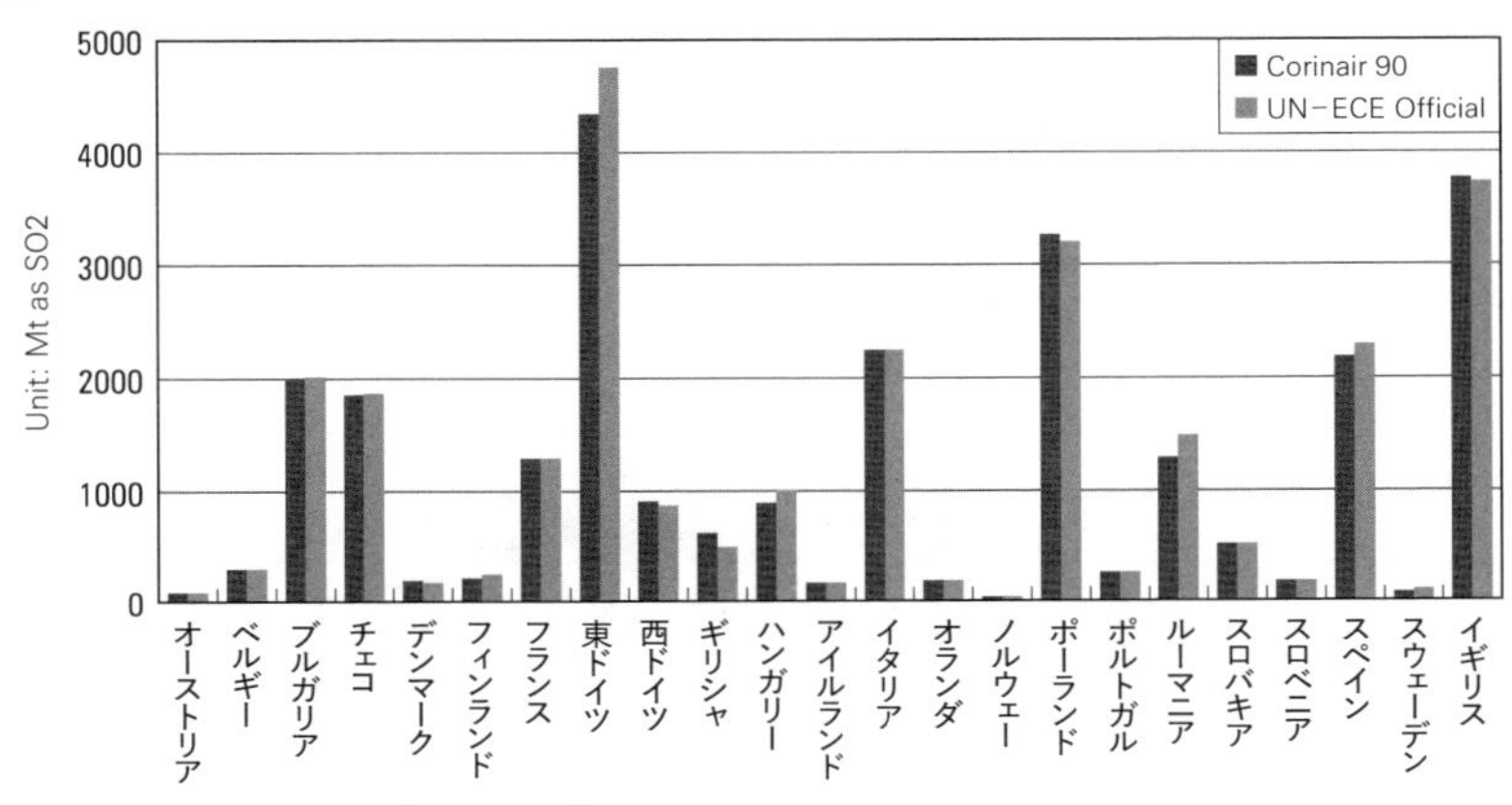

出典：Berge, Styve, & Simpson（1995, 20, 25）.

て、環境投資が殆ど行なわれていなかった。一九九〇年時点のエネルギー集約度は、ロシアをはじめ、ポーランド、チェコといった旧中東欧諸国で極めて高く（図27参照）、それはすなわち生産効率が極めて低いことを意味していた。その数字は、ユーロ圏の倍以上、開発途上国を含む世界平均よりも一・五倍以上と、極めて効率が悪かった。見方を変えれば、まだまだエネルギー改善の余地も、急速な環境改善の余地もあるということだ。これに関連してアマンらは、旧東欧地域における経済改革とエネルギー効率の改善により、酸性雨対策費用はずいぶんと抑えられると試算している[90]。実際に、図27からは、ポーランド、チェコといった汚染地帯のエネルギー集約度が、その後大幅に改善されていることも確認できよう。

加えて、地球社会全体で見ても、冷戦の終結により、それまで光が当てられなかった開発や環境、平和や人権と言った問題が、国際政治課題としてクローズアップされるようになっていた。一九九二年にはリオ・サミットが開催され、国連気候変動枠組条約が締結され、一九九七年には京都議定書が採択されるなど、環境問題への関心がたかまっていた。そうしたなかで、LRTAP条約は、高い評価を受けた。すなわち、リオ・サミットで採択されたアジェンダ21行動計画において、LRT

図27　一次エネルギーのエネルギー集約度の推移（1990年〜2012年）

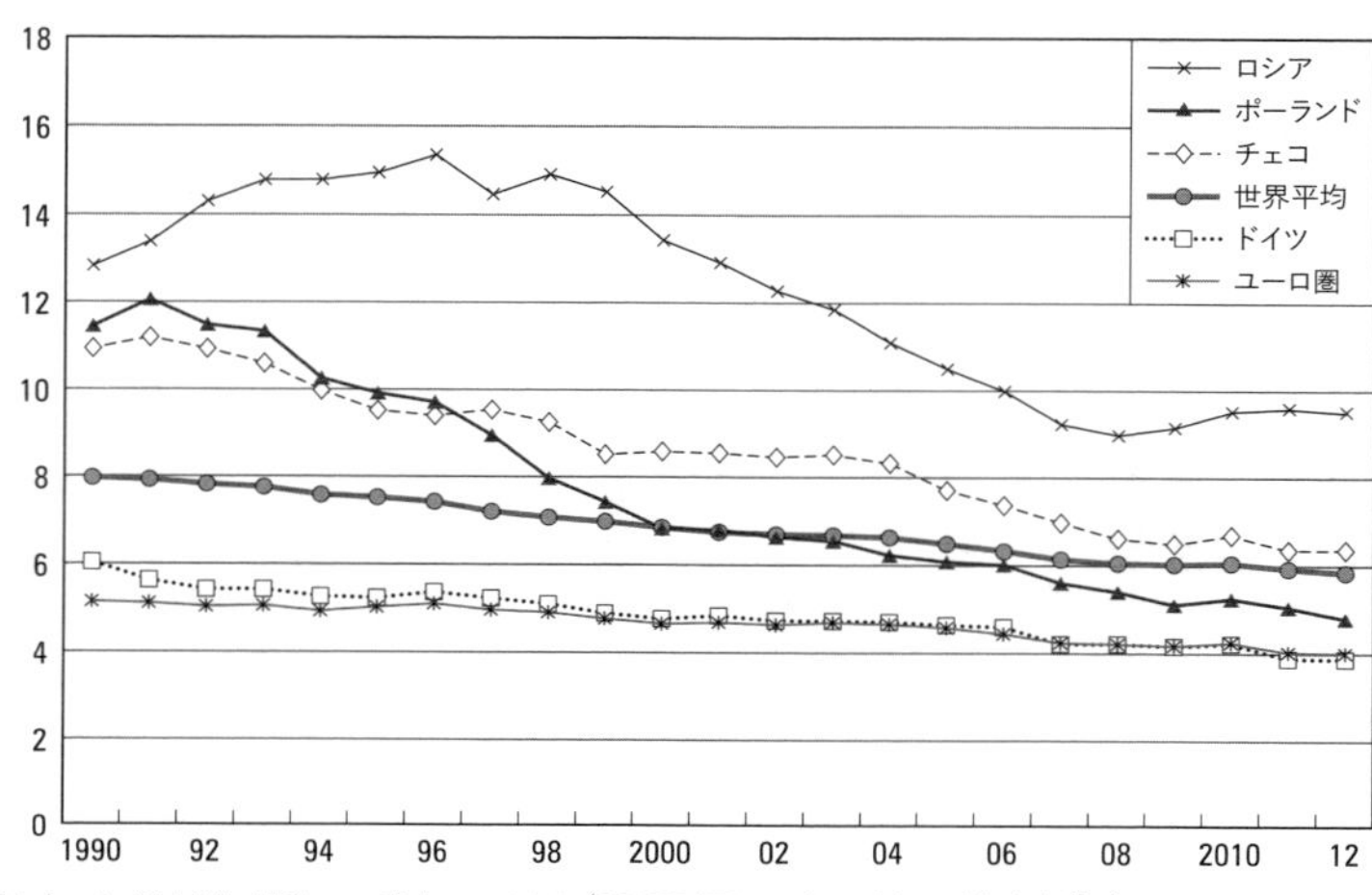

出典：IEA data in IEA World Energy Balances 2013（OECD/IEA and World Bank）より作成。

AP条約は、「大気汚染の体系的観測、評価および情報交換のための審査プロセスおよび協力プログラムに基づいて、ヨーロッパと北米における地域的な制度を確立した」と評価され、「これらのプログラムは継続し、強化されなければならず、またその経験は世界の他の地域にも分け与えなければならない」と明記された。国際社会の中でも、また学術界においても、LRTAP条約レジームは成功例として賞賛された。

一九九〇年代前述した議定書の量産は、そうした、レジームに追い風が吹く時代背景の中で進んだことは、指摘しておくべきである。

冷戦の終結と東欧革命の進行は、東側諸国のレジームへの関与を一変させ、多様化させることになった。表7に、東側陣営諸国による条約および議定書への署名批准状況一覧を示した。これによれば、冷戦期に策定された条約および議定書は、ソ連や東側諸国は、冷戦期、独自路線をゆくルーマニアや、石炭高依存で実質削減が不可能であったポーランドを除き、ほぼ条約に署名批准を行っている。しかし、冷戦が終結し、一九九〇年代に入ってからは、旧ソ連の国々の多くは、一九九一年以降に策定された議定書に批准をしていない。他方、旧ソ連あるいは東欧地域で、その後EUに加盟した国々は、排出大国ポーランドを除き、ほぼ批准をしている。

もう少し詳しく見ておこう。まず旧ソ連である。ソ連が、LRTAPレジームが東西デタントの政治的使命を帯びていることからしても、また全般に欧州の風下に位置する受苦アクターであったことからしても、条約に積極的に関わり、そのパワーでもって東側陣営へのレジーム参加を強く促してきたことは前述した。しかし、ソ連は、国内酸性雨問題への国内対策という観点からすれば、積極的ではなかった。それどころか、ソ連時代、よく知られているように、環境汚染はあらゆる分野で厳しい状況にあり健康被害も続出していたが[91]、自由な言論が統制されていたため、被害情報が表沙汰になることはなかった。ソ連は八〇年代を通じ、国家機密を盾にEMEPに排出インベントリデータを提出するのを拒み続け、国境線からそれぞれ一五〇キロまでの越境排出量データを出すことで妥協がなされてきた[92]。そのような限定的な参加でありつつも、ソ連は一九八五年に策定されたヘルシンキ議定書、一九八八年のソフィア議定書のいずれにも署名・批准した。その後ソ連は崩壊し、複数の国家が独立した。

ソ連を継承したロシアは、議定書に対し、消極姿勢に転じた。デタントの象徴としてのLRTAP条約レジームの意義は、消失したかに見える。ロシアは、一九九四年のオスロ議定書に署名を行った後、一九九〇年代に採択された議定書のいずれも批准していない。モスクワにはMSC-Eがあり、重金属やPOPs問題に関する科学的知見の蓄積に従事してきた。にもかかわらずロシアは、これらの議定書に署名せず、批准も行なっていない。消極的姿勢の背景として、ロシアの政策担当者は、資金力がないことを主要な要因として挙げた[93]。経済の悪化を受け、環境よりも経済が優先されるようになり、環境政策への予算が大幅に削減された。そのため、議定書の義務規定を実施するだけの資金力がロシアにはないというのである。第二の要因として、環境政策を担う行政機構の地位格下げ問題もある。構造改革により、環境省は庁に格下げされ、プーチン政権下の二〇〇八年には、

1998 重金属	1998 POPs	1999 複合
—	—	—
△	△	—
—	—	—
—	—	—
—	—	—
—	—	—
◎	◎	△
△	△	△
—	—	—
○	○	—
◎	◎	◎
◎	◎	○
◎	◎	◎
—	△	△
◎	◎	◎
◎	◎	◎
◎	◎	◎
◎	◎	◎
◎	◎	◎
○	◎	◎
○	○	—
—	—	—
○	○	—
○	—	—
—	○	○

さらに環境庁も廃止され、天然資源省などと機能が統合された[94]。

様々な制約は否めない。それでもロシアは、ソ連の継承国として基本的にはLRTAPレジームに出来うる限り参画するという姿勢を崩していない。長年ソ連およびロシアの代表団を率いてきたソコロフスキーによれば、ロシアは一九九九年のヨーテボリ議定書にも参加する意思は十分にあった。実際に、ロシアは四物質の排出枠規制であれば、これを批准する予定であったという。しかし、ドイツを始めEU諸国が強く導入を主張した排出基準がロシアにとっては受け入れがたいものであったために、最終的には署名を見送ったとのことであった[95]。

一方の東欧諸国のLRTAPレジームにおけるスタンスは、冷戦終結までは、基本的にソ連に追随するものであった。もちろん例外はある。たとえばポーランドは、「石炭賦存率が高く」、環境投資を行なわないまま重化学工業を推進してきた[96]。それゆえ、ソ連が迅速に署名・批准をおこなったヘルシンキ議定書およびソフィア議定書に、署名すらしなかった。また、ルーマニアやユーゴスラビアは、環境に限らずすべての政策分野において独自路線をとっており、たとえば一九七九年の条約交渉時に、ソ連が社会主義国代表として発言を行う際にも、「社会主義国」グループの中に入らなかった[97]。しかし、この三カ国を除けば、基本的に中東欧諸国のほとんどは、実態として重度の環境汚染をひきおこしつつも、大国ソ連に追随していた。

冷戦終結後、中東欧諸国はロシアと一線を画し、LRTAP条約に積極的に加盟するようになる。条約非加盟

表7 東側陣営諸国による条約議定書への署名批准状況

<table>
<tr><td rowspan="2"></td><td rowspan="2"></td><td rowspan="2">EUとの関係</td><td rowspan="2" colspan="2">条約</td><td>1985</td><td>1988</td><td>1991</td><td>1994</td></tr>
<tr><td>硫黄1</td><td>NOx</td><td>VOC</td><td>硫黄2</td></tr>
<tr><td rowspan="12">旧ソ連</td><td>ベラルーシ</td><td>東方パートナーシップ</td><td rowspan="12">1980</td><td>1980</td><td>◎</td><td>◎</td><td>—</td><td>—</td></tr>
<tr><td>ウクライナ</td><td>東方パートナーシップ</td><td>1980</td><td>◎</td><td>◎</td><td>△</td><td>△</td></tr>
<tr><td>ロシア</td><td>—</td><td>1980</td><td rowspan="10">◎</td><td rowspan="10">◎</td><td>—</td><td>△</td></tr>
<tr><td>アゼルバイジャン</td><td>東方パートナーシップ</td><td>2002</td><td>—</td><td>—</td></tr>
<tr><td>カザフスタン</td><td>—</td><td>2001</td><td>—</td><td>—</td></tr>
<tr><td>キルギスタン</td><td>—</td><td>2000</td><td>—</td><td>—</td></tr>
<tr><td>モルドバ</td><td>東方パートナーシップ</td><td>1995</td><td>—</td><td>—</td></tr>
<tr><td>アルメニア</td><td>東方パートナーシップ</td><td>1997</td><td>—</td><td>—</td></tr>
<tr><td>グルジア</td><td>東方パートナーシップ</td><td>1999</td><td>—</td><td>—</td></tr>
<tr><td>エストニア</td><td>EU加盟(2004)</td><td>2000</td><td>○</td><td>—</td></tr>
<tr><td>ラトビア</td><td>EU加盟(2004)</td><td>1994</td><td>—</td><td>—</td></tr>
<tr><td>リトアニア</td><td>EU加盟(2004)</td><td>1994</td><td>○</td><td>○</td></tr>
<tr><td colspan="2">ハンガリー</td><td>EU加盟(2004)</td><td colspan="2">1980</td><td>◎</td><td>◎</td><td>◎</td><td>◎</td></tr>
<tr><td colspan="2">ポーランド</td><td>EU加盟(2004)</td><td colspan="2">1985</td><td>—</td><td>◎</td><td>—</td><td>△</td></tr>
<tr><td rowspan="2">チェコスロバキア</td><td>チェコ</td><td>EU加盟(2004)</td><td rowspan="2">1983</td><td>1993</td><td rowspan="2">◎</td><td rowspan="2">◎</td><td>○</td><td>◎</td></tr>
<tr><td>スロバキア</td><td>EU加盟(2004)</td><td>1993</td><td>○</td><td>◎</td></tr>
<tr><td colspan="2">ブルガリア</td><td>EU加盟(2007)</td><td colspan="2">1981</td><td>◎</td><td>◎</td><td>◎</td><td>◎</td></tr>
<tr><td colspan="2">ルーマニア</td><td>EU加盟(2007)</td><td colspan="2">1991</td><td>×</td><td>×</td><td>—</td><td>—</td></tr>
<tr><td rowspan="6">旧ユーゴスラビア</td><td>スロベニア</td><td>EU加盟(2004)</td><td rowspan="7">1983</td><td>1992</td><td rowspan="6">—</td><td rowspan="6">—</td><td>—</td><td>◎</td></tr>
<tr><td>クロアチア</td><td>EU加盟(2013)</td><td>1992</td><td>○</td><td>◎</td></tr>
<tr><td>セルビア</td><td>EU加盟候補国</td><td>2001</td><td>—</td><td>—</td></tr>
<tr><td>ボスニア・ヘルツェゴビナ</td><td>EU加盟準備中</td><td>1993</td><td>—</td><td>—</td></tr>
<tr><td>モンテネグロ</td><td>EU加盟候補国</td><td>2006</td><td>—</td><td>—</td></tr>
<tr><td>マケドニア</td><td>EU加盟候補国</td><td>2005</td><td>○</td><td>—</td></tr>
<tr><td colspan="2">アルバニア</td><td>EU加盟候補国</td><td>1997</td><td>○</td><td>○</td><td>—</td><td>○</td></tr>
</table>

注：条約は批准年を記した。
　議定書は、△署名のみ、○批准のみ、◎署名・批准 とした。
　網かけ部分は、EU加盟国の状況を示している。
出典：UN/ECEホームページより確認（2016年4月1日）。

であったルーマニアも、一九九八年以降に採択された三つの議定書は全て批准している。もっとも、石炭依存が続いた排出大国ポーランド[98]と二〇〇〇年に条約加盟したエストニア、また政権運営が安定しない旧ユーゴスラビア諸国は議定書を批准していない。ただ、ポーランドも議定書に署名はしており、批准の意思表示は行なっている。これらの国々が、国別排出枠規制と排出基準の双方を含む議定書を積極的に批准し、実際に対応していっているのは何故か。それは、中東欧諸国が革命を経て、ヨーロッパへの回帰を渇望していたこと、またソ連からの支援が断たれ、エネルギー改革を含む経済改革を断行する必要に迫られ[99]、そのためにはEUからの支援が不可欠であったことと大いに関連している。その後、中東欧諸国の多くが、二〇〇四年ないしは二〇〇七年に拡大EUに加盟を遂げたことは、先に挙げた表7からも確認できよう。

次節では、EUに光を当てLRTAP条約とEUの関係の変遷を論じてから、EUが、いかに中東欧諸国のレジーム参加と義務履行を促進させてきたかを明らかにする。

8　LRTAP条約とEU・その他の国際枠組

前述のように、ECは当初、主要な加盟国が、レジーム形成に消極的であった。表8に、レジーム形成後のEC各国の条約・議定書への参加状況を示した。同表によれば、EC加盟国は全て、一九八三年までに条約へ加盟を果たした。しかし、個々の数値目標を伴う議定書についていえば、この限りではない。まず、一九八四年に西ドイツが転身した当時、オタワ会議で三〇%クラブに入っていたEC加盟国は九カ国中四カ国であった。まさしくECは二分されていた。続いて硫黄を規制した一九八五年のヘルシンキ議定書では、一〇カ国中三カ国、すなわちイギリス、アイルランド、ギリシャの三カ国が署名も批准も見送った。NOxを規制した一九八八年のソ

表8 EC・EU諸国の署名・批准状況（東欧諸国除く）

		EU加盟年	1979 条約	1984 30%クラブ	1985 硫黄1	1988 NOx	1991 VOC	1994 硫黄2
EC/EU	ベルギー	原加盟国	1982		◎	◎	◎	◎
	(西)ドイツ	原加盟国	1982	◎	◎	◎	◎	◎
	フランス	原加盟国	1981	◎	◎	◎	◎	◎
	イタリア	原加盟国	1982		◎	◎	◎	◎
	ルクセンブルグ	原加盟国	1982		◎	◎	◎	◎
	オランダ	原加盟国	1982	◎	◎	◎	◎	◎
	イギリス	1973	1982		—	◎	◎	◎
	アイルランド	1973	1982		—	◎	—	◎
	デンマーク	1973	1982	◎	◎	◎	◎	◎
	ギリシャ	1981	1983		—	◎	△	◎
	ポルトガル	1986	1980		—	—	△	—
	スペイン	1986	1982		—	◎	◎	◎
	オーストリア	1995	1982	◎	◎	◎	◎	◎
	フィンランド	1995	1981	◎	◎	◎	◎	◎
	スウェーデン	1995	1981	◎	◎	◎	◎	◎
	EU		1982		—	○	△	◎

注：条約は批准年を記した。
議定書は、△ 署名のみ、○ 批准のみ、◎ 署名・批准 とした。
網かけ部分は、条約／議定書採択時には非EU加盟国であることをさす。
出典：UN/ECE ホームページより確認（2016年4月1日）。

フィア議定書では、イギリスは転身したが、ポルトガルは署名および批准を見送っている。一九九一年のVOC議定書は、アイルランドが未批准、ギリシャ、ポルトガルは署名のみで批准をしていない。第二次硫黄規制を約した一九九四年のオスロ議定書では、やはりポルトガルが署名も批准もしなかった。つまるところ、EUは、LRTAP条約レジームに対して、一枚岩ではなかったのである。

何より、EU自身が、一九九一年のVOC議定書までは、議定書を署名しなかったり、あるいは批准しなかったりと、政策的な揺らぎが見られた。しかしその後、EUはやや積極的に転じる。一九九四年のオスロ議定書、一九九八年の重金属、POPs議定書には、率先して署名し、早期に批准もおこなった。にもかかわらず、一九九九年のヨーテボリ議定書について、ＥＵはあえて署名を見送った。最終的な批准は、その四年後のことであった。

ＥＵとＬＲＴＡＰ条約の相互関係に見られる、以上のような揺らぎは、何に起因するのだろうか。ＬＲＴＡＰ条約とＥＵは、どのような関係にあるのだろうか。対立的（スタンブリング・ブロック）か、補完的（ビルディング・ブロック）な関係か。

これらの問いに予め答えておくならば、時に対立・緊張関係をはらむものの、基底には補完的関係があるというのが結論であろう。ＥＣ・ＥＵが、ＬＲＴＡＰ条約と補完的な関係になったのは、七〇年代にさかのぼる。ＵＮ／ＥＣＥの元環境局局長は、ＬＲＴＡＰレジームの遵守率が高い要因の一つとして、ＥＵの各種指令の存在を指摘した[100]。すなわち、ＥＵ加盟各国は、強い法的拘束力を持つＥＵ指令を遵守するための国内政策措置を導入した結果、ＬＲＴＡＰ条約議定書の遵守にもつながったというのである。

酸性雨改善に資するＥＣ指令は[101]、自動車からのＣＯ排出基準を定めた指令70/220、軽油の硫黄濃度値限度を定めた指令75/716、自動車からのＮＯx排出基準を定めた指令77/102、ＳＯ$_2$やＰＭの濃度限界値を定めた指令80/779、鉛の大気濃度を規制した指令82/884、無鉛ガソリンの使用を要求した指令85/210、大気中のＮＯx濃度限界値を定めた指令85/203などがある（表9参照）。また、ＬＲＴＡＰ条約を承認する決定81/462、ＥＭＥＰ議定書を承認する決定86/277、大気質モニタリングの情報提供と共有義務を定めた指令82/459などもある。

そして、前述した一九八八年のＥＵ大規模燃焼施設指令88/609である。同指令の伏線として、西ドイツが自国で導入した大規模燃焼施設規制を国際的に拡げる指令を強化したことは前述した。オスロ議定書では、新規大型燃焼施設に適用する排出基準やガソリンの最大硫黄含有量を示す燃料基準の導入が規定されているが、この基準は、たとえば規制対象として五〇メガワット以上の既存の発電所も含むなど[102]、一九八八年のＥＣ大規模燃焼施設指令と近似している。本書の分析対象からは外れるが、九〇年代に入ってから気候変動レジームを牽引

表9 LRTAP条約レジームと関連するEU政策の対照表

	LRTAP条約	EC・EUの酸性雨関連の取組	その他
70s	1977 EMEP設立 1979 条約締結	1970 指令70/220（自動車CO基準） 1975 指令75/716（ディーゼル硫黄） 1977 指令77/102（自動車NOx）	
80s	1984 EMEP議定書 1985 第1次硫黄議定書 1988 NOx議定書	1980 指令80/779（大気中SOx、PM） 1981 決定81/462（LRTAP条約承認） 1982 指令（大気モニタリング情報） 1984 指令84/360（工場排出基準） 1986 決定86/227（EMEP議定書承認） 1987 指令88/77（大型ディーゼル車） 1988 指令88/609（大規模燃焼施設） 1989 PHARE（ポーランド・ハンガリー復興支援）	
90s	1991 VOC議定書 1994 第2次硫黄議定書 1998 重金属議定書 1998 POPs議定書 1999 ヨーテボリ議定書	1991 指令91/441（自動車排ガス基準） 1992 LIFE（中東欧環境支援） INTERREG 1993 第5次EU環境行動計画 1993 指令93/59（軽トラック排ガス基準） 1995 指令96/62/EC（大気質枠組） 1997 酸性化対策戦略 1999 指令1999/30/EC（大気質SO_2、NOx、PM、鉛） 1999 国別排出シーリング指令交渉開始 1999 TACIS（NIS諸国民主化支援） - - - - - - - - - - 2000 ISPA（中東欧環境投資） 2001 指令2001/81/EC（国別排出シーリング指令） 第6次EU環境行動計画 指令2001/77/EC（再生可能エネルギー電力）	1990 中東欧環境センター（REC） 北欧議会 北欧環境金融公社（NEFCO）設立 1992 バルト海沿岸諸国会議（CBSS）設立 1995 バルト海環境フォーラム 1996 バルティック21 バルト都市連合 1997 北欧投資銀行環境融資

してきたＥＵは、第二章で紹介したように、セクターアプローチを用いてエネルギー効率の改善、石炭等の化石燃料の削減と再生可能エネルギー増加といった取り組みに余念がない。これらは同時に酸性雨を引き起こすSO_2やNO_x削減にも直結するものである。このほか、ＥＵはＣＡＦＥと呼ばれる大気汚染防止のための総合的プログラムを展開するなど[103]、局地的汚染と越境汚染を併せた総合的な大気政策を進行している。以上のようなＥＣの法政策の存在が、西欧諸国におけるＬＲＴＡＰ条約および各議定書の義務履行を促進させ確実にしたことは明らかであろう。

これほど積極的に大気汚染管理に取り組んできたＥＵが、一九九九年にヨーテボリ議定書の署名を行わなかったのは何故であろうか。その理由は、ヨーテボリ議定書の目標がＥＵの期待よりも緩かったからにほかならない。これには、一九九五年にスウェーデンがＥＵに加盟したことが大きく影響を及ぼしている。一九九七年、ＥＵ環境総局は、スウェーデンが音頭を取る形で酸性化戦略（Acidification strategy）を発表した。起草を行ったのはオグレンである。オグレンは、スウェーデンのＮＧＯにいながらにして、政策・科学両面に精通し、官民を行き来する形で酸性雨問題の情報公開に努めてきた。またその知識ゆえに、ＬＲＴＡＰレジームおよびＥＵの双方に勤務した経験をもち、政策立案上重要な役割を果たしてきた[104]。オグレンらが起草した酸性化戦略からすれば、ヨーテボリ議定書の削減目標は物足りなかった。そこで、欧州委員会は、ヨーテボリ議定書の署名を見合わせたのである。そして、条約プロセスとはあくまでも一線を画しつつ、しかしヨーテボリ議定書で使用されたＲＡＩＮＳモデルやＥＭＥＰのデータといった政策ツールはそのまま用いて、ＩＩＡＳＡの越境大気汚染チームに業務委託し、国別排出シーリング指令（ＮＥＣＤ）の交渉をはじめた[105]。この指令はＥＵ理事会・議会の双方を通過し二〇〇二年に成立した。ＮＥＣＤで削減目標を課せられる大気汚染物質は、SO_2、NO_x、アンモニア、ＮＭＶＯＣｓと、ヨーテボリ議定書と全く同様であるが、それぞれの削減目標はヨーテボリ議定書よりも厳しいものとなった。たとえばＥＵ一五カ国として、ヨーテボリ議定書では四〇五九ＧｇであったSO_2については、ＮＥＣ

Dでは三八五〇Gｇと五％以上削減率のハードルが上がっている。このように、ヨーテボリ議定書より厳しいNECDを策定した後、EUはヨーテボリ議定書を批准したのである。

本章を閉じるにあたり、以上に述べてきたEUの各種施策が、いかに中東欧諸国のレジーム参加と義務履行を促進させてきたかを明らかにしておこう。中東欧諸国は冷戦終結を機にEU加盟をめざした。加盟には一定の要件、すなわち民主主義の確立、法制の整備、人権尊重、少数民族の保護、市場経済の導入などを満たすことを求められる[106]。この中には、環境政策の整備も重要な項目として含まれていた[107]。また、先に述べたNECDでは、EU一五カ国に加え、加盟候補の中東欧一〇カ国にも国別排出シーリングが設定された。各国は加盟前でありながら、EU基準を個別に定められ、満たすよう求められたことになる。

ただし、中東欧諸国がEUの環境要件を満たすためには莫大な費用がかかることが想定された。欧州委員会自身、一九九九年に公表したEU拡大に関する文書の中で、「環境要件を満たすための投資総額は、一〇候補国につき、一二〇〇億ECUかかるであろう」と試算している[108]。このような巨額な費用を、移行経済国のみで拠出することは到底不可能である。そこで、EUは、第二章で示したように、また表9に示したように、一九九〇年代前半よりPHAREやISPAなどの援助プログラムを立ち上げて、大量の資金・技術援助を中東欧諸国向けに行ってきた[109]。EUだけではない。第二章で示したバルト海での枠組を含め、多国間、そして二国間ベースでも実に多様な資金が投下された[110]。さらには、気候変動枠組条約の京都議定書において、先進国が温室効果ガス削減目標を達成するために、補完的手段として認められた京都メカニズムの一つ、共同実施（JI、Joint Implementation）[111]や、その試行であった共同実施活動（AIJ、Activities Jointly Implemented）によっても、実に多額の投資がなされた。これらJIやAIJにも、エネルギー効率改善や再生可能エネルギーへの電源転換など、温室効果ガスの削減にも酸性雨の緩和にも資するような多くのプロジェクトが多く含まれている。総額でどれほどの投資費用が投下されたかを掴むことは容易ではないが、以上に述べたような多様な援助によって、中東欧諸国のレジーム参加と義務履行が確保されたのである。

ヨーテボリ議定書およびNECDは、二〇一〇年に目標年を迎えた。NOxやアンモニアで一部マイナーな不遵守があるものの、ほぼ達成されているという。それ以降、ヨーテボリ議定書は附属書が策定され、二〇一六年現在、各国の批准を待っているところだという。NECDはEU拡大により見直され、二〇〇九年に改訂がなされた。こうして、複数汚染物質複合効果をめざした欧州の試みは、すでに安定した軌道にのっており、今後もLRTAP条約およびEUの双方の枠組みにおいてプロセスは続くであろう。

註

1——Eliassen, 2002.

2——Larssen et al., 1996.

3——ソ連については、国境から一五〇キロまでを、モニタリング対象とすることは当初より合意されていた。ソ連側の主張の理由について、当時の担当者は、「(冷戦が終結した)今では滑稽に思うかもしれないが、当時、環境や排出データは国家機密だった。それらを公表するということは、国の産業や国力の源がどこにあるかを敵陣営に曝すようなものであり、考えられないことであった」と語った(Sokolovsky, 2003)。

4——Lehmhaus et al., 1985.

5——Mylona, 1989.

6——Eliassen, 2002.

7——Mylona, 1989, 4.

8——Eliassen, 2002; Thompson, 2002. 一九八〇年代の科学者側のキーパーソンであったMSC-Wのエリアセンと、ノルウェー代表団でありLRTAP条約執行機関の議長も務めた政策担当者側キーパーソンであったトンプソンの二人の対話による。

9——Thompson, 2002.

10——Eliassen, 2002.

11——Lars, 2002; Eliassen, 2002; Nordberg, 2000; Thompson, 2002.

12——たとえば、一九八〇年代、チェコ政府はデータの改竄を一旦は検討したものの、ＥＭＥＰセンターによる検査や質保証の試み、モデル計算を考慮すれば、いずれ整合性が取れなくとの結論に至り、改善を取りやめたことがあるという(Don, 1999. 石井、二〇〇一年)。

13——Levy, 1994.

14——Lars, 2002; Gehring, 1994; Jost, 2000; Levy, 1993; Person, 2002; Thompson, 2002, 2003.

15——Gehring, 1994.

16——ヘルシンキ議定書第二条。

17——ヘルシンキ議定書第六条。

18——Person, 2002; Eliasson, 2002.

19——Levy, 1995.

20——荒井、二〇〇五年。多様な選択肢を出来るだけ提供するという発想は、デンマークの「ユーザー・デモクラシー」という概念にもみてとれる(朝野他、二〇〇五年)。

21——百瀬宏、一九八九年。

22——Churchill et al., 1995.

23——トルコやアイスランドも署名していないが、その理由はＥＭＥＰのモニタリング範囲の外部に位置しており、排出量が極端に小さいことなどが挙げられよう。

24——Jost, 2002; Vygen, 2002.

25——Cavender et al., 2001.

26——Cavender et al., 2001; Jänicke et al., 1995; Schreurs, 2002.

27——Cavender et al., 2001.

28——Cavender et al., 2001; Levy, 1995. 石、一九九二年。

29——Cavender et al., 2001.

30——Cavender et al., 2001.
31——Beck et al, 1998; Schreurs, 2002. 小野、二〇一四年。
32——Schreurs, 2002.
33——Cavender et al., 2001.
34——Jänicke et al., 1995.
35——Cavender et al., 2001; Jänicke et al., 1995.
36——Boehmer, 2000; Hajer, 1995; Thompson, 2002; Williams, 2002; Wynne et al., 2001.
37——Hajer, 1995, 113-114.
38——Wynne et al., 2001.
39——石灰を散布し中和すること。
40——Thompson, 2002; Williams, 2002.
41——Hajer, 1995.
42——Hajer, 1995.
43——Hajer, 1995; Wynne et al., 2001.
44——Wynne et al., 2001.
45——Hajer, 1995.
46——Wynne et al., 2001.
47——Wynne et al., 2001, 95.
48——Hajer, 1995.
49——Wynne et al., 2001.
50——Thompson, 2003.
51——Edwards et al., 1990.
52——Williams, 2002.
53——Hajer, 1995.
54——McCormick, 1995, 260.

55——Wynne et al., 2001.
56——Levy, 1995.
57——Dovland, 2003; Eliassen, 2002; Gromov, 2003; Thompson, 2002.
58——Dovland, 2003.
59——Hordijk et al, 2007.
60——長距離越境大気汚染条約ソフィア議定書第一条七項。
61——日本語文献で専門家による臨界負荷量の概要紹介として、新藤（一九九九年）、新藤他（二〇一一年）を参照。
62——Bull, 1993, 8.
63——Marks et al., 1998.
64——Alcamo et al., 1990; Vries et al., 2015; Hettelingh et al., 1991; Hordijk, 1995.
65——ソフィア議定書第一条七項。
66——EB.AIR/GE.2/4. Nov.1985.
67——Alcamo et al., 1985, 47.
68——Alcamo et al., 1985, 49.
69——統合評価モデルＲＡＩＮＳの仕組みや議定書への適用方法については、日本語文献の中では、石井（二〇〇一年）が詳細に論じている。
70——Hordijk, 1995, 2002.
71——以下の日本語文献も、ＲＡＩＮＳの政治的優位性について言及している（新藤他、二〇一一年。石井、二〇〇一年。米本、一九九八年）。
72——Lars, 2002; Eliassen, 2002; Hordijk, 2002.
73——Laugen, 1995.
74——Lars, 2002; Thompson, 2003.
75——Klassen, 1996; Takahashi, 2000. 石井、二〇〇一年。
76——Alcamo et al., 1990; Andresen et al., 2000; Björkbom, 1999; Björkbom, 2002; Dovland, 2003; Munton et al., 1999; Thompson, 2003; Wettestad, 1999. 石井、二〇〇一年。米本、一九九八年。

77——交渉の経緯については、Andresen et al. (2000) を参照。
78——Levy, 1995.
79——Ilyin et al., 2015.
80——Lars, 2002; Hordijk, 2002; Thompson, 2003. 石井、二〇〇一年。
81——Markus, 2002.
82——Markus, 2002; Hordijk, 2002. 石井、二〇〇一年。
83——Markus, 2002; Björkbom, 2002; Eliassen, 2002; Hordijk, 2002; Jost, 2002; Nordberg, 2000; Thompson, 2002; Vygen, 2002; Williams, 2002.
84——石井、二〇〇一年。
85——石井、二〇〇一年。
86——オゾン層保護条約や気候変動枠組条約など、複数の条約では不遵守手続きが用意されているが、いずれも遵守強制が法的にも現実的にも困難であることが指摘されている(高村、二〇〇四年。村瀬、二〇〇三年)。
87——ECE/EB.AIR/49, section21.
88——たとえば日本語の文献として、石(一九九二年)を参照。
89——たとえば、岩田(二〇〇八年)を参照。同書では、チェコを事例として、東西冷戦にいたるまで、中央集権的な計画経済体制のなかで、いかに環境を度外視した計画経済が展開されていたかを明らかにしている。さらに、冷戦終結後、欧州へ回帰を熱望していたチェコが、移行経済のなかで、エネルギー・環境政策を大転換させ、大気を含む環境改善を急速に進めた様子も描かれている。
90——Markus et al., 1992.
91——徳永、二〇一三年。
92——Sokolovsky, 2003.
93——Sokolovsky, 2003.
94——ロシア内の環境ガバナンスの変遷については、徳永(二〇〇九年、二〇一三年)が詳しい。
95——Sokolovsky, 2003.
96——岩田、一九九三年。

97――Gehring, 1994.

98――ポーランドでは、冷戦終結後も石炭依存が続いた。ソ連からのガス供給が停止したことによるエネルギー不足も、その背景にある。

99――中東欧諸国の中で、「トップクラスの環境改善」を果たしたチェコは、一九九四年のオスロ議定書よりも厳しい大規模燃焼施設への排出基準を、自らに課していたという。

100――Nordberg, 2000.

101――EUからの指令の多くはホームページ上で公開されているが、一九九〇年までの酸性雨に関する指令や決定をコンパクトにまとめたものとして、井上(一九九三年)が参考になる。

102――オスロ議定書附属書Vを参照。

103――Wicks, 2002.

104――オグレンは、一九八二年より毎年数号ずつ、アシッドニュース(Acid News)と題した小雑誌を英語で発刊してきた。現在その全てのアーカイブが、スウェーデンNGOエアークリム(AirClim)のホームページ上で見ることが出来る。オグレンは、大気汚染問題への長年の貢献が評価され、二〇一四年、欧州環境局により、欧州の持続可能な発展に貢献したとして「環境のための十二の星」賞を受賞している(AirClim, 2014)。

105――Markus, 2002; Hordijk, 1995.

106――これを批判的に捉える論考もあり、たとえば、ハーパーは「エコ植民地主義(Ecocolonialism)」と批判した(Harper, 2005)。

107――EU拡大と環境取組みについては、以下が参考となる(Andonova, 2004; Andonova et al., 2011)。

108――一二〇〇億ECUは、当時のレート換算で、およそ一四兆円をさす(CEC, 1999, 9)。

109――日本語文献での事例等紹介については、たとえば、岩田(二〇〇八年)、百済(二〇〇〇年)が参考となる。

110――髙橋、二〇〇〇年。

111――共同実施は以下の通り定義されている「地球温暖化対策にあたり複数の国が技術、ノウハウ、資金を持ち寄り共同で対策・事業に取り組むことにより、全体として費用効果的に推進することを目的とするものである。先進国同士が共同で排出削減や吸収のプロジェクトを実施し、投資国が自国の数値目標の達成のためにその排出削減単位をクレジットとして獲得できる仕組み。京都議定書に規定される柔軟性措置の一つ。なお、共同実施活動とは、途上国を含めた世界全体の温室効果ガス排出量をできるだけ費用効果的に抑制していくために、他の締約国からの資金供給を受けるが、排出量の「クレジット化」を伴わないで、実施されるFCCC締約国による温室効果ガス削減プロジェクトのことを指す。COP1で条約上のJI（共同実施）のパイロット、あるいはテスト段階として設定された。」（EICネット、環境用語集、二〇一五年二月改訂）。

第5章

北米大気質レジームの形成

一九七九年の欧州長距離越境大気汚染条約（LRTAP条約）に加盟したアメリカとカナダは、一九八〇年代前半、酸性雨の共同管理にむけた二国間での協定交渉をはじめたものの頓挫する。この二国間協定が締結をみるのは一九九〇年代に入ってからのことである。ともに先進国で資本主義体制の民主主義国で友好国でありながら、また国際交渉は国の数が少ない方が合意形成しやすいという一般法則とは裏腹に、米加交渉が頓挫したのは何故だったのか。さらに、八〇年代末になって、交渉が突如再開され協定への道が開けたのには、どのような理由があったのか。

欧州と異なり、この問題に関する北米でのアクターは米加二カ国のみである。国土の面積はカナダが世界第二位、アメリカが第三位を誇り、一国ごとの面積が比較的狭い欧州とは全く事情が異なる。欧州内の一国より面積の広い州が北米二カ国には数多くある。広範な領土を治めるため、両国の政治体制はおのずと連邦制を指向し、とりわけカナダの場合は連邦政府よりも州政府の力が強いという特徴を持つ。本章では、こうした北米の事情を考慮し、政策プロセスの歴史的分析においては、連邦政府レベルのみならず、関連する諸州の動きにも注目する。排出大国のアメリカ、そして、概ね風下に位置するカナダの、国家および州レベルの政府や市民社会などのアクターを中心に、順次、米加協定に至るまでの政策プロセスを追うこととする。

一度は二国間協定締結に向かって歩みを進めたアメリカであったが、一九八一年のレーガン大統領への政権交代を機に、カナダとの二国間交渉を棚上げした。その後、カナダがどれほど外交的手段を尽くしても、大国アメリカを課題設定や政策決定の席に着かせることはできなかった。というのも、アメリカ国内に、大気汚染対策をめぐる深刻な対立が存在していたからである。それは八〇年代末に起こるアメリカの転身まで続く。アメリカの政策変更は、国内大気汚染の激化、政権交代、そして排出量取引に象徴される大気汚染政策に対する認識枠組の変化によるものだった。その結果、合意された米加大気質協定は、欧州ＬＲＴＡＰ条約レジームとは似て非なるものでありつつ、欧州との接近も思わせるものとなっていた。

1 レジーム前史

北米における主要汚染物質のＳＯ２の排出総量は、常にアメリカがカナダを凌駕しており（図28参照）、カナダの排出総量は全期間を通じてアメリカの二％から五％に留まる。アメリカのＳＯ２排出量は、一九三〇年代と戦後期の一九五〇年代には、一旦下降線を辿るものの、一九七〇年まで増えつづけている。一九七〇年から一九九〇年代までは、緩やかに減りつづけ、一九九〇年代を超えると急速に減少した。北米の排出量が、一九世紀末から二〇世紀末まで、世界のどの地域よりも多かったことは、すでに第一章図4で示した通りである。

北米で越境大気汚染問題が政府間レベルでの政策課題となったのは、二〇世紀初頭にさかのぼる。二国間外交の俎上にのぼったトレイル製錬所事件においては、意外にも、受苦アクターはアメリカ、受益アクターはカナダであった。本節では、レジーム前史として、トレイル製錬所事件のあらましを述べた後、世界最大の排出国で

図28 米加のSO_2人為的排出量の推移（1850～2005年）

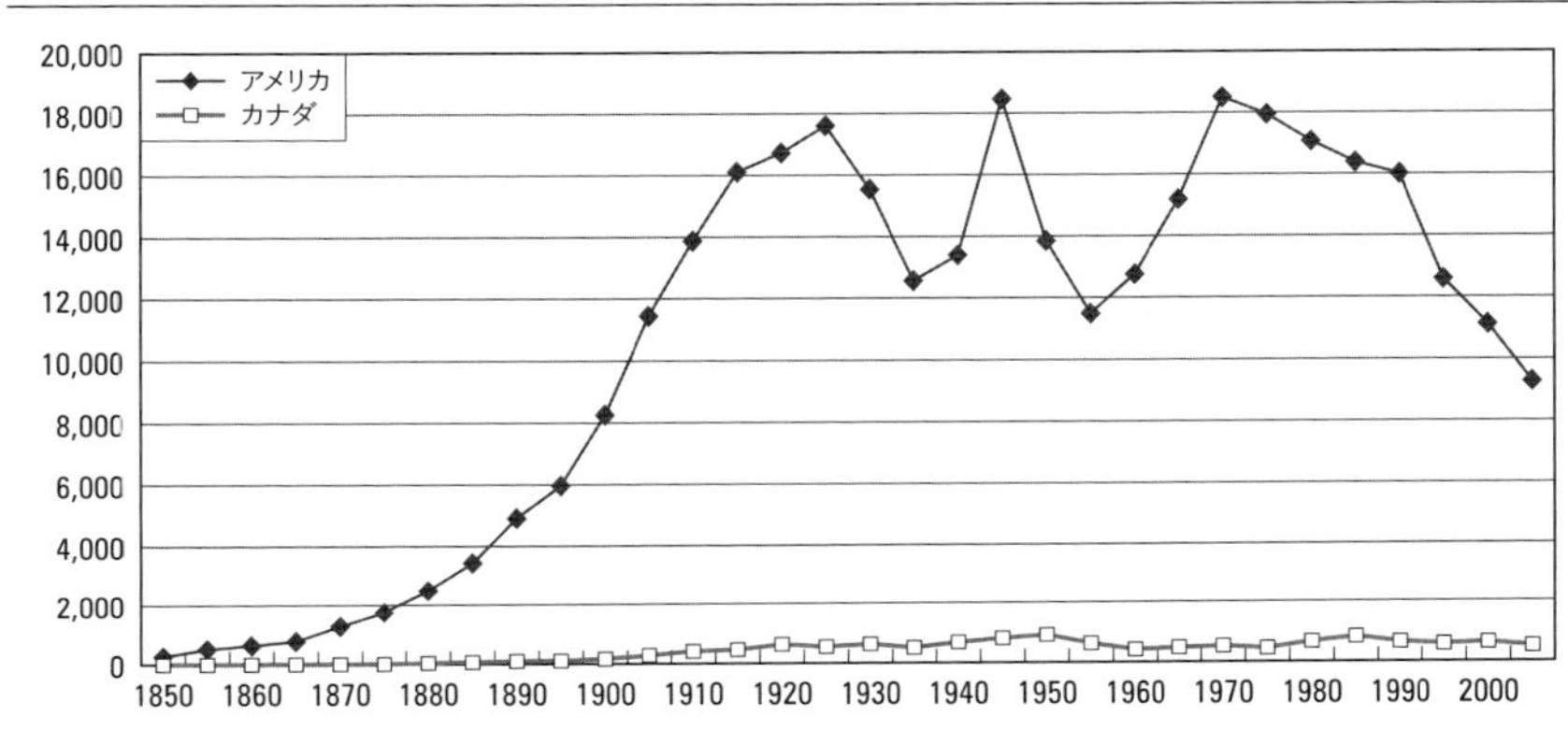

注：単位、ギガグラム
出典：Smith et al.,（2011）データをもとに作成。

あったアメリカが、どのように大気汚染問題や酸性雨問題に向き合ってきたか、その軌跡をたどっておくとしよう。

❖トレイル製錬所事件

越境大気汚染が、世界で初めて国際的課題として設定されたのは、北米においてである。一八九五年、カナダ採鉱製錬合併会社が、カナダ・ブリティッシュコロンビア州で製錬所を建設し、翌年、鉛・亜鉛の製錬を開始した。この製錬所から排出された煤煙に含まれる亜硫酸ガスが、国境を越えてアメリカ・ワシントン州の農作物や森林に大きなダメージをもたらしたのである[1]。その後、一九二五年および一九二七年に、同社は二基の高層煙突を設置し、生産量を増大させた。その結果、亜硫酸ガスの量も増加し、アメリカ・コロンビア州の損害がさらに激化したといわれる。

アメリカ側の被災住民から問題提起を受けて、一九〇九年にアメリカは、英米境界水条約により設置された国際合同委員会に問題の解決を付託した。一九三一年、同委員会は両国へ勧告を提示した。第一に、一九三二年までに生じた損害を賠償するため、カナダ政府はアメリカ政府に対して三五万ドルを支払うこと、第二に会社は将来の汚染を逓減させるための施設改善を行うこと、第三に、私人間での損害請求が滞りなく進まない場合には、両国政府が損害額を算定し、会社が払うこと、というのが勧告の柱であった[2]。

しかし、アメリカは勧告に不服を申し立てた。二年後の一九三三年、アメリカはカナダ政府に、損害は今なお発生していると抗議し、外交交渉の再開を要請した。アメリカは、煙害や森林枯死を含む多様な汚染被害のなかで「水汚染」しか対象とされず、賠償額が極めて小さかったこと、また将来汚染を逓減させるような「禁止事項」「注意事項」について何ら取り決めがなかったことを不満としたのである[3]。

結局事案は、ハーグの常設仲裁裁判所に付託され、一九三五年には二国間の仲裁裁判協定が締結されるにいたった。同協定で付託された事項は、一九三二年以降の損害に対してどのような賠償が支払われるべきか、またトレイル製錬所は損害発生を、どの程度まで抑止すべきか、またそのためにどのような措置や体制を取るべきか、ということであった。これらに対して、一九三八年には中間判決が、一九四一年には最終判決が出された[4]。中間判決では、一九三二年以降の賠償について、七万八〇〇〇ドルを追加的に支払うことを命じる一方で、アメリカのいう主権の損害に伴う損害賠償については否定した。また、会社側の損害逓減のための体制については、裁判所が保有している情報では決定できないため、暫定的な体制の確立を命じた[5]。最終判決においては、一九三七年以降の損害賠償は発生しないと定めた。結論から言えば、トレイル製錬所事件の問題解決のために取られた政策は、外部不経済の解消でも根本的解決でもなく、直接的な損害のみに対する賠償という手段であった。

ただし、同最終判決では、損害防止に関する国家義務が明示的に認められた。すなわち、「いかなる国家も、事案が容易でない重要さをもち、その損害が、明白かつ確信を与える証拠方法によって立証される場合には、他国の領土において、または他国の領土に対して、もしくは他国内の財産または人に対して、煙霧によって損害を生ぜしめるような方法をもって、自己の領土を使用し、またはその使用を許す権利を有するものではない」と謳った[6]。こうして、「明白かつ確信を与える証拠方法によって立証」できることを条件に、国家の越境汚染防止義務は、慣習法化された。

✤米マスキー法の制定と後退

トレイル製錬所事件は、国境を越えて引き起こされる環境問題ではあったが、被害者と加害者がはっきりしている、局地的な公害問題でもあった。酸性雨という広域越境大気汚染の文脈で、米加間越境大気問題が具体化するのは、一九七〇年代以降のことである。

しかし、世界最大の大気汚染物質排出国アメリカは、それ以前から国内の大気汚染問題に悩まされつづけてきた。シカゴなどの大都市部では、暖房に使用する軟炭の不完全燃焼の煙によるスモッグが恒常化していた。ロンドンが経験していたスモッグを、一九世紀にはアメリカもすでに経験していた。そのため、たとえば一八六四年にはセントルイス、一八八四年にはシカゴ、一八九二年にはピッツバーグで、ばい煙規制法が制定された[7]。ピッツバーグでは、有力な銀行家・企業家であったメロン家が、「事態を放置すれば、経済的にマイナスになる」との認識から汚染防止運動を起こし、「石炭から石油・天然ガスへの燃料転換を積極的に押し進め」るという事例もみられた[8]。都市部暖房における石炭からの燃料転換は、この時期すでに進行していたという[9]。

二〇世紀に入っても、一九四八年にペンシルベニア州のドノラでSO_2を含んだスモッグが、また一九六六年末には、ニューヨーク市で大気の逆転層が発生して多数の死者が出るなど、環境災害が続いていた[10]。都市部暖房に起因する大気汚染被害と並行して、より深刻だったのが、自動車交通による光化学スモッグであった。世界に先駆けてモータリゼーションが進んだアメリカでは、一九〇〇年代前半に石油を燃料とする自動車が急速に普及し、一九三〇年代には、ほぼ一世帯に一台の割合になっていた[11]。

多様化する大気汚染に対し、当時、主として取られたのは「不法行為法による法的救済」であった[12]。法制化というよりは被害補償や救済措置を求める訴訟が先行したのである[13]。しかし、外部不経済の解消や抜本的

図29　アメリカの大気汚染規制導入を行なった自治体数の推移（1980年代～1990年代）

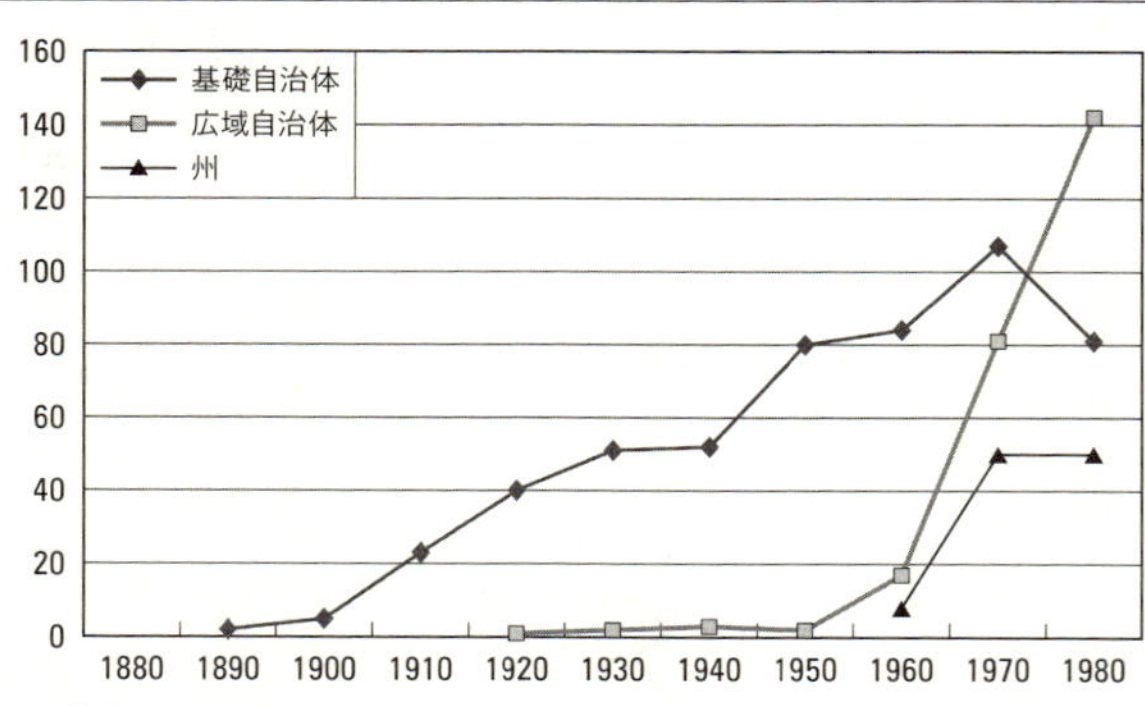

出典：Stern（1982, 44）表1より作成。

問題の解消への試みがない中では、健康や環境の被害に対して効果的な対応が出来ないのは言うまでもなかった。もっとも、アメリカが何の手も打たなかったわけではない。イギリスの大気浄化法制定の前年にあたる一九五五年には、大気汚染防止法も策定された。「連邦政府の役割」は、「州政府の行う公衆衛生サービスの一貫としての調査研究や職員研修のために資金を支援すること」に限定された[14]。つまり、大気汚染問題は局地的問題と認識され、州政府の管轄となったのである。連邦の規制は及ばなかった。議会が、政府の官僚に何らかの実質的な規制権限を充てることを拒否した結果であったという[15]。

実際、上述のばい煙規制法が地方自治体レベルで導入されたことでもわかるように、大気汚染規制は地方からはじまった。図29に、アメリカで大気汚染規制導入を行なった自治体数の推移を示した。一九世紀末には、基礎自治体レベルで法制化が始まり、二〇世紀後半になってから、広域自治体レベルでの法制化が広がり、さらに一九六〇年代以降、州レベルでの取組みも始まったことが確認できる。すなわち大気汚染への認識フレームが、身近な局地スケールから広域スケールへと広がっていることが確認できる。

自動車の排気ガスに起因する大気汚染被害が、早期に顕在化したのは、汚染物質が溜まりやすい盆地という地理的条件を持つカルフォルニア州の大都市ロサンゼルスであった。自動車由来の大気汚染規制は、カルフォルニア州からスタートすることになる。具体的には、一九四七年に、同州の衛生安全法に大気汚染防止の条項が盛り込まれ、一九六六年に、排気ガスの浄化装置の装着が義務づけられるようになった。

一九六七年の連邦レベルでの大気保全法は、カリフォルニアと同じ規制を全米規模で導入するものであった。それまでは州管轄であった大気汚染規制が、連邦政府レベルでも行なわれるようになったのである。一九七〇年には、やはり全米規模で、大気浄化法が大幅に改訂された。全国大気質基準が定められ、また固定発生源に対する排出量基準も設けられた。規制は固定発生源だけを対象としなかった。車などの移動発生源も対象になったのである。とりわけ、ほぼ達成不可能といわれるほど厳しい規制となったのが、マスキー法としてよく知られる自動車規制である。法案では、一九七五年以降に製造される自動車から排出される一酸化炭素および炭化水素は、一九七〇〜七一年基準から少なくとも九〇％以上削減させること、一九七六年以降に製造される自動車から排出される自動車のＮＯｘは、一九七〇〜七一年基準から少なくとも九〇％以上削減させること、という厳しい排ガス基準が定められた。また、基準を達成できなければ、自動車の販売を認めないという条項も盛り込まれていた。なぜそのような厳しい改正法が制定されるにいたったのだろう。

アメリカの連邦レベルでの劇的な政策変化については、時代背景を把握しておく必要がある。マコーミックが「環境革命」と表するように、一九六〇年代のアメリカでは環境問題が社会化し、重要な政治課題の筆頭にあがっていた[16]。大気圏内核実験に伴う放射性降下物の脅威、レイチェル・カーソンの『沈黙の春』による化学物質使用への警告、あいつぐ環境災害への反発と物質文明への危惧、ベトナム戦争での枯れ葉剤使用への反発といった問題が、黒人の公民権運動、ベトナム反戦、反核運動と結びつき、一大社会運動となっていた。その一つの頂点が、一九七〇年四月二二日、全米規模で行なわれた大規模なデモ、アースデイであった。全米約一五〇〇の大学、二〇〇〇の地域、一万の学校で集会がもたれ、ワシントンに向けて行進が続いた。時のニクソン政権もアースデイへの援助を閣議決定し、アメリカ中がエコロジー一色となったという。そうして、環境について関心が殆どなかった人も、市民団体に入会し始めた[17]。そうした時代背景の中で、国家環境政策法、大気浄化法、水質改善法、資源再利用法など、多くの重要な環境保護立法が一気に進み、また環境保護庁(EPA)も設立されたという[18]。マスキー法もそのような時流のなかで位置付けるべきだろう。

マスキー法の政策プロセスに話を戻そう。ケネディ大統領が暗殺された一九六三年のアメリカは、跡を襲ったジョンソン民主党政権下にあった。民主党が多数を占める議会で、一九六三年に、大気および水質汚染特別小委員会が報告書を提出した。同委員会は、公共福祉と人体健康の保護のために、大気環境基準の設定が必要と提言した。報告書をとりまとめた委員長が、メイン州出身の民主党のエドマンド・マスキー上院議員である。マスキー議員は、大気汚染の最大の原因として、自動車を問題視し、積極的に対策をとる必要があると考えた。その結果、一九六五年には自動車大気汚染制御法が制定され、連邦レベルでの排ガス基準策定がめざされることになった。環境保護運動が盛り上がりをみせる時流の最中、一九七〇年、マスキー議員が提案した自動車排ガス基準規程を含む大気浄化法の改正案は、上下両院で可決された。

マスキー法が制定される一年前の一九六九年、アメリカでは民主党ジョンソン大統領から共和党ニクソン大統領へと政権交代が起こっていた。伝統的に環境規制に懐疑的で保守志向であるはずの共和党政権下で、マスキー法がスムーズに採択された理由は、先述の環境革命への理解無しには説明できない。加えて、一九六八年の大統領選挙を目指してマスキー上院議員が一時民主党の大統領候補の一人に名を連ねていた時、「リチャード・ニクソンが、驚くほど大胆な環境対策を打ち出した」ことも重要である[19]。これには環境派のマスキー議員のお株を奪うというニクソン陣営の目論見もあっただろう。

こうして、一旦は策定されたマスキー法であるが、ゼネラルモーターズ、フォードモーター、クライスラーというビッグスリーは強く反発し、一九七二年にマスキー法の実施延期を申請した。一九七〇年に設立されたばかりのEPAが延期申請を却下すると、ビッグスリーは連邦控訴裁判所に提訴した。一九七三年、裁判所はEPA

に再度公聴会の開催を命令する。全米科学アカデミーはマスキー法の期限内実施は困難であるとの報告を提出し、EPAは規制の延期を決定するにいたった。マスキー法の後退を決定づけたのは、一九七三年の第四次中東戦争に起因する石油危機である。アースデイを頂点とする環境革命の波は、石油危機に伴う経済不況で一気に引いたといわれる[20]。一九七四年のエネルギー教書において、ニクソン大統領はマスキー法の規制を手直しする必要性を強調した。一九七四年には改正大気浄化法修正法が成立し、マスキー法の正規規制値は実質的な廃案とされた。

2 越境酸性雨問題の顕在化とMOI交渉

局地的大気汚染の激化と並んで、よりスケールが大きい越境酸性雨問題が認識されるようになったのも、一九六〇年代のことである。カナダで初めて酸性雨問題に気付いた専門家としては、トロント大学の動物学者ハロルド・ハーベイがよく知られている。ハーベイは、この地域における鮭の生息状況と繁殖の可能性をテーマとして、一九六六年、自然保全地域キラニー州立公園内のラムスデン湖に四〇〇〇匹の鮭を放流した。しかし翌年、ハーベイは放流した四〇〇〇匹のうち一匹も見つけることができなかった。公園内のほかの湖においても、同様の結果を得たハーベイは、公園内の湖がことごとく酸性化され、そのために多くの魚が死滅している事実を突き止めた。またハーベイは、中東欧地域から北欧への越境酸性雨問題を指摘したスウェーデン研究者、オーデンの研究を引き合いに、湖から遠く離れたサドベリーから排出されるSO_2がラ・クローシュ山脈に運ばれ酸性雪となって雪解け時に湖に流れ込んでいる可能性を指摘した[21]。

同様の被害は、アメリカにおいても発生しており、一九七〇年代の半ばには、ニューヨーク州のアディロンダック山岳公園内の湖の魚が死滅するなどの被害が指摘されていた。

このような両国における酸性雨問題が、越境問題として初めて表面化したのは、トレイル事件と同様、カナダからアメリカへの越境移動であった[22]。アティコカン問題である。当時東部カナダで、SO_2の主要な発生源であったのは、オンタリオ州のインコ社精練所、国有のオンタリオ・ハイドロ社およびケベックのノランダ製錬所であった。このうち、オンタリオ・ハイドロ社は、一九七六年、地域の電源開発および雇用創出・収入源確保を目的としてアティコカンに石炭火力発電所を建設することを提案した。同社は、高層煙突から排出される一日二〇〇トンのSO_2は地域の環境の悪化をもたらさないとする内容の環境アセスメントを発表し、翌一九七七年六月には、州政府から発電所建設の認可を得た。

しかし、アメリカの環境保護活動家が、このプロジェクトが国境地域の自然破壊を招くと抗議の声をあげた。一九七七年八月には、ミネソタ州政府はハイドロ社の計画に公式な反対を表明した。ミネソタ州政府は、脱硫装置を設置して、煙突から排出される硫黄分の少なくとも五〇%を除去するよう求めたのである。

アメリカ・ミネソタ州の要求に対し、カナダ・オンタリオ州が「被害の可能性を示唆するものは何もない」と拒絶したことから、問題は米加連邦政府間の外交問題に発展した。一九七八年一月、オンタリオ州エネルギー大臣ジェイムズ・テイラーは、ワシントンでの会議の席上、アティコカン発電所に脱硫装置を求め、また環境リスクについての研究を求める米側の主張を拒否し、「もはやオンタリオ州はアティコカン・プロジェクトに関する国際会議にこれ以上出席する意思はない」と発言し[23]、アメリカの主張を拒絶した。これに対し、一九七八年五月、米上院は、アティコカンの排ガスに対する公式な抗議を決議した。

このように米側の要求は拒絶したものの、オンタリオでは長期の電力需要が減少し続けており、それほど需要が逼迫していないことが判明した。そこで、一九七九年初め、オンタリオ州は、アティコカンのプラント規模を半分に縮小することとした。これを受けて、オンタリオ州は米EPAに対し、第一に、プラント規模縮小と硫黄含有量の低い石炭燃料を利用することによって発生量は当初の一日あたり二〇〇トンから三〇トン以下になったこと、第二に、この地の天候パターンでは南のミネソタが風下になることは殆どあまりないこと、第三に、アティコカン近くの鉱山閉鎖により、このプラントを上回るSO_2の発生源が停止することになったこと、を理由に、アティコカン発電所への脱硫装置設置は不要であると伝えた。

脱硫装置を設置しないというオンタリオ州の反応は、米EPAと環境保護運動家を刺激し、両国間の外交応酬はよりはげしくなった。しかし、このころから酸性雨はアティコカンに限られた問題ではなくなっていった。一九七〇年代後半より、オンタリオ州のコテージ地域、ノバスコシア半島のハリファックスからフロリダまで、じつに多くの地域で酸性化被害が顕在化してきたために、米加双方で酸性雨研究、監視活動が活発化してきていた。カナダではカナダ降水採水網（CANSAP）を一九七六年に発足させ、五〇の地点でモニタリングを行った。アメリカでは国家大気沈着計画（NADP）が一九七八年に発足し、九三の地点で採取をはじめた。その他にも両国で各々いくつかの測定網が稼動することとなった。

この間、カナダのオンタリオ州では、アティコカンよりも大きな問題が浮上していた。それがインコ社の問題である。サドバリーにあるインコ社の精練所は一九三〇年の創設以来、汚染物質をたれ流しており、深刻な健康被害および環境被害が周辺地域に及んでいた。インコ社にオンタリオ州から規制が課せられたのは、先進各国が激甚な公害問題に対処するための大気浄化法を次々に策定していった頃、一九七〇年のことであった。規制では、インコ社は直ちに精練所からのSO_2の排出量を一日あたり五二〇〇トンに減少させ、一九七六年には三六〇〇トン、一九七九年初めまでには七五〇〇トンに減少させるよう求められた。インコ社は一九七三年までに一九七六年目標（三六〇〇トン）を達成したが、一九七三年以降は追加的な削減はほとんど進んでいなかった。こういった状況の中、一九七八年七月、オンタリオ州環境大臣は、インコ社の一九七六年目標（三六〇〇トン）を四年間延長させるという新しい規制命令を発表した。この発表の背景には、インコ社が超高層煙突導入によって大気汚染をかなり希釈してきたために、これ以上厳しい規制を満たすのは環境上不合理であるという考えに加え、規制を満たすことは経済的にも技術的にも非現実的であること、規制が予定通り要求されるのならば、インコ社は労働者の解雇を行わざるを得ないという脅しがあった、ことが挙げられている[24]。

規制を事実上、先送りにするインコ社の決定に強く反発したのが、オンタリオ州の市民および政治家であった。おりしも発表の一カ月前に、高層煙突の導入による酸性雨拡散問題が、環境省のレポート結果とともに地方紙トロントスターのトップページで大々的に報道されたばかりであり、一一〇万人のオンタリオの自然愛好家・環境保護運動家連合が連合を組み州議会に圧力をかけた。インコ社規制の先延ばしを発表した環境大臣は更迭され、インコ社と酸性雨の問題は、その後、オンタリオ州議会特別聴聞会に付託された。特別聴聞会の最終結論では、インコ社は酸性雨に対するアメリカ大陸全体の規制の一環として必然的に排出量を減少させなければならないことが認められた。しかし、その達成方法については、インコ社とオンタリオ州の間で技術的・経済的検討が結論をみず、結果的には一九七九年目標(七五〇トン)はさらに先延ばしにされた。インコ社は、対応策には、二億ドル以上の投資が必要であると報告した。オンタリオ州議会、オンタリオ環境省双方は、確かに酸性雨は抑制されなければならないが、米加を含め多数ある発生源のたった一つの汚染源にのみに厳しい規制をかけることはできない、と受け止めていた。その後、インコ社への対応に連邦政府が乗り出すのは、新任のカナダ新環境大臣ジョン・ロバーツが、インコ社の排ガス五〇%削減に関する研究を連邦政府が行うと発表した一九八〇年四月のことである[25]。

オンタリオ州環境省は、SO_2の越境移動は非常に複雑であり、発生・沈着関係が現時点では明確ではないことを示唆し、また、オンタリオで発生源対策を行うのであれば、アメリカもカナダと同じような内容で自国の削減対策を行うべきであるという意見を表明した。というのも、オンタリオ州環境省のデータでは、オンタリオに影響を与える酸性雨の八〇%はアメリカからやってきていることが示されていたのである[26]。アメリカこそ、カナダとともに、自国のSO_2を規制すべきではないかという考えが、オンタリオ州政府、およびカナダ連邦政府の、その後の基本的なスタンスとなった。

一九七九年二月、オンタリオ州はカナダ連邦政府に、国際的な規模での削減策、対処、予防的行動および継続的調査を望むとして、できるだけ早く国際的な協定と実施政策を策定するよう要請を行った。カナダ環境省およびオンタリオ州は、アメリカと歩調を合せて発生源対策をとる用意があることをアメリカに伝え、カーター政権下のアメリカもこれに応えて、一九七九年は米加二国間研究調査グループが設立された。二国間調査グループの第一回報告書は、北米が酸性雨被害に対して敏感であることを公表した。同年、カーター大統領は、酸性雨は地球を脅かす問題であると年次環境報告で述べ、一〇〇〇万ドルをかけて、酸性雨を統合的に研究するプログラムを立ち上げることを公約した。また、翌一九八〇年には、適切な国内政策に裏打ちされた酸性雨二国間協定を締結することを明確な目的とした協定覚書（MOI）も締結された。アメリカは、一九八〇年に、SO_2やNO_xによる酸性降下物の影響調査等について定めた法律、酸性降下物法を制定し、一〇カ年計画「国家酸性雨評価計画（NAPAP）」を開始した。NAPAPは、酸性沈着物の原因と発生源を特定すること、酸性降下物による環境、社会および経済への影響を評価することを主な目的とし、一九八五年までに現在および将来の被害を明らかにし、一九八七年までに大体規制汚染削減戦略を策定し、一九八九年までに科学的政策問題を評価するという目標が掲げられた。

こうした二国間の動きとは別に、一九七七年以降、国連欧州委員会を舞台として、LRTAP条約の締結交渉が進行していた。この交渉は、SO_2の削減目標設定を求める北欧諸国とそれに反対する西欧諸国との間で激しい応酬があったものの、結果的にはSO_2の削減目標には組み込まれないことになった。一九七九年に締結されたLRTAP条約は、第三章で紹介した通り、「長距離越境大気汚染を含む大気汚染を制限し可能な限りこれを徐々に削減し、防止する」（第二条）ために、「情報交換、協議、研究および監視の方法により……政策および戦略を発展させる」(第三条)ことを定めた枠組条約であった。UN／ECEのメンバー国である米加は、双方とも一九七九年一一月に、LRTAP条約に調印した[27]。

3　米レーガン政権の登場とMOI交渉の決裂

米加両国は、LRTAP条約と並行して、一九八〇年に締結されたMOIに基づいて、二国間協定設立を模索し始めた。MOIに基づいて、四つの作業グループが策定され、一九八一年六月までに条約交渉を開始することとなった。

しかし、一九八〇年の大統領選挙で民主党のカーター大統領が敗北し、アメリカにレーガン共和党政権が誕生すると、酸性雨問題へのアメリカの取組姿勢は一変することになった。一九八一年、レーガン大統領は、MOIの排出抑制戦略作業グループの報告書を、アメリカとカナダは別個に作成するよう指示した。これは、MOIタスクは両国が共同で行うべきであるというMOIの基本方針に明らかに反するものであった[28]。このほかにも、レーガン政権は、一九八二年、アメリカ立科学アカデミーによるMOI報告書ピアレビュー会合へのカナダ政府の参加を拒否するなど、アメリカにおけるMOIタスクへのカナダのアクセスを制限していった。

一方のカナダでは、酸性雨抑制に向けて国内で連邦政府と州政府の交渉が進んでいた。一九八二年の時点で、連邦政府と各州政府の間では、東部七州におけるSO_2の排出を五〇％削減するという目標がほぼ合意されていた[29]。しかしこの合意は、あくまでアメリカが同様の排出抑制をともに行うという条件付きであった。

一九八二年、カナダは、一ヘクタール当たり二〇キログラム以下に負荷量をおさえ、硫黄を五〇％削減するという目標をアメリカに提案した。しかし、レーガン政権は、科学的不確実性を主な理由に、いずれのカナダ案も拒絶し、条約交渉は決裂した。

一九八三年に公表されたMOI作業グループの最終報告書にも、両国の異なる解釈が併記され、米加間の認識の溝が深いことを示すものとなった。報告書を見ると、米加両国は、人的排出源がより重要性を帯びていることや、酸性化物質の長距離輸送が生じていること、また酸性沈着は今後増加傾向にあることや、水界生態系に一定程度悪影響を及ぼしていることなど、基本的な内容については合意している。しかし、どの程度酸性雨の影響が深刻なものであるか、排出抑制が適切な対策となりうるかどうか、その場合どの地域における排出源をどの程度抑制するか、といった具体的な内容についての合意は得られなかった。とりわけアメリカ側からは、科学的不確実性について数多くの指摘が行われた[30]。

条約交渉の決裂と、MOI作業グループ最終報告書におけるアメリカの消極性は、カナダ政府や国民の怒りを招いた。カナダ政府はアメリカを翻意させるため、米上院議員たちを酸性化した死の湖へツアーに連れ出したり、ホワイトハウスでロビー活動を展開したり、あるいはメディアに呼びかけるなど、様々な外交キャンペーンを展開した。が、キャンペーンが実を結ぶことはなかった。

MOI協定決裂の直接要因は、アメリカの政権交代にあった。レーガン大統領は、歴代大統領のなかでも反環境派として知られている。事実、レーガン大統領は、カーター政権の酸性雨対策を覆し、酸性雨の抑制どころか、被害拡大につながるような政策を次々にうちだしていった。カーター政権が提案していた高層煙突からのSO_2排出削減案を却下し、固定発生源に年間一〇〇万トンのSO_2排出増加を認めたのも、その一例である[31]。じつは、アメリカ共和党政権が、すべて反環境保護派と捉えるのは正しくない。レーガン政権下においても、アメリカは一九八〇年代半ば以降のオゾン外交でイニシアティブをとり、フロン規制に先鞭をつけていたのである[32]。では、オゾン外交に積極的なアメリカは、なぜ酸性雨問題には否定的であったのか。レーガン政権は、なぜMOIの交渉を決裂させたのか。

直接的な要因として考え得るのは、一九七九年の石油危機がアメリカに与えた影響と、それに伴うエネルギー計画の変化である。米カーター大統領は、石油危機に対応するために、一九七九年五月、第二次全国エネルギー計画を発表した。この計画の骨子は、二〇〇〇年までに石炭の生産・消費を二倍にするというものであった。同七月、キャンプ・デービッドで行った演説の中で、カーター大統領は、エネルギー対策を政治・経済上の最優先課題にすることを約束し、発電施設における石油を五〇%削減し石炭に置き換えること、混合燃料化のための石炭粉体化計画に八八〇億ドル当てること、などの方策を打ち出した。EPAはこの計画策定作業に参画していなかったが[33]、その後カーターのエネルギー計画への環境影響を検討した環境保護者やカナダにおける担当者たちは、口を揃えて、カーターのエネルギー計画はSO_2の急激な増加につながるであろうことを認めたという[34]。その一方で、エネルギー政策とは別個に、同七月カーター大統領はカナダと共同声明を発表し、二国間で酸性雨協定を結ぶ必要があることに合意し、調査および科学的情報の交換を継続することを合意した。ただ、カーターは、研究に一〇〇〇万ドル出すことを公約したが、エネルギー計画の中で、酸性雨抑制・排出削減をどのように進めるかという点に関する具体案は全く提示していなかった[35]。つまりカーター政権においても、石油危機到来後は、酸性雨対策とエネルギー計画は本質的に相反するものとなっていたのである。こうした矛盾を抱えた酸性雨問題対策は、レーガン政権に入ると名実ともに無視され、SO_2の排出増加につながる政策が次々とうちだされるに至る。一九八〇年代、アメリカのSO_2の七割は、石炭火力発電所であった。カナダが五〇%硫黄削減、硫黄負荷量が一ヘクタールあたり二〇キログラムまで、という目標を提示したのは、そのような状況下のアメリカであった。アメリカに、この数字を達成することは到底不可能であった。経済至上主義のレーガン政権が、カナダ提案に賛同する理由は、文字通り皆無だったのである。

4 カナダの多国間外交と国内対策

アメリカがMOI交渉に背を向けてから、カナダ連邦政府は、アメリカとの二国間交渉は非公式に続けていくものの、酸性雨外交の主軸を多国間外交に移行させた。一九七九年に加盟したLRTAP条約を舞台に、排出削減に積極的な国々との関係を強めていった。これが、第三章でも触れた、一九八四年の酸性雨に関する閣僚会議（以下オタワ会議）である。オタワ会議には、カナダおよび九カ国が参加し、各国とも硫黄排出を三〇％以上削減することを確約した。なかでもカナダは、五〇％削減を確約した。

オタワ会議でカナダ環境大臣は、オンタリオやケベックの湖が酸性化し、ノバスコシアでは酸性雨のために鮭がもはや生息できないなど、酸性雨被害によってカナダの水界生態系が危機的状況にあること、またそのためにカナダ東部の釣り産業の損害が年間一〇億ドルの被害にのぼっていること、また世論調査によればカナダ人の一〇人に八人が酸性雨を深刻な問題ととらえていることを紹介した。また、こういった酸性雨を抑制させるために、カナダでは一九八四年、SO_2排出を一九九〇年までに一九八〇年レベルに、一九九四年までに五〇％、削減する国内合意ができたことを公表した。具体的には、サドバリーのインコ社精錬所における大幅排出削減、ケベック州ノランダ精錬所からのSO_2排出四〇％削減、オンタリオ・ハイドロ社のSO_2排出四三％削減、燃料転換によるSO_2排出の三〇万トン削減が掲げられた。そのうえで、カナダの酸性化物質の半分以上はアメリカから来ていること、またカナダの排出の一〇から一五％がアメリカに越境移動していることを述べ、アメリカとの共同対策が不可欠であるのに、アメリカは科学的不確実性を楯に研究以外に何も手段を講じないと強く批判し、アメリカはカナダの五〇％削減案に同調するべきであるとのメッセージを発した[36]。

アメリカはオタワ会議に出席しなかったが、その後、旧西ドイツが東西欧州三一カ国の環境大臣に呼びかけて開催した国際閣僚会議(ミュンヘン会議)には参加した。ミュンヘン会議の主目的は、三〇%クラブ未加盟国に、三〇%クラブへの参加を呼びかけることであり、会議において、旧ソ連、旧東ドイツなどがクラブ入りを表明したことから、三〇%クラブは二一カ国にまで増加した。それでもアメリカはクラブへの参加を拒否したままであった。ミュンヘン会議におけるアメリカの主な主張は以下のとおりであった。第一に、アメリカは大気浄化法によって一九七〇年代、すでに四三%も硫黄削減を達成していること、第二に、アメリカとしては、酸性雨による損害の範囲、酸性雨が起こるスピード、排出沈着関係、酸性沈着に湖沼が反応する速度、森林被害における酸性沈着の役割、といった点が科学的に解明されない限り、対策を講じる計画の策定作業にはとりかかることはできないと考えていること、第三に、レーガン政権は、一九八〇年以来九三〇〇万ドルを研究に費やしており、次年も五五〇〇万ドルを費やす予定であること、そしてアメリカは友人カナダと緊密に対応していかねばならないが、酸性沈着への対策は必ずしも欧州と同じタイムテーブルである必要はないと考えることであった[37]。

多国間外交の場においてもレーガン政権は、硫黄排出削減を求めるカナダの要求を一貫して拒絶し、結局、カナダはアメリカに翻意を迫るには至らなかった。その背景に、被害・加害関係をめぐる両国の認識のずれがあったことは指摘しておくべきであろう。MOIに至るまでの経緯を振り返るまでもなく、越境大気汚染問題が二国間での懸案課題となる直接の契機になったのは、本来風上国であるアメリカから、風下国であるカナダへの越境問題、つまりアティコンカン問題およびインコ社問題であった。しかし、当初加害者とされたカナダは研究を進めるうちに、アメリカ内でのSO_2総排出量約一〇〇〇万トンのうち、カナダに沈着するのは約三二〇万トン、他方カナダからアメリカに飛来するのは年間約一二〇万トンと、排出沈着関係からすれば、自国へのSO_2流入のほうが、はるかに多いことを知るようになった。そこで、アメリカにも、同時に対策を講じるよう求めるようになった。しかし、アメリカの交渉スタンスは、カナダからの第一歩を求めるばかりで、自ら加害者の立場にあることを明確には認めて来なかった。カーター政権は、自国内の排出源およびカナダの排出源が、アメリカ国内に深刻な酸性雨問題を引き起こしていることは認識していたが、カナダの酸性雨問題に自国が寄与しているという点にはほとんど触れていない[38]。カーター政権下においても、米加が同時に対策をとるべきなのは、あくまでアメリカの酸性雨被害を抑止するためであった。カナダの被害者意識に対し、アメリカは排出沈着関係や影響度合い等における科学的不確実性を盾に、一切これを認めなかった。カナダへの越境酸性雨問題に関しては、まずは研究を行うというアメリカの姿勢は、カーター・レーガン両政権を通じて、じつは一貫していたのである。

アメリカの翻意を引き出せなかったもう一つの要因は、科学的側面における国際協力が欠落していたことであろう。欧州では、条約締結の七年前からＯＥＣＤ主導の国際酸性雨モニタリングプログラムが展開され、加害国とされたイギリスや西ドイツを含む一〇カ国が共同研究に参加していた。その一連のレポートが一九七七年に公表され、その中で、排出・沈着関係が明らかにされたのは、第三章でも述べた通りである。だからこそ、これ以上酸性雨物質を受け入れることは耐え難いとして北欧諸国は条約締結を求めたのである。それでも、北欧諸国は硫黄削減に関する具体的なコミットメントを求めたものの、交渉に行き詰る。すると北欧諸国は硫黄に関する附属書案をあっさりと撤回し、結局漠然としたコミットメントのみを定めた枠組条約の制定に落ち着いた。これに対し、カナダがアメリカに提案した協定案は、研究協力すら頓挫した中で、硫黄五〇％削減という数値目標と、一ヘクタールあたり二〇キログラム以下という負荷量目標の要求であった。欧州のような科学的側面での国際協力の蓄積がない北米で、これほど具体的数値を伴う協定を、欧州より早い時点で提示したことが、アメリカの強硬姿勢を招いたとしても不思議ではなかろう。そういった点では、この時期のカナダによる対米政策としての多国間外交の努力は、水泡に帰したと結論づけることも可能であろう。

しかし、これによって、カナダの多国間外交の意義が全くないと断定するのも性急である。第一に、多国間外交を推し進めることで、カナダ連邦政府がカナダ国内対策を進めることに成功した点は指摘されなければならない。これに関しては、まず、カナダの連邦政治システムを思い起こす必要がある。カナダの政治システムは、日本の都道府県とは異なり、州が持つ権限が非常に大きい。環境に関していえば、たとえば連邦政府は、一九七六年に実際行ったように、硫黄規制を発表し、年平均値で硫黄濃度が0・02ppmを越えてはならないことを定めることはできる。しかし、これをどのように達成するかという手段について、連邦政府はなんら権限を持たない。というのも、発生源対策は州の管轄であるからである。連邦政府は、「特別な法律の規定がある場合」か、「国際的な取り組みに対してオタワが強権を発動するような場合」しか、州の管轄権に踏み込めないのである[39]。

じつは、一九七〇年代末から一九八〇年代初頭にかけてカナダの連邦政府環境省は、まさに板挟み状態にあった。すなわち、州の権限に介入するような協定をアメリカと結ぶためには、連邦政府環境大臣は事前に州の同意を取り付けなければならない。しかし、オンタリオ州はアメリカが規制を実行する前に自ら行動を起こすつもりはなかった。ケベック州は、独立問題も絡み、さらに非協力的で、ノランダ鉱山の精錬所への排出抑制を求める環境大臣に対し、「カナダ政府は国際的な問題であることを口実に、ケベックにとって受け入れがたい、州の管轄権を犯す問題を持ち込もうとしている」と不信感を表明した。しかし、対外的には、アメリカはカナダが先に対策をとる、あるいは少なくともその姿勢を見せることを期待しているのである。

その点、LRTAP条約という国際的取組は非常に有益であった。カナダ政府は、三〇%クラブという国際的なグループに入ることで、硫黄削減はカナダ単独の政策ではないと州政府を説得することが容易になったとものと推測される[40]。

第二に、カナダは、この枠組を通じて多くの科学的知見に接することができた。欧州では北欧諸国を中心に、酸性雨の生成メカニズムや排出・輸送・沈着、人体や土壌・植物、水界生態系へ及ぼす影響、抑制対策や技術オプションにいたるまで、多くの科学的知見が蓄積されていた。こういった知見に触れるだけでなく、カナダ自身、EMEPの湖沼への影響等を中心にタスクフォースに積極的に貢献していった。また欧州の臨界負荷量マップを応用して、カナダ自身の臨界負荷量マップも作成している。以上からすれば、一から酸性雨に関する科学的知見を組み立てるよりも、多国間外交を通じて、遙かに効率的により多くの科学的知見を獲得することができたといえる。

第三に、LRTAP条約に加盟していることで、米加間以外の越境大気汚染問題の抑制にも積極的にかかわることができた点である。北極圏周辺は、厳しい自然に閉ざされ、通常、何の大気汚染物質の固定・移動発生源をもたない地帯である。しかし、一九七〇年ごろから、スモッグが観察されるようになり、一九八四年から北極圏に領土を持つアメリカ・カナダ・ノルウェー・デンマークの四カ国が共同調査に乗り出した[41]。その結果、欧米・旧ソ連の各地から、様々な大気汚染物質が季節風に乗って飛来し、滞留していることが判明した。このうち、残留性有機化合物(POPs)の問題はより深刻であったことから、東欧諸国やロシアから排出されるポリ塩化ビフェニルやヘキサクロロシクロヘキサン、北米東岸から北上するクロルデン、米大陸西岸から北上するトキサフェンなどが、一九九八年のLRTAP条約POPs議定書によって規制されることになったことは、第四章にて述べた通りである。

なお、アメリカ政府は、カナダとの交渉に背を向けたが、アメリカ国内で何も動きがなかったわけではない。とりわけ風下に位置する東部州では、ニューヨーク州をはじめ、複数の州で酸性雨問題が深刻化していた。そのため、州レベルでの規制が検討されるようになってきた。たとえば、一九八四年、ニューヨーク州政府は、「アディロンダックの森林被害は酸性雨、酸性霧、オゾンの複合が原因と考えられる」として、州内で「酸性降下物規制法」を制定し、州内の酸性汚染物質の排出量の三〇%削減を目標とした。しかし、ニューヨーク州に沈着する酸性物質の八五%は州外から飛来してくる。そこで、環境保護団体は、「五大湖岸にある工業地帯などにおける汚染物質の規制しない限りニューヨーク州の被害は軽減されない」と抗議した[42]。他にも、一九八五年には、ニューイングランド知事とカナダ東部州首相が、一九九五年までにSO_2を三二%削減するという計画を採択した[43]。

東部州政府の動きを受けて、レーガン政権の酸性雨政策に少しずつ変化が生じはじめたのは一九八六年である。同年、アメリカは初めて越境汚染の事実を認め、二五億ドルを支出して五年間で石炭からの大気汚染物質を半減させる方法を開発することで一致した。しかし、一九八七年一月の予算案では、レーガン大統領は一七億ドルと予算規模を縮小し、カナダ側の反感をかった。一九八七年に出版されたNAPAP報告書も、酸性雨によるダメージはそれほど広域に広がってもいなければ悪化もしていないと結論付けた[44]。これもカナダ側を落胆させるには十分であった。

5 ブッシュ大統領の就任とアメリカ国内政策の変化

結局、レーガン政権下のアメリカは、八年の任期の最初にMOIを破棄し、科学的検討を継続するのみで、終始、国際的にも国内的にも酸性雨対策に後ろ向きな姿勢を取りつづけた。レーガン大統領の任期中、大気浄化法の改正は一度もおこなわれなかった[45]。そのアメリカが、姿勢を突然に転換させるのは、一九八九年のことである。

レーガン政権の副大統領であった共和党のジョージ・H・W・ブッシュ大統領は、一九八九年、就任直後にカナダを訪問し、米加間で酸性雨対策について会談を行った。その場で大統領は、米議会での改正大気浄化法案の成立を終えた後に、両国間で酸性雨協定の交渉を再開することを約束した。アメリカが、突如二国間交渉の舞台に戻ってきたのである。この時、アメリカがめざした国内法改正とは、それまでの規制アプローチから、硫黄の排出権取引という経済手法へ大転換をとげる内容だった。そしてその後、アメリカの硫黄排出量は、実際に激減することになる。何故そのような大転換が起きたのか。以下に、その政策プロセスを追ってみよう。

アメリカにおける、受益アクターと受苦アクター間の深刻な利害対立が、国内外における酸性雨対策を遅らせたことはよく指摘されるとおりである[46]。利害対立の深刻化は、一九七七年の改正大気浄化法により、より顕著なものになった。石炭火力発電所からのSO_2排出削減は、脱硫装置を設置するか、あるいは硫黄含有量の少ない西部産の石炭を使用するか、どちらかによる対応が必要である。このため一九七〇年の改正以降は、西部産の石炭の需要が増加した。このことは、高硫黄炭を算出する中西部と東部アパラチア山脈沿いの炭坑にとって死活問題であった。それゆえ、「ミシシッピ川以東の炭鉱の労働者を組織する全国炭坑労働組合やウエストバージニア州出身の民主党バード上院議員を中心とする政治勢力は、高硫黄炭の需要減少を回避しよう」と運動した。南部・西部諸州の議員は反対したが、経済が停滞している北東部諸州の議員も、南部・西部諸州へ高負担となる規制案を支持したという[47]。運動は実り、一九七七年改正につながっていく。同改正法では、使用する石炭の種類にかかわらず、新規発電施設への脱硫装置の設置を要求することになった。特に、新設発電所には、低硫黄炭により基準達成が出来たとしても、脱硫装置をつけなければならないことになり、設備新設のコストが上昇した。一方、既存の施設はそうした義務付けを免れた。

改正法は、どのような帰結を招いたのだろうか。経済成長途中にあり、大気の状態が比較的な良好な南部・西部諸州は、「今後の経済発展のために新規の発電施設が必要であり」、新規建設費用、すなわち対策費用の上昇を余儀なくされた[48]。他方、経済がすでに発展し多数の発電所がある中西部地域においては、規制を免れた「古い発電所は維持した方が費用の節減にも」なった。こうして、中西部の古い発電所がそのまま維持されたため、「オハイオ沿いの発電所と重工業地帯を有する中西部から有害物質が引き続き排出されることになった。結果として、皮肉にも、「影響を受ける風下の北東部との対立が深刻化」することになったのである[49]。中西部の既存発生源から排出されるSO_2による酸性雨は、北東部のさらに風下の隣国カナダにも流れ込み、抗議の声が増していったことは、前節に述べた通りである。

こうした複雑な受益アクターと受苦アクターの錯綜に基づく膠着状態を脱して、大気浄化法改正を可能にしたのは何だったのであろうか。言うまでもなく、直接原因は、政権交代である。レーガン大統領が任期中、あまりにも酸性雨問題を放置したため、カナダのみならずアメリカ国内においても、酸性雨は「社会において優先順位が高い問題」として浮上していた。そして、時代もまた動いていた。すなわち、冷戦終結を間近に控え、国際社会の主要課題そのものが、東西冷戦から人権、開発、環境といったテーマに移りつつあった。オゾン層破壊問題、気候変動問題といった地球規模の環境問題が国際社会の注目を集め、エネルギーや環境問題は国際社会の優先順位高き課題に押し上げられていた。一九九二年のリオ・サミットを目前に、環境問題に対する全米の関心も高まっていた。そのような時流のもと、ブッシュ大統領は、酸性雨問題についてレーガン大統領と全く異なる姿勢で臨んだ。硫黄排出権取引制度導入を含む大気浄化法の改正に積極的に取り組んだのである[50]。

ブッシュ政権に、酸性雨問題解決のための方策として、排出権取引制度を用いるアイディアを提供したのは、一九八七年に公表された「プロジェクト88」のレポートであった[51]。プロジェクト88は、次期大統領に向けて環境問題に関する提言を行なった報告書である。同報告書には、地球温暖化やオゾン層破壊問題、局地的な大気汚染、酸性雨、から水質汚濁、湿地保全、廃棄物管理を包摂する幅広い問題について、三六の具体的な提言が含まれた。その中で、酸性雨について、画期的な解決策として推奨されたのが、酸性雨削減クレジットプログラムであった[52]。同報告書では、市場取引の出来る排出枠を導入することで、従前の規制に比べて三億三〇〇〇万ドル安く、一〇〇〇万トンのSO_2が削減できると試算された。すなわち、硫黄排出権取引「制度により、汚染防止費用の大幅削減が可能であることを詳細に示し」たために「以降の議論に決定的な方向を与える結果になった」と複数の文献で評価されている[53]。

プロジェクト88のレポートが、それほどの影響力をもった理由は何だったのだろう。プロジェクト88を主導したのはコロラド出身のティモシー・バース民主党上院議員とペンシルバニア州出身のハインツ共和党上院議員であり、レポートをまとめたのは、環境防衛基金出身で、当時ハーバード大学助教授であったロバート・スタヴィンスであった。この他に、五四名もの大学研究者や非営利環境団体の専門家、行政担当者や企業の環境担当者らが、執筆者もしくは校閲者として名を連ねた。環境防衛基金とは、アメリカのNGOであり独立系シンクタンクである。

NGOを含むメンバーによる提案が大統領に届き、政策の転換を生むプロセスを理解するためには、アメリカの政治システムを確認しておく必要があろう。多くの先行研究が指摘するように、「政策形成に関わる専門的能力が、官僚制に独占されておらず、議会の研究、調査期間、議員と議員スタッフ、そして民間の団体やシンクタンク、大学などにきわめて広く分有されている」ことは、アメリカ政治の特徴の一つであろう[54]。実際、アメリカでは環境分野に限らず、NGOの資金規模、専従者の雇用数、影響力などはいずれも大きい。シュラーズに拠れば、その強さは、公的組織としての法的地位を獲得したり、税免除の地位を得たり、裁判において原告適格を有するなど、政治的機会構造に恵まれていることに起因している[55]。こうした環境保護団体には、高等教育を受け政策形成に関わる専門的能力をもつ研究者が数多く存在する[56]。久保によれば、「専門家は孤立するのではなく、意識的あるいは無意識的に運動の動員能力と結びつき、緩やかではあるがより広範な連合を形成している」。久保はそれを「公共利益連合」と呼ぶが、第一章で述べた「知的共同体」に近い存在と理解すればよいだろう[57]。「公共利益連合」が重要な役割を果たした一例は、改正大気浄化法の翌年に、やはり議員立法として成立をみた「公害未然防止法」である。その政策過程を見ると、「アイディアがまず州政府や民間企業で実践され、それが環境保護団体により伝搬され、議会の技術評価局という国家の代表部門の研究機関により注目され、さらに有力議員とその政策スタッフによって支持される、という経緯が存在していた」という[58]。改正大気浄化法も、同様のプロセスで議論されていったものと考えられる。

プロジェクト88の報告書で、酸性雨問題に関する記述は五頁にわたっており、問題の所在、現行政策の課題、提案、提案の評価、結論という分かりやすい構成になっている。まず、アメリカ東部やカナダにまで広がり生態系を深く傷つけている様相を簡潔に描写した上で、現行政策の問題点が指摘された[59]。すなわち、古い発電所における排出抑制が進んでおらず、発電所由来のSO_2排出量の九〇%は古い発電所によるものであることが明記された。その上で、すでに局地的には導入されている排出権取引の有効性を指摘し、酸性雨削減クレジット(ARRC)プログラムと題した全米規模での導入を促した。ARRCは費用効果的であるように、ソースレセプター関係に配慮した効率的な削減をも促した。

報告書によれば、全米規模での排出権取引の提案は、確かに画期的であるが、アメリカ国内では、全く目新しい取組みではなかったという。排出権取引の原型は、レーガン政権下での自治体における大気規制取組に、すでに胚胎していたのである。少し補足しておくと、既述のようにアメリカの大気汚染規制は地方政府レベルで始まった。一九七〇年に採択された改正大気浄化法では、工場等の固定発生源と自動車等の移動排出源双方に規制を課したが、とりわけ前者については、オゾン、NO_x、一酸化炭素、PM、SO_2、鉛の六物質について、全地域で達成すべき基準を定め、基準達成に向けた責任を各州政府に委ねた。これにより各州政府は、ある「大気環境規制地域」が環境基準を満たしていない場合、連邦法の規制により、その地域での排出増を認めることが出来なくなった。それぞれの基準達成に向けた計画や規制の制定を義務づけられ、達成できない場合には、連邦補助金の停止などの罰則規定も設けられた[60]。この規定により、「特に重工業が集中している州と産業は、現実的な困難に直面することになった」という。大気浄化のために経済成長を抑制するような政策は、政治的に受入れられるものではない。各州が「大気の浄化と経済成長の双方を実現する方策」を模索する中で、経済的手法を取り入れようとする動きがはじまったという[61]。こうして、排出権取引制度の原型が登場する。EPAが原則的な仕組みを提示し、州政府による具体的な制度への落とし込みが始まったのである[62]。当初、運用が始まったのは、ネッティングといわれる制度で、内部取引により同一施設内にある新規、あるいは改修後の排出源と既存排出源の削減量を相殺できるという仕組みであった。次に、同一企業内で、他の施設であっても排出削減があれば、その範囲内で、新規発生源の設置、あるいは大規模回収が認められるという、オフセットの仕組みも生まれた。さらに、未達成地域と達成地域にまたがる複数の施設を単一の施設と見なし、やりとりができる仕組みにするバブル制度も生まれた。そして、バンキングである。つまり、排出量の削減分の余剰クレジットを貯めておき、取引や将来の目標達成に使用するというものである。この四つの方法から構成された一九七〇年改正大気浄化法下の排出権取引は、「一九八六年までに連邦EPAにより約五十件のバブルが認可され、ネッティングは五千件から一万千件、オフセットは一万件以上、バンキングは二十四の銀行が一九九四年までに設立された」という[63]。

この、大気浄化法に基づく初期の排出権取引は「産業界にとって新たな制約」を意味するキャップ・アンド・トレード方式ではなく、産業界にとっても規制遵守費用の低減につながる「クレジット方式」であったために、法令遵守費用の観点からも産業界の利益と合致していた。また各州で「それぞれ独自に制度構築がなされ」たことから、その多様性ゆえに、その後の制度設計に多くの有益な経験をもたらした。まさに州が「連邦の実験室」として機能したのである[64]。大気浄化法以外でも、一九八〇年代前半には、汚水の排出権取引も各地で登場していた。コロラド州山間地域では、補助金とオフセットを組み合わせた木材ストーブの使用許可などもあった。一九九〇年の改正大気浄化法における連邦政府の排出権取引制度導入は、まさに「州レベルでのさまざまな経験が前提となって」いた[65]。

ブッシュ政権は、プロジェクト88が提言した排出権取引を軸に、就任半年後の一九八九年七月に、大気浄化法改正案を下院に提出した。一九九五年までは州内や施設内の排出権取引により五〇〇万トン、二〇〇〇年までは全米での排出権取引一〇〇〇万トン削減し、連邦政府は削減費用負担を行なわないというのが、骨子であった。審議には約一年を要した。審議では、インディアナ州出身のシャウブ民主党議員が、中西部の発電施設が設置する脱硫装置棟への費用負担を求めた。また、高硫黄炭産地のウエストバージニア選出のバード議員が、失業する炭坑労働者への補償を求めた。一方すでに削減が進んでいる西部州の地域への配慮も求められた。結局、中西部の脱硫費用については、連邦負担をしないかわりに追加の排出権が付与された。同様に、すでに浄化が進んでいる地域にも追加の排出権が付与された。また失業する炭坑労働者へは二・五億ドル規模での雇用者対策が施されることで決着をみた。こうした政治過程をつぶさに研究した櫻井は、「科学的分析や、費用対効果の観点から正統であったのかは様々な議論があるが、少なくとも実際の環境政策として排出削減を実現するには」、「民主主義的な利害調整の政治過程」を通して「はじめて現実性を持つ」と評している[66]。

改正された米大気浄化法は、有害大気汚染物質の対象範囲を大幅に広げ排出基準を厳しくしたほか、酸性雨対策として、SO_2の排出権取引プログラムを法制化するなど、大気汚染・酸性雨問題を抑制するのに重要な施策が含まれたものとなった。この排出権取引はキャップ・アンド・トレード型で、二六三の発電所を対象に一九九五年から一九九九年の第一期は、SO_2の総排出量を年間五五〇万トンに抑えるという目標が掲げられた。第一期においては、各企業は目標遵守率一〇〇%を達成している。またこの目標達成にかかる費用は当初四〇億から八〇億ドルと見積もられていたのが、実際にはそれをはるかに下回る一〇億ドルであったことから、SO_2排出権取引は一応の成功であったとする評価が一般的である[67]。

6 米加大気質協定

一九九〇年一一月、ブッシュ大統領は、議会を通過した法案に署名をし、改正大気浄化法が成立した。翌一九九一年に、ブッシュ大統領は就任直後に約束したとおり、カナダと米加大気質協定の交渉を再開した。交渉は短期間で進み、同年、大気保全のための二国間協定が調印された。

短期間で交渉がまとまった理由は、アメリカ大気浄化法改正により、SO_2とNO_x大幅削減が見込まれていたからにほかならない。言い換えれば、アメリカが交渉のテーブルに戻ったのは、カナダの環境外交が功を奏したわけでなく、アメリカ自身の変貌に拠るものだった。実際のところ、アメリカが一旦環境条約・議定書や協定への参加を拒否した場合、他国の働きかけによって同政権中に翻意することは殆どありえない。他環境条約へのアメリカの参加事例を鑑みても、レーガン政権時に、大気質協定が締結できたとは到底考えにくい。そういう点では、アメリカを引き戻すのにカナダがとった多国間環境外交は有効であったとは言い難い。しかしながら、カナダはアメリカが再度転換しようとするときに、アメリカが交渉に復帰しやすいような配慮を見せたことを指摘しておきたい。

まず、ブッシュ大統領の意向を汲んで、アメリカが国内体制を整えた後で二国間協定交渉を開始することに合意し、一年の間待ったことである。一九八二年、カナダはアメリカの国内事情を勘案することなく、カナダ国内での連邦政府と州政府の調整の中から数値目標を設定し、アメリカに受け入れを迫った。しかし、大気質協定では、アメリカの自発的取組を歓迎し、これを受けいれた。

次に、米加大気質協定が、条約ではなく行政協定(Executive Agreement)であるという点である。行政協定といえども、国際法上は、条約と同義に扱われ、条約と同様の法的拘束力をもつ。しかし行政協定は、条約と違って、合衆国憲法上最高法規と定められていないために、仮に不履行が生じた場合にも、その責任を訴追されることはほとんどない。アメリカが訴訟社会であることを考えると、条約よりはるかに手軽な方法といえよう。また行政協定は、締結手続きが簡易である点も見逃せない。通常の国際環境法は、国際条約であり、アメリカがこれを批准するには、出席する上院議員の三分の二の同意が必要であった。二大政党制のアメリカにおいて、上院の三分の二の賛成を得るには、超党派の賛同を要することになる。厳しい要件を満たせずに参加が見送られた国際条約は数多くある。しかし、米加大気質協定は、行政協定であるために、上院における手続きを必要とせず、大統領が単独で締結することができる[68]。さらに、その身軽さから、より意欲的な目標設定も可能になるという利点もある。

もちろん、行政協定は長短が表裏一体となっている。すなわち、不履行の場合に対する強制力の問題である。ただし、米加大気質協定については、本節以降で説明するように、これまでのところ大きな問題となっていない。

それでは、以下に、協定の政策構造を繙いていくとしよう。

✤政策構造

米加大気質協定は、一九九一年に締結された本協定と附属書1・2、および二〇〇〇年に締結されたオゾン附属書によって構成されている。

この協定の一般的目標は「二国間の越境大気汚染を規制すること」にある(第三条一項)。「この目的のため」、米加両国は、「大気汚染物質の排出制限又は削減のための具体的な目標を定め、当該に必要な計画その他の措置を採択し」、「環境影響評価および事前通告を行い、また適切な場合軽減措置をとり」、「科学技術的な調整的又は協力的活動及び経済調査を行い、ならびに……情報交換を行い」、「進捗状況を審査、評価し、利害関係事項を協議、付託をし、紛争を解決する」(協定第三条第二項)ことが求められている。図30は米加大気質協定の全体的な政策構図を図で表したものである。

図が示すとおり、条約では、協定の実施を支援するために二国間の大気質委員会を設置している。この委員会は、それぞれの国から同数の委員により構成され、毎年一回は開催され、協定の実施状況を審査し、二年ごとにプログレス・レポートを作成することになっている。一九〇九年に策定された境界水条約のもとで設置された国際合同委員会が、これらのプログレス・レポートにコメントを付与した後、公開する[69]。その審査・評価結果

図30 米加大気質協定の政策構図

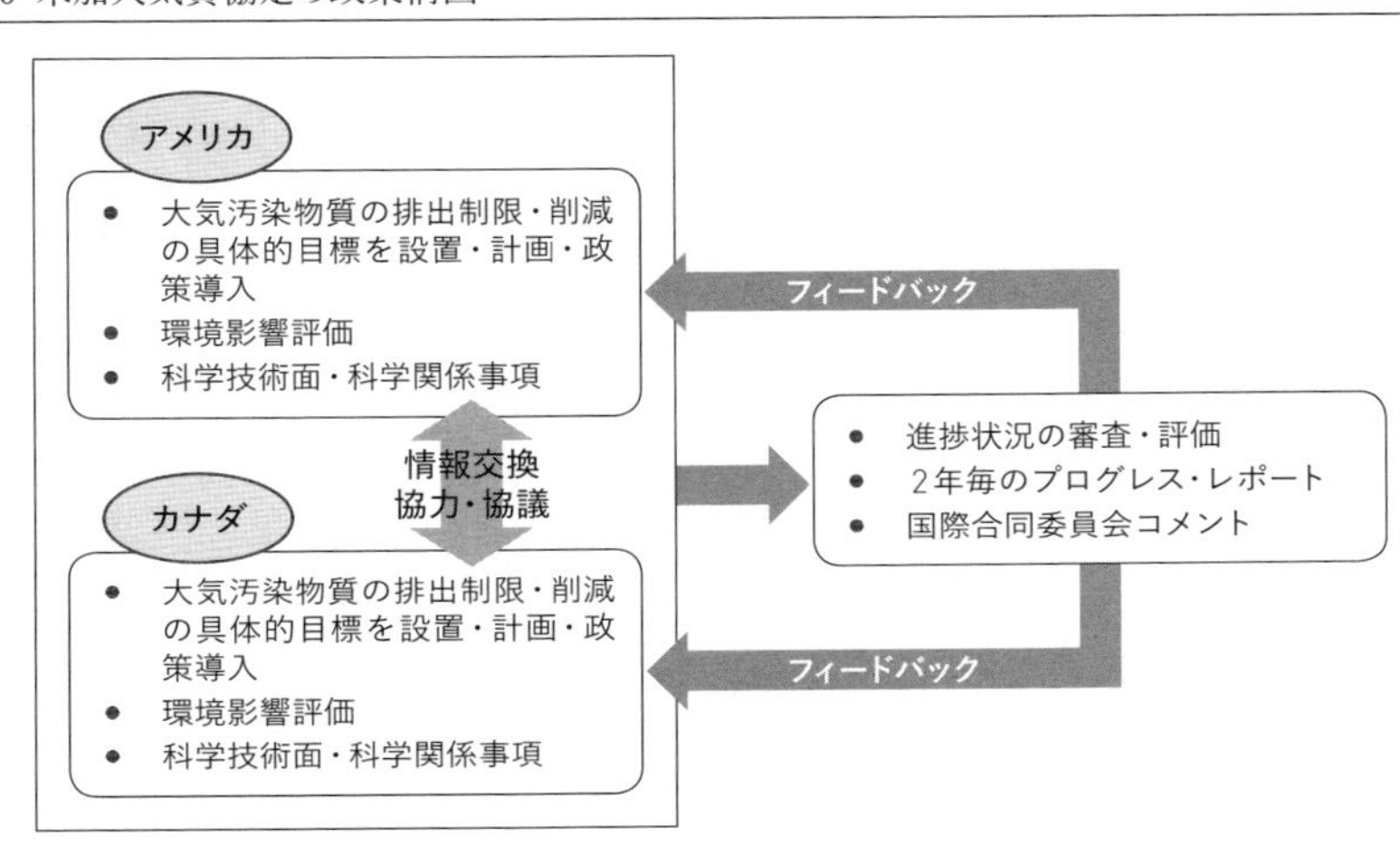

は両国にフィードバックされ、新たな取組みを進め、米加大気質の改善がはかられることになる。それがまた審査され、評価され、両国にフィードバックされ、半永久的プロセスを通じて、大気質の改善がはかられていく構造となっている。

条約の要素政策は、主に大気質の具体的目標の設定、アセスメント・通告・軽減措置、科学技術的活動および経済的調査、情報交換の四つに分類される。

第一に、大気質の具体的目標の設定である。附属書により、大気汚染物質の排出制限や削減目標を設定すること、各締約国は、目標達成のための計画およびその他の措置を採択すること、上記計画にいずれかの締約国が利害関係を有する場合、協議を要請できることが定められている。これまでに、SO_2とNOxを規制する附属書1(一九九一年)、地表オゾンを規制する議定書(二〇〇〇年)が採択されている。

第二に、アセスメント・通告・軽減措置である。重大な越境大気汚染をもたらすおそれのある事故の管轄化地域における行動、活動・プロジェクト計画をアセスメントすること、上記を他国に通告すること、必要に応じ、適切な軽減措置の検討を含め、協議することが定められた。

第三に、科学技術的活動および経済的調査である。調査を義務づける附属書は、一九九一年に協定と同時に採択された。越境大気汚染問題の理解を深め、当該汚染の規制能力を高めるために、附属書2で定める科学技術的活動および経済的調査を行う。

第四に、情報交換である。締約国は、大気質委員会を通じて、モニタリング、排出、排出規制のための技術・措置・メカニズム、大気中の物理・科学過程・大気汚染物質の影響など、広範にわたって情報交換を行なうことが義務づけられた。ただし、以上の情報のうち、各々の法律下で占有情報とされる情報は、情報所有者の同意無しに公開できないことも定められた。

❖附属書と科学技術的・経済的調査

次に、具体的な附属書と、科学技術的・経済的調査の進展度合いをみていこう。

まず、数値目標を伴う附属書については、初期の一九九一年には、SO_2とNOxを規制する附属書が採択された。協定締結と同時に附属書を採択するというのは、欧州レジームではみられなかったアプローチである。附属書1において定められた目標は以下のとおりとなっている。

附属書1に特徴的なのは、国ごとに目標が併記されている点である。とりわけアメリカは、「大気浄化法第四編に従い」という文言が頭にあり、大気浄化法で設定された目標をそのまま本協定附属書に持ち込んでいることが明示されている。つまり米加大気質協定は、実質的に、自国の大気浄化法で定められた目標数値を提示そのまま盛り込んだものであり、国際交渉から引き出された数値目標ではない。

二〇〇〇年に採択された地表オゾンを規制する附属書では、地表オゾン前駆物質を規制するために、NOxおよびVOCの排出を抑制し削減することが定められた。大気中のオゾンレベルについては、人の健康や生態系へ影響を及ぼさないような基準として、カナダではカナダ広域基準(CWS)、アメリカでは大気浄化法の中でオゾン環境基準(NAAQS)が定められており、長期的にはこれらの基準を超過しないよう目指すことが明記された。

附属書1 SO_2及びNOxに関する具体的目標

SO2の削減義務目標	
アメリカ	大気浄化法第四編に従い 2000年までに、1980年レベルより約1000万トン削減する 2010年までに、恒久的なSO_2の国家放出量の最大値を年間895万トンにする
カナダ	東部7州におけるSO_2の年間排出量を1994年までに年間230万トンにまで削減、その後1999年まで年間230万トンを超えないレベルとする 全カナダで2000年までに恒久的な国家の排出量の最大値を年間320万トンにする
NOxの削減義務目標	
アメリカ	2000年までに窒素酸化物の年間排出総量を1980年レベルより約200万トン削減する(詳細な技術基準を固定発生源・移動発生源双方に適用される)
カナダ	暫定的な要件として、2000年までに固定発生源からの国家年間排出量を10万トン削減する

そのうえで、特に北米東部地域においては、目標数値を恒常的に大幅超過している状態が続いており、越境移動も起きていることから(図31参照)、オゾン附属書は北米東部地域の汚染レベルが高い地域を、汚染物質排出管理地域(PEMA)として指定した。米加両国でPEMAとして指定されたのは、図32に示した通りである。

同議定書における、PEMAの大気質改善にむけては、アメリカは連邦規制コードに基づき、カナダは自動車安全法や環境保護法等の関連規定に基づき、セクター毎に様々な技術についての基準や削減目標が提示された。議定書は、それらの国内措置の遵守を求両国に求めた。この中には、アメリカで、SO_2に次いで一九九九年より導入されることになったNOx排出権取引制度も想定されている。

こうした規制に基づきNOxおよびVOCを削減することで、どれほどの削減が可能かという予測値を、附属書に掲げるという構成は、同附属書の特徴である。すなわちアメリカPEMA地域では、NOx削減は、一九九〇年比で二〇〇七年までに二七%削減、二〇一〇年までに三六%、VOC削減は二〇〇七年までに三五%、二〇一〇年までに三八%削減されるであろうと計上された。さらに、改正大気浄化法で義務づけられた、五月から九月にかけてのオゾンシーズンの北東部・中部一二州におけるNOx排出権取引の導入により、PEMA地域のオゾンシーズンのNOx削減は、一九九〇年比で二〇〇七年ま

図31 カナダとアメリカ北東部のオゾン濃度(2010～2012)

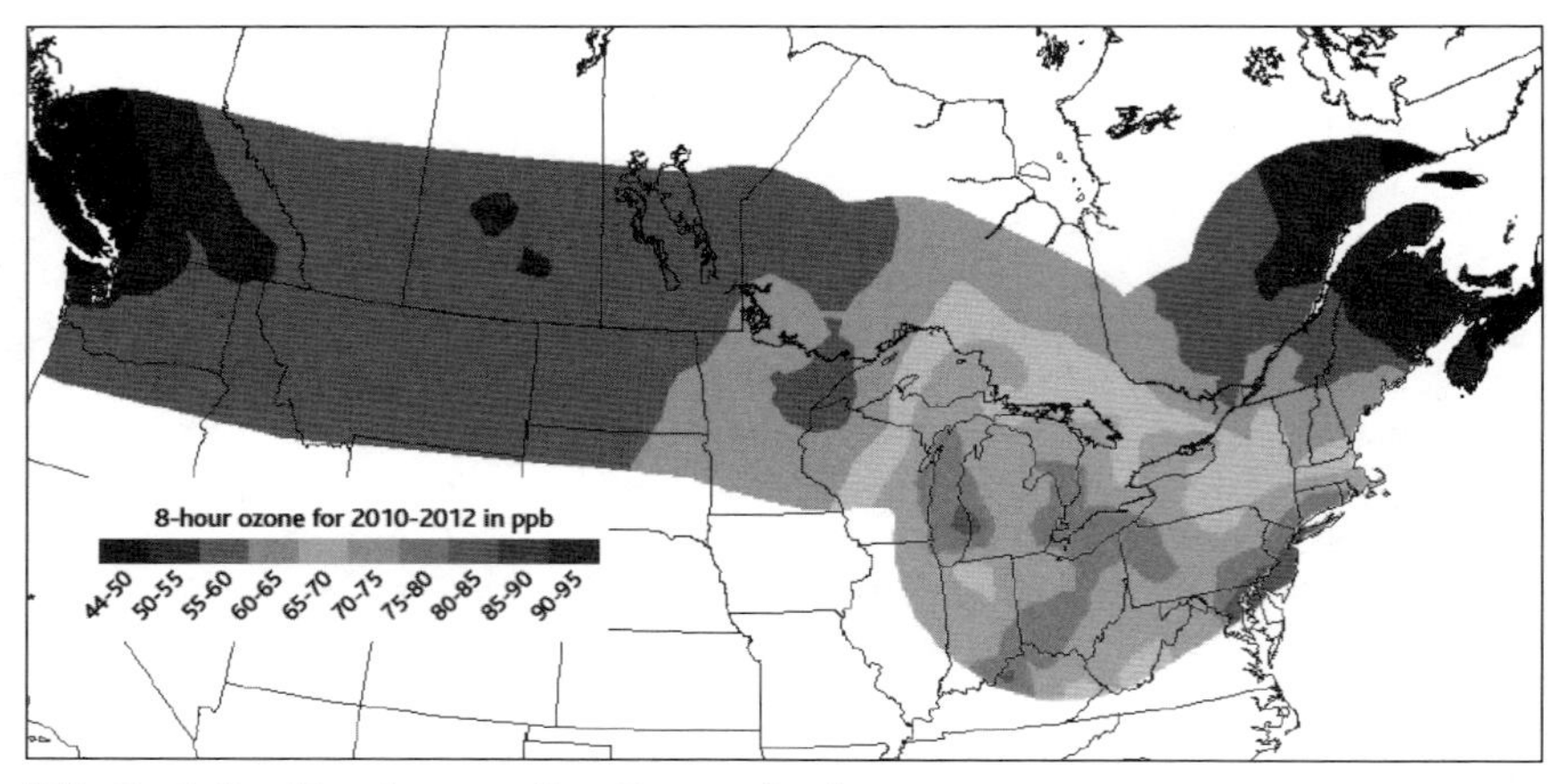

出典：Canada-United States International Joint Committee (2014).

図32 オゾン附属書汚染物質排出管理区域(PEMA)

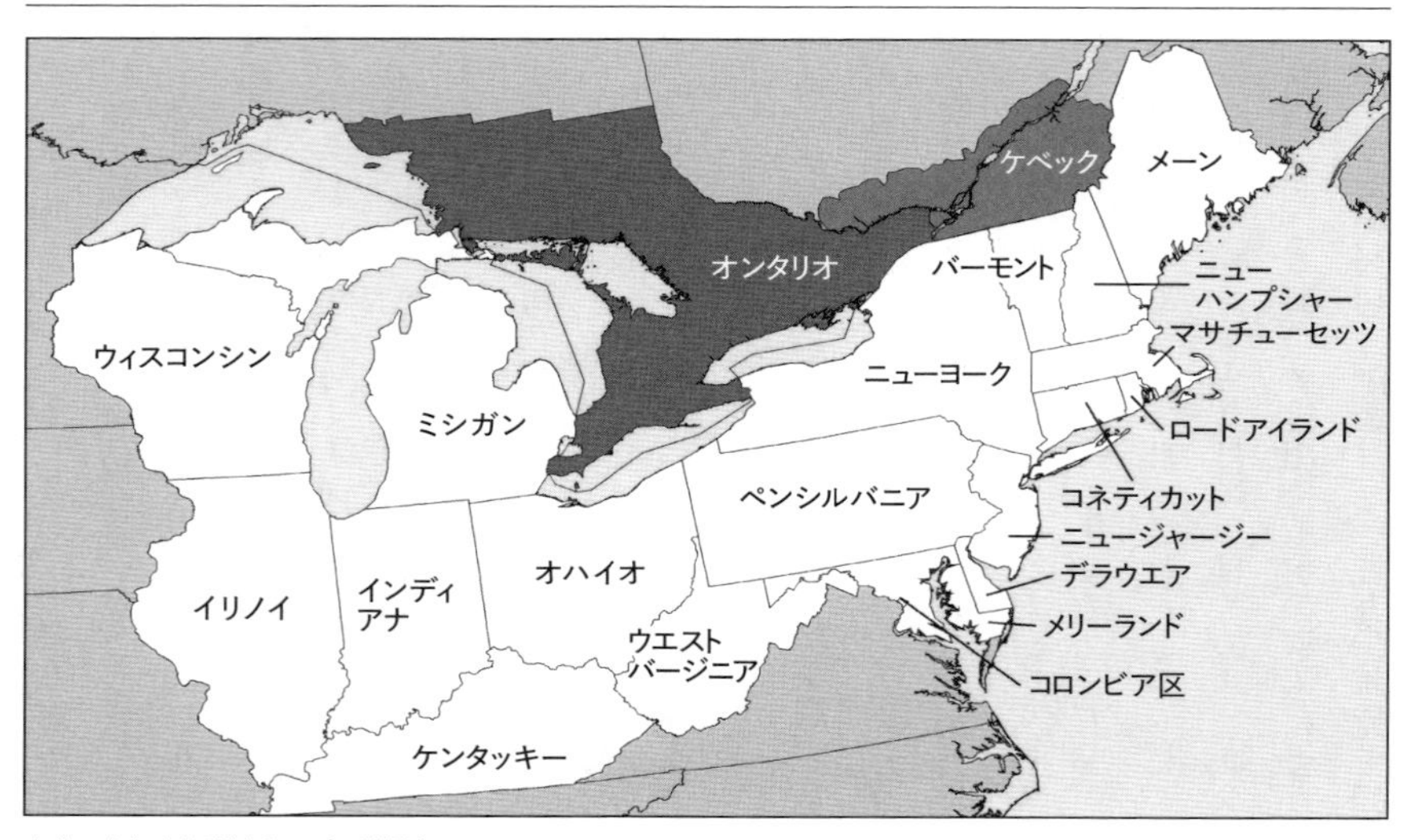

出典：米加大気質協定オゾン附属書。

でに三五％削減、二〇一〇年までに四三％、VOC削減は二〇〇七年までに三九％、二〇一〇年までに三六％削減されるであろうと計上された。カナダは、NOx削減は、一九九〇年比で二〇〇七年までに三九％削減、二〇一〇年までに四四％、VOC削減は二〇〇七年までに一八％、二〇一〇年までに二〇％削減されるであろうと計上された。また達成状況を確認するために、各国はセクター別のデータを提出することや、二〇〇四年にレビューが行われることも明記された。

オゾン附属書の採択は、協定内に位置づけられている科学技術的および経済的調査により、地表オゾン問題の深刻化が確認されたことが契機となった。次に、科学技術的および経済的調査の様相を見ていくとしよう。

米加大気質協定の附属書2は、科学技術的活動および経済的調査に関し、両締約国が情報交換・協力すべき内容が盛り込まれている。具体的には、モニタリング活動の調整、排出情報、効果的な測定・評価手続き、影響評価、低濃度の大気汚染物質の長期的影響、越境輸送モデルの開発と改善に関する情報の交換および調整である。同附属書のもとで、いくつかの小委員会が設立された。その一つ、「プログラムと報告」小委員会では、一九九九年に「地表オゾン　北米東部における発生と輸送」と題された報告書を公表した。これは、上述したように、二〇〇〇年に締結されたオゾン附属書の礎になった[70]。

次に、科学的協力に関する小委員会も設立された。同委員会では、SO_2、NOx、VOCに次いで越境大気汚染管理が必要な大気汚染物質としてPMをクローズアップし、PM問題が越境大気汚染問題と位置づけられるか否かについて、その地理的範囲やその排出源・排出量、健康影響等に関する、一五〇ページに渡る詳細な報告書を、二〇〇四年に発表した。報告書では、エアロゾルと沈着に関する地域モデルシステムおよび統合地域大気質モデルに基づいて、二〇一〇年、二〇二〇年のPM排出推計・戦略なども描き出されている[71]。その後も小委員会では定期的にPMについて検討を進め、二〇一三年にまでに[72]、PMに関する新たな附属書締結の可能性や妥当性を検討した[73]。その結果、新附属書の締結自体は二〇一三年時点では必ずしも必要ないと結論づけられたが、ＰＭ２・５については人の健康や生態系へのリスクが引き続き懸念されることから、とりわけ両国国境付近においてＰＭ２・５濃度の削減に向けたプログラムの発展や実施が続けられることになった[74]。

このほかにも、米加大気質協定の元で、米加両国は、以下の三つの研究調査プロジェクトに着手した。第一に、五大湖沿岸大気管理枠組である。五大湖周辺地帯は、国内・越境大気汚染の汚染排出源が集中している地域である。そこでこの地域の排出・沈着関係、人体や生態系への影響などを総合的に検討し利害関連者の情報公開を促し、早期対策を取ることによって、大気質改善を図ろうとすることを目標としている[75]。

第二に、アメリカ・ワシントン州とカナダ・ブリティッシュコロンビア州にまたがる越境地域のジョージア流域とピュジェット湾の大気質維持である。北米東部に比べれば、この地域の大気質は格段によいが、それでも、この地域の交通量の増大により、年々地表オゾン濃度上昇し、視程も少しずつ損なわれている。しかし視程の維持は観光産業を基盤とするこの地域にとって非常に重要である。そこでこの地域をまたがる環境保全のための計画が立てられており、大気質維持もその重要な根幹の一部を占めている[76]。

第三に、ＮＯｘとSO_2に関する排出権取引のフィージビリティ・スタディである。アメリカではSO_2、ＮＯｘの排出権取引がすでに始められているが、とりわけSO_2に関しては、排出権取引の効果が上がっていると評する声が高い。そこで、オゾン附属書を受けて、排出権取引など市場メカニズムを活用した汚染物質管理のフィージビリティ・スタディが始められ、まず手始めとしてスモッグや酸性雨をもたらすSO_2、ＮＯｘについて、米加をまたいだ排出量取引を行なう可能性が検討された[77]。今のところ米加広域での排出権取引制度の導入はなされていない。しかし、例えばカナダでもオンタリオ州においてＮＯｘ排出権取引制度が設けられるなど、アメリカで幅広く展開されつつある排出権取引制度の経験や手法が共有されてきている。

さらに近年、評価モデルの開発についての米加協力もはじまっている。この国際プロジェクトには、欧州からも科学者を招き、共同で開発が目指されているところである[78]。

図33 アメリカのSO_2排出量取引による排出量の推移

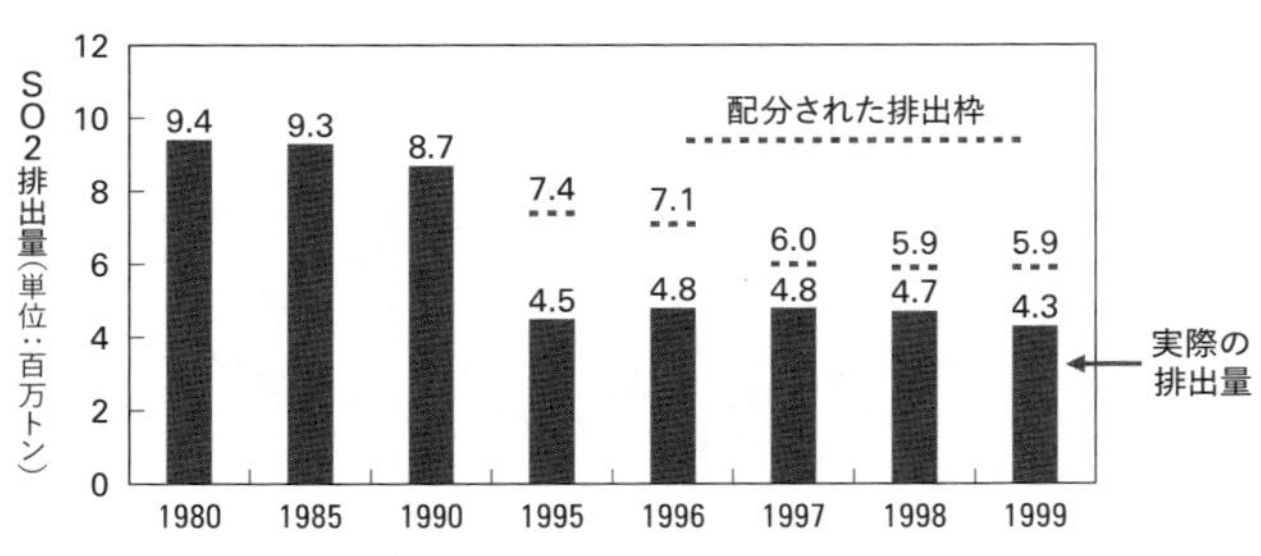

出典：International Joint Committe (2000, 2).

❖協定の効果

では、以上のような協定内容により、米加汚染物質の排出削減効果はどれほどのものだったのか。隔年で公表されている米加大気質協定プログレス・レポートから、確認していこう。

まず、附属書1のSO_2およびNOxの両国の排出量の推移である。二〇〇三年に公表されたレポートに拠れば、米加両国ともにSO_2の大幅削減がなされている。とりわけ、アメリカでは、排出権取引の第一期では、初期配分された排出枠を超えて削減が進んだことが図33から明らかである。アメリカで、その後さらなる削減が進み、二〇一〇年までに八九五万トン以下という目標が達成されていることがわかる(図34参照)。

図35は、米加のNOx排出推移を示したものである。ここから、附属書1の二〇〇〇年目標が達成されていることが確認できるが、さらに、NOx削減についても、米加両国とも目標数値を超えて達成したことがプログレス・レポートより報告されている。ところで、NOxについては二〇〇〇年の地表オゾン附属書にても削減目標が課されており、アメリカでは排出量取引も導入されている。その二〇〇〇年以降に、アメリカでNOxが右肩下がりに削減が進んでいる様子がわかる。

図36は、VOCの排出推移である。SO_2やNOxに比べれば、削減率が高くはないが、やはり削減されている様子がわかる。なおプログレス・レ

図34 米加のSO_2排出推移（1990年〜2012年）

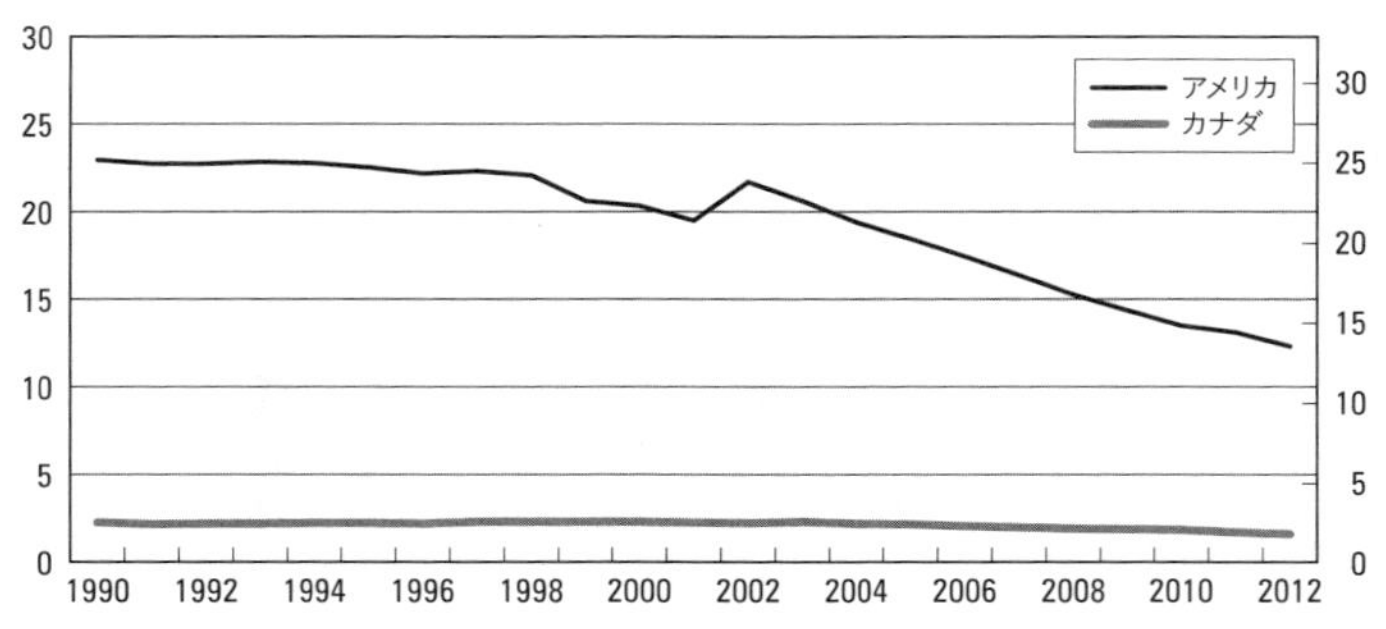

注：単位は100万トン
出典：Canada-United States International Joint Committee (2014, 34).

図35 米加のNOx排出推移（1990年〜2012年）

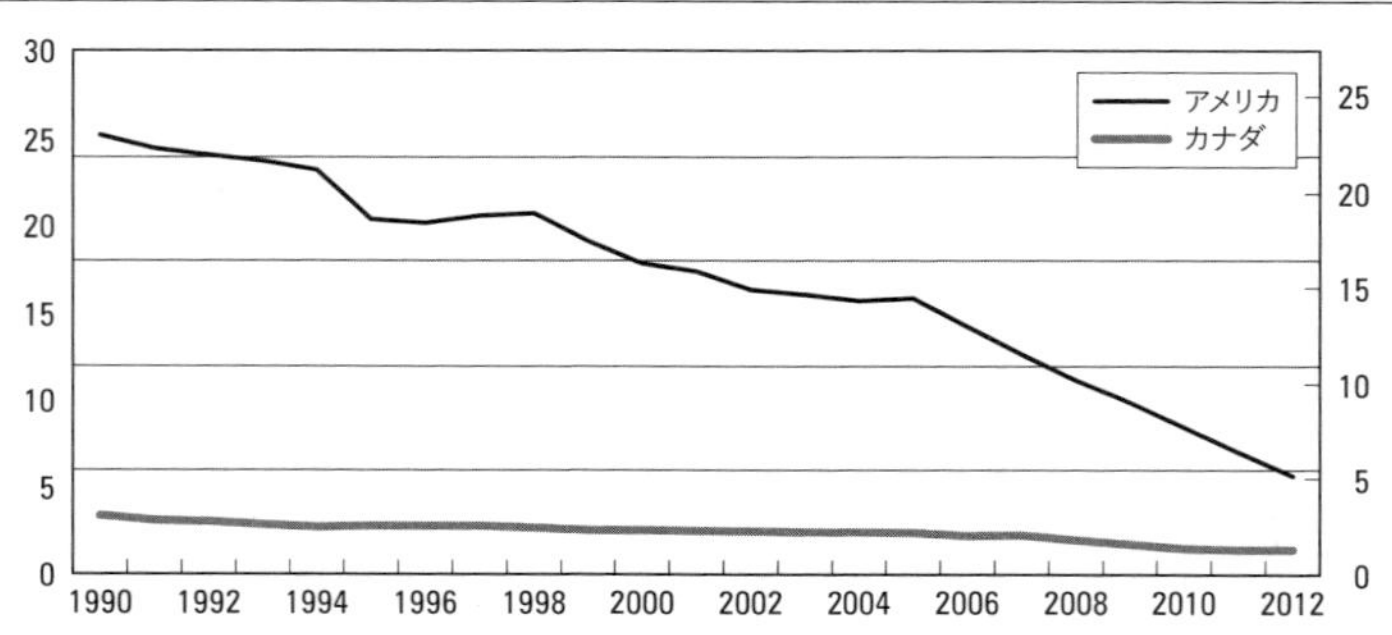

注：単位は100万トン
出典：Canada-United States International Joint Committee (2014, 35).

ポートには、米加それぞれに、セクター別の削減割合が、詳細に書かれている。両国とも、道路輸送からのVOC削減が、ほぼ直線右肩下がりで削減が進んでいることが確認できる。

以上からすれば、米加大気質協定の二つの附属書で定められた排出削減は、順調に進んでいると評価できる。

ただし、元々国内で削減可能な範囲を持ち寄った内容であるため、削減目標の達成は、至極当然かもしれない。では、こうした削減効果により、生態系はどれほど保全されたのであろうか。

これについて、北米地域全体を網羅したようなデータは、プログレス・レポートの中に

図36 米加のVOC排出推移（1990年〜2012年）

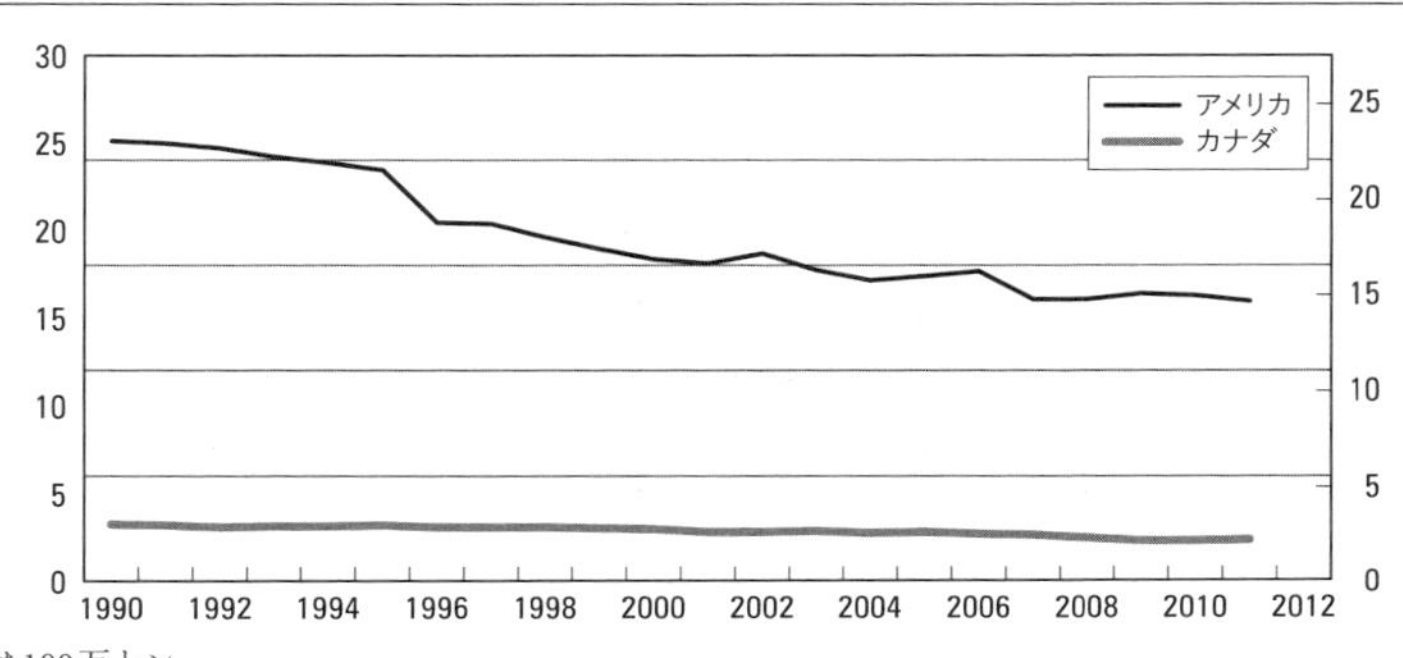

注：単位は100万トン
出典：Canada-United States International Joint Committee (2014, 35).

は見当たらない。しかし、カナダは一九九八年のレポートから、すでに、欧州で用いられた臨界負荷量の概念を流用し、臨界負荷量を超過する地域がどれほどあるかを示す地図を掲載している。実はカナダ南東部の高汚染地域における臨界負荷量は、たとえば北欧に比べればそれほど低くはないのだが、絶対沈着量が多いために、臨界負荷量を超える地域の割合も高まっている。たとえば二〇〇八年のレポートからは、臨界負荷量を大幅に超える地域は、カナダ南東部で高くなっていることがわかる。ただし、NOxやVOCの削減が進むにつれ、臨界負荷量超過割合も、縮小傾向にあることも明示されている[79]。

一方のアメリカについては、初期のレポートでは、臨界負荷量の文言がなかった。しかし、一九九八年のレポートの中で、臨界負荷量を用いた検討を始めることが明記された[80]。二〇〇二年のレポートでは、EPAが、とりわけPMについて臨界負荷量の検討を始めるとした。特徴的だったのは、検討の対象は、生態系ではなく、むしろ人の健康であったことである。すなわち、ぜんそく患者、子ども、高齢者などの、どのグループの人がPMに対して最も脆弱であるか、また臨界レベルはどの程度か、といった検証を進めることが明記されている。アメリカが脆弱なグループへの検証を含め始めた背景には、アメリカ内での裁判事案がひかえていることを知っておく必要があろう、すなわち、二〇〇六年、アメリカはPM2・5の一次基準を改定したが、

図37　アメリカPEMA地域内の自然地域における臨界負荷量を超えた地点の割合の変化(%)

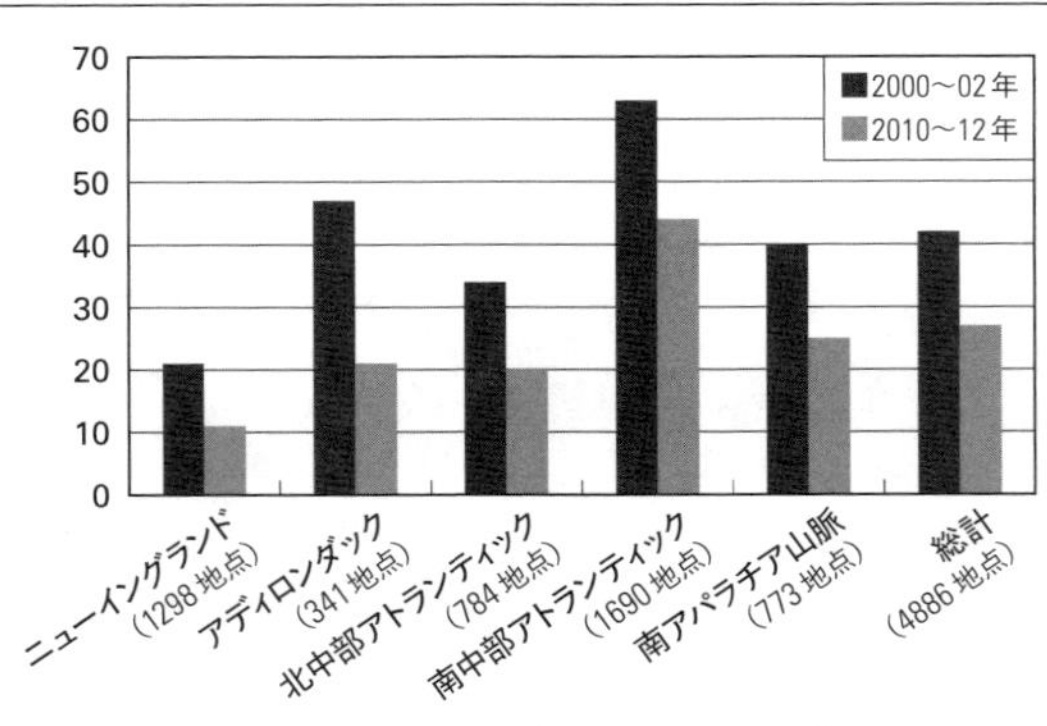

出典：Canada-United States International Joint Committee (2014, 48) 表5より作成。

裁判所は、EPAが定めた基準値が、「リスクを受けやすい集団を適切に保護しているのか適切に説明していない」として、基準値の見直しを求めた[81]。これを受けてEPAは、新たな科学的情報を整理した統合科学評価を作成し、それに基づいて定量的リスク・アセスメントを行い、その結果を受けて政策評価を行ない、基準を再提案した。また提案内容を、諮問委員会で諮るとともに、パブリック・コメントも募った。これらを総合的に考慮して、アメリカでは、PM2・5の一次基準値を一五μg／m³から一二μg／m³へと強化していた。人の健康にまで踏み込んだ臨界負荷量の考え方は欧州でも導入されておらず、注目を引く内容である。

二〇〇四年のレポートには、米加合同で森林の臨界負荷量マップを作成中であることが明記され[82]、二〇〇八年のレポートでは、カナダだけでなく、アメリカ北東部諸州についても、森林や湖沼などの臨界負荷量を超えた地点をマッピングした地図が掲載された。二〇一四年のレポートでは、アメリカ北東部州の森林・湖沼が広がる自然地域における臨界負荷量を超えた地点の割合の変化が掲載されている(図37参照)。この推計は、アメリカが北東部州の主要な自然国立公園地域において計四八〇〇以上の地点を選択し、推定された臨界負荷量を超過しているかどうかを調査した結果である。二〇〇〇年から二〇〇二年に比べれば、いずれの地域でも超過地点は減少しており、改善傾向にあることが分かるが、依然として臨界負荷量を超える地域は広がっていることがわかる。

一連のレポートから、欧州ＬＲＴＡＰ条約レジームで先行した臨界負荷量の概念が、北米にも、欧州とは少し異なる方法で広がっていることが確認できる[83]。また、二〇一四年のレポートの中で、今後対策効果を検証する統合モデルの共同開発が合意されたことから、大気質を総合的に、また科学技術および経済的観点から把握しようとする試みは今後続くものと勘案できる。欧州ＬＲＴＡＰ条約における臨界負荷量や統合モデルの利用が、費用対効果の高い削減戦略の策定にあったことを思い起こせば、北米における「臨界負荷量」や「統合モデル」開発への動きも、概ね同様の趣旨に則っていると判断できる。

以上からすると、米加大気質協定における政策プロセスは循環し現在進行形で進化している様子が窺える。すなわち、北米では米加大気質協定という政策プラットフォームを作ることによって、ＥＭＥＰのような公的な国際プログラムなくしても、両国は越境大気汚染問題を協同監視し、その科学的・経済的調査により、国内政策の効果を確かめる、という政策プロセスが循環している。二〇〇〇年のオゾン附属書は、まさにそのような政策プロセスの循環から編み出されたものであったし、ＰＭについても、附属書策定こそ見送られたが、調査の後に政策検討を行なうというプロセスは機能している。一端構築されたレジームは、自律的に進展を遂げていると評することが出来る。

なぜ、このようなことが起きているのか。その一義的な理由が、アメリカの転身にあることは上述した。ここで重要なのは、アメリカの転身は、酸性雨問題をめぐる認識枠組の劇的な変化に裏付けられているという点である。つまり、大気浄化と経済発展を相反するものととらえるプロメテウス派の代表格であるレーガン政権の政策からの転換である。経済的手法の導入により、経済成長をしながら汚染削減もすることが可能であるという経済的合理主義が、ＮＧＯや大学の研究者、議員などで広がった。そうしたメンバーたちが、久保のいうところの

「公共利益連合」を形成したのである。アメリカの開かれた政治システムが、公共利益連合の政策決定における影響力行使を可能とした。排出量取引をめぐる政治交渉が、事業者や州も交えて行なわれ、国内で一応の妥結と成功をみた。さらにそうした経験をもつ政策担当者や研究者は、その後もNOx排出量取引や、VOCやPM規制に新たに取り組み、費用対効果の高い対策を模索するなど、今日もなおアメリカの大気浄化法を継続的に改正させ、米加大気質協定におけるコミットメントを増大させている。このことからすれば、アメリカの転身は、一時的なものではないと捉えるのが妥当である。

加えて、米加両国が先進国であること、高度な情報公開制度を有していること、このレジームが、もともと緊密な政治・経済・文化交流基盤を持つ米加二カ国間で行われていること、英語という言語も共有していることなど、コミュニケーションを図りやすい背景があることなども指摘されるべきであろう。カナダ側担当者へのインタビューによれば、一九八〇年代から一九九〇年初頭にいたるまで、両国政策担当者間では敵対的な意識があったものの、米加大気質協定が締結され継続的な情報交換・協力プロセスが始めると、大気保全分野におけるアメリカEPAとカナダ環境省や連邦・州の政策担当者や科学者たちは互いに顔見知りになり、一九九〇年代後半に入る頃からは友好的な雰囲気が情勢されてきたという。科学的アセスメントをベースに、互いに政策提案をすることができ、有意義に政策が進められているという[84]。

もっとも、二〇〇一年にブッシュ(ジュニア)政権が誕生してからは、気候変動問題について京都議定書から離脱をするなど、レーガン政権を彷彿とさせるプロメテウス派の復権が起きたし、実際、同政権下のチェイニー副大統領は、大気浄化法についても規制緩和を試みようとした。しかし、北東部九州や、米国肺協会、自然資源防衛委員会などが「既に悪化している大気汚染をさらに悪くする」としてEPAを相手取って訴訟を起こした[85]。プロメテウス派によるバックラッシュは今後もあるかもしれない。しかし、ブッシュ政権下で、大気質をめぐる米加協定の政策プロセスは循環し続け、とりわけ科学技術や経済上の調査が進展をみている。今後もさらなる大気質改善につながる可能性は十分にある。

註

1——トレイル製錬所事件については、Wirth (2000) 等を参照。
2——岩間、二〇〇三年。
3——佐伯、一九七四年、A。
4——岩間、二〇〇三年。
5——岩間、二〇〇三年。
6——佐伯、一九七四年、B。
7——門脇、一九九〇年、二〇八頁。
8——門脇、一九九〇年、二〇八頁。
9——門脇、一九九〇年、二〇八頁。
10——McCormick, 1995. 下村、二〇一二年。
11——門脇、一九九〇年、二〇八頁。
12——下村、二〇一二年、二〇五頁。
13——Stern, 1982, 44.
14——早瀬、二〇〇一年、四四三頁。
15——Schreurs, 2002.
16——McCormick, 1995.
17——McCormick, 1995. 岡島、一九九〇年。久保、一九九七年。
18——久保、一九九五年、一九九七年。
19——Schreurs, 2002.
20——McCormick, 1995.

21——Howard et al., 1980, 13-18.

22——北米では、基本的にはアメリカが風上国、カナダが風下国に当たるが、風向きによっては場所あるいは季節によってアメリカが風下国になることもある。

23——Howard et al., 1980, 162.

24——サドバリーの住民の二〇%がインコ社の労働者であった(Howard et al., 1980, 167)。

25——この研究では、リン鉱石を硫酸と合成してリン酸肥料を製造するという技術オプションが含まれていた。リン鉱石はオンタリオ州カージル町の地下に埋蔵されている。このカージルのリン鉱石とインコ社の硫酸を合成するのが、インコ社の酸性雨の原因物質の安全な削減方法となるであろうと、ハワードは指摘している(Howard et al., 1980, 180)。

26——Howard et al., 1980, 185.

27——アメリカは一九八一年一一月、カナダは一九八二年一二月に批准した。

28——William et al., 2001, 287.

29——Parson et al., 2001, 250.

30——Schmandt et al., 1985, 86.

31——William et al., 2001, 287.

32——Benedick et al., 1999; Schreurs, 2002; William et al., 2001.

33——Howard et al., 1980, 209.

34——Howard et al., 1980, 208, 216, 217.

35——石油危機前の一九七八年、カーター政権は新規発生源だけでなく、既設の発生源に対しても、厳しい排出基準と違反に対する罰則・防止施設の設置義務を内容とする厳しい規制を策定しようとした(ハワード、197-198)。しかし、石油危機によってこの規制案は立ち消えとなっている。

36——Canada, 1984a.

37——Canada, 1984b.

38——カーター政権下で作成されたアメリカ合衆国政府特別調査報告書、「西暦二〇〇〇年の地球」において、酸性雨問題は、第九章の水資源予測と環境の中で取り上げられている。北欧と並び、アディロンダックやカナダのいくつかの地域で、酸性雨の魚類への影響が観察されていることが明記されているが、「まだ理解されはじめたばかり」「調査がはじまったばかり」との文言が多くならんでいる(アメリカ合衆国政府他、一九八〇年、二五九～二六四頁)。

39——Howard et al., 1980, 198.

40——ただし、一九八四年に各州が連邦政府の五〇%削減案に同意した背景としては、市民運動の高まりや、メディア、またその一方で大規模汚染源への補助金の支出など、別の要因があったことも見逃してはならないだろう。

41——石、一九九二年、一六九頁。

42——石、一九九二年、一二三頁。

43——William et al., 2001.

44——Parson et al., 2001, 250.

45——櫻井、二〇〇九年、一〇九頁。

46——寺西、一九九二年。石、一九九二年。浜本、二〇〇八年。櫻井、二〇〇九年。

47——浜本、二〇〇六年、五四〇頁。

48——櫻井、二〇〇九年、一〇八頁。

49——櫻井、二〇〇九年、一〇八頁。

50——櫻井、二〇〇九年、一〇九頁。

51——Wirth et al., 1988.

52——Wirth et al., 1988, 31.

53——高尾、二〇〇四年。浜本、二〇〇八年。

54——久保、一九九五年、一七八頁。Schreurs, 2002. 岡島、一九九〇年。

55——Schreurs, 2002, 58.

56——アメリカのシンクタンク系ＮＧＯであるResources for the Futureの政策意思決定の関与については、例えば、高尾(二〇〇四年)を参照されたい。

57——久保、一九九七年、一七七頁。

58——久保、一九九五年、一七八頁。

59——Wirth et al., 1988, 30-31.

60——櫻井、二〇〇九年、一二五頁。

61——櫻井、二〇〇九年、一二七頁。

62——櫻井、二〇〇九年、一二七〜一二八頁。

63——櫻井、二〇〇九年、一三二頁。

64——櫻井、二〇〇九年、一三八頁。

65——櫻井、二〇〇九年、一三三頁。

66——櫻井、二〇〇九年、一一五頁。

67——Burtraw, 2015; Burtraw et al., 2009. 浜本、二〇〇八年。

68——行政協定については、(猪口他、二〇〇〇年、二四〇頁)を参照のこと。なお、行政協定とは別に、「連邦議会が承認した行政協定」(congressional-executive agreement)という制度もある。この協定は、上下両院それぞれの過半数の承認を受けて締結されるもので、NAFTAやWTOの加盟承認もこの方式で行われた。しかし、合衆国憲法は連邦議会の国際協定承認権について何も定めていないため、その合憲性については議論がある。しかし、条約締結の用件(上院出席議員の三分の二の賛成)を満たすことは大変難しいために、現実には、国際機関への加盟、経済協定、軍事協定など広い範囲で用いられている。「連邦議会が承認した行政協定」の法的効力は、国際的にも国内的にも条約と同等とされている。

69——実際、プログレス・レポートは、アメリカ環境保護庁(EPA)のホームページ[http://www.epa.gov/airmarkets/usca/]に掲載されている。

70——Canada-United States, 1999.

71——International Joint Commite, 2003.

72——US. EPA and Environment Canada, 2005a.

73——International Joint Commite, 2013.

74——Canada-United States International Joint Commitee, 2014, 58.

75——US. EPA and Environment Canada, 2005b.

76——US. EPA and Environment Canada, 2005c.

77——US. EPA and Environment Canada, 2005a.

78——Canada-United States International Joint Commitee, 2014, 53.

79——Canada -United States International Joint Committee, 2008, 33.

80——International Joint Committe, 1998, 7.

81——香川、二〇一三年。

82——Canada-United States International Joint Committee, 2004, 39.

83——Canada -United States International Joint Committee, 2008, 56－58.

84——Barton, 2005.

85——佐々木、二〇〇四年。

第6章 東アジア 大気ガバナンスへの展望

東アジアでは、かつて深刻な公害を経験し「克服」した日本が、九〇年代にEANETを創設し、越境大気汚染管理レジーム形成を意識したプロセスを開始した。日本でも酸性雨研究の蓄積が進み、欧米で長距離越境大気汚染条約（LRTAP条約）に関わった研究者や政策担当者も、アジアの酸性雨研究や東アジア酸性雨モニタリングネットワーク（EANET）などの政策フォーラムに参加してきた。しかしながら、いまだ東アジアに「政策の窓」は開いていない。EANETプロセスが始まってから二十余年たった今日もレジーム形成には至っていない。他方、質量ともに数多くの国際支援が投下されたにもかかわらず、二一世紀に入っても、目覚ましい経済成長の陰で東アジアはかつて世界のどの地域も経験したことがないような大量の大気汚染物質を排出しつづけており（第一章図4参照）、中国を中心に大気汚染や酸性雨の被害は深刻化している。

東アジアでは、重複する地域協力制度がスタンブリング・ブロックの状態にある。排出大国中国の問題もさることながら、地理的に見ればともに風下国に位置するはずの日韓両国の協調が欠如していることが、レジーム不形成の一因であることは間違いないところだろう。しかしそれだけが理由ではあるまい。東アジアでは、科学的データの共有化は確かに進み、一部の国の間では人的信頼関係も醸成されつつある。しかし欧州でも北米でも、レジーム構築の背景には因果的信条や政策ビジョンを有する受苦アクター、ないしは推進アクターの強い政治的意思、そして受益(加害)アクターの政策転換を促す政治的ダイナミクスが存在した。そのいずれも東アジアには欠けている。背景には、推進国である日本の、科学や政策に対する認識枠組が、欧州や北米の推進アクターと大きく異なっているという事情がひかえている。本章では、現状にいたる経緯を、推進アクターである日本を軸に描く。具体的には、日本の大気汚染への対応の経緯をひもとき、政策担当者をはじめとするアクターの取組みや認識枠組の変遷をたどっていくとしよう。

1 ガバナンス前史——日本の大気汚染経験

東アジアにおいて大気汚染が最も早く深刻化し、そして対策が進んだのは、域内随一の先進国日本であった。高度経済成長を成し遂げ、その後、公害の改善にも一定の道筋をつけた日本は、先進国として援助供与国として、EANETを主導してきた。本章でも初めにガバナンス前史として、日本の大気汚染問題への対応について、その歴史を振り返る。

今日でこそ、激甚な公害を改善したと評価される日本であるが、明治期、昭和の高度経済期をとおして考えれば、これほどまで甚大な公害と人的被害を出した国は、先進諸国でも日本をおいてほかに存在しなかったといわれる[1]。なぜ被害は深刻化したのか。なぜ一九七〇年の「公害国会」を機に、急激に対策が進んだのか。本節では、日本の公害の原点とされる足尾銅山鉱毒事件から説き起こし、高度経済成長期における大気公害の激化とその後の環境政策の変化のあらましをみていくとしよう。

❖足尾鉱毒事件[2]

日本では明治維新後、産業革命を経た西洋諸国のキャッチアップを目指して急激な工業化が押し進められた。殖産興業政策により、各地で工場が新設され操業が開始され、鉱業も盛んになった。その負の遺産として、明治期から昭和初期にかけ、列島各地で大規模な環境破壊が頻発した[3]。足尾鉱毒事件は、その象徴である。

足尾鉱毒事件は、日本の近代化と密接に関わっている。明治政府は欧米列強に追いつき追い越せと、「殖産興業」と「富国強兵」を強力に押し進めた。この二大政策を、繊維産業や製鉄業などと共に支えたのが鉱山業であり、銅はその要であった。銅は外貨獲得の手段としても、身の回りの様々な物品や、戦争のための武器弾薬の材料としても不可欠な、貴重な原料であった。

一八七七年、実業家の古河市兵衛は、明治政府から、当時さびれていた足尾銅山の払い下げを受け、その経営に乗り出した。新たな鉱脈が発見され、水力発電や銅製錬などの近代技術の導入にも成功し、足尾は日本を代表する銅山に発展していった。銅の大増産によって経営が軌道に乗ると、古河財閥と共に地元の町もまた繁栄した。当時の足尾は日本一の鉱都と呼ばれるほどであった。古河市兵衛は足尾町に学校や病院を次々に建設したので、その葬儀には全町をあげて人々が押し掛けたという。古河がいかに地元で敬意を集めていたか、足尾が強固な企業城下町としての構造を持っていたかが窺える。

しかし、足尾銅山の発展は、多面的な環境破壊を伴った。銅山の一二〇〇キロ余に及ぶ坑道には支柱が、動力源としては薪炭が必要とされ、周辺森林で多くの木材が伐採された。銅製錬所から流れ出る有毒な煙は、伐採され弱体化した森林を襲い、木々は枯死し、豊かな緑は禿げ山に姿を変えた。吸水機能を失った急斜面からは表土がはぎ取られ、河川は土砂に埋まった。煙は、山間を這い、牧歌的な生活が営まれていた農村にも到達する。足尾上流に位置する松木村などの農村では、農作物が育たなくなり、生活の糧が奪われた。煙害が直撃した村は廃村となり、住民は古河が用意したわずかな見舞金を得て離散した。

他方、足尾から流れ出た鉱毒水は急峻な山間部を下り、数十キロメートル下った渡良瀬下流域の肥沃な大地に流れ込んだ。豊かな生態系を誇り、農作物や魚介類に恵まれた渡良瀬の地は甚大な被害に遭った。足尾は受苦受益のアクターがまざりあっていたが、渡良瀬は一方的な受苦圏であった。住民たちは堪らずに立ち上がった。しかし、押し出しと言われるデモを起こした住民に、明治政府が送り込んだのは、憲兵たちであった。地元の有力者で衆議院議員の田中正造は、豊かな農地の回復と被害原因の除去を願い、議会で幾度も銅山の操業停止を訴えた。「真の文明は、山を荒らさず、川を荒らさず、村を破らず、人を殺さざるべし」との訴えは通らず、万策尽きた正造がとった行動が天皇への直訴である。田中正造の行動は当時のメディアでも広く報道されるところとなった。しかし国の基幹産業である銅の採掘がとまるはずもない。足尾町にとっても、地元経済を潤してくれる銅山を操業停止することなど考えられないことであった。

その後、明治政府は、渡良瀬流水域最下流の谷中村を買収し、鉱毒を沈めるための貯水池とする計画をたてる。同時に江戸川に流れ込んでいた渡良瀬支流を大きく曲げて、茨城の利根川への「東遷」完結をめざす[4]。すなわち、この二策は、被災地である渡良瀬流水域の救済というよりは、鉱毒水がさらに南下し東京へ届くのを阻止するための施策であった。田中正造は衆議院議員の地位は失っていたが、貯水池計画に抗い、被災農民とともに谷中村に居を移す。正造は、抗議の姿勢を身でもって示したまま、清貧のなかで生涯を終えた。明治政府が、谷中村貯水池工事を断行したのは、正造の死の直後である。結局、正造の願いは聞きとげられなかった。谷中村の被害地域住民には、古河からわずかな賠償金が手渡されたのみであった。

明治、大正、昭和期まで、足尾銅山の操業はそのまま数十年続く。第二次世界大戦期になると、炭坑労働の担い手として中国人や朝鮮人らの捕虜らが強制移住させられたが、ここで多くの死者や行方不明者が出たことは、過酷な人権侵害があったことを物語る。さらに時代を経た一九七三年、公害闘争が燃えさかるこの時期になって、渡良瀬流水域毛里田地区の農家出身で太田市議会議員となった板橋明治らが渡良瀬川鉱毒根絶太田期成同盟会を結成し、古河鉱業を相手取って訴訟を起こした。同盟会はカドミウム被害を証明し、企業の責任を認めさせ、一五億余円の損害賠償を調停で勝ちとった。賠償金は農家の救済にあてられたという。足尾銅山でようやく採鉱が停止されたのもこの時期のことである。その後、九〇年代に入ると足尾では製錬工程も終了し、産業人口の急激な減少によって過疎化が進んだ。今日の足尾地区の施設の多くは廃墟化し、あるいは取り壊されている。松木渓谷には、無名の墓石が点在するのみで、山の斜面一面にはカラミ（銅を精錬した後の鉱滓を成形した廃棄物）が無造作に堆積している。渡良瀬遊水池は行楽地となり、二次的に再生された湿地は、豊かな生態系ゆえ、ラムサール条約に登録されるまでになった。しかし、そこに谷中村の人々の生活の営みがあった痕跡は、河川敷の対岸にひっそりと立地する合同慰霊碑や、ハート形の遊水池のくぼんだ地域に住民運動によりかろうじて保存された谷中村遺跡を偲ぶのみで、人々の目に触れることはあまりない。

✤四日市公害

足尾銅山鉱毒事件では、結局、戦後の毛里田地区での裁判を通じた部分的救済はあったものの、基本的に受苦アクターが救済されることはなかった。離散住民への賠償にあたるわずかな見舞金額も、終始、国と強いパイプをもつ企業に決定権があった。このような幾重もの人権侵害が指弾されることがなかったのは、国民の基本的人権が尊重される以前の明治憲法下であったからという推測があるかもしれない。しかし、国の経済発展のために人の健康や環境への影響が軽視されたという意味では、戦後復興期、高度経済成長期においても変わらない構図があったと言える[5]。

高度経済成長期、イタイイタイ病、熊本水俣病、新潟水俣病、四日市ぜんそくといった公害病が問題となったことは広く知られるとおりである。四大公害だけではない。北九州、宇部、尼崎、大阪、川崎をはじめ、太平洋ベルト地帯と言われた列島各地のコンビナートを中心に、ばいじんや亜硫酸ガスなどに起因する大気汚染が激化していた。こうした公害の激甚化に共通する構造として、経済優先、人命軽視の思想が複数の受益アクターに共通していることが多くの文献で指摘されている。四日市を例に具体的にみていこう[6]。

もともと漁業が盛んで、紡績や万古焼などの商工業が盛んであった四日市が重化学工業地帯となる始まりは、第二次世界大戦前夜の一九三八年のことである。石原産業が銅の製錬のための工場を設立し、戦時中には軍の燃料基地となったが、一九五五年に石油化学工業育成のために払い下げられた。四日市コンビナートの主要な会社は、石原産業、中部電力、三菱モンサント化成、三菱油化、三菱化成工業、昭和四日市石油である。工場に林立する煙突から吐き出された亜硫酸ガスは、付近の住民にぜんそくを引き起こし、死者や自殺者が出るなど、被害は凄惨を極めた。工場からは硫酸はじめ化学物質を含む汚水も垂れ流され、深刻な漁業被害も生んだ。

大気汚染は、コンビナートが操業した一九六〇年以降急激に悪化したという。四日市市役所には苦情が寄せられ、地元自治会も市に対策を陳情した。平田佐矩（すけのり）市長は「四日市港害対策防止委員会」を設置した。そのメンバーのひとりであった三重県立大学の吉田克己教授が、熊本大学が水俣で行なった疫学研究を参考に調査を重ね、大気汚染状況とぜんそくという健康被害の相関関係を疫学的に明らかにした。一九六三年、四日市は、厚生相と通産相嘱託の調査団による報告書に基づき、健康被害が子どもや高齢者に出ているとして、一九六四年、四日市市は、ばい煙規制法の指定地域となる。しかし、規制法によって定められた排出基準は、「四日市のように煙突の密集地帯では効力を持た」ず、「さらに、定められた排出基準はなんの対策をとらなくてもクリアできる現状肯定に近いレベル」であった。その背景には、「硫黄分の高い燃料を転換する案には、電力を中心にコスト増を招くという理由で激しい抵抗があり」「大企業と通産省の力は極めて強く、企業活動に制限を加えるような規制は簡単には打ち出せる状況になかった」ことがある[7]。

国による規制が殆ど効果をあげない中で、一九六三年には地元自治会が、一九六四年には四日市医師会が、市に医療費負担制度を求めた。疫学調査により状況を把握していた四日市の平田市長は、厚生省に患者の医療費負担制度を打診する。しかし「断られたため」、全国初となる、市が医療費を負担する制度を発足させた。その後、平田市長は急逝するが、後継となった九鬼喜久男市長は、市議会の答弁で「石油化学には公害がない」「四日市の喘息という病気は一般的な病気でございまして、どこの都市にも喘息というものはございます」と、公害を否定し、石油化学工業を極端に擁護する発言をくり返した[8]。そして、四日市第二コンビナートの稼働を本格化させ、一九六七年には、市議会は第三コンビナートの誘致を強行採決した。

その間、一九六六年、ぜんそくによる公害犠牲者第一号といわれる石原産業退職者の古川善郎が六〇歳で亡くなり、その後自殺者も続出した。犠牲者がでたことで、社会党所属の四日市市議、前川辰男が野呂汎(ひろし)弁護士らに裁判の可能性を打診する。入院患者、裁判支援する自治体職員、コンビナート各者の労働組合員の話し合いの末、入院患者九名が被告を企業にしぼり、裁判を起こしたのが一九六七年である。

裁判は、被告六社に、工場群のばい煙による大気汚染で健康被害が生じていることを十分知りながら、故意に設備改善を行なわず操業を続け、加害行為を継続してきた過失を問い、民法に基づく「共同不法行為」による賠償責任を求めた。これに対し被告六社は、重油の使用や亜硫酸ガスの排出とその有害性は認めるが、原告らの健康被害という事実と損害についての因果関係を否認した。また、昭和四日市石油などは、「石油精製業には公共性があり」、すでに大気汚染防止法等の規制を遵守している、「被害者は一部過敏症体質の持ち主で」「違法性はない」とした。審理では、吉田教授らが、疫学調査に拠る因果関係を立証した[9]。提訴後、自治労など公務員の労働組合連合や社会党、共産党などが「公害訴訟を支持する会」を発足させ市民に支持を訴える一方、石油コンビナート各社の労働組合を離脱したという。また厚生相が四日市を来訪し、公害の存在を認め、対話の場として三重県の田中覚知事を会長とする「四日市地域公害防止対策協議会」設置を促した。しかし田中知事と九鬼市長は、協議会を成功させるためには訴訟の取り下げが望ましいとほのめかし、協議会開催はうやむやになったという。

五年の審理を経て、一九七二年、津地方裁判所四日市支部は、被告六社から排出されたばい煙と原告の被害の因果関係を認め、原告側の全面勝訴とした。判決の趣旨は、注意義務を怠ったこと、足尾等過去の公害に基づき予見可能性があったこと、共同不法行為は免れ得ないこと、事業に公共性があり排出基準を守っていたとしても尊い人体被害を及ぼしたことに違法性がないと認められないこと、予防措置を怠った過失は免れ得ないこと、がその趣旨であった。

なお、四日市では、海上保安庁の田尻宗昭が、汚水の垂れ流しについて公害企業を摘発し、港則法違反、水産資源保護法違反および工場排水規制法の無届け操業によって、公害刑事裁判も行なわれた[10]。一九六八年の赴任時には、密猟の取り締まりを任務としたが、取り調べをした漁民から、水産資源保護法を破って魚を殺しているのは企業の方だ、追いつめられた弱い漁民を捕えるのはいかがと問われ[11]、正義心から公害企業を追求したという[12]。前述の平田市長も、コンビナートは誘致したが、正義心から、被害住民に申し訳ないと、医療費負担制度を始めたとされる。ただし、こうした正義心から被害救済を優先する対応はむしろ例外であったようである。田尻は、また、三重県や四日市といった自治体の「公害関係担当者は、命令されたことを遂行するだけであって、公害を克服するために何をなすべきかを積極的に追求せず、記録作成にとどまっている」、「企業はその研究成果を公開せず公害に由来する一切の責任を県庁に任せ、傍観者的態度をとっている」、「四日市市民の公害に対する感情は、潜在的には極めて強い。然しながら市内に組織されている町内会有力者が大体において企業に手なづけられ、反対運動が公然化することに対して強力なブレーキになっている」と著書に残している[13]。また、工場を監督指導する立場にあったはずの通産省が、無手続きで増設され大量の汚染水を排出した工場の届出書類を、後付けで偽装処理したことすら目の当たりにしている。こうした公害企業だけではなく、国や自治体、市内の有力者など幅広いアクターが、公害被害に目をつぶり、被害者救済に消極的であったり差別的であったり、隠蔽や改ざんなどの行為をとったり、すなわち被害者の基本的人権を軽視する言動をとっていたことは、どれほど強調しても足らない[14]。水俣病や全国の公害事件をつぶさに追ってきた宇井も、「国や自治体行政機関が、結論の時間を引き延ばして加害側に立つばかりでなく、公然と企業側に加担した例があまりにも多い」と指摘する[15]。

「公害被害者が孤立する」構造のなか、「行政に絶望した地域では」、一部の正義心が強く献身的な医師や弁護士、研究者や市民らの協力を得て、「憲法の人権擁護の権利を駆使して、最後の救済の方法を司法に求め」たのが実情であった[16]。司法は最後の砦だったのである。

✣最高裁判所の変化と公害国会

結局、四日市での裁判は、企業が早々に控訴を断念し、一審を受け入れた。その後、公害企業は、原告以外の公害被害者とも直接交渉し、裁判を待たず救済補償に応じること、公害防止対策費用を大幅に増額すること、硫黄含有量の低い重油を使用すること、住民代表や科学者たちの立ち入り調査などを認めることなどを迅速に誓約し、実行に移した。四日市全体の公害患者と遺族約六〇〇名への補償給付は、一九七四年に国が公害健康被害補償法を新設するまでは、コンビナート各社が拠出する「四日市公害対策協力財団」を通じて行なわれた。しかし、六〇年代には、因果関係も責任も一切認めなかった企業である。一度の裁判、しかも地方裁判所の一審のみで、大企業たる六社が控訴を断念し、補償や公害対策の強化を受け入れたことは、いかにも唐突に思える。

四日市での公害企業の変化の背景に、実は国による指示や圧力があったことが、指摘されている[17]。その伏線は、四日市裁判が結審する一九七二年の二年前にはじまる、国レベルでの大きな政策転換にあった。第一に、最高裁判所である。公害国会の一九七〇年三月二〇日の衆議院法務委員会で、矢口洪一最高裁判所民事局長は、一九七〇年三月一二、一三日に行なった最高裁判所公害担当裁判官会合の場で、公害裁判にこれまでどおり原告による「厳格な過失の主張と立証」を負わせた場合、「専門的な知識」も「資力」も乏しい原告たる被害者(一般市民)が、被告たる企業と「実質上の平等」をもちえないという議論があったことを国会で披露した。それゆえ、公害裁判が長引いている現状で、「事実の推定」「蓋然性の理論」でもって「一般的にこういうことからこういうふうになったとおもわれるような事実関係が大体わかるならば」立証責任をむしろ加害者側に負わせる可能性が探られたとし、その推定として「疫学的方法」「大量観察的な方法」を挙げた[18]。そのうえで矢口局長は、一九七〇年一二月の法務委員会で、原告による「疫学的方法」などによる「一応の立証」に対して被告側に「因果関係の立証を破るような立証」を促し、出来ない場合には、「(原告による)一応の立証というものは最終確信として必要であるところの証明の段階にまで高められる」との判断を示した。矢口のいう「疫学的方法」による「一応の立証」は、上述の四日市裁判に見事にあてはまる。すなわち吉田教授らによる疫学調査は因果関係の一応の立証と受け止められた。逆に原告企業は「立証を破るような立証」をすることが出来なかった。この最高裁判所の指針が、四日市での原告全面勝訴につながったことは疑いない。その後、四日市だけでなく、他の裁判でも疫学的方法を根拠に「一応の立証」が認められ、原告勝訴が続いたことは、よく知られているとおりである[19]。

変化があったのは、最高裁判所だけではない。一九六〇年代後半、国レベルではばい煙規制法や大気汚染防止法など複数の公害法が成立をみたが、上述の通り、公害企業の汚染低減努力をひきだすものではなかった。その背景には、一九六七年の公害対策基本法に「調和条項」が盛り込まれたことがある。当初、厚生省や自治省は先進自治体とともに、公害企業の無過失責任を盛り込むことを求めたが、経済団体が反撃し、「通産省や経済企画庁等は産業や経済の健全な発展との調和を強く主張し」た。国会審議でも社会党や共産党は明確に反対し、公明党も理解に苦しむと発言をしたが、佐藤榮作首相自ら「経済の開発も公共の福祉に奉仕する」、「経済の発展と同時に、それに見合う社会開発ということが第一だ」[20]として、調和条項を盛り込んでいたのである。しかし一九七〇年一二月、佐藤内閣は公害対策重視へと大きく舵を切った。公害対策本部を七月に急遽立ち上げ、公害紛争処理法を制定する。さらに一九七〇年の公害国会で、改正公害対策基本法を通し、調和条項を削除する。理由は、「経済優先という無用な誤解を避けるため」であった[21]。この他に公害罪法などを、経団連の反対に関わらず成立させ、翌一九七一年七月には環境庁を発足させた[22]。

この佐藤政権の突然とも言える政策転換の理由は、国内外の時流に反応したものだというのが一般的な見方である。すなわち国内では、公害が激甚化し、それに対する反公害住民運動の盛り上がり、公害裁判が方々で繰り広げられた[23]。都市部を中心に革新的な自治体が独自に環境政策を進めた。とりわけ、一九六七年に社共両党の統一候補として東京都知事選で当選した美濃部亮吉は、「東京に青空を」「都政に憲法」を政策目標に掲げ公害対策に重点を置き、一九六八年に公害研究所を創設すると、翌一九六九年には東京都公害防止条例を制定した。同条例は、公害が、憲法の補償する健康で文化的な最低限度の生活を営む権利を阻害していると認識し、「経済調和条項」を国に先駆けて廃止し、あらゆる手段を尽くして公害の防止と絶滅を計ることを約束するものであった。財界は強い反対の意志を示すが、住民の世論と運動を背景に、美濃部知事は政府批判を続けた。国が調和条項を削除したのはその一年後であったことから、「自治体の条例が国の法令を先導した」と評される[24]。このほかにも、国際的にも環境革命といわれるほどに環境運動がもりあがり、アメリカのニクソン大統領も支持する形でアースデイが開催されたこと、ストックホルム会議の前夜であったこと、欧米の研究者らによる日本の公害への認識が広がったことも重要であろう。

これに加え、「アメリカからの圧力」があったことも先行研究の分析より明らかにされている[25]。実際、国会の議事録からは、アメリカの「ニクソン教書」やアメリカの公害対策の強化と日本への適用が幾度となく議論されていることが確認できる。ニクソン政権は、一九七〇年八月に議会で公表された公害教書のなかで、大気汚染対策として、「合衆国は、大気中に排出される大気汚染物質の全量を制限するために、他の国々と協働取決めをするよう働きかけねばならない」とし、さらに「国際協力」の章において、「国際貿易政策では汚染防止コストが国際協力に影響することを考慮すべき」と指摘し、「汚染による損害を誰が負担すべきか」を検討するべきとし、「二国間協力」では日本を筆頭に名指しして、協力を呼びかけた[26]。米環境問題委員長から山中貞則公害担当相宛に、「公害対策での日米の積極的協力」と「両首脳によるメッセージの交換」が呼びかけられ、佐藤首相は賛成したという[27]。つまるところ、NAFTAがメキシコの環境基準の強化につながったこと、その背景にアメリカの産業競争力を怖れる声があったことを第一章で紹介したが、同じことが一九七〇年の日米間で起きていたことになる。対米貿易において日本側の黒字が大幅に増加しており、日米繊維交渉など貿易摩擦が生じていたことも思い起こしておきたい。さらに言えば、当時は沖縄返還交渉の最中でもあった。日本がアメリカの動向や思惑に敏感であったことは言うまでもない。また、先述の最高裁判所の姿勢表明も、佐藤首相が保守派の石田和外を最高裁判所長官に任命してから、「司法の危機」といわれるほどに[28]自民党の最高裁判所への影響力が強化された事実をふまえれば、佐藤政権からの指示に最高裁判所が従ったことは十分にあり得る。

❖公害健康被害補償法と自動車排ガス規制

さて、アメリカからの働きかけによる、公害対策での日米の積極的協力とは、具体的には汚染者負担の原則、無過失賠償責任などをさした。それが具体的施策に結びついた事例として、ここでは、公害健康被害補償法（以下、公健法）と、マスキー法の日本版と言われる自動車排ガス規制をみていくとしよう。

公健法は、アメリカが求める汚染者負担の原則を反映したものと、先行研究では分析されている[29]。とはいえ、公健法は、アメリカにもない日本独自の法律である。どのような思惑で作られたのだろう。先述したように、公害裁判では加害側の挙証義務は確保されたもの。しかし、「裁判には長い時間を要すること」は病をかかえる被害者にとって著しい不利益であり、救済迅速であることが望ましい。一方企業側にとっては、裁判に負けつづけ、「汚染禁止的ルールの遡及的な適用」により賠償金がかさむことによる「企業の負担」をおそれた[30]。

「裁判よりも両者の立場を改善するものとして」、利害が一致して編み出された方法が、公健法である[31]。同法は、公害被害者にたいし、医療費および財産の損失補償や慰謝料を加味して給付する制度である。対象とされたのは、二種類の地域であった。まず、四日市ぜんそくに代表される大気汚染由来の疾病を対象とした、東京、大阪、神奈川、千葉、三重などで、第一種地域とよばれている。二つ目は、水俣病やイタイイタイ病などの公害に特異な疾病が起きた地域で、第二種地域と呼ばれた。患者かどうかの判断基準は国が定め書類審査し、認定患者には、補償給付がなされた。迅速な解決をめぐって設立されたはずの同制度であるが、認定要件や地理的区分によって認定されないケースも数多くあり、認定をめぐる論争や訴訟は、今日に至るまで続いている。

公健法の財源は、汚染者負担の原則に則り、汚染企業から徴収された課徴金であった。特に大気汚染については SOx の排出量に応じて徴収された。そうすると、「SOx 排出削減施策が一気に加速」した。結果として、大気中の SOx 濃度も大幅に改善されるにいたった[32]。図38は SOx に拠る大気汚染と公健法にもとづく補償給付額の推移を示したものである。認定患者数は最多の一九八八年まで増えつづけ、同年の患者数は一〇万人以上、補償給付額は一〇〇〇億円を超える規模である。逆に、企業からの申告 SOx 排出量は右肩下がりに激減し、SOx 大気中濃度も大幅に低減された。このことからすれば、公健法が「外部不経済の解消」に果たした役割は疑うべくもない。ヴァイトナーは、同制度と、SOx や NOx の排出基準、高汚染地域での総量規制、自治体と企業間の公害防止協定、環境監視・報告制度といった政策パッケージが、その他の財政援助政や行政指導とあいまって、日本の SOx の激減につながったと評価しており[33]、戦後公害を長年現場で観察し、『戦後日本公害史論』を著した宮本も、この評価に概ね賛意を示している[34]。日本の SOx 汚染と改善は、強力な政治と行政主導によるトップダウンで、外部不経済の内部化が世界で最も成功した事例として、ドイツの研究所から大きな注目を引いた[35]。

アメリカとの政策協調を促されたもう一つの顕著な事例は、移動発生源の自動車排ガス規制である。世界に

図38 SOxに拠る大気汚染と公健法にもとづく補償給付額の推移

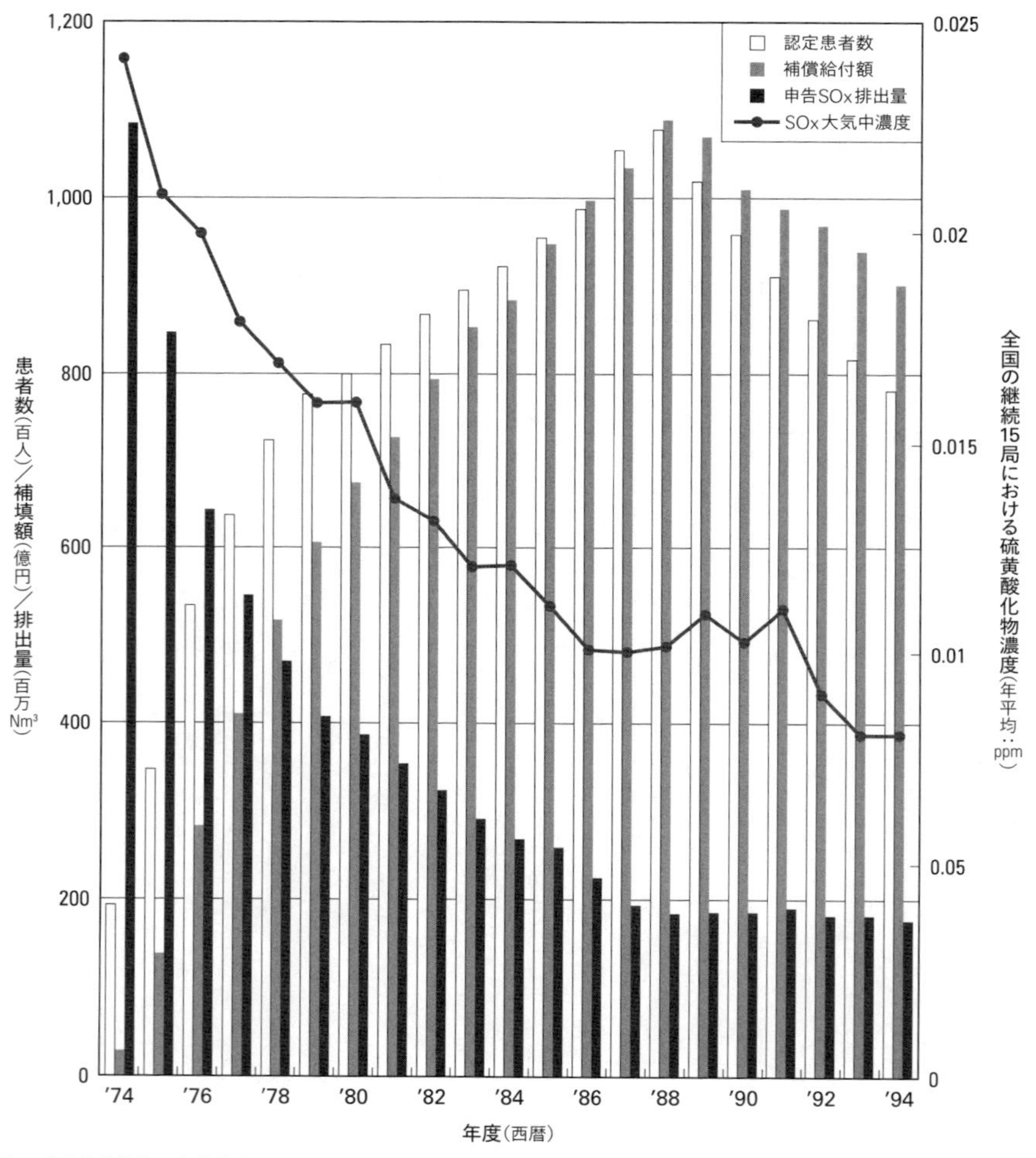

注：①硫黄酸化物の申告排出量は、法に基づき汚染負荷量賦課金納付義務を有する事業者の申告値の全国合計。
②硫黄酸化物の大気中濃度は、全国の継続15測定局における測定値の年平均値。
③1988年の地域指定解除後は、新たな認定は行われていない。

出典：日本の大気汚染経験検討委員会（1997, 51）。

初出：公害健康被害補償予防協会調べによる。

先駆けてモータリゼーションが進み、ロサンゼルスなどで光化学スモッグ被害が深刻化したアメリカでは、ニクソンが大統領選のなかで環境規制の強化を主張したことは第五章で述べた。この目玉がマスキー法であり、一九七五年以降に製造される自動車から排出される一酸化炭素および炭化水素を、一九七〇〜七一年基準から少なくとも九〇％以上削減させること、一九七六年以降に製造される自動車から排出される自動車のＮＯｘを、一九七〇〜七一年基準から少なくとも九〇％以上削減させること、という厳しい排ガス基準が課せられた。アメリカのマスキー法が大統領令でもあったことから、日本の国会でも、マスキー法にどのように対応するかが広く議論されるようになった[36]。当時、運輸省が「自動車排出ガス対策基本計画」を策定中であった。その中間答申における一九七五年の年目標は、一酸化炭素五〇％減、炭化水素は現在の一四％に、窒素酸化物は一五％に減らすというものであり、この目標でさえ達成は困難と捉えられていた。しかし、マスキー法の規制は、桁違いの厳しさであった。国会審議では「アメリカビッグスリーも反発する驚くほど厳しい規制」だが、「大統領令であるために実施されるだろう」と議論されていた。荘清政府委員（通産省）は、「日本の業界にとっても非常にたいへんな努力を要する事態であるということを率直に認めつつも、これは国も業界も一体になって積極的に取り組んでいくべき問題だし、それ以外に進路というものはないだろう」と答弁をしている[37]。

結論から言えば、日本の自動車排ガス規制は、一九七三年、七五年、七六年、七八年と立て続けに強化され、その一方で技術開発のために多くの研究開発費が補助された。当のアメリカがマスキー法を実質的に廃案とするなか、日本の自動車業界では「材料・部品メーカーおよび自動車会社の製品から生産技術にわたるエンジニアを総動員」した。その継続的な努力の結果、「世界にさきがけ『三元触媒＋ＥＧＲ＋酸素センター』システムを確立させ」、マスキー法が求める基準を「クリアした」[38]。これが、「今でも将来の次世代低公害車のベースとなる基本技術となっている」とトヨタ自動車の笹之内は述べている[39]。このことが、トヨタやホンダを中心とする日本の自動車業界の繁栄を招き、「良い環境規制は企業を強くする」というポーター仮説を生んだことは、第一章でも指摘した通りである[40]。

❖公健法の改定と遅れたNOxとSPM規制

前節で述べたように、公健法は、固定発生源からのSOx排出削減について、外部不経済の内部化という意味ではめざましい効果を上げた。一方、認定患者は増大した。その結果、産業界の負担は増した。たとえば、「初年度には負担四十億円が七六年には十倍の四百四十億円になった」。このことについて、「鉄鋼・化学・工業等の業界から負担が大きく、しかも制度運用に干渉できず、有効な歯止めがない」ために、大気汚染の指定地域(第一種地域)の解除を含む制度の縮小を求め、毎年のように要望が出されるようになった[41]。

しかしながら大気汚染による健康被害は続いていた。先進国全般に共通することではあったが、固定発生源からのSOxやNOx対策が進むにつれ、大気汚染の主役は自動車を中心とする移動発生源に伴う都市・生活型大気汚染に移っていった。とりわけ首都圏の幹線道路沿い住民に呼吸器系疾患が増加し、ガン死亡率も上がっていることが、東京衛生局の調査などから明らかにされていた[42]。そのため先進各国ではPM規制もはじまっていった。SOx由来以外に、NOxや浮遊粒子状物質(SPM)の指標化を行い、自動車沿道を指定区域に加えたり、自動車交通量を削減するような措置を公害法体系に含めるなどの法的対応をとるべきだという声が、環境や公害の多様な研究者らによる団体である日本環境会議からあがっていた[43]。

このような論争の中で、政府の臨時行政調査会は、一九八三年に「第一種指定地域の地域制定及び解除の要件の明確化を図る」ことと「療養の給付の適正化を進める」ことを検討するように環境庁に求めた。環境庁はこれを受けて、中央公害対策審議会(以下、中公審)に諮問した。中公審環境保健部会の作業小委員会が、その後の実質的な公健法の骨格を形作っていくことになる。

同作業小委員会では、「幹線道路沿道等の局地的汚染については、科学的知見が十分でなく」、また公健法の地域指定の基準を満たさないとして、指定地域からはずすこととした。地域指定の基準とは「①人口集団に対する大気汚染の影響の程度を定量的に判断でき、②その上でその影響が、個々の地域について、地域の患者を全て大気汚染に拠るものと見なすことに合理性があると考えうる程度にある」ことである。次に、「感受性の高い集団については検討の対象としない」とした。実際、環境庁調査対象は「成人は三十歳から四十九歳の頑健な年齢階層が対象となって」いる。「対象集団から」「児童、老齢者、呼吸器疾患罹患者などが感受性が高い」「弱者」が外されたのである[44]。こうした方針に基づいて、第一種地域の「現行指定地域を全て解除し、新規の患者認定をしない」との答申がなされた。この答申は、反対意見と賛成意見が「ほぼ同数」であった。「時期尚早である」、新たな幹線道路沿岸の汚染を地域指定すべき、といった声も大きかったという。しかし、答申の中には反対論は組み込まれず、議事録も非公開とされた。反対論は答申外の「談話」として付記されるにとどまった。

政府は中公審の答申を受け、公健法第一種地域の解除と新規認定患者停止に向けて、改定を進めた。審議においては、大阪市や東京都区などから、幹線道路沿道の汚染について強い懸念と対策の要望が度重ねて出されたという。また日本弁護士連合会や全国公害患者も、公害指定地域の全面解除に反対した。しかしこうした声は、改定法には反映されなかった。国会審議では、中曽根康弘首相は「昭和四十年代の高度成長による公害によって、その反省の上に公害対策を進め、かなり顕著な成績をあげた」として、「ひとまず原段階においてはこういう踏切をやるのが適当であろう」として幕引きをはかった。公害は終わったという演出である。改定法案は国会を通過した[45]。

公健法の改定は、事実上、大気汚染の健康被害者の救済を断ち切ることを意味した。公健法の改定過程で指摘されたNOｘやSPM対策についての政策対応はなかった。理由は、科学的に不確実であり、また「喘息患者はどこにでもいます」という初期の四日市のロジックと同様、感受性の高い集団、すなわち弱者が対象から外されたからである。道路沿いの大気汚染が解消されていないことについては、一九九七年に環境庁が監修した報告書

「日本の大気汚染経験」の中でも問題として受け止められている。「日本の環境政策がまだ十分成功していない課題としては、特に大都市での都市交通公害問題がある。ガソリン乗用車の排出ガス規制では、日本は厳しい基準を導入し、メーカーもこれをクリアーしてきたが、ディーゼル車や大型車からの排出削減」の記載が残っている[46]。確かに、いくら単体の燃費が改善されたとはいえ、全体の自動車交通の量が増えれば、結局NOｘやSPM濃度はあがり、自動車大気汚染や、また副産物として光化学スモッグを引き起こすことにもなる。しかも燃費の改善は、ガソリン自動車に限ってのことである。移動発生源は、基準強化が進んだガソリン自動車ばかりではない。一九九八年の車種別NOｘ排出総量割合で言えば、排出総量五五万トンのうちガソリン車は二五%にとどまり、七五%がディーゼル車であった[47]。なぜディーゼル車の規制が遅れたのか。これについては、「贅沢嗜好品との認識が我が国の歴史的風土」にあったガソリン自動車に大変厳しい規制が日本版マスキー法によって課せられた一方、「大型ディーゼル車等の貨物車量は生活物資価格への影響に配慮し」緩い対応となった、と自動車メーカー担当者は述べている[48]。おそらく、ディーゼル車には、燃費改善を求めるアメリカからの圧力がなかったのだろう。ディーゼルへの規制が著しく遅れていた日本では、健康被害との因果関係が証明されないという科学的不確実性によって、規制も賠償も見送られてきた。

大型トラックを使う運送業などの事業者は、好む好まざるにかかわらず、こうした排出ガス対策の遅れたディーゼル車両を利用せざるを得なかった。津々浦々に流通網が張り巡らされた日本では、大量のPMを排出するディーゼル車が全国を走りまわる。その結果、特に交通量が多い首都圏や大都市圏を中心に、SPM濃度が環境基準を上回っていた[49]。ディーゼル車由来のNOｘやSPMなどに起因する都市型大気汚染への不対応は[50]、その後の数々の大気汚染裁判へとつながった。大阪市西淀川区、川崎、尼崎、名古屋南部、東京都などである。被害者たちにとって、裁判が最後の砦となる状況は、高度成長期の四大公害期と変わるところがない。このうち、東京大気汚染公害裁判では、ぜんそくなどの健康被害に苦しむ都民からなる原告団が、ディーゼル車の排出削減を怠ってきた自動車メーカー七社、国、東京都、首都高速道路公団を、一九九六年に提訴した。二〇〇二年の第一審判決は幹線沿道の一部住民に対して排出ガスによる健康被害と損害賠償を認めたが、国は因果関係がないとして提訴した。

これに業を煮やしたのが、東京都であった。東京都は六〇年代末以降も美濃部都政で国の公害対策に先鞭を付けていたのは上述の通りである。東京都は独自の調査によりディーゼル車の汚染寄与が大きいこと、またぜんそくだけでなく花粉症など多くの健康被害とも関連があることを調査により明らかにしていた。ディーゼル車による大気汚染についても、公健法改定などのプロセスを通じて、再三、国にＮＯｘ・ＰＭ対策を促し、規制を求めてきていたが、対応をひきだすことができずにいた。正確には、国も自動車ＮＯｘ・ＰＭ法を制定し、対象地域内で登録された車両のみを対象として規制をかけたが、二〇〇三年から先送りする予定とした。これに対して、東京都は登録車だけでは不十分で、実際には全国から流入車があるわけだから、流入車も全て対象にするべきとした[51]。

こうして、二〇〇〇年、東京都は国に先駆けて環境確保条例を制定し、条例で定めるＰＭ排出基準を満たさないディーゼル車の走行を二〇〇三年以降禁止することにした。都独自の規制は、二〇〇一年には埼玉県、二〇〇二年には千葉県と神奈川県にも波及した。この一都三県に加え、横浜市、川崎市、千葉市、さいたま市の八都県市がディーゼル車対策推進本部を設置し、二〇〇二年あるいは二〇〇三年から、ディーゼル車の走行規制が施行された。都は石油連盟に要請し、低硫黄軽油の供給を確保し、粒子状物質減少装置（ＤＰＦ）の開発や実用化をはかり、事業者に、①非ディーゼル車への代替、②最新規制適合ディーゼル車への代替、③ＤＰＦ装着、のいずれかの選択肢について補助や融資斡旋を実施した上で、二〇〇三年に、違反ディーゼル車一掃作戦と題した運行規制を実施に移したのである。

東京都を中心とする八都県市による規制は、ＳＰＭの大幅削減をもたらし、環境基準を満たす地点が増大している。都だけでなく近隣の山梨県でもＳＰＭの濃度が下がるなど、規制区域を超えて、確かな政策効果をあげていることが、複数の研究により実証されている[52]。なお、健康被害について東京都は、二〇〇八年には、公害訴訟の二〇〇七年和解条項の一つに挙げられた健康被害補償として、東京都大気汚染医療費助成制度をスタートさせている。都によれば、「国、首都高速道路株式会社及び自動車メーカー七社の拠出を得て、都が都内の気管支ぜん息患者に対する医療費助成を」行なうことにしたという。この和解は「裁判による因果関係を争った結果ではなく、健康障害者が現に存在することを前提に、当事者間での解決を図ったもの」と記している[53]。国が、科学的因果関係が明らかでないとして、公健法による被害補償を打ち切りにしたのとは対照的である[54]。東京都の政策が、現状からの救済という福祉的観点に主眼を置いていることがわかる。

公害国会の当時を除くと、全般に国による規制が緩慢であることは、ディーゼル規制の例に留まらない。アスベストの規制が欧米に大幅に遅れていることは指摘されている[55]。地表オゾンを引き起こす揮発性有機物質（ＶＯＣ）についても、欧州ＬＲＴＡＰ条約および米加大気質協定の双方において、九〇年代には規制が始まったが、日本での政策導入は遅れた。有り体に言って、一時期の例外を除くと、日本では先駆的な政策形成機能が弱まっていると考えられる。

公害国会の際、日本が劇的な政策変化に臨んだ理由ははっきりしている。急激な対応の背景には、国内外での運動の高まりと公害裁判での原告勝利、先駆的自治体の取組み、そしてより本質的な問題として、アメリカの圧力あるいは環境政策の後追いという外部要因があったのである。それによって日本政府は、汚染者負担の原則、無過失賠償責任をいわば強制的に導入せざるをえなかった。公健法制定、日本版マスキー法の適用、挙証責任の転換といった画期的な方針は、公害被害者の救済のためではなく、アメリカからの要請に応えた結果であった。

では、その後、国の対応が緩慢になり、被害が放置される事態が続いたのはなぜだったのだろう。日本が公害克服に大きな成果を挙げるなか、アメリカからの圧力は消失した。それが行政や産業界の主要な認識枠組を、公害以前の状況に回帰させたようだ。

ディーゼルの事例では、一部の規制慎重派の有識者の意見のみが取り入れられたことが明らかになっており、そこには、政策プロセスの非公開、弱者グループを検討から外す、といった受苦アクターの切り捨て思想も垣間見える。ぜんそく患者をはじめとする受苦アクターは政治的機会構造が依然として弱い。一部の献身的な研究者や医師や弁護士らに支えられ、裁判以外、救済を求める方法がないという状況が浮かび上がる。一方、国や産業界側に、経済発展と環境保全を対立的にとらえる認識枠組が強いことも問題であろう。さらに、科学的証明を重視する認識枠組もある。ディーゼルの事例からしても、国が、高いレベルで科学的・疫学的因果関係を求め、調査に長期間かけていることが、極めて特徴的といえるだろう。

試みに、二〇〇四年の参議院環境委員会で行なわれた、東京大気汚染公害裁判をめぐる審議をみてみよう。被害者救済に関する質問で、小池百合子環境大臣は以下のような答弁を行なった。「ぜんそくなどに代表されます非特異的呼吸器疾患は」、「大気汚染だけでなく様々な原因により発症し、また悪化するというふうに言われているわけで」、「被害救済の在り方を検討する際には、大気汚染とそしてぜんそくなどの呼吸器疾患との因果関係を裏付ける科学的知見が必要ということになっているわけでございますけれども、現在、我が国の一般環境の大気汚染はその主たる原因とは考えられていない」。また「これまで幹線道路沿道の局地的な大気汚染とそしてぜんそくとの因果関係ということについての知見がないということで、平成十七年度から大規模な疫学調査の開始を検討いたしておりまして、概算要求でも盛り込ませていただいたところでございます」と、必要な調査研究の推進を幾度も繰り返している。対照的なのが東京都である。疫学的ではない方法によって一定の因果関係を把握した東京都は、言うなれば、起業家的リーダーシップを発揮し、効果の高い対策を独自に打ち出した。八都県市や石油連盟などのアクターと調整をはかり、事業者が遵守できるような選択肢を示した上で、ディーゼル規制に踏み切ったのであった。

2　酸性雨研究調査

日本では、局地的大気汚染があまりに深刻であったため、高度経済成長期には主として固定発生源由来の大気汚染の被害救済や対策が、主要な政策論争の課題でありつづけた。八〇年代には固定発生源由来の大気汚染は大幅に改善されたが、たとえば光化学オキシダント濃度は、多くの地点において環境基準を満たしていないなど、都市生活型大気汚染は未だ改善していない。子どもを中心にぜんそく罹患者の割合なども増えつづけている。途上国に比べれば大気質の数値は遥かによいとはいえ、二一世紀に入っても局地的大気汚染は過去のものとはなっていない。こうした局地大気汚染にスポットが当たる一方で、北米や欧州の国々を震撼させた酸性雨による湖の死や森林枯死という話は日本ではあまり聞かれない。局地的大気汚染も酸性雨も、もとを辿れば原因物質の発生源は同じである（第一章図1参照）。日本にも、欧米と同じレベルの酸性雨が降った可能性はないのだろうか。日本では、酸性雨問題はいつ頃どのようなアクターにより認識され、どのような政策対応がなされてきたのだろう。それが、いかにしてEANETのような国際協力枠組の発展につながっていったのか。少し時計の針を戻してみよう。

藤田によれば、日本の酸性雨研究のはじまりは明治期にまでさかのぼる。「欧米の知識を貪欲に輸入した」一九世紀末、ドイツから招聘された研究者ケルナーの伝授で、日本でも降水化学の研究がはじまっていた。一九二〇年から大阪で降下ばいじん量の測定が始められ、その後、東京を含む各都市に広まった。気象台が、降水の化学分析を開始したのは一九三五年のことである[56]。酸性雨モニタリングは、戦前にすでにはじまっていたことになる。このようなモニタリングが始まっていたのは、大阪などでの都市大気汚染に加え、上述の足尾銅山をはじめ、日立鉱山などの鉱業に伴う森林破壊や農業被害など、酸性雨被害がすでに始まっていたからにほかならない。しかし当時、「酸性雨」という言葉で問題が認識されたわけではなかった。

酸性雨問題が「被害」と結びつけて、最初に報道されたのは、一九七一年九月のことであった[57]。東京の代々木駅周辺で霧雨が降ると、目をさすような痛みを感じたと通行人が数名訴えたことが、新聞に取り上げられ話題になった。一九七三年には、静岡県や山梨県で住民がのどの痛みを感じたり、キュウリ等の農産物に障害がでるなどの被害が出た。一九七四年には関東一円で農作物被害があったという。こうした現象は初期には「湿性大気汚染」と呼ばれた。このころから『大気汚染学会誌』などで、酸性雨に関する多くの論文が発表されるようになった。酸性雨は「自治体の試験研究機関にとって格好のテーマだという事情」もあり、酸性度の高い降水が、各地で観測されたという[58]。

湿性大気汚染、後に酸性雨と呼ばれることになるこの現象について、環境庁の初めてのタスクは、「森林や湖沼等における生態系への影響や、酸性雨のメカニズムの解明や対策の実施」であった。一九七五年に環境庁は湿性大気汚染調査を開始し、一九八三年から第一次酸性雨対策調査、一九八八年から第二次調査、一九九三年から第三次調査、一九九八年から第四次調査といったように、立て続けに調査が進められた。一九九七年に環境庁地球環境部が出版した書籍『酸性雨』によれば[59]、酸性雨の未然防止のため、「研究を進め精度を一層向上させること」そのものが、重要な政策課題であった。環境庁は、こうした調査の結果を、紙媒体やCD‐ROMなど様々な媒体で公開し、一九九七年には『地球環境の行方――酸性雨』と題する書籍も出版している。

酸性雨研究は、環境庁と並んで、通産省(現在の経済産業省)所管の公益法人である電力中央研究所(以下、電中研)においても進められてきた[60]。電中研は、一九八〇年代はじめに研究に着手し、まず植物影響や降水化学に取り組み、一九八七年には通産省から受託研究を開始し、全国規模で酸性雨実態調査を開始した。降水調査、流域調査、樹木調査、土壌調査など、研究対象は幅広い。しかし、電中研が最も注力したのは、酸性雨の広域輸送やその将来予測である。潤沢な資金を背景に、大規模な研究が展開された。一九九〇年には中国、韓国、台湾の研究機関とも共同研究が開始された。こうした成果は、電中研レビューと題した発行物をはじめ、様々な研究論文の形で公開されている。

この他にも、環境庁調査を「補足」する形で、地方自治体の環境研究所をメンバーとする全国環境研協議会でも、酸性雨全国調査を一九九一年度より、環境庁や国立環境研究所(以下、国環研)と共同で実施した。

調査は多岐にわたり蓄積が進んだが、一九七〇年代の「湿性大気汚染」被害の後、日本では、酸性雨による直接的な被害は殆ど訴えられなくなっていった。その理由として環境庁は、酸性雨の主要な原因物質の一つである硫黄の劇的な削減が進んだことを理由として挙げられている[61]。当時日本では、世界に先駆けた公害対策が進んでいたことや、島国という地理的要因、気象条件などから、広域的な被害は将来的にも生じないという見方が支配的であったという[62]。

その一方で、関東北部を中心に森林の立ち枯れが観測されている。群馬県衛生公害研究所の関口恭一が、関東地方でみられるスギ衰退を報告し、その原因として酸性雨を指摘したのは一九八六年のことである。実際に、原因不明のスギ衰退とオキシダント指数の分布は重なっていることがわかり、環境庁と林野庁は緊急調査を行なった。結果、環境庁は「元来森林被害の現象は複合的な要因が大きく、これを酸性雨のみに直接結びつけて議論することは難しく、今後の究明が必要」という慎重な立場をとった。一方の電中研は「わが国でみられるスギ衰退には、オゾンと水ストレスの影響が複合的に関与している可能性が高い。また、現状レベルより高濃度のSO_2がもう少し負荷されたときには、乾物生長の低下する樹種がいくつかある。このため、仮に東アジアでSO_2濃度が大幅に上昇することがあれば、オゾンとの複合作用によって、いくつかの樹種に影響のおよぶ可能性はある」という見解を出している[63]。

一九八〇年代になると酸性雨研究は東アジア各国でもはじまった。このうち韓国では、一九七〇年代の終わりからソウルと蔚山で酸性雨調査に着手し、一九八〇年には国立環境研究院が予備調査をはじめた。一九八四年に「酸性雨測定網運営指針」が制定されたことで本格調査が始まった韓国では、一九九三年に全国のモニタリングプログラムが開始され、ｐＨは年平均4・6から4・8と酸性化が進んでいることが確認されていた[64]。韓国は、排出量が多い中国の東、すなわち風下に位置するため、地理的に中国から影響を受けやすい。そのため一九九五年には、黄砂襲来時の降水組成の研究や、長距離輸送モデルの開発にも着手した。

台湾でも一九八四年に行政院環境保護省によって調査が始まり、その後、長距離輸送モデルの開発が台湾大学で進められた。東南アジアでは、まだ植民地時代の一九世紀終わりにオランダ、イギリス、フランスなどの宗主国による降水の分析が行なわれていたというが、独立後、酸性雨モニタリングは東アジアと比べて遅れたといわれている。

そして中国である。中国における酸性雨の調査は一九七〇年代末に試行的に始められ、重慶など西南地域の都市では、予想よりも酸性化が著しいことが判明していた。同じころ行われた北京や南京の調査では、硫酸や硝酸の濃度が高いことも分かっていたという。中国では一九八二年に国家環境保護局が「全国第一回酸性雨会議」を開催し、一九八三年から四川省と貴州省を中心に「第一次調査」、一九八五年からより拡張して断続的に調査を行なった。その結果、「降水の酸性度の強い地域は局地的なこと、酸性度は年々上昇の傾向にあること、農作物、森林、建築物などに被害を生じていること」、「華中地域の酸性雨が深刻なこと、巨視的にみると酸性化は東へ拡大していること、環境被害には大気汚染物質の直接影響も関与していること、酸性化の原因は石炭燃焼に起因するSO_2にあることが確認された」[65]。中国のなかでも、研究が進み、大気汚染による健康・農業等への被害は、ＧＮＰの三・六五％に上るとの計上も公表された[66]。中国の行政当局は、石炭の硫黄分の低下、住宅暖房のガス化の対策を策定し、国内政策を強化しはじめた[67]。

3 対中環境援助の拡大

酸性雨問題が、日本で注目を集めるようになったのは一九九〇年代初頭である。冷戦終結以降、世界規模で地球環境問題への意識は高まっていた。たとえば、国会では一九九〇年頃から、オゾン層の破壊や気候変動と並んで、酸性雨が地球環境問題の一つとして認識され、欧米のレジームについても議論が及んでいた。環境省や林野庁が、被害の顕在化は確認されないと回答しても、むしろ与野党の議員から、pH4・6から4・8と、欧米並みの酸性雨が降っていることは基礎調査で明らかにされている、群馬県の杉やシラカバの立ち枯れなど兆候が出ている、このままいけば将来被害が広がる恐れがあるとの基礎調査も文部科学省などの調査で明らかになっている、といった指摘が相次いだ。酸性雨の「基礎研究はかなり行われている。それを行政側がどう取り入れるかという姿勢の問題である」との指摘も出ており、環境庁長官も「深刻な問題なのでしっかりやりたい」と答弁するなど、政治側が酸性雨問題への真摯な取組みを行政にせまっている様子が窺える。同時に、中国の大気汚染や酸性雨についても重ねて議論されている。中国の経済成長を目前に、日本が風下に立地することから、中国への支援をしっかり行なうべきとの意見が与野党議員からも表明され、また日本の公害経験を伝えることの重要さも指摘された[68]。

越境酸性雨被害が劇的に増加するであろうとの懸念は、メディアによっても取り上げられ、日本国民の関心も高まった。北東アジアの多国間政策対話の場においても、日本や韓国・中国の政府代表が共同取組みの必要性を指摘した。たとえば、一九九二年に開催された第一回環日本海環境協力会議(NEAC)では、中国代表が自ら「国内酸性雨の被害はかなり深刻である」ことを報告し、「石炭火力発電所等から排出される亜硫酸ガスなど原因物質の抑制を図る為、国際協力が必要」であると提起した。

こうした事態に日本では、環境協力を経済協力の重点事項と位置づけ、環境面の開発援助を大々的に展開し始めた[69]。もちろん、対中環境援助を行われたのは日本だけでない。アメリカ、欧州からも数多くの支援が展開された。冷戦は終結し、リオ・サミットが開催されるなど、環境問題への世界的関心が高まっていた。地球環境問題の現出は、自らが温暖化やオゾン層破壊に関わってきた事実を先進国に直視させた。先進各国は途上国の環境問題に対する国際協力を増大させることが望まれていたのである。

日本から中国への支援が質量ともにもっとも多く投下されたのが一九九〇年代である。一九七九年に大平正芳首相（当時）が訪中してから、日本政府は積極的に対中経済協力を推進したが、環境案件は当初、主として水分野、とりわけ上下水道整備に限られていた。しかし、一九九〇年代に入ると環境協力案件は質量ともに増加し、円借款を中心に無償協力・技術協力等の援助が、各関係省庁・援助機関によって実施された。ただし、環境案件は経済開発に直接的に貢献しないため要請が表れにくい。また居住環境案件に比べると、産業公害案件は相対的に少ないという問題点がある。そのため通商産業省では、一九九二年より、産業公害分野および省エネルギー分野に特化した「グリーン・エイド・プラン」事業を展開し、中国はインドネシアやフィリピンと並んで重点国の一つとして位置づけられた。環境協力の担い手となるのは中央省庁ばかりではなく、北九州市や広島市を中心に地方公共団体間によるソフト面を中心とした協力も増大した。公益法人による事業、助成・基金等による支援、学術的協力、民間企業の環境投資など、民間レベルでの環境協力も徐々に進展した。

顔の見えない援助、あるいはひも付き援助に対する批判が高かった当時、二国間協力活動を実質的に支えるソフトな枠組も拡充された。とりわけ献身的な知中派の日本人職員らによる橋渡しの場として、重要な役割を果たしたのは日中友好環境保全センターである。自治体・民間レベルの協力を含めた二国間環境協力の調整も行われた。また技術投入だけでなく人材育成にも力がいれられ、JICA等を通じた人材研修プログラムにも力が入れられた。なお、日本の公害は、固定発生源に対するエンドオブパイプ型の脱硫・脱硝技術等が投入されたが、こうした日本の科学技術は、規制と両義的な関係にある多額の補助金や助成金に裏付けられたものでもあり、きわめて高価であった。そのため、現地にあった中間技術も、献身的な日本人研究者や中国の研究者らにより共同開発された[70]。バイオブリケットはその一例である[71]。

さらに、首脳レベルの対話により、環境協力に対するイニシアティヴが頻繁に表明されるようになったのもこの頃であった。代表的なものとしては、一九九七年の「二十一世紀に向けた日中環境協力」(橋本龍太郎首相、江沢民総書記)があり、この合意において「環境開発モデル都市構想」[72]、「環境情報ネットワーク」[73]、を日中環境協力の二本柱とすることが決定された。また一九九八年、江沢民主席が訪日した際には、「二十一世紀に向けた環境協力に関する共同発表」が出され、後述の東アジア酸性雨モニタリングネットワーク(EANET)への積極的な参加や、地球温暖化防止に向けた協力の実施も、主要なテーマとして掲げられた。

また、日本の経験を中国はじめ途上国全般へ伝え、汚染を回避した新発展パターンを提唱する、ソフトな情報協力も盛んに行われた。その象徴が、一九九一年に環境庁若手職員らを中心にまとめられた『日本の公害経験——環境に配慮しない経済の不経済』であり、一九九七年に環境庁監修で有識者によりまとめられた『日本の大気汚染経験』である。いずれにおいても、甚大な環境被害を出す前に、より早いタイミングで技術投下をした方が、社会影響を回避できるだけでなく、費用効果的でもあるという点が伝えられた。ただし、環境族として知られ、大蔵大臣などを歴任していた橋本龍太郎(後に首相)が、対策には科学的証明が重要であるとの意見を付記している。「環境行政とはことが人命にもかかわるだけにたしかに先見性と実行が他分野の行政以上に求められるが、科学的に他の人々を説得できるだけの学問的裏付けがなければ、国民の支持を得ることはできない」、「ある種の物質が特定の公害病の原因だと学会で主張されていたとしても、それが学界の大勢とならず少数意見と見なされているのであれば、行政としてはそれを取り上げる訳にはいかない。少数意見に行政が振り回される弊害や危険を合わせ考えなければならないことも知ってもらいたい」として、科学的裏付けの重要性が強調された[74]。

もっとも、こうしたメッセージに、有識者から保留や注文があったことも付記しておこう。一貫して市民の立場から公害研究や支援に関わってきた宇井は、「現実には、しばしば公害被害を部分的に捉え、その被害が過小評価されることがある事実をしっかりおさえておかねばならぬ」し、「金銭的補償が不可能な絶対的損失の存在も承知しておかねばならない」と、失われたら二度と戻らぬ命や健康に思いを馳せている。そのうえで、「行政部門における対策の在り方で、すっぽり抜け落ちてしまっているのが、民間運動団体との協力である。歴史的な事実としての民間団体から見れば、環境庁との協力が課題でありながら、失望の連続であった、開発省庁に対しての自主性が発揮できないという不満があった」ことから民間運動団体の意見を吸い上げる重要性を示唆した[75]。環境法学者の淡路も「まず、開かれた民主的政治と参加が社会の基本的枠組みとならなければならない」、「法制度だけでは問題は根本的に解決しない」など、民主的政治の必要性を問いかけた[76]。

4　地域環境協力制度の誕生と入れ子構造

以上のような日中二国間協力と並行して、多国間での地域環境協力制度が複数登場したのも九〇年代の特徴であった。アジア・太平洋地域では、広大で多様であることから、国連アジア太平洋委員会(UN/ESCAP)が、小地域レベルでの環境協力を重視し推進した。そのため東南アジア(ASEAN諸国)、北東アジア、南アジアといった小地域レベルで、様々な環境協力の試みが広がってきた[77]。ただ、北東アジアは、冷戦期には東西陣営に分割されており、また国ごとに経済・政治体制や発展段階も異なることから、元来小地域としての求心力が弱く、ASEANのような多国間協力は進展していなかった。どちらかといえば、ODAを含む経済協力の形で二国間環境協力が進展してきた。しかし、冷戦終焉を契機に九〇年代に入り、幾つかの多国間プログラムやフォーラムが誕生し始めた。

中でも北東アジア小地域環境協力プログラム（NEASPEC）は、北東アジア初の包括的な多国間環境協力プログラムとして、中心的な存在である。同制度は、一九九三年、韓国の提唱を受け、国連アジア太平洋経済社会委員会が設立した。以来、エネルギー・大気汚染関係、エコシステム管理、能力構築の三分野を中心に、具体的な協力プロジェクトが実施された。しかしプロジェクトの数や規模は小さく、恒常的な資金メカニズムや組織体制を整えることが当面の重要課題になり、二〇〇〇年に韓国が一〇万ドル規模で基金を設立した。

NEASPECは環境大臣レベルの会合を持たないが、日中韓では韓国の提唱で一九九九年より年一回、三カ国環境大臣会合（TEMM）が開催されている。時宜を得た問題に実質的に迅速に取組むうえで、重要な役割を果たしつづけている会合である。

一方、NEACは、特にプロジェクト実施などは行わないが、各国政府内の環境省庁の政策担当者が年に一度集うことになった[78]。NEACでは特に優先分野等は設けず、毎年様々なテーマで情報交換や政策対話などを行っている。地方自治体や専門家・NGOなどの参加も得て、自由で率直な雰囲気が醸成されている。この他にもNGO・専門家レベルでは北東アジア・北東太平洋環境フォーラム（NEANPEF、改名後はNAPAP）が一九九二年に形成された。

日本を除く、中国・韓国・北朝鮮・モンゴル・ロシアの五カ国間でも、UNDPの支援を得て豆満江経済開発地域（TRADP）の開発・貿易に関する小地域協力が進展しているが、これに伴って環境と開発の問題も議論され、一九九五年には「環境問題に関する覚書」が締結された。

一方、東アジアよりも少し対象が拡がるが、緩やかな経済協力体であるAPECでは環境と経済の統合が謳われており、一九九四年に発表されたAPEC環境ビジョン宣言を受けて、複数の環境ワークプログラムが策定された[79]。

図39 アジアの環境協力制度の入れ子構造

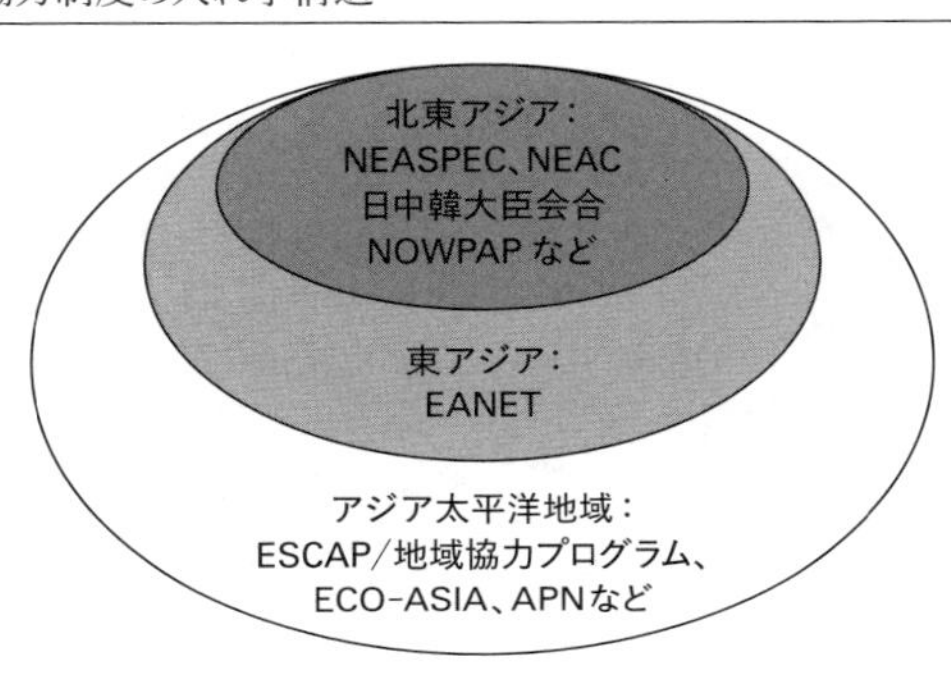

また、地球環境に関する科学者たちの国際共同研究を推進する国家間プログラムとして、アジア太平洋地球変動研究ネットワーク（APN）が設立され、アジア太平洋地域の二〇カ国が参加している。他方、日本の主導で一九九一年に発足されたエコ・アジアは、アジア太平洋地域の環境大臣の自由で率直な政策対話のフォーラムを提供するとともにこの地域の環境保全の長期展望についても検討を始めている。

ここで列挙した地域環境協力の制度は、経済的にも政治的にも分断された北東アジアにおいては、いずれもそれなりに地域や人をつなぐ役割を果たしたことは確かである。しかしながら制度間の関係は、第二章で述べた欧州の地域環境協力制度と異なり、補完的というよりは競合的関係にあったことは指摘しておかねばならない。その背景に、北東アジア各国の思惑やリーダーシップをめぐる考え方の相違があった。たとえば地理的範囲については、日本はどちらかといえば、エコ・アジアやEANETのような東アジアあるいはアジア全域を志向し、韓国は、NEASPECのような北東アジアレベルと国際機関のプレゼンスを志向した（図39参照）〔80〕。

活動範囲についても異なる思惑があった。中国は具体的なプロジェクト実施を希求したが、日本は、多国間協力制度が新たな援助供与チャンネルとならないことを望み、情報交換やモニタリング、政策枠組を志向した。また地域環境協力は、原則的に域内各国の自発的発意に基づいて生じるものであることから、多国間環境協力枠組に対しては、域内全ての国がその

図40 北東アジアの環境協力制度の入れ子構造

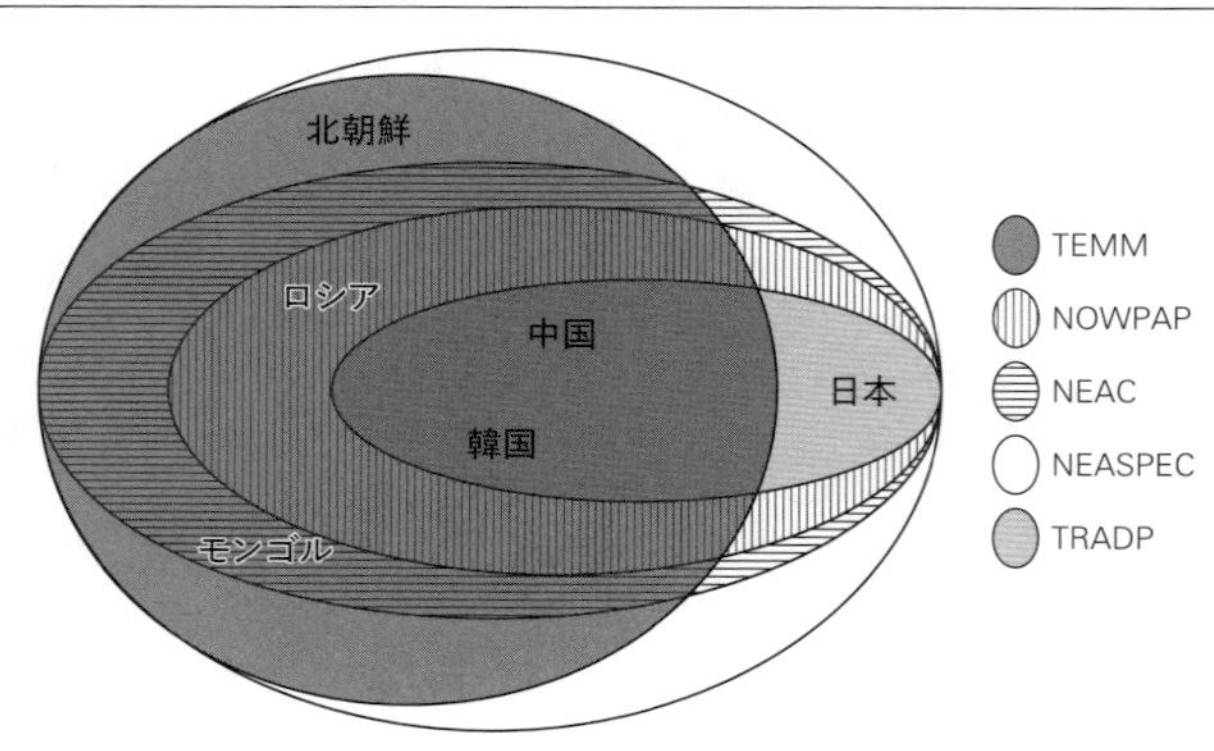

出典：Takahashi（2002, 233-234).

能力に応じて（資金的）負担を追うべきであると考えている。韓国は、中国が望むような技術支援的な協力と、日本が希望するような環境状態の共同調査等の環境管理プロジェクトの双方が、地域環境協力に盛り込まれるべきだと考えた[81]。

さらに難問は、北東アジア内に限定しても、制度ごとに加盟国が異なるという入れ子構造が存在していたことである。図40が示すように、複数の枠組みは、それぞれに参加国にズレが見られるのである。このような各国の思惑がそれぞれに異なる中で、入れ子構造にある協力制度の全体的な活動内容を調整したり、連携や相乗効果を出そうとする試みは殆どみられなかった。

北東アジアの環境協力に関する見解やアプローチが異なるのは、何も国家間においてのみではない。すなわち、各国とも、国内レベルにおいても、すべての関連主体が環境協力の在り方に関し、必ずしも同一の見解やアプローチをとっているわけではないという、きわめて当然のことを個々で確認しておくべきであろう。一国の政府内においても、環境協力政策の策定や実施には、環境省庁だけでなく、通商、エネルギー、外務、水産、運輸、厚生等、多くの省庁が関与している。省庁間で、必ずしも同一の見解が取られているわけではなく、時には権限や利害をめぐって意見の衝突も見られる。このような国内レベルでの見解の相違や衝突が、多国間環境協力取組の状況を更に複雑化させている。そうした結果、東アジアの環境協力制度にみられる複層性は、自国や自組織にとって好ましい枠組を選択的に用いるという「フォーラムショッピング」を招き、スタンブリング・ブロック化を招いてしまったことが、筆者を含む先行研究で明らかにされている[82]。

5 東アジア酸性雨モニタリングネットワークと入れ子構造

東アジアの酸性雨モニタリングネットワークは、対中環境援助の増大、地域環境協力制度の乱立が進む中で、日本の環境庁の肝いりで設立された制度であった。将来の越境大気汚染を未然防止する、そのために科学的インフラを作っておくというのが、真の目的であった。

日本の環境庁は、一九九二年、東アジア地域の酸性雨問題を解明する科学的インフラストラクチャーの第一歩として、東アジア酸性雨モニタリングネットワーク(EANET)構想を発表した。各国の酸性雨モニタリング・データや関連情報をすべての参加国で共有することにより、酸性雨の現状についての共通認識の形成を図り、将来の発生源対策その他の酸性雨対策を推進する上での基盤とすべきというのがその趣旨であった。同庁の呼び掛けのもと、中国、インドネシア、日本、韓国、マレーシア、モンゴル、フィリピン、シンガポール、ロシア、タイの一〇カ国、およびLRTAP条約のEMEP、アメリカ国家酸性雨評価計画(NAPAP)および世界銀行の参加を得て、第一回専門家会合が一九九三年一〇月、富山県において開催された。これが後のEANETの始りである。

一九九三年から一九九七年にかけて四度の専門家会合が日本国内で開かれ、一九九七年には、「東アジア地域酸性雨モニタリングネットワークの設計」およびそのスケジュールが取りまとめられ、酸性雨モニタリングのための技術マニュアルが採択された[83]。一九九七年、当時の橋本首相が六月の国連環境開発特別総会において、EANET設立のための政府間会合を提案し、その第一弾として、一一月に作業グループ会合が開催された。ここにきて、専門家から政策担当者へと舞台が移ったのである。主要なアジェンダは、専門家会合で採択された「ネットワークの設計」と「試行稼動の実施」である。日本の「ネットワークの設計」に慎重な態度を見せたのは中国と韓国であった。

中国がもっとも強い懸念を見せたのは、酸性雨の「越境」性という表現に対してである。中国にとって、自国が「加害国」であるという印象は好ましくない。それよりも、中国にとって喫急に対処すべき問題は、より深刻な局地レベルにおける酸性雨問題であった。中国政府が問題の所在を国際的に認めたのは、局地大気汚染の存在であり、越境大気汚染ではない。しかしながら、日本主導によるEANETが対象にしようとしているのは、広域酸性雨問題であり、換言すれば、国境を越えた酸性雨問題である。中国には批判や賠償請求を恐れるむきもあったであろう。それゆえ、中国は「越境性」を示唆する表現に極度に警戒心を見せた、また日本側も中国側に配慮し、「越境」を示唆する言葉の使用を暗黙的に避けた。

一方、韓国は地理的にも日本より中国に近く、日本以上に中国から酸性雨被害を受ける懸念がある。それゆえ、専門家会合やその他の公式ルートによる政策対話においても、「越境酸性雨」という言葉を頻繁に用いた。また、韓国には中国とは異なる文脈において、反論があった。韓国の懸念は、外交上・手続き上の問題にあった。つまり専門家会合は、あくまで専門家という、公式の通常外交ルートではないインフォーマルな科学者集団によって執り行われた会合にすぎず、したがって、「ネットワークの設計」は、必ずしも国家間で合意されたものではない。そこで韓国は、専門家会合の成果である「ネットワークの設計」という重要決定事項には法的根拠がないとして、新たな合意の必要性を訴えたのである。例えば「ネットワークの設計」では、EANETの事務局およびネットワークセンターは日本に設置されることになっていた。これに対し、韓国はセンターの設置場所の再検討を求めた。また、モニタリングのためのガイドラインとマニュアルについても、日本側は「ネットワークの設計」に明記されているために「ラウンドロビーイング」を実施しようとしたが、韓国側は「ネットワークの設計に明記されていること」は「ラウンドロビーイングを行うに充分な根拠とはならない」として異を唱えた。「試行稼動の実施」にあたっては、日本の環境庁を暫定事務局に、また日本（新潟県）に設置される酸性雨研究センターを暫定ネットワークセンターに指定することが定められていたが、このセンターの権限は、ドラフト案よりも一定程度狭められることになった。

論議を呼んだもう一つのテーマは、ＥＡＮＥＴの財政的事項である。専門家会合が始まって以来、ネットワークの活動に関わる運営経費の財源は、提唱国であり域内唯一の先進国である日本政府によって拠出されてきた。しかしＥＡＮＥＴ正式稼動時の活動経費に関しては、日本は参加国全体がそれなりに負担することを求めた。一方で、日本以外の国は、ＥＡＮＥＴにかけられる国内予算が小さく、潤沢な資金量を持つ日本が自発的にできるだけ多く負担することを望んでいる。

結局、「試行稼動の実施」時には、暫定センターおよび暫定事務局の運営経費は自発的に日本によって賄われることとなった。しかし「ネットワークの設計」に関しては、活動経費は「原則として参加国全体で分担する。ネットワーク運営のための資金調達の仕組みについては、第二次政府間会合において創設し、その分担の詳細を決定する」ことが、暫定的に取りまとめられた。この交渉が一定の結論を得るのは、後述のとおり二〇一〇年のことである。

参加国国内における酸性雨モニタリング計画の実施にかかる経費は、各当該国が負担することになっている。しかし実際には、域内途上国には、日本のＯＤＡが大きな役割を果たした。すなわち、前述の、橋本首相による「二十一世紀に向けた環境開発支援構想（略称ＩＳＤ）」の中で、ＥＡＮＥＴ整備構想は「ＯＤＡを中心とした我が国の国際環境協力」の「行動計画」の柱の一つと据えられることとなった。開発途上国に対しては、「各国の実情を踏まえ、九七年度より日本において酸性雨モニタリングに関する研修コースを開始する他、各国の要望に応じ、専門家派遣、モニタリング関連機材供与等ODAによる支援を検討する」ことが明記された。域内途上国へのこうしたODAの提供は、開発途上国における能力開発にも直結するもので、手放しで歓迎された。EANET会合における途上国の熱心な参加は、ODAに裏付けられていたし、また政策担当者間のコミュニケーションにも資するものであった。

こうしたODAを通じたコミュニケーションが、唯一適用されなかったのが、韓国であった。推進国同士であるはずの日韓間で、協調的というよりは時に敵対的ともいえる言動があったのは、多チャンネルを通じたコミュニケーションや実質的協力が欠落していたからにほかならない。一例として、政府間会合でのエピソードを紹介しておきたい。ネットワークセンターが設置された日本の新潟市の立地について、日本側は「日本海」という呼称を用いて説明をした。これに対して、韓国側が「東海」と併記すべきと主張した。出席している外務省担当者同士での議論は決着がつかず、肝心の審議が一時とまり、会場全体が緊迫感に包まれた。参加していた環境庁やセンター担当者は困惑の色を隠せず「私たちは、酸性雨の専門家であり、この問題に向けてともに協力していきたいと考えているだけである」と決意表明をした。議事録には残されないこうしたちぐはぐなやり取りは、幾度となく繰り返された。政府間会合に、両国の政治認識問題が持ち込まれた一例である。その背景には、日韓の歴史認識の相違、語学上のコミュニケーションの問題、そして担当者が比較的短期に変わることによる信頼関係醸成の難しさ、といった遠因がひかえていた[84]。

結局、一九九八年に開かれた第一回政府間会合では、暫定的な「東アジア酸性雨モニタリングネットワークの設計」が取りまとめられた。この設計案に従って、一九九八年四月暫定事務局が日本の環境庁に、暫定ネットワークセンターが日本の環境衛生センターの支部として新設された新潟市内の酸性雨研究センターに置かれた。この間、EANET活動に関する資金は全額日本政府によって負担されることになった。この段階では、中国は国内行政改革による混乱を理由にオブザーバー参加を表明し、正式に開始されたのは二〇〇〇年からであった。韓国はネットワークに参加をした。

日本ではよく知られているEANETであるが、モニタリングを目的とする関係の地域枠組の提案は、EANETだけではなかった。この地域唯一の包括的な多国間環境協力プログラムであるNEASPECの枠内でも、韓国の国立環境研究院内に環境汚染データのモニタリングと解析の為の地域環境汚染データセンター(クリアリングハウス)を設立された。このプロジェクト遂行のためには、韓国独自の予算に加え、アジア開発銀行(ADB)からも資金援助が行われた。

東アジアでは、以上に見たように、EANETを中心に地域共通の手法による酸性沈着モニタリングが進んだ。ただし欧州のように越境酸性雨の実状調査と予測を志向するならば、酸性沈着モニタリングだけでは不十分であることは論をまたない。汚染物質に関する排出モニタリング、および汚染物質長距離輸送推計に関する科学的基盤が構築され、これらが一体的に論じられてはじめて、越境酸性雨抑制に向けた効果的な削減戦略の策定が可能になる。

こうした考えから、韓国が提唱し、一九九五年より一、二年に一度の割合で韓日中間の「北東アジアの長距離越境大気汚染物質に関する専門家会議」が招致されることとなった。これと並行して、一九九九年一月には日本の環境庁やUN/ESCAPも「大気汚染物質の排出モニタリング及び推計」に関する専門家会合を開催し、排出モニタリング/推計のためのガイドブックを作成することを提案した。この提案は、しかしながら、翌年二月のNEASPEC高級事務官レベル会合(NEASPECの意思決定機関)で却下された。その一因は、地理的範囲の不一致にあったという[85]。結局、排出源インベントリ推計のガイドブック作りは、日韓のイニシアティヴとはまた別の枠組において実現された。これが、国連開発計画(UNDP)と国連社会経済局(UN/DESA)が行う「エネルギー・石炭燃焼及び大気汚染」である。この枠組には、中国、韓国、北朝鮮、モンゴルが参加しており、

図41　東アジアの酸性雨問題をめぐる地域枠組の入れ子構造

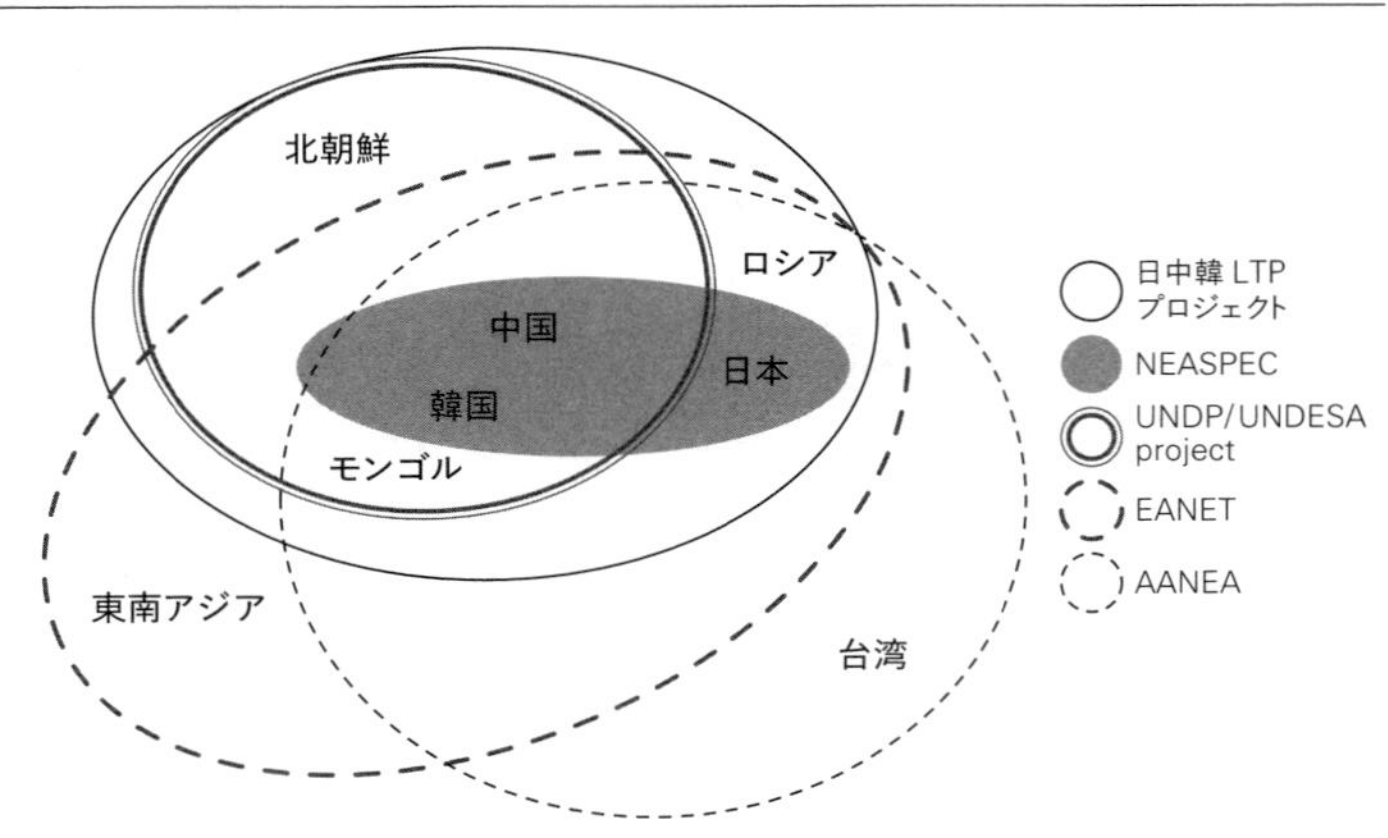

出典：Takahashi (2002, 233, 241).

日本は参加していない。インベントリのマニュアルを作成したのは、公募で選ばれたストックホルム研究所であった[86]。

一方、NGOsの間でも、大気汚染問題をめぐる国境を越えた協力は始まっていた。一九九五年ソウルに北東アジア七カ国、すなわち韓国、中国、香港、台湾、モンゴル、ロシア、日本からのNGOsが集い、民間団体や民間専門家間での、情報の交換、経験の交流、必要な共同行動を推進する緩やかなネットワーク体として「東アジア大気行動ネットワーク（AANEA）」を組織した[87]。中国・台湾問題を抱える北東アジアでは、APECをのぞく地域枠組には台湾は加盟していなかった。酸性雨に関して、台湾が入っている国家間枠組はない。AANEAは、東アジア全域を覆う酸性雨観測計画を提案した。しかしこの計画は実施段階には至らないまま、関心は気候変動問題へとその後うつっていった[88]。

図41は、酸性雨問題を巡る諸枠組の入れ子構造を示したものである。上述の地域環境協力制度の入れ子構造に見られた特徴と同様に、それぞれに加盟国にもズレが生じている。本節での経緯から、ここでもフォーラムショッピングが発生し、スタンブリング・ブロックの様相が見いだせることが明らかである。

6 国際共同研究の進展とRAINS-ASIA

このように東アジアは、科学的基盤を構築する構成要素ごとに、それぞれホストする地域制度およびその参加国が異なるという、容易ならざる事態に陥っていた。一方、研究機関や個々の研究者同士のルートでの交流は進んだ。研究者たちは、大小様々な会議やセミナー、学会等で交流をはかっていった。例として、国際酸性雨学会を挙げておきたい。一九七五年に欧州で始まり五年ごとに開催されている国際学会は、研究者、政策担当者が参集し政策研究について幅広い議論を行なう重要な機会を提供してきた。その大会が初めて欧米外で行なわれたのが、二〇〇〇年に日本のつくばで開催された第六回国際酸性雨学会である。この会議には筆者も参加したが、欧米から多くの研究者や政策担当者の参加があり、欧州の経験をアジアに伝えようという熱気が感じられた。

では、科学的基盤の構成要素ごとに、その後の進展をみていこう。まず、SO_2やNOxの排出インベントリについてである。燃料使用量や自動車台数と走行距離、製品の製造量といった「活動量」に、それぞれの排出係数をかけて求められる排出量推計は、それこそ各国の研究者によって推計方法の開発や実際の推計が進められた。なお、排出量推計は、気候変動枠組条約下でも各国に温室効果ガス排出量推計が求められており、各国や研究者の間で、経験や知見が蓄積されていった。こうした推計は、国際学会や研究会等において盛んに発表し合い、交流が行なわれた。よく使われる推計は、例えばアメリカ人研究者ストリーツらが欧日の研究者と共同で推計したもので、現状のまま何らかの対策が施されなければ、日韓や中国東北部におけるSO_2排出量は、一九九〇年から二〇二〇年には約三倍に、NOx排出量は一九九〇年比で二〇二〇年には三・五倍、二〇二〇年には六倍になると予想した。国際共同研究に基づくこうした推計は、他の研究者による学術論文等でもよく用いられている。

次に、大気汚染物質の輸送モデルの開発・解析についてである。モデル開発によって排出沈着の関係評価を明

表10 日本に沈着する硫黄の発生源毎の寄与度の見積もり

研究機関	対象年	発生源				
		日本	火山	中国	朝鮮半島	その他
電力中央研究所(日本)	1988-9	40	18	25	16	1
大阪府立大学	1990	76	—	13	11	0
山梨大学	1988	47	11	32	1	0
IIASA: Rains-Asia	1990	38	45	10	7	0
中国科学院	1989	94		3	2	1

注：日本に沈着する硫黄の発生源のうち、中国における排出による沈着割合を、電力中央研究所は25%と計算したが、中国科学院は3%と計算、またIIASAのモデルでは10%と計算された。
出典：市川(1998)。

らかにすることは、すなわち酸性雨をめぐる被害加害関係を明らかにすることであり、政治的には極めてセンシティヴである。と同時に、欧州と北米のレジームが示すように、臨界負荷量をあわせて、脆弱な地域の保全を考案するのに、費用対効果の高い対策パッケージを描くに不可欠な領域でもある。政治的にも科学的にも、開発の重要性が高い分野である。

輸送モデル研究に最初に着手したのは、上述のとおり、日本の電中研であった。その後、IIASAがホストするRAINS-ASIAでも輸送モデルが開発された。この他、中国科学院、中国環境科学研究院、韓国の延世大学、台湾大学、雲林科技大学等が開発を試みた。実は、欧州の長距離輸送モデルでも、オスロとモスクワの二つのセンター間では、排出・沈着の関係評価結果に一〇%ほどの差があったが、東アジアはそれよりも大きかった(表10)。そのために研究者の間では、「研究者間で差が出る理由を明らかにしなければ、(政治の場では)いずれか一方の主張のみを引用してしまう危険性が有る」との危機感が生れた[89]。そこで、日中韓・台湾・欧米の研究機関は、モデル間を比較し整合性を取るために、長距離輸送モデルの比較計算プロジェクト「ミックス・アジア(MICS-Asia, Model Inter-Comparison Study-Asia)」を開催した。一九九八年、一九九九年、二〇〇〇年と、オーストリアのIIASAで開催されたプロジェクト会議には、日本(八機関)、中国(三機関)、韓国(二機関)、台湾

(一機関)、アメリカ(四機関)、欧州(三機関)の二一機関が参加したという。会議では、「排出沈着関係の推計の特徴は概ね一致しているとし、モデルパラメータやモデルの構造により違いがでており、それらの精査が今後の課題とされた[90]。

ミックス・アジアは、その後フェーズ2、フェーズ3まで行なわれているが、フェーズ2からは、IIASAからアジアへと運営の中心が移った。具体的には、酸性雨研究センターの秋元肇所長と中国科学院大気物理研究所の王自発教授とが協力して「Joint International Center on Air Quality Modeling Studies(JICAM)という協同研究センターを設立し、ここが中心となって毎年中国の各地でワークショップを開催する運び」となった。「ワークショップにはアジアのモデル・エミッションインベントリ研究者として、日中韓の他、タイ、マレーシア、ベトナムなどの研究者も参加するに至っている」という[91]。

さらに、排出推計と統合モデルを用いた、臨界負荷量を超える地域についての知見である。欧州で統合評価モデルを開発したIIASAが、LRTAP条約議定書交渉に用いられたRAINSモデルのアジア版、RAINS‐ASIAを開発したのである。開発には、欧州の研究者だけでなく日本を含む東アジアの研究者が協力しており、世界銀行やアジア開発銀行から資金提供をうけた。つまり、欧州と同じく、国際的に中立的であるように入念に注意が払われたプロセスであった。

図42(カラー口絵参照)は、RAINS‐ASIAの計算による、アジアの臨界負荷量マップである。この地図からは、中国南部から東南アジアにかけて、臨界負荷量が低く、すなわち生態系が酸性沈着に対して脆弱であることがわかる。逆に中国唐西部における耐性が強いことがわかる。

図43(カラー口絵参照)は、RAINS‐ASIAの計算による、アジアの硫黄沈着に基づく臨界負荷量超過地図である。一九九五年の時点でも、中国北部や中国南部の内陸部、韓国の一部やタイにおいて、臨界負荷量を大幅に越えている地域が多い。二〇二〇年と比較してみると、中国南部を中心に、生態系が守られない地域がさらに

増えていることがわかる。やはり、このまま硫黄排出が続けば、今後の酸性沈着は中国では生態系が許容できる量を大幅に超えるということが、科学的に提示されたことになる[92]。一方しかし、日本では、二〇二〇年でも、臨界負荷量を超える地域はそれほどないという計算になった。

ただ、臨界負荷量の計算の方法は、欧州と植生や生態系が異なるアジアでは、欧州のものをそのまま即利用できるわけではないことや、臨界負荷量の数値は、計算方法によって変わってくることが、日中の研究者を中心に議論された[93]。結局東アジアでは、一九九八年の「RAINS‐ASIAワークショップにおいては、臨界負荷量は文字通りの意味での臨界負荷量ではあり得ないという理解から、この用語を用いないことが合意された」た[94]。

ところで、臨界負荷量の計算の仕方についての研究動向を整理した新藤らは、臨界負荷量は「ヨーロッパにおいて広く受け入れられた」が、「北アメリカでは、研究レベルの推定は行われたが、これを実用的に用いるような動きにはなっておらず、否定的である」と分析した[95]。レジーム発展期にヨーロッパで進んだモード2型の科学は、レジーム創設期の北米では受入れられなかったことを示している。しかし、新藤らが論文公表した後の二〇〇〇年代に入ってからは、第六章でも述べた通り、カナダだけでなくアメリカでも臨界負荷量への関心が高まった。米加大気質協定の隔年レポートにおいて、二〇〇八年以降、米加両国が臨界負荷量超過地図等を提示している。

ていることは、北米でも、ギボンズのいうモード2型の知的生産に、認識枠組が移行したことを端的に示している。こうした動きは、未だ東アジアではみられない。とりわけ日本において、臨界負荷量や統合モデルに関する研究は下火になっている。このことからすれば、確かに、国際共同研究は進んでいるものの、モード2型の研究は放棄され、むしろ科学技術政策論というよりは科学論、モード2よりはモード1型の研究に回帰したといえる。

7 日本とEANETの変容

一九九〇年代も終わりになると、日本ではそれ以前に比べ、メディアなどで、越境酸性雨／大気汚染問題が取り上げられる回数が少なくなった。日本における関心の低下は、隣国である韓国と対照的である[96]。韓国の関心が高いまま推移する理由として、地理的条件がある。中国大陸のすぐ東に位置する朝鮮半島では限界負荷量を超過している地域の割合が、日本より遥かに高いことが確認できる。それに比べ、日本は、臨界負荷量を超過している地域は少なかった。

日本の関心の低下は、国会での審議回数の変化により確認できる。図44に、日本の国会審議で「酸性雨」が取り上げられた回数を示した。一九九〇年代は審議回数も多く、議事内容も、与野党双方より積極的な取組みを求める声が多かった。ところが一九九八年以降は取り上げられる回数も格段に減った。内容も、対中援助やEANETのモニタリング活動が着実に行なわれているという報告以上に審議はなく、積極的に欧米のような条約化をめざす政治的要請は見られなくなった。

なぜ関心はさがったのだろうか。一つには、地球環境問題に対する世間の関心が、気候変動問題へと移っていったことがあろう。一九九七年、国連気候変動枠組条約第三回締約国会議（COP3）が京都で開催され、激しい国際交渉の末に京都議定書が妥結をみたことから、メディアはこの問題を大々的に取りあげ、国会審議も格段に増えた。その後も気候変動に関するメディアや国民・NGOの関心が持続したのは、日本が、二〇〇八年から一二年の第一コミットメント期に一九九〇年比マイナス六％という削減目標を達成するという法的拘束力ある数値目標を抱えたことによる。もっとも二〇〇一年のアメリカの京都議定書離脱や、その後の同時多発テロ、アメリカでの新保守主義ブッシュ政権の登場により、気候変動問題への国内外の関心も、やや低下した。しかし

図44　日本の国会にて「酸性雨」「PM2.5」が審議された回数（衆議院・参議院すべて含む）

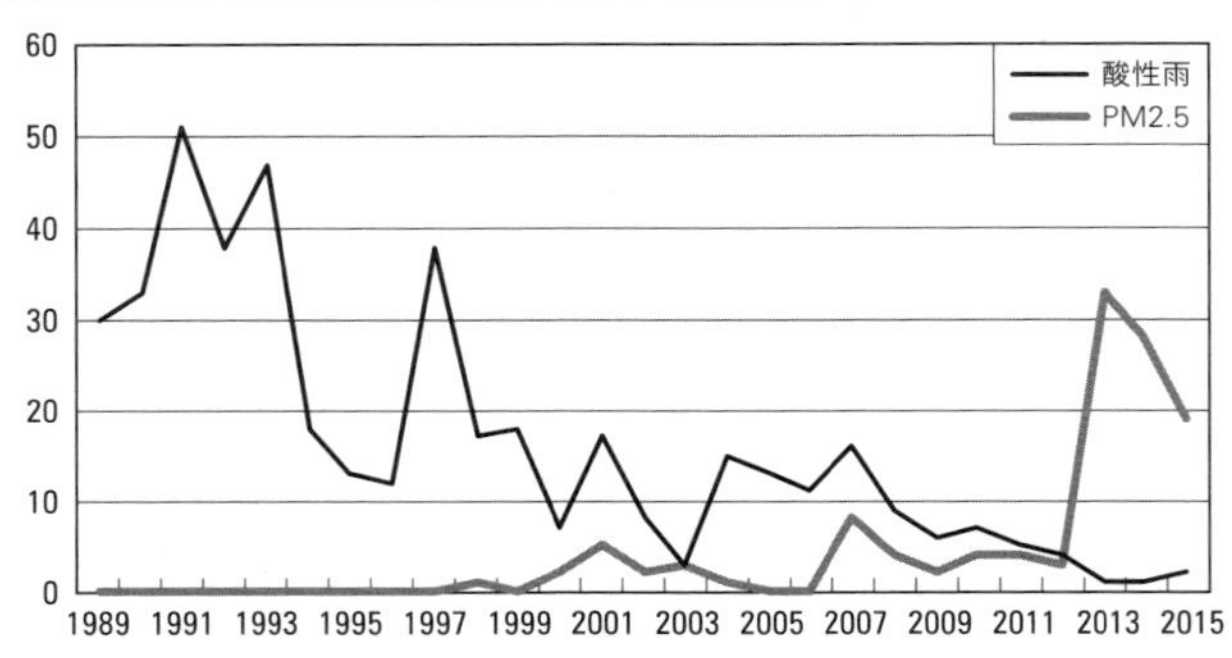

出典：国会会議録検索システムでの検索結果より作成。

二〇〇五年には京都議定書は発効した。

酸性雨問題への関心が低くなった理由は、第一章で紹介したイシューアテンションサイクルに鑑みると、より理解しやすい。EANETが構築され運用されているという事実は、酸性雨問題への取組みはすでに行なわれているという認識を、国民やメディアあるいは政府内にも与えた。環境省は、酸性雨問題は将来悪化の怖れはあっても、現時点ではそのような影響は認められないと報告していた。さらに、それまで右肩あがりで排出が増加していた中国が、一九九六年を頂点に一時的に削減量を減らしたことが、複数の排出インベントリ研究より明らかにされていた[97]。しかし、この低下はアジアの金融危機による経済低迷を反映した一時的なものにすぎなかった。二〇〇〇年代に入ってから、中国の大気汚染物質排出量は、右肩上がりで上昇していることは、付記しておこう。

日本では、越境酸性雨問題は環境外交上の重要な政策課題とは見なされなくなっていった。それに伴い、難問として浮上してきたのが、EANETの財政負担の継続という問題であった[98]。上述したように、EANETでは発足以来、ネットワーク活動にかかわる運営経費の財源は、提唱国日本が長らく負担してきた。これを参加国の応分負担にしてEANETを名実共に国際的な公共財に昇華させることは、日本の当初からの念願の一つであった。加えて、EANET創設初期に、日本側による意思決定プロセスの実質的な独占に対する韓国から批判[99]に応える形で、日本は二〇〇三年にEANETの事務局を日本の環境庁から国連環境計画アジア太平洋オフィスに移設していた。財政面でも、国際ルールに則って資金分担を求めたいと、日本側は希望していた。

日本の強い希望により、EANETの財政措置に関する作業部会が初めて開催されたのが二〇〇二年である。三年の期間を経て、二〇〇五年、財政措置に関する作業部会は一応の決着を見た。日本の希望が叶い、それまでの日本全負担を廃して、EANET事務局経費については国連の通常予算分担率に応じた資金分担ルールが適用されることになったのである。

ただし、このことは、新たな問題を生んだ。すなわち、ロシアを含む複数国が、国際協定になっていない場合に、新たな資金分担増を国内で説明することが容易ではないと申し出たのである。もとより、EANET形成に初期より拘ってきた日本の政策担当者は、モニタリングネットワークの構築のみで終わらせてよいとは考えていなかった。両者の思惑が一致した。そうして、「将来発展作業部会」が設けられ、国際協定化への交渉がはじまった。

同作業部会のプロセスを参与型観察した蟹江らは、交渉の論点は、一つには法的性格(法的拘束力の有無)、もう一つにはスコープ(対象物質の拡大、およびモニタリング以外の活動への拡張)であったと述べている[100]。蟹江によれば、LRTAP条約レジームに加盟しているロシアは、法的拘束力のある文書を志向し、中国や韓国等は慎重な姿勢をとった。対象物質の拡大やモニタリング以外の活動への拡張については、中国や韓国が、やはり慎重な姿勢を見せ、他の国々は、拡張を志向する日本を概ね支持した。このようなねじれ関係のなかで、交渉が一応の妥結をみたのは二〇一〇年である。結論から言えば、文書は、法的拘束力のないものとなった。またスコープについては「政府間会合の決定によりスコープを拡大しうる」として、具体性はないが、将来に含みを持たせる言い回しにより、決着がはかられた。

法的拘束力はないものの、地域の政策枠組に向けて一歩を踏み出したと言われるこの文書は、会議開催場所の名前をとって、「新潟決定」と呼ばれている。新潟決定に前後して、日本では、将来枠組みをどのように構築できるかについての、文理融合型政策研究が、環境省内の戦略的研究推進費プロジェクトとしてはじまった。そうした研究動向の背景に、酸性雨への関心低下と反比例するかのように、中国からのPM2・5到来がメディアでも取り上げられるようになり、国会での注目も徐々に上がってきたことがある(図44参照)。

「東アジアにおける広域大気汚染の解明と温暖化対策との共便益を考慮した大気環境管理の推進に関する総合的研究」と題された同研究は、二〇〇九年より五カ年で実施された。同プロジェクトには、海洋研究開発機構や国立環境研究所、アジア大気汚染研究センター[101]、EANET形成に政策担当者としてかかわってきた大学教授等、日本国内の主要な研究人材が幅広くかかわった。研究では、排出インベントリを精緻化し、酸性化物質ばかりでなく、地表オゾン、PM2・5などの越境汚染量についての排出沈着関係の精度も高めた上で[102]、健康影響や農作物影響をふまえ、気候変動と越境大気汚染、局地的大気汚染対策とのコベネフィットの観点から、セクター毎の政策オプションや費用計算を含む削減シナリオを描き出すことに主眼がおかれた。政策分析は、中国、韓国、タイ、日本について行なわれている。地域協力の枠組としては、対立を避け漸進的合意形成を積み重ねるいわゆるASEANウェイを意識し、欧州LRTAP条約レジームのイメージに近いが当面は法的拘束力のない政治合意が現実的とされた。そのなかで、従前の「越境汚染に関する国家責任の原則」から、グローバルコモンズ的観点を反映させ、「応能負担原則」を反映させているところに特徴が出ている。日本国内の研究者に限定してはいるが、「自然科学者と社会科学者が手を握って大気汚染問題に取り組んだ初めての研究」という点で、モード2型の研究が日本においてもはじまったと位置づけられる。

8　大国化する中国の変容

中国は、一九九〇年代より国内局地的大気汚染の存在を認め、多くの国際環境援助を受けてきた。反面、広域越境汚染については潜在的加害国とみなされることを警戒していた。それゆえに日本が主導するＥＡＮＥＴにも、初期はオブザーバーとしての参加にとどまっていた。しかし、一九九八年にＥＡＮＥＴに正式参加するなど、態度を変化させた。特に、一九九八年一一月の江沢民主席訪日の際、ＥＡＮＥＴへの参加を表明してからは、中国は独自の予算で日本へ派遣団を組むなど、むしろ積極的にＥＡＮＥＴにかかわっていたという。中国はまた、韓国が主催する大気汚染物質長距離越境移動（ＬＴＰ）プロジェクトやＵＮＤＰ／ＵＮ　ＤＥＳＡのプロジェクトにも参加しており、とりわけ後者においては地域クリアリングハウスを自国研究機関に設立するなど非常に積極的であった。さらに二〇〇〇年の日中韓三カ国環境大臣会合開催時に、三大臣が朱鎔基総理を表敬訪問した際、同総理は砂塵や酸性雨等が国境を越える問題であるとの認識を、中国首脳としては初めて示し、この分野における地域協力の進展を激励した。

しかし、積極的な政治的メッセージとは裏腹に、中国は、その後、実質的な協力を妨げるような法改正を行なっていた。長年日本の酸性雨研究を主導し、酸性雨研究センター所長を歴任した秋元肇の証言から、確認しておこう。

二〇〇六年に、中国気象局第十三号令という政令が公布され、外国の研究者の中国国内での気象・大気質観測が国家機密に触れると言うことで原則禁止され、国際協力研究でおこなわれていた観測機器が一方的に停められるなど、国際常識からは考えられないことがまかり通った。我々も泰山の気象観測所を借りて行って

図45 対中ODA実績額の推移(1971～2014年)

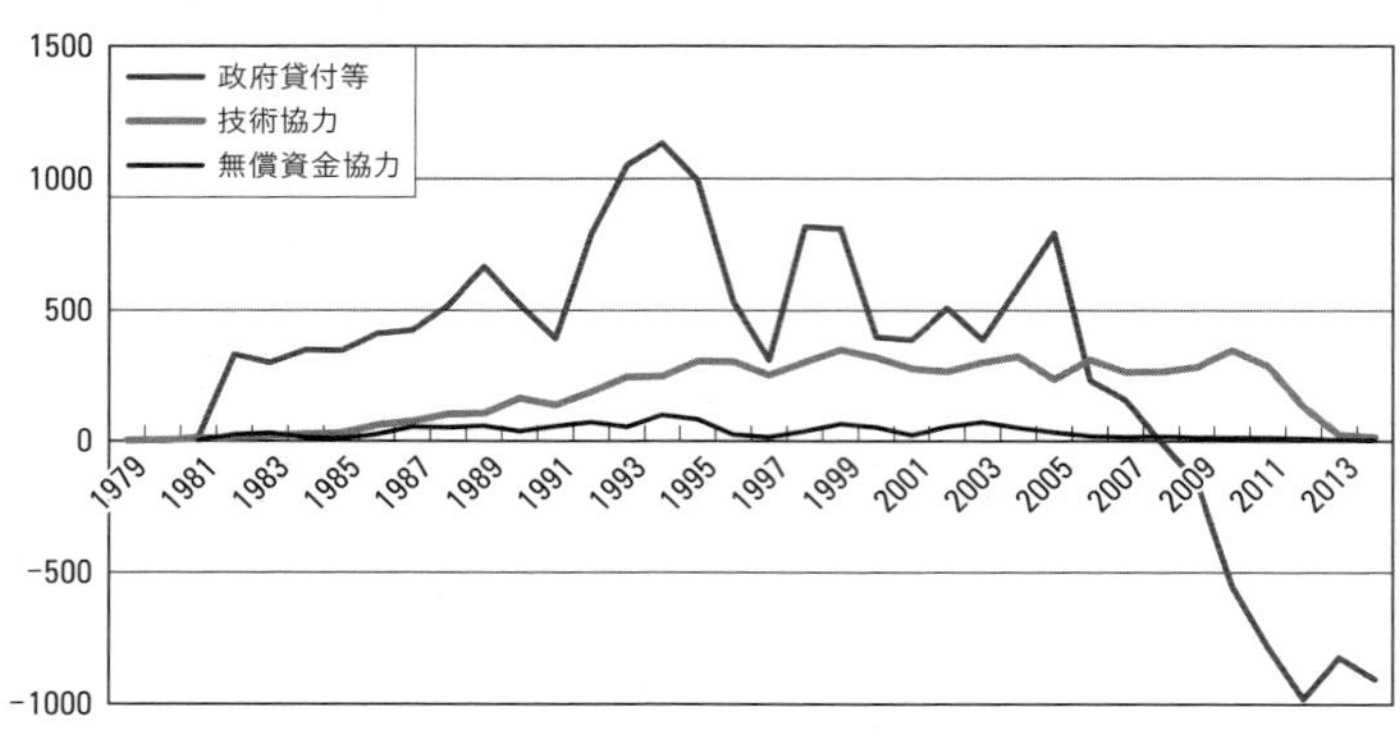

出典：外務省ホームページ＞外交政策＞ODA＞国別地域別政策・情報＞ODA実績検索より作成
［http://www3.mofa.go.jp/mofaj/gaiko/oda/shiryo/jisseki/kuni/index.php］

いた大気観測の電源が勝手に切られ、機器を押収される前にそれらを撤収せざるを得なかった[103]。

思い起こせば、冷戦終結前のLRTAP条約レジーム形成期、ソ連も国家機密に触れるとして、国境線から一五〇キロを超えて自国の排出沈着データを提供すること拒んだ。東欧諸国も、データ提出を拒んだり改ざんして提出したりする傍ら、大気汚染を増幅させていた。そうしたエピソードを彷彿させる中国の行動である。二〇〇六年といえば、日本から中国への政府貸付額が激減し、マイナス(返済)へと転じる直前であった(図45参照)。援助対象国から卒業し、大国化し開発独裁色を強めていく中国の変容が、酸性雨問題への対応からも読み取れる。

ただ、この間、中国は大気汚染問題を前に手をこまねいていたわけではない。一九七九年の環境保護法、一九八七年の大気汚染防止法、一九八二年の大気環境質基準の設定とその改正など、数々の環境法を制定していた[104]。しかし、政府による積極的な環境公害対策の一方で、環境改善への道は遠いといつも指摘されてきていた。なぜ中国では環境法が遵守されないのだろう。その根底に、共産党一党独裁という、民主主義と相容れない中国の政治システムがあることはよく指摘されるところである。企業が汚染を垂れ流しにしても[105]、開発が優先される中で、党や企業と深くつながった地方の環境保護当局は取り締まりをせず[106]、被害者救済のための公害訴訟が成立しない[107]、といったガバナンスシステムに起因する現況が、多くの先行研究に描かれている[108]。また、中央政府のバランスを欠いた政策もあったであろう。例えば、二〇〇八年の北京オリンピック開催に向けて中国が強制的に閉鎖させた汚染起業の多くは、河北省へ移転し、公害移転を引き起こした。省間の貧富の差が広がり、経済成長に乗り遅れた省は、環境規制を切り下げて汚染企業を誘致し、さらに環境が悪化するという悪循環が起きている。これは「底辺への競争」とも表現されている[109]。中国による大気質観測データへの情報アクセスの遮断は、改善どころか悪化しつづける経済成長の負の側面を覆い隠す意図もあったのであろう。

しかし二〇一〇年代に入ると、中国の姿勢に今一度の変化が見られている。二〇一四年に、自然の友や地球村などの市民グループの意思決定への部分的参加を得て、北京市大気汚染防止条例が形成されているし、二〇一五年には、大気汚染防止法も大幅に改定され罰則も強められている。

わずかながらではあるが、中国で「政策の窓」が開いたきっかけは、日本でもメディアを賑わせた二〇一三年、北京市でのPM2・5の高濃度汚染だけではなかった。発端は、二〇〇八年に、在北京アメリカ大使館がはじめた、ツイッターでの大気汚染数値の継続的な公表だった[110]。アメリカ大使館は、PM2・5の数値を一時間ごとに公開し、これを「良好」「中程度」「敏感な社会グループには不健康」「不健康」「とても不健康」「有害」の六段階で評価した。たとえば、北京市環境局が「軽微汚染」としているところを、アメリカ大使館は「不健康」と評価していた。両者の認識の差が、北京市民の幅広い関心を呼んだとも言われる。中国は当初は内政干渉だとアメリカを厳しく批判した。これに対しアメリカは、厳密な科学的手続きによる公的な発表ではない、在中アメリカ人や大使館員の健康維持に役立てるためのものであり、アメリカ大使館内の数値であるため、内政干渉にはあたらない、在米中国公館でも同じ取組みをしてもらって結構であると返した。アメリカ大使館の発表する数値は、健康を維持したい市民に高い評価を受け、逆に北京市や中国当局への不作為に対する不満につながった。これを受けて、北京市等の大都市では、PM2・5の計測や公表をはじめた。それが一連の法改正につながった可能性がある。

環境NGOの影響力は都市部にほぼ限られており、地方ではこの限りではないであろうし、二〇一五年の法改正による大気汚染の改善効果がいかほどかは、今後も継続的に注視する必要はあろう。しかし、先述のアメリカ大使館のツイッターでの記録によれば、二〇一六年に入って、「中程度」の日が増え、少なくともアメリカ大使館付近での数値は改善方向にあることが示唆されている。仮に、米大使館によるツイッターが、その後の政策変化や実施に僅かであってもつながったとすれば、国外のリソースによる情報的手法の一つの成功例として解釈することができよう。実際、北京大使館以外にも、アメリカ在外公館は、中国国内で四カ所、インドなどでも同様に、PM2・5の計測とツイッターでの公開を始めている。無論、ツイッターでのデータ公開が、今後どのような帰結を生み出すかは未知数である。しかし、少なくとも北京の一件は、大国となった中国にとって、情報開示の意義や効果を知る、社会的学習にもなったのであるまいか。

さらに、二〇一五年の法改正には、これまで含まれてこなかった、排出量取引が盛り込まれるなど、日本でも導入されていなかった経済的手法が導入されていることも注視すべきであろう。これは、中国内部における政策の認識枠組が、経済的合理主義へと変貌を遂げつつあることを示している。その背景には、第五章で紹介したアメリカ同様に、中国国内で、あるいは海外との共同で、数多くの政策研究が行われつつあることが推測される。酸性雨の分野でも、先述した国際酸性雨学会の二〇一〇年、第八回大会は北京市内で開催され、数多くの中国人研究者が国際共同研究の成果を発表した。二〇一五年にアメリカで開催された第九回学会にも、三名のキーノートスピーチの一人として、中国清華大学の研究者が発表を行なっている。発表では、中国におけるSO_2、NOx、アンモニアの排出沈着状況や生態系への影響が詳細に分析された。さらには、臨界負荷量を超過した地域の地図も示されるなど、モード2型の科学的知見を用いた研究も含まれている。こうした研究はノルウェーの大学や研究機関とも協働して行なわれていることが、随所から読み取れる。国際共同研究を通じて、中国の酸性雨中国の研究レベルが、格段に上がっていることは、先述の秋元による、以下の評価からも窺える。

二〇〇〇年以降は中国の経済発展が一段と加速し、中国の大気環境化学研究のレベルアップが著しく、最近ではある面では我が国を凌駕する時代を迎え、中国側からみて日本に対し対等以上の研究交流がなされるに至っている。(中略)いまから振り返ってみると初めて中国との研究交流が始まった一九八〇年代からは将に隔世の感があり、ある意味で期待したとおりの展開になっているといってよいであろう。次の世代の研究者の間で日中大気環境化学分野での研究協力がさらに深まることを期待している[11]。

秋元が言うところの「日本に対する対等以上の交流」は、科学的研究のみならず、政策研究、政策協調、また地域協力のための枠組作りを含め、全てにあてはまるであろう。

9 福島原発事故とSPEEDI隠し

さて、本書が「越境大気汚染の比較政治学」と題する以上、日本が引き起こした深刻な越境大気汚染についても触れておかねばならない。EANET協定化交渉が一定の妥結を見た翌年の二〇一一年に生じた、東日本大震災を契機とする福島第一原発事故である。「世界史級の大災害」[12]といわれるこの災害が、どれほどの「戦後最大の危機」[113]の様相を呈し、いかなる被害をもたらしたのか、ここでその全貌をなぞることはしないが、事故により、本来自然界には存在しない放射性物質が大気や海洋といった環境中に大量に放出され、国境を越えて広域に拡散したという事実をまず確認しておこう。ポイントは、放射線物質の大気・海洋拡散情報を、日本は、近隣諸国はじめ世界に適切に提供できなかったということである。藤垣は「日本政府はDis-organized Knowledgeを出しつづけた」と、海外の研究者から失笑を浴びたエピソードを紹介し、チェルノブイリは社会主義国家下であったが、福島は民主主義国家である日本で起きた事故であり、「今回の事故後の情報流通が民主主義国家として胸を張れるものであったのかどうか、反省が必要」であると述べている[114]。

実際、放射性物質拡散に関する情報提供は、海外どころか国内においても極めて限定的で一面的であった。以下、具体的に見ていくとしよう。

日本には、緊急時迅速放射能影響予測システム（SPEEDI）が備わっている。一九七九年のアメリカでのスリーマイル事故を機に、旧日本原子力研究所が開発研究を始め、数度による改良の上、完成をみたシステムである。整備には約一二〇億円の税金が投下されてきた。SPEEDIの放射性物質拡散予測情報は、しかし、住民に長期間届けられず、避難にも活かされなかった。「文科省や官邸では」、「避難民をパニックに陥れるのではと判断して、観測値、SPEEDI情報を公表しなかった」という[115]。その帰結として、多くの避難民が、「それと知らず（知らされず）に、放射線量のより高い地域に避難所を設置して長期間滞まったり、その地域を経由して避難することになってしまった」という、憂慮すべき事態も引き起こされた[116]。

SPEEDI情報が非公開とされるなか、放射性物質拡散予測情報を、わかりやすい映像データにして、いち早くインターネット公開していた機関もあった。プロローグでも紹介した、欧米の研究機関である。しかし、同様の技術やデータアクセスを持っているであろう日本の機関からの公表はなかった。このことは学会などにおいて、情報公開を自粛するよう通知があったことと深い関係がある。たとえば、日本気象学会は、地震から一週間後の三月一八日、会員向けに、大気中に拡散する放射性物質の影響予測に関する研究成果の公表を自粛するよう求める通知を出していた。このことは「自由な研究活動や、重要な防災情報の発信を妨げる恐れ」があるとして波紋を呼んだ[117]。同様の内容は、大気環境学会誌上でも公表された。

原発事故からの放射性物質拡散に関しては、大気輸送・拡散現象や、それによって運ばれた物質が及ぼす影響という面から、当学会が取り上げるべき分野であります。しかし、放射線・放射性物質の環境動態と健康影響に関する科学的把握の難しさに加え、基礎的な知識普及も十分ではない現状において、不正確かつ不用意な情報発信は厳に慎まねばなりません。一方、多くの国民は、正確な科学的情報の迅速な提供を求めています。これらのことに十分な配慮を払いつつ、併せて、大気環境科学・技術に関わる学術団体として保有する、役立つ知識や情報の普及・活用等、社会への寄与ができるよう努めて参ります[118]。

この文言には、「不正確かつ不用意な情報発信は限に慎まねばならない」という規範意識と、「多くの国民は、正確な科学的情報の迅速な提供を求めている」という国民の願いに応えたいという思いが同時に達成されず、激しい葛藤状態にあることが、如実に示されている。

こうした自粛モードの中でも、たとえば、大気環境研究に携わる科学者たちが、個々の地域の中で住民の不安に向き合い、「自分たちに何ができたのか」「何が足りなかったのか」「何がわかったのか」を問いかけつづけてきたことを、ここに紹介しておきたい。「社会に信頼される科学とは何か」、「科学は社会や政策にどのように貢献するのか」「貢献できるのか」といった課題に正面から向きあい[119]、高い使命感をもって、研究蓄積を重ねている数多くの研究機関や研究者たちは、ネットワークを組み、「試行錯誤」を続けながら、原発事故環境汚染を評価する研究成果を出し続けている。その一つの成果でもある、二〇一四年に刊行された書籍の中で、研究者たちは以下のような言葉を綴っている。

風評被害のおそれを言うあまりに、事実をはっきりと伝えることが難しい場面もあった。しかし、事態の推移や、事故調査の中から徐々に明らかになってきたことは、国民の多くは誰かに情報を制限されるよりも、受け手の責任において情報を受けたいと考えていること、また情報の発信が結果的には効率的な対策に役立ってきたということである。したがって、できるだけ率直に科学者として市民に伝えたいことを書くべきである[120]。

では政府は、情報の一元化や情報公開をどのように進めてきたのか確認しておこう。モニタリングについて一元的な方法提供を担ったのは、SPEEDIを所管する文部科学省であった。二〇一一年三月二三日、衆議院の文部科学委員会において、「モニタリングにつきましては政府内で役割分担をしておりまして、私ども文部科学省におきまして放射線データの収集と提供を行いまして、原子力安全委員会がモニタリング結果に対する評価を行うということになってございます。」と合田政府参考人は述べている[121]。

「モニタリングカーによる空間での放射線の線量率の調査」を「今十四台体制」で行なっており、隣接県も含む全都道府県でモニタリングポストを用いた空間放射線量率の計測、これは一時間ごとの計測をやっておりますが、一日に二回公表をしております」との内容に、それでは驚くほど少ないという声があがっていた。他の省庁、とりわけ環境省の取組みについての質疑応答もあった。二〇一一年三月二五日の参議院環境委員会における環境省の答弁は以下のとおりであった。

放射性物質による汚染の状況につきましては、政府としては、文部科学省が中心となってモニタリングを行うということになっておりまして、環境省も必要に応じましてこの取組を支援を行ってまいりたいと思います。（中略）酸性雨のモニタリング体制でございますけれども、こちらはアジア諸国と連携をいたしまして、酸性雨、それに関連する影響というのを把握しようというモニタリングでございまして、この中で放射性物質による汚染というのは含まれておりませんで、通常のいわゆる酸性雨、環境汚染物質のモニタリングでございます[122]。

そもそも、放射性物質による大気汚染は環境省の管轄外であった。環境省所管の大気汚染浄化法五二条一項では、「放射性物質による大気の汚染、水質の汚濁及び土壌の汚染については、適用しない」とされている。放射性物質による環境汚染を防止するための措置については、環境基本法第一三条にて、「原子力基本法その他の関係法律で定めるところによる」とされている。以上の規定があるにせよ、この非常事態に、もっと前向きな取組みを求める声は国会の議論の中でもあがっていた。しかし、その後も、省庁間の縦割り構造の下で役割分担はそのまま続いた。

その後、自民党政権に交代した後の二〇一四年一〇月八日、原子力規制委員会は、「緊急時迅速放射能影響予測ネットワークシステム（SPEEDI）の運用について」と題した文書を公表する。

（前略）放射性物質の放出が収まり沈着した段階以降において、防護措置以外の判断行う場面等では、今後も、活用目的、活用するタイミング等を明確にした上でSPEEDIから得られる情報を参考とする可能性があると考えている。しかしながら、原子力災害対策指針がその方針として示しているように、緊急時における避難や一時移転等の防護措置の判断にあたって、SPEEDIによる計算結果は使用しない。これは、福島第一原子力発電所事故の教訓として、原子力災害発生時に、いつどの程度の放出があるか等を把握すること及び気象予測の持つ不確かさを排除することはいずれも不可能であることから、SPEEDI

による計算結果に基づいて防護措置の判断を行うことは被ばくのリスクを高めかねないとの判断によるものである[123]。

「緊急時迅速」と題しておきながら、緊急時には使用をひかえるという、この矛盾に満ちた状況を、どのようにして理解すればよいのだろうか。理由は、ほかならぬ「科学的不確実性」にあった。

この種類の情報に一〇〇％確実な情報など存在しない。SPEEDI不使用の説明は、「科学的不確実性」を理由として、公害対策を拒んできた六〇年代の日本の公害企業や行政対応と酷似している。あるいは八〇年代前半のイギリスやアメリカもそうであった。研究調査に莫大な時間と費用を通やし、肝心の対策をとることを先延ばしにする口実に「科学的不確実性」を用いてきたことは、本書でもすでに紹介した通りである。SPEEDI非公開の論理は、これらと通底している。

SPEEDIを非公開とする説明文書では、福島原発事故時、SPEEDI情報が迅速に共有されていれば、無用な被ばくをしなくてもすんだ住民が大勢いたことが等閑視された。それどころか、SPEEDI利用が「被ばくのリスクを高めかねない」というロジックの反転すらみられた。こうした原子力規制委員会の見解は、多くの専門家の見解とは真っ向から対立していることを、今一度示しておこう。気象研究所に長年勤務した佐藤は、「多くの拡散モデル研究者が事故直後の拡散モデル計算結果の有用性ではほぼ一致している」と述べている[124]。重要なのは、その情報を、適切なタイミングで迅速に確実に住民に伝達する手段をいかに確保するかという、コミュニケーション手段の問題だともいう。地方自治体からしても、適切な放射性物質拡散情報がなければ、有事の避難計画を立てようもない。新潟県など、原発を数基かかえ、住民に近いところにいる自治体から反発が出たのは当然であろう[125]。しかし結論から言えば、原子力規制委員会は、自治体からの反対を押し切り、SPEEDIの記述の削除する形で原子力災害対策指針を改正した。

チェルノブイリ原発事故を経験した欧州では、「移流拡散モデルを中心とした緊急時対応システムが実用化されている」という。たとえば、北欧中心のＡＲＧＯＳ（The Accident Reporting and Guidance Operational System）では、化学災害、生物災害、核災害に対して、「被災状況の認識・把握、状況展開の診断予測、被害結果の計算予測、対策の政策支援、一般公衆への情報周知」を行なうことが定められているという[126]。計算結果や情報はＧＩＳにより利用者に分かりやすく提供されるという。情報開示が国際基準になる中で、日本の原子力規制委員会による決定は、国際基準とかけ離れていることがわかる。

こうしてみていけば、情報非公開は、何も中国だけの問題ではないことがみえてくる。日本でも、未だ対策がとられていない分野では、「科学的不確実性」を楯に、トップダウンで情報隠蔽や対策遅延が正当化される事態が起きていること、しかしボトムアップでは、むしろ情報公開や共有を希求する価値観が広まっており葛藤を生み出していることを、ＳＰＥＥＤＩ隠しの事例は如実に示している。

註

1——宇井、二〇〇六年。宮本、二〇一四年。庄司、宮本、一九六四年。飯島、二〇〇〇年。

2——ここでは、以下の文献（荒畑、一九九九年。小松、二〇一一年。菅井、二〇〇一年。村上、二〇〇六年）、および筆者による大学授業を兼ねた経年的なフィールドワークをもとに、簡潔に足尾鉱毒事件の歴史をまとめた。

3——飯島、二〇〇〇年。

4——布川、二〇〇四年。

5——庄司らは、「日本の場合は、とくに対策がおくれ、公害のあらわれ方も残こく」である、生活環境は「先進国の中では、もっとも劣悪である」、これは「日本資本主義の特殊性と、基本的人権擁護の思想や運動のよさわによるものとおもわれる」と、公害被害が噴出した一九六四年に出版した本の中で述べている。

6――四日市公害については、数多の著作や記録がある。ここでは主として、以下の文献より再構成した(宇井、二〇〇六年。吉田、二〇〇二年。宮本、二〇一四年。政野、二〇一三年。田尻、一九七二年)。

7――政野、二〇一三年。

8――政野、二〇一三年。

9――政野、二〇一三年。

10――八年の審理の末に裁判所は有罪判決を出したという。

11――田尻、一九八〇年。

12――ただし、田尻はその後三年で、事実上左遷させられた。

13――田尻、一九七二年、五六頁。

14――公害被害者が、いかにずさんな対応のなかで孤立しがちであったか、また善意ある人々が支えてきたかは、複数の記録や記録文学などによっても確認することが出来る。例えば以下を参照(原田、二〇〇七年。政野、二〇一三年。石牟礼、二〇〇四年。沢井、一九八四年。田尻、一九七二年、一九八〇年。船橋、二〇〇一年)。

15――宇井、一九六八年。

16――宮本、二〇一四年、二三五頁。

17――たとえば昭和四日市石油は、「役員会では控訴すべしの意見が強かったが、判決後に社長が通産相に呼ばれ控訴の断念を指示され」たという。

18――第六三回衆議院法務委員会八号(一九七〇年三月二〇日)矢口洪一最高裁判所民事局長による発言。

19――宮本、二〇一四年。松原、二〇〇二年。政野、二〇一三年。

20――第五五回国会参議院本会議事録一七号(一九六七年六月一六日)角屋賢次郎衆議院議員(日本社会党)、佐藤榮作内閣総理大臣による発言。

21――第六四回国会衆議院本会議事録五号(一九七〇年一二月三日)佐藤榮作内閣総理大臣による発言。

22――厚生省出身で、環境庁で公害行政に長年携わった橋本道夫は、「これは全く平和な文化革命と同じだ」と感じたと述懐している(橋本、一九八八年)。

23――最高裁判所の矢口洪一は、国会で一八六件もの裁判が進行中と答弁している。第六三回衆議院法務委員会八号(一九七〇年三月二〇日)矢口洪一最高裁判所民事局長による発言。

24――宮本、二〇一四年、二〇一頁。

25――松野、一九九六年。

26――環境報告委員会、一九七〇年。

27――松野、一九九六年、六一頁。

28――新藤、二〇〇九年。

29――松野、一九九六年。

30――「企業は土下座をして新聞に撮られて騒がれるしか解決方法がないのかと経験者は怖れていました。一方厚生省にも人々が押しかけていたという事情があったので、国、企業ともに公健法がほしかった」と、東京電力顧問の小林料氏はオーラルヒストリーの中で語っている(森、二〇〇八年、七一頁)。

31――松野、一九九六年、六九頁。

32――石崎、二〇〇〇年、五二頁。

33――ヴァイトナー、一九九五年。

34――宮本、二〇一四年。

35――イェニッケ、ヴァイトナー、長尾、長岡、一九九八年。

36――マスキー法は、衆議院参議院を通じて、運輸委員会、予算委員会、公害対策特別委員会、内閣委員会、商工委員会、予算委員会、大蔵委員会等で数多く議論されており、その議事録記録は一九七〇年から一九七五年までで一二五件に及んでいる(国会会議録検索システムより)。

37――第六四回参議院公害対策特別委員会七号、一九七〇年一二月一八日。

38――笹之内、二〇〇〇年、六七頁。

39――笹之内、二〇〇〇年、六七頁。

40――三橋、二〇〇八年。時代を下り、地球温暖化を警告する映画「不都合な真実」を米ゴア元副大統領が二〇〇五年に公開したが、その中で、環境と経済が両立する好事例として、日本のトヨタとホンダを例示した。ゴアは、世界一厳しい燃費基準を持つ二社の業績がよく、フォードやGMといった低い環境基準下にある米企業は、国際競争力を失い深刻な状況に陥っていることを指摘した(ゴア、二〇〇七年、二七三頁)。

41――宮本、二〇一四年、六一八頁。

42――東京衛生局「複合大気汚染に係る健康影響調査」一九八六年。

43――宮本、二〇一四年、六一九頁。

44――宮本、二〇一四年、六三四頁。

45――宮本、二〇一四年、六三三頁。

46――このため、同報告書では、いわゆる単体規制以外の総合交通対策が必要な状況にある」、「いわゆる単体規制以外の」、「土地利用規制、公共交通システムの整備、自動車交通受容管理などについて先見性のある都市づくりを行なわなければならない」と提言している（日本の大気汚染経験検討委員会編、一九九七年、一三三頁）。

47――環境省中央審議会大気部会自動車排ガス専門委員会資料（平成一〇年一二月一四日）。

48――笹之内、二〇〇〇年、七一頁。

49――一九七三年五月八日の公示で、ＳＰＭの環境基準は、一時間値の一日平均値が０・１０㎎／㎥以下で、かつ、一時間値が０・２０㎎／㎥以下であることと定められている。一九九〇年代の東京都では、「自動車排出ガス測定局全局で環境基準未達成」であった。「その主原因とされるディーゼル車から排出される粒子状物質（ＤＥＰ）は、発がん性や気管支ぜん息、花粉症などとの関連が指摘され、都民の生活と健康を守るため早急な濃度低減対策が求められていた」（石井、二〇〇九年）。

50――東京都は、ＰＭ規制や、低硫黄軽油の供給、使用過程車への規制、などにおいて、欧米に比べて日本は著しく遅れているとして、厳しく国を批判した（東京都環境局、二〇〇三年）。

51――石井、二〇〇九年、三三八頁。

52――清水、江頭、波木井、二〇一〇年。水野、目黒、二〇一〇年。

53――東京都大気汚染医療費助成検討委員会、二〇〇八年、前文。

54――健康被害補償に関する課題については、除本（二〇一〇年）が参考となる。

55――宮本、二〇一四年、七〇七頁。

56――藤田、二〇一二年。

57――藤田、二〇一二年、七四頁。

58――藤田、二〇一二年。

59――環境庁地球環境部、一九九七年、はじめに。

60――佐藤、二〇〇一年。
61――環境庁地球環境部、一九九七年。
62――佐藤、二〇〇一年、一三頁。
63――佐藤、二〇〇一年、一五～一六頁。
64――Kim et al., 2001, 439.
65――佐藤、二〇〇一年、一四頁。
66――Yihong, 1997, 118.
67――Zhou, 1999.
68――酸性雨問題は、衆議院参議院を通じて、環境委員会、科学技術委員会、国際問題に関する調査会、産業・資源エネルギーに関する調査会他で数多く議論されており、その議事録記録は一九八九年から一九九四年までで一九九件に及んでいる(国会会議録検索システムより)。
69――一九九二年に閣議決定された政府開発援助大綱は、「環境の保全」を基本理念として掲げ、援助原則の一つとして「開発と環境の両立」を取上げている。
70――定方、二〇〇〇年。
71――バイオブリケット(BB)とは、「石炭、硫黄固定剤としての消石灰、バインダーとして農林業廃棄物であるバイオマスを混合し、圧縮成型した固体燃料である。このBBは石炭燃焼時に排出される硫黄ガスを大幅に抑制することができ、着火性、燃焼性にも優れており発展途上国を中心として世界各地で関心が高まっている技術である」。(王、畠山、二〇〇三年、一一五～一一六頁、二〇頁)。
72――日中間で環境対策の為のモデル都市を設定し、中国側における環境規制の強化等の努力と、日本側の支援を集中的に投入し、大気汚染、酸性雨など環境対策の成功例を作り、将来の普及への呼び水としようとするもの。現在、大連・重慶・貴陽の三都市で実施された。
73――全国一〇〇カ所に環境情報処理の為のコンピューターを設置し日中友好環境保全センター(北京)を中心とした全国的な環境情報ネットワークを完成させるというプロジェクト。
74――環境庁地球環境経済研究会、一九九一年、六四頁。
75――環境庁地球環境経済研究会、一九九一年、七二頁。

76——環境庁地球環境経済研究会、一九九一年、七八頁。
77——Takahashi et al., 2001.
78——北朝鮮は含まれない。
79——Esry et al., 1997.
80——Takahashi, 2002.
81——Valencia, 1998.
82——Takahashi and Kato, 2001; Takahashi, 2001.
83——環境庁他、一九九三年。
84——関係者談話による。
85——専門家会合の提案が受け入れられなかった理由は、公式には明らかにされていない。考えられる理由としては、NEASPECの予算が限られていたことや、すべての参加国にとって優先順位が必ずしも高くなかったこと、あるいはすでに他の多国間枠組で取り扱おうとしていたためNEASPEC枠内で行う必要性が小さかったこと等が挙げられよう。一方、NEASPECは北東アジア六カ国を対象とするが、専門家会合の提案は、EANET全参加国(一〇カ国)をも含むものであったことから、地理的範囲の相違が、提案却下の一つの理由になったという説明もある(関連担当者へのインタビューより)。
86——Vallack, 2001.
87——日本からは、地球環境と大気汚染を考える全国市民会議(CASA)、市民フォーラム二〇〇一、全国公害患者の会連合会、環境市民等が参加している。
88——関係者談話による。
89——市川、一九九九年。
90——佐藤編、二〇〇一年、三一頁。
91——秋元、二〇一六年、八頁。
92——Hordijk, 1995. 市川、一九九八年、五一頁。
93——An et al., 2001.
94——新藤、一九九九年、二五七頁。

95――新藤他、二〇一一年。

96――例えば、韓国は、二〇〇一年に、国際大気保護協会連合との共催で大気質環境保護に関する国際会議を開催した。この会合には世界中から研究者や政策担当者が集った。国際会議の報道は、一般全国紙のトップ記事を飾り、また別の紙面で三頁にわたって特集が組まれるなどした。

97――Streets, et al., 2000.

98――「いかに日本が主導した活動とはいえ」、アジア各国の経済レベルが上昇している中で、「参加国が東アジア十三ヶ国にものぼる環境保全活動の資金の大半を日本が拠出することに対する国内的説明が、次第に困難になっていった」と蟹江他(二〇一三年)は分析している。

99――同様の批判は、米本(一九九八年)によってもなされた。

100――蟹江(二〇一三年)、宮崎(二〇一一年)も、交渉の様子について触れている。

101――EANETネットワークセンターである酸性雨研究センターが、二〇一〇年に改称した。

102――同研究から、中国から輸送されたPM2・5の沈着寄与率は、西日本では五割を超え、一方東日本では、自国からの排出寄与率が半分以上であること等が明らかにされている。これが二〇〇〇年以降の九州地方等における光化学スモッグ注意報発令の背景になっていることも改めて確認できる。

103――秋元、二〇一六年、八～九頁。

104――櫻井、二〇一一年。

105――倉持は、「非倫理的な中国の企業経営の大きな要因は、党企関係にしばられ中国の企業ガバナンスの特殊性に起因している」と述べている。すなわち取締役会や幹事会のメンバーなども党員のみによりほぼ構成され、党規が優先されるために、本来これらの組織が果たすべきチェック機能が果たされないという(倉持、二〇一六年、二〇八頁)。

106――そうした様子を現場から描いた書籍として、以下が参考となる(福島、二〇一三年)。

107――櫻井、二〇一〇年、二〇一一年、二〇一四年。

108――小柳、二〇一〇年。大塚、二〇一五年。知足、二〇一五年等を参照。

109――知足、二〇一五年。

110――賈、二〇一五年。

111――秋元、二〇一六年、九頁。

112――今井、二〇一四年。
113――船橋、二〇一二年。
114――藤垣、二〇一三年、四六頁。
115――藤垣(二〇一三年)は、「無用なパニックを起こすほど日本人の知性は低いのだろうか、政府・専門家は国民のリテラシーを低く見ているからこそ、安全側に偏った情報を流したのではないか。そして逆説的なことに、安全側に偏った情報しか流さない政府を市民が信用しなくなるという現象がおきた」と指摘している。
116――佐藤、二〇一三年、五三頁。
117――例えば、朝日新聞二〇一一年四月二日「放射性物質予測、公表自粛を　気象学会要請に戸惑う会員」を参照。
118――大気環境学会理事会、二〇一一年。
119――大原、二〇一三年。
120――中島他、二〇一四年、二三頁。
121――国会会議録検索システムより、二〇一一年三月二三日、衆議院文部科学委員会、合田政府参考人(文部科学省)答弁。
122――国会会議録検索システムより、二〇一一年三月二五日の参議院環境委員会、関壮一郎政府参考人(環境省)答弁。
123――佐藤、二〇一三年、一四一頁。
124――たとえば全国自治体知事会などから、ＳＰＥＥＤＩ非常時非活用についての反発が表明された。
125――佐藤、二〇一三年、一四二頁。

第7章 地域間比較と歴史からの教訓

これまで、欧州・北米・東アジアの越境大気汚染管理をめぐる地域ガバナンスと、その営みの比較を進めてきた。全編を通じて浮かび上がってきたのは、地域間の多様性の中にも、いくつもの共通性やパターンが見いだせるという点である。そしてその中から、東アジアの推進アクターである日本の特徴も顕わになってきたと言えるだろう。以下に、順を追ってみていくとしよう。

1 「受苦の表出」から始まった欧米レジーム

第一に、問題認識から課題設定へと至るプロセスにおいて、受苦という不利益がいかにして表出され集約され、課題設定へと結びつくかという回路についてである。三地域でそれぞれに、推進アクターとしてレジーム形成を牽引してきたのは、欧州は北欧諸国、北米はカナダ、東アジアは日本であった。このうち、北欧およびカナダに共通していたのは、彼ら、すなわち政策担当者自らが、受苦圏の当事者そのものか、非常に近しい関係にあったことである。直接的な受苦や不利益の表出は、北欧諸国やカナダの、レジーム形成への強い動機と政治的意思の源となった。

そのように判断する理由を、少し補足しておきたい。二〇一二年夏、研修で北欧に滞在中であった筆者は、いわゆる環境の専門家ではなく偶々出会った一般の人々を対象に、酸性雨の影響についてたずねてまわった。酸性雨被害は北欧でいちはやく顕在化したというのが定説である。どのような被害が出たのか、それを人々はどのように受け止めていたのか、確かめたいと考えた。しかし調査の中で、事前に想像したような答えは得られなかった。日本の小中学校と同じように、「酸性雨は学校で勉強したことがある」とか、「実験で身近な降水のｐＨは測ったことがある」といった返答はしばしば得られたが、日常生活では殆ど実感がなかったと言う人が多かったのである。車を走らせても、確かに時折木が立ち枯れている地域も複数見たが、森林産業が盛んなスウェーデンらしく、むしろ手入れの行き届いた生産林が多かった。ドイツの黒い森ほど大規模な森林枯死の風景はついぞ目にすることはなかった。ここで注意を要するのは、筆者が主として滞在したのは、スウェーデン南部の、肥沃な大地に恵まれたスコーネ地方であったことだ。

その答えに出会ったのは、ノルウェーのオスロからベルゲンに抜ける列車の中だった。目的地までは、列車で六時間ほどかかる行程である。港町オスロを出発して、絵はがきのような森林や湖の合間を通り抜けていく。二時間ほど、なだらかな斜面をゆったり進むうちに、針葉樹の背丈がどんどん低くなっていった。そのうち針葉樹は消えてツンドラの景色となり、彼方に白水色の氷河が悠然と姿をあらわした。ツンドラの景色に変わる直前の駅から乗り込んできた登山服姿の初老の男性と相席になり、しばし言葉を交わした。次の駅、フィンセで降りて[1]、家族とサイクリングで、フィヨルドをずっと海辺まで下っていくのだという。聞けば、男性はオスロ在住で多国籍企業に勤務しており、日本にも出張した経験があるという。先ほど乗り込んできた駅からほど近い湖畔に別荘があり、週末にはよく来るそうだ。北欧では、湖近くに小規模な別荘を構え、自然の中で余暇を楽しむのが、一般的なスタイルだという。愛犬連れのこの男性は、かつて別荘の苔がダメージを受けてしまったことや、近所の湖で鱒が姿を消したことなど、酸性雨の影響について具体的に語ってくれた。もっとも、被害のピークは七〇年代、八〇年代であり、近年は酸性雨被害からずいぶん回復してきたという。かわりに、温暖化の兆しをあちこちで感じると、男性は顔をしかめた。氷河もずいぶん後退した、これからは温暖化が問題だと言って、男性は列車をおりていった。

男性の姿は、これまでインタビューを行ってきた北欧の政策担当者や科学者のイメージと、ぴったり重なった。彼らは、いわゆる富裕層ではなく中間所得層が殆どであるが、やはり湖畔や山間に別荘やボートを持っていて、週末や休暇での豊富な登山経験や家族とのキャンプ経験などを、筆者に語ってくれていた[2]。丈の低い針葉樹林、ジャクソン・ポロックの絵画のような色彩やかな苔で覆われたツンドラの景色、目が覚めるような深い青の湖沼や小川、白水色の氷河。ノルウェーの自然は、見た目に壮大で美しい。しかし脆弱な生態系の象徴でもあった。いわば、炭坑のカナリアである。酸性雨が直撃したのは、そのような、彼らが週末や短い夏を過ごす生活の場だった。

すなわち、北欧の政策担当者は、脆弱な生態系に住まう当事者であり、外部要因により一方的に自然享受権が侵害された受苦アクターそのものだったのである。だからこそ、彼らは、酸性雨被害を止めるという強い動機と政治的意思をもった。彼らは受けた受苦を、具体的な言葉として表出し、あらゆるルートを駆使して政策提案へと昇華していった。スウェーデンやノルウェーは、まず北欧議会を舞台に政策担当者と研究者間の協力関係を築き上げ足場を固め、一九七二年のストックホルム会議においてスウェーデンから問題提起をおこなった。大気汚染には二種類あり、局地的で人体へ深刻で急性被害をもたらす大気汚染とは別に、長期にわたり生態系を確実に蝕んでいく広域汚染があるという表現を用い、スウェーデンは同会議で国家間協調の必要性を訴えた[3]。一九七二年から七七年まで続いたOECDプロジェクトは、そうしたスウェーデンの仮説を検証するためのデータを集めるため科学的プロセスであり、脆弱性と被害の事実を証明するための、目的志向型科学のデータ集積の場であった。その国際的共同観測をリードしたのはノルウェーである。さらに、一九七五年のフィンランドを舞台にしたCSCE会議では、やはりノルウェーが働きかけ、北欧諸国が団結して賛同し、東西協力プロジェクトのアジェンダの一つに、酸性雨問題を組み込んだ。また、ソ連と協調関係を作り、EMEPや条約を後押しするという確約を得た。それは文字通り、あらゆる政治的機会を逃さない北欧諸国の戦略的行為であった。欧州LRTAP条約レジームの成立を説明する第一の要件として、受苦アクターでも推進アクターでもある北欧諸国の、強い動機と政治的意思、課題設定・政策提案機能は強調しなくてはならない。

同様の強い動機や政治的意思は、北米にも見られる。カナダ人の、週末や余暇の過ごし方は、北欧と共通している。すなわち、大自然のなかに身を置き、週末にはコテージにペンキを塗ったり、ガーデンに手を入れたり、魚釣りをしたり、ジョギングやサイクリングにでかけ森林浴をしたり、といった余暇の楽しみ方が、中間層でも広く見受けられる[4]。被害が集中している五大湖周辺から地域には無数に湖が点在し、国立公園も多い。その生活の場所である湖から魚が消えていった。釣り産業の経済的被害という問題だけではなかろう。

もっともカナダは、北欧ほど臨界負荷量が低くない地域も点在している。しかし、当時世界一の酸性化物質排出国アメリカの膝元である。五大湖やセントローレンス川にかけての一帯は、大量の酸性沈着を受けつづけざるをえなかった。そして首都オタワは、そうした受苦圏の真中に立地している。実感的な被害を背景に、カナダの政策担当者も、二国間、多国間、様々なルートを通じてアメリカに働きかけつづけた。受苦アクターによる働きかけは、アメリカ側も変わらない。一九七七年、ミネソタ州がカナダのオンタリオ州政府に酸性雨対策を要求し、外交問題に発展した経緯は、第五章で述べたとおりである。問題となったアティコカンのオンタリオ・ハイドロ社は、国境からわずか二〇キロメートルしか離れていなかった。その南には、ミネソタの自然豊かな国立公園が広がる。湖の数は一万を超え、全米の自然愛好家を惹き付けている。

では東アジアの場合はどうであろうか。推進アクターであった日本は、受苦アクターであったのだろうか。データを見れば、大陸から海を隔てた日本には、臨界負荷量を超過した地域が殆どなかった（カラー口絵の図43参照）。北欧の脆弱な生態系とは異なり、四季の変化に恵まれ、火山も多い日本の国土の多くは、そもそも大地が肥沃で臨界負荷量も高かった。確かに一九九〇年代、固定発生源由来の大気汚染の改善とは裏腹に、移動発生源、とりわけディーゼルエンジン由来の問題は解決を見ず、関東地方を中心に杉の立ち枯れが広範に発生した。日本の電中研は「わが国でみられるスギ衰退には、オゾンと水ストレスの影響が総合的に関与している可能性が高い」と評価したが[5]、環境庁は科学的には不確実としていた。森林業界からの受苦の表出といった事態もなかった。以上から分かることは、一九九〇年代前半に日本の環境庁がEANET構想を描いた時、実感的経験にもとづいて、国際レジーム形成を熱望する主体が、そもそも国内に存在しておらず、その受苦を具体的に表出する機能もなかったことになる。この点が、欧米のレジームと東アジアが最も大きく異なる点である。受苦の表出がないなかで、日本がEANET提案にいたる理由は、将来の受苦を念頭に、欧米のレジームを参照とすべきというアジェンダ21行動計画を根拠として、広域酸性雨の科学的知見をあつめ、将来の政策枠組みに備えるということであった。

それでは、東アジアにおける受苦アクターは存在しないのだろうか。否、そんなはずはない。第一章で示した通り、一九九〇年代には、東アジアのSO2排出量は、欧米を凌駕している（第一章図4参照）。その大気汚染物質により、局地的大気汚染と越境（省）酸性雨双方において、最も被害を被っているのは、日本ではなく中国自身であった。とりわけ中国南部には、臨界負荷量が低い地域が広範に広がっている。しかしながら、中国国内の受苦という不利益が、EANET形成の場で表出されるということはなかった。中国は、広域酸性雨問題との課題設定には慎重な姿勢を示し続けた。

もう一つの顕著な受苦アクターは、日本と中国の間に位置する韓国である。再び図43によれば、一九九五年の時点で、韓国の大半の地点は、臨界負荷量を超えている。しかし、日本と韓国は、第六章で示したように、協調して政策プロセスを進めるということがなく、むしろフォーラムショッピングにより、入れ子構造を招いていた。ノルウェーやスウェーデンなどの、風下に位置する北欧諸国が歩調をあわせて協調外交を繰り広げたのとは対照的であった。

以上をまとめれば、欧州では、受苦アクターは推進アクターとほぼ一体化していた。北米でも受苦アクターと推進アクターが一体か、あるいは近い関係にあった。受苦アクターという意味で当事者である推進アクターが、受苦救済のために、強い政治的意思を持ってレジーム形成に腐心したのが、欧米に共通するレジームの特徴である。これに対し、東アジアでは、受苦アクターと推進アクターがねじれ関係にあった。推進アクターは受苦アクターの被害救済を主眼にはおいていなかった。そういった意味で、東アジアでは、出発時点から、動機や政治的意思が、相対的に弱かったことが明らかである。

2　受苦の表出を促すシステム——地方分権と市民社会の育成

東アジアでは、受苦の表出が、酸性雨をめぐる地域枠組み形成の契機となっていないことを上述した。しかし、東アジアの大気汚染物質の排出量の多さからしても、局地的大気汚染のみならず、酸性雨の受苦は、確実に存在しているはずである。それが何故に東アジアでは、政策プロセスにおいて、受苦が集約されていないのか。

国際レベルでの合意形成が、国内レベルで表出される利害関係によって規定されるという2レベル・ゲームを想起し、国内レベルでの大気汚染問題に関する受苦の表出や集約機能について確認しておくとしよう。

あらかじめ結論めいたことを言うならば、欧米における受苦の表出、集約機能の強さは、国際レベルに限らなかった。本書でとりあげた一九世紀から二〇世紀にかけてのレジーム前史の事例からも、そのことは確認できる。イギリスのセントヘレンズのアルカリ産業、米加のトレイル製錬所事件、そしてカナダからアメリカへの越境汚染というアティコカン問題、カナダ国内事案としてのオンタリオ州のインコ社による汚染は、いずれも、受苦の表出が政策の窓を開く契機となった。例えば、セントヘレンズの場合は、領民の受苦に憤慨したダービー伯によるイギリス上院への提訴ののち、特別委員会が設置されアルカリ法制定の契機となった。トレイル製錬所事件の場合も、やはり住民の被害という不利益が集約され、アメリカは米加合同委員会へ付託をし、その勧告に納得できなければ今度は常設仲裁裁判所へも提訴した。ロンドンスモッグ事件の場合もかわらない。事件の翌年の一九七三年にビーバー委員会が設立され、その報告書案が大気浄化法につながった。アティコカン問題も、環境保護者の声を受けてミネソタ州がオンタリオ州に提訴し、オンタリオ州の拒絶を受けて外交問題へと発展していった。インコ社の場合も、オンタリオ州による規制強化が不十分として市民や政治家が圧力をかけ、議会が動いた。公害に関して、欧米諸国では、受苦を表出し集約するという政治機能が働いている[6]。

そうした受苦の表出・集約機能の高さは、一般的に、欧米における政治システム、とりわけ民主主義や市民参加の度合いと関連づけて捉えられる。一つには、補完性の原則に裏付けられた地方分権型社会という政治システムである。欧米の多くは地方分権国家である。地方分権が進んでいれば、より住民に近いところで、住民の受苦が表出され集約されやすいというのは、自明のことであろう。欧米では各州や自治体に幅広い権限や資金力があり自律的決定を行ないやすい立場にあることが、受苦の表出・集約機能を高めている。

もう一つには、政策提案能力をもつ市民社会の存在がある。この点、欧米ではとりわけ戦後期、意図的に市民社会の発展を支援する政治制度が整えられたことを指摘したい。すなわち、多元的民主主義構造の中では、様々な利益集団により表出される利益ばかりがインフォーマルなバーゲニングにより体現されやすいとの認識に基づき[7]、市民や環境NGOの意思決定参画を高めるためバランスを取ろうとする参加民主主義の重要性が、欧米の学術界では広く認識されていた。そうした問題意識に基づき、市民社会の発展にむけた政策整備が意識的に進められた。一例を挙げるとアメリカでは、寄付行為への税免除、郵便料金の割引といった政策整備が進められた。結果的に、一九六〇年代から七〇年代にかけて環境保護団体が急激に成長し、「ボランティアへの依存が減ってますます専門化し、専従職員を雇用して法的活動、ロビー活動、資金集めをおこなうようになっていった」という[8]。拡張された政治的機会構造が、市民社会による受苦の表出や集約機能を高め、政策立案能力も向上させた。もちろん政策立案能力とともに、政策決定の場がオープンであることも指摘しておく必要があろう。その証拠に、一九八〇年代、アメリカの政策変化をもたらす排出量取引制度案は、環境防衛基金という一NGOを母体に誕生しているのである。さらに、ドイツなどでは、反核運動を契機に緑の党も登場し、助成金の交付を得られたことにより、政策提案機能が大幅に強化された。

加えて裁判制度もある。欧米では、環境団体による原告適格がある[9]。通常、公害被害者は、経済的にも社会的にも弱者が多く、自ら裁判を起こすには、知識も資金も不足していて、諦めてしまう場合も少なくない。この点、環境NGOに原告適格があれば、受苦の表出や集約もされやすくなる。前述のように、環境NGOに高度な専門知識が集約され資金力もある場合には、被告となる企業や行政と互角に裁判を進めることも可能である。加えて、公害企業の無過失責任が一般的になっていることや、陪審員制度による結審の速さなども、原告に有利に働くと指摘されている[10]。

以上に見た欧米諸国における専門的な環境NGOの必要性や、被害者へ開かれた司法のあり方への認識は、一九八〇年代末の冷戦終結に向けて、ますます強化された。第四章で述べたように、旧東欧諸国や旧ソ連では、市民活動が抑圧され情報隠蔽が繰り返され、汚染回避のための努力がなされなかったために、重度の環境汚染が引き起こされていた。環境運動が民主化運動へとつながり、体制崩壊へと向かったのは歴史の必然であった。だからこそ、第二章で述べたように、冷戦終結後、欧米諸国は、中東欧の環境協力の要として、一九九〇年にハンガリーのセンテンドレに中東欧環境センター（REC）を設立し、環境NGOの育成に努めたのである。

以上のような経験が、リオ宣言の「環境問題は、それぞれのレベルで、関心のある全ての市民が参加することによりもっとも適切に扱われる」という、リオ宣言第一〇原則（第一章参照）における信条の表明につながる。リオ原則を受け、アジェンダ21行動計画では、情報公開や意思決定参画機会の提供、司法へのアクセスを人々に保証するように求めた。同様の内容は欧州では条約化された。第二章でも紹介したEnvironment for Europeである。すなわち一九九八年に、環境に関する情報へのアクセス、意思決定における市民参加、司法へのアクセスの確保を求めたオーフス条約が採択された。

3 受苦の表出を阻害するシステム——中央集権・タテ社会と秩序意識

これに対し、東アジアはどうであろうか。結論からいえば、東アジアでは、国内、国際双方のレベルの随所において受苦の表出が阻害され、抑制されやすい政治力学が働いている。例外的に、一九九〇年代初頭の韓国においては、受苦が表出しやすい社会構造が存在した。韓国では、一九八〇年代半ば以降「政治的民主化過程の進行とともに、市民社会領域の理念的・地域主義的文化、環境保護」などに取組む「公益的市民団体の設立も急速に増え始めていた」という[11]。背景には、独裁政権時代に進んだ環境の悪化と、そのために民主化運動と環境運動が連動したことがある。先行研究では、大規模環境事件の勃発が環境危機意識の大衆化を招き、民主化運動へとつながったことが明解に示されている[12]。こうした韓国内での民主化運動と環境運動の連動は、同時代に進行した中東欧諸国の民主化運動と共通している。近年は利益誘導型政治が大幅に復権している韓国であるが、少なくとも九〇年代には、欧米並みの政治的機会構造が整備され、被害の声を拾い上げやすい状況があった。他方、中国では、利益受苦の組織的な隠蔽、受苦住民への摘発や圧政といったことが、共産党一党独裁下で今日も進行中であることは、第六章でも言及したし、実際によく知られているところである。

中国だけではない。日本においても、公害については、社会のあらゆる層で受苦の表出を抑制する政治力学が働いていた。足尾銅山鉱毒事件を引き合いに出せば、押出しという名のデモを行なおうとする渡良瀬流域の住民たちに差し向けられたのは憲兵であった。議会での訴えがとおらず、万策尽きた田中正造がとった行動は天皇への直訴であった。こうした基本構造は、立憲民主主義国家として再出発したはずの戦後日本においてもかわらなかった。たとえば、四日市では、本来住民の受苦が表出され集約されるはずの議会で、「石油化学には公害がない」「どこの都市にもぜんそくというものはございます」というように、受苦の存在や、コンビナートとの関連を否定する発言があいついだ[13]。自治体の公害関係担当者は「記録作成にとどま」り、「企業はその研究成果を公開せず、傍観者的態度をとり」、市民感情は強いものの「市内に組織されている町内会有力者が大体において企業に手なづけられ、反対運動が公然化することに対して強力なブレーキになっている」と四日市公害で加害企業の告発に奮闘した田尻は証言している。このような対応は、四日市のみならず、水俣やその他の地域でも実際に起きていた。

なぜ、民主主義国家において受苦が不可視化され、抑圧されていくのか。上述の欧米の構造と対照させつつ、日本の政治社会システムの特徴を挙げておこう。

第一に、日本が中央集権国家であることである。戦後期の日本の統治システムは、戦前の官僚機構が温存され強化され、産業界との密接な結びつきのなかで、いわゆる鉄の三角同盟が形成されていった。強力な中央集権国家の在り方は、一方で戦後復興から高度経済成長を支えたが、裏を返せば、住民に近いところにいる自治体の受苦表出・集約機能が、国レベルの意思決定には反映される回路が存在しないということでもあった。むろん、日本にも革新的自治体は存在した。大気汚染政策に先鞭を付けたのが、国ではなく東京都をはじめとする先駆的自治体であったことを忘れてはならないだろう。東京都では、六〇年代に美濃部亮吉知事が、健康で文化的な最低限度の生活を営む都民の権利が侵害されているとして積極的に公害対策を進めたし、二〇〇〇年代前半には石原慎太郎都政下で、主要道路沿いに居住し健康被害に苦しむ都民の救済を掲げ、科学的因果関係がないと渋る国に先駆け、福祉的観点からディーゼル規制や医療費助成をはじめた。こうした取組みが、国の政策変化につながった事例も散見される。しかしそもそも、東京都のような自治体による環境問題対応能力の高さは、自治体が情報力や経済力、自律的決定力を有しているからこそ発揮されたという側面も見のがせない。自主財源比率が高い東京都は、いわゆる三割自治が一般的な日本では例外的な存在である。

第二に、日本の市民社会の政策提言能力の弱さがある。日本でも市民社会や市民参加の議論は盛んである。しかし大半は、政策提言型というよりも、公にかかわる担い手としての市民社会像が強調されている。その実情を、ペッカネンは「政策提言なきメンバーたち」と評し[14]、『バイシクル・シティズン』を著したルブランは、高い倫理観で「弱者のニーズへの謙虚な献身」を行なう主婦たち自らが、「自分たちが大事にしている価値や倫理は、政治の世界には存在しない」として、むしろ自ら「政治を拒否」していく姿を描いた[15]。他方、市民社会の政策提言機能強化を主張する論考もある[16]。一九九七年に有識者グループにより公表された「日本の大気汚染経験」の中には以下のような一節がある。

日本では、大気汚染が問題になった当初の頃、問題に関する十分な知識をもち、対策を提案する有効な環境NGOが存在しなかった。企業や政府の対応が不十分であったこともあるが、このため、被害を訴える住民と防衛的な姿勢を取る企業との対立の図式が生まれ、この対立の解消には、結局裁判による判決を待たなければならなかった。しかし、現在では以前に比べてより質の高い豊富な情報が利用可能である。正確な情報に基づいて、あるいは自らも調査・研究を行い、地域住民の立場から問題の早期解決に貢献できるようなN

GOの活動が今後重要である[17]。

この記述は、政策提案機能を有する環境NGOの重要性を、有識者グループも認識していることを示している。にもかかわらず、なぜ日本では環境NGOが育ちにくいのだろうか。この点シュラーズは、前述のアメリカやドイツに比べ、税制上の優遇措置や郵便料金の優遇などの恩恵を受けられないことをはじめとする、政治的機会構造が欠けている点を指摘した。そのため、日本の環境NGOは、多くの場合、専従職員を雇う資金力も持てず、政策提言能力を持ちにくい状況にあるとする[18]。同様の指摘は、先述のペッカネンによってもなされている。日本においても、一九九五年の阪神淡路大震災を機に制定されたNPO法は、市民社会の強化を目指しているると評価して良いだろう。しかし、NGOの財政的基盤を強化するための税制優遇措置などは導入されておらず、高度な知識をもった専従職員を雇用できるような環境NGOが育ちにくい状況は、依然として続いている。加えて、政策意思決定プロセスそのものが閉鎖的である。「近年、情報公開制度、パブリックコメント制度、環境影響評価制度等が整備されたことによって、情報が公開され」、表面的には、「だれでも意見を言える状況が確保されてきた」とはいえ、実質的には「聞き置く形のパブリックコメント制度の運用が多く」、意思決定プロセスは多くの場合、依然として官僚主導型のままである[19]。要は政策提案型環境NGOが育つ環境も活躍できる受け皿も極めて限定的であるということである。第五章で描いたアメリカの開放的政策決定システムとは対照的である。

さらに裁判制度においては、基本的に民法上の過失責任の原則がとられている。もっとも、一九七〇年には、被害者の円滑な救済を図るため、大気汚染防止法や水質汚濁防止法では例外的に無過失責任が導入された(第六章を参照)。しかし、環境NGOには原告適格がない。困窮の中で、受苦アクターが裁判に訴えること自体が、司法を最後の砦として頼みにしていることを表している。

また、これら政治システム上の特質に加え、日本の社会構造が及ぼす影響についても考察しておきたい。前述した「日本の大気汚染経験」は、環境NGOの不存在が住民と企業の対立の図式につながったと指摘する。しかし、環境被害をめぐる裁判は欧米でも数多く行われている。裁判へのアクセスがあることが、汚染企業にとって公害を出さない動機ともなる。日本の場合、追いつめられた被害住民と企業の対立構造のより本質的な要因として、対立を招くほどの受苦の軽視や抑圧が、先んじてあったこと、そしてそれは企業、行政、市民に根強く浸透している「タテ社会」における認識枠組と深く関わっていることを指摘しておきたい。すなわち、『タテ社会の人間関係』を著した中根がいうところの、「資格」や「場」を強調し、「序列意識」が強く[20]、ジェンダーバイアスも強い、日本の社会集団の有り様こそが、受苦の存在を否認し抑圧していったと観察されるのである。

具体的に、四日市の事例を見ていこう。たとえば、海上保安庁の田尻は、汚水を流した工場を取り調べた際、担当課長が、「私は二代も前から三菱に働かせてもらっているのに、会社に対して何とも申し訳ないことをしてしまった。会社のカンバンに泥をぬった」という忠誠心が先立ち、港を汚濁させたことには何も慚愧もなかった「奇妙な感覚」を吐露している[21]。コンビナートの現場では末端の係員ですら、田尻が「臭い」というと「いえ、ぜんぜん臭くありませんよ、あなた、鼻がおかしいんじゃないですか」と否認し、雑談をしていても公害の種の話になると「ピタッと口を閉じてしまう」という。そのような社員の言動を招くような、企業内の「批判から順応」へと至る評価システムや「徹底した身分差」の存在を、田尻は克明に描いている。

きくところでは、若い人が独身寮なんかに入っていて、公害のコの字でも口にすると、必ずそれが会社に通報される。(中略)また、一定の見習い期間の間に、いわゆる現場のコースか、エリート・コースかが、はっきり決まっちゃう。(中略)評定の結果によっては当然ボーナスもガタッと違ってくる。また企業はその地域からえりすぐった、美人の女子職員を採用しています。この女子職員たちが、すべてそういう目で新人男子職員を見ていて、現場へ回されるような男はあまり相手にしない。エリート・コースにのって、いい相手と結婚するためには、やはり男子職員たるもの、公害のこと等口にせず、上司に口答えせず、要するに批判的な態度を極力身に付けないようにしなければ、たちまちにして人から取り残されてしまうというわけです。だいたいコンビナートの社宅というのが大変象徴的です。たいてい公害のない郊外にあって、部長社宅、課長社宅、係長と、身分によって出来がまるでちがう[22]。

この記述からは、公害の否認をしなければ、企業内での秩序の下位におかれてしまう構造が厳然とあり、社員の口をつぐませていることが分かる。さらには、たとえ規制が出来ても、企業と行政との間に馴れ合いが横行し、自治体側に取り締まりを行なう現場能力がなかったことを、田尻は指摘している。

企業は企業で、新しい法律が出来たぐらいで行政機関が急にかわるわけはない、とたかをくくっている。(中略)企業が、「法律のほうはお変わりになったけれども、○○さんも△△さんもそのまま残っていらっしゃる。基準が設定されたけれど、県知事が規準の上乗せをすることになった。実際にそれを専門的ににぎっている方はどなたか。××さんだ。その鉛筆一本で数字が決まる。あとの方はめくら判だ。そして、その××さんは昔から私たちとは旧知の間柄です。これからうんと交流を密にして頂きますよ。」(中略)実際、地方自治体や地域内の人脈は、古くから網の目のように入り組んでいるのは常識だ。

一般的には、現在でも各自治体は企業誘致に熱を上げている。ところがこうした開発に熱心な県知事の直轄下に公害課がある。直属ですから当然、ストレートにその影響を受ける。また公害課も内部部局の一つに過ぎないから、商工課、開発課等のような企業よりの下から非常な掣肘を受けます。しかも係官は単なる事務官ですから捜査のソの字もご存じない。しかし、企業を告発する場合には、「故意または過失」の立証が要件となる。単なる事務官ではその実証は非常に難しい。権限もなければ身分上の保証もない。これでは到底取締りはできない。システムがそうなっていないのです[23]。

この記述は、公害課という「場」の、事務官という「資格」は、地方行政の中でも「序列」の下位にあり、また地方行政全体が「お客様」である企業より下にあるという秩序を示している。そのような暗黙の秩序が存在するなかで、工場や本社に捜索令状を持って乗り込んだ田尻らは、次のように企業から言われたという。

「あんた方はそんな紙切れ一枚持ってきて、大企業を泥靴で踏みにじっている。いったいどういうつもりなんだ。こんな乱暴な話は聞いたこともない。今までのお役人はちゃんと応接室で上品に懇談して頂いたものだ」「あんた方、これは企業秘密ですよ。うちはアメリカと提携しているんだから、アメリカから訴えられますよ。」[24]

田尻の述懐は、中根が喝破した「タテ社会」の特徴にぴたりとあてはまる。田尻が勤務していた海上保安部という「場」の、警備救難課長という「資格」は、大企業よりも下の序列にあり、それを心得ていないということなのである。さらに日本の大企業の上には、アメリカが控えているという、お上意識である。

田尻の著書を含め、複数の公害を記録した文書を繙けば、厳然たる秩序が四日市に限らず地域社会に浸透していることが容易に読み取れる。公害被害者は、そのような序列においてしばしば最下位に近いところにいる。もとより被害は子どもや高齢者、女性といった社会的弱者に集中しやすい。公害被害が集中する地域は、いわゆる労働者層や地元民の居住地域が多い。そうした事情が秩序構造をより確かなものにしている。「煙で食べさしてもらっている」という、低い序列を自覚することで、被害当事者である市民の多くが、自らを「沈黙させて」きしたのである[25]。このように受苦の表出が、社会のあらゆるレベルで暗黙的に抑制されている中、一握りの義侠心にあふれた医師や弁護士、研究者、あるいは田尻のような行政担当者が、被害の救済に職場生命を賭して奔走してきたというのが実情であろう。

そんな、秩序意識にもとづき公害を隠蔽する政治社会システムにどっぷり浸かっていた日本が、七〇年代に突如、国を挙げて公害対策推進へと転身した。この驚くべき転身も、「秩序意識」をふまえれば容易に理解できる。すなわち、日本が国レベルで公害対策に本格的に乗り出したのは、アメリカを頂点とする秩序意識に厳然と従ったためであった。この時期、ニクソン教書にも明記されているような日本に公害対策を求める「圧力」に、「大統領令であるために実施されるであろう」、「国も業界も一体になって取り組」む「以外に進路というものはない」という、悲壮観すら漂う国会答弁があったことは、アメリカを上位に置く秩序意識が広く浸透していることを示している。さらに、同じ国会での通産省の答弁に対し、野党議員がおこなった「自動車産業の命運」ではなく、「どうして国民の健康のためといえないのですか」という反問は、下位にある被害者が置き去りにされ、秩序意識ばかりが先んじる現実への慨嘆であったろう[26]。

その後のめざましい公害対策の進展も、日本の「タテ社会」の特質を抜きには説明できない。日本はトップダウンで調和条項をはずし、青天霹靂ともいえるルールの変更を行なった。公害裁判では疫学的証明による一応の因果関係を認め、挙証責任を原告から被告へと移した。公害裁判では原告勝訴が相次ぎ、大企業はいずれも控訴せず、速やかに賠償金を支払い、公害防止投資をすすめていった。国が公健法を制定したことで、企業の公害防止にはさらに拍車がかかった。地方自治体は企業と公害防止協定を締結し、行政的合理主義にもとづくエンドオブパイプ型の公害対策は徹底的に実施された。さらに、アメリカ自らは放棄してしまったほど、当時厳しいとされたマスキー法の排出基準を、助成金をつぎ込み、官民を挙げての技術開発により達成した。アメリカに、不可能だとクレームをつけることなど絶対にせず、疑問を口にせず、従順に不断の努力で不可能を可能にする。これが日本のタテ社会の強みである。このことが、世界で最も「エコロジー的近代化」に成功した国という日本への国際評価を創りだすことになるとは皮肉なことである。言って見れば、環境技術立国日本への高い国際的評価は、このとき約束された。当時の「貯金」で、日本は今日まで環境外交を展開してきたといっても過言ではない。しかし、以上の現象は、国内の受苦の表出や集約に真摯に応えたのではなく、受苦の表出に応えるよう日本に求めたアメリカの要求に「秩序」正しく真剣に応えた結果でしかなかった。

なお、トップダウンにより公害対策を積極的に進めるこうした変化は、一過性のものであった。正確にいうならば、当時より対策が進んだ分野では、今日にいたるまで、厳しい環境基準のもとに環境データの公開も進み、環境指標による数値も良好である。自動車産業は現在でも世界のトップクラスにある。他方で、アメリカからの圧力がなくなった後に生起した新たな問題群、たとえばNOxやPM、アスベスト、あるいは環境影響評価法、環境基本法の制定、再生可能エネルギー導入など、多くの分野において、日本の環境パフォーマンスはむしろ遅れをとっている。これらの分野の環境対策は、科学的不確実性やコストなどを理由に、いずれも先延ばしされており、プロメテウス派の認識枠組が日本の国内で根深いことを窺わせる。

日本の国レベルでの環境取組には、世界に誇るエコロジー的近代化と、徹底した行政的合理主義、プロメテウス派、という三つの枠組が奇妙に併存している。そのような多面的社会である日本の中で、EANETを推進している環境省(二〇〇一年までは環境庁)大気環境局は、中央省庁の中では財務省や経産省に比べれば低い序列のなかで、自らの裁量で出来る範囲の最大限で、EANETを牽引してきた。

4 政治的ダイナミクス

以上にみたように、欧米では、受苦アクター救済のための強い政治的意思があり、東アジアに比べて、受苦の表出および集約機能が強いことは明らかである。しかし、それだけで欧州レジームの形成が説明できないことは言うまでもない。一九六〇年代、脆弱な生態系を有する北欧で被害が「顕在化」し、問題やその因果関係に関する科学的推論が公表されても、越境大気汚染問題は国際的な政策課題として議論の俎上に上るには至らなかった。レヴィがいうように、「膠着状態」[27]が続いたことになる。なぜか。その理由は、科学的不確実性に加え、生態系の脆弱性の違い、受苦圏と受益圏という対立構造、排出大国が経済大国であり、国際規制は排出大国に対する経済的脅威と受け取られたことに、多くを求めることが出来る。つまり排出大国は、経済と環境保全を対立的に捉えるプロメテウス派的な認識枠組を有していた。

一方、制度的視点からすれば、潜在的被害者と加害国の双方を包摂する地域制度が存在しなかったこともある。地域統合体ECは、排出大国である西ドイツやイギリスを中心に構成されており、レジーム形成反対グループでもあった。北欧議会は、被害者側である北欧諸国の政策協調や調査研究のための財源や政治的機会を提供したが、イギリスや西ドイツなどを包摂するものではなかった。一九七二年にスウェーデンが招聘したストックホルム会議も、会議の争点は途上国と先進国の調整に移り、国境を超える酸性雨抑制のための制度的基盤を提供するものとはならなかった。

では、なぜこの膠着状態が打ち破られ、レジーム形成への「政策の窓」は開かれたのか。直接の契機になったのは、CSCEの枠組内で酸性雨の国際モニタリングがはじまったことである。CSCEの推進自体が、各国の政治的な共通利益と位置づけられた。CSCEという政治的機会は、さらに、以下の二点において重要であった。

第一に、北欧諸国に同調する強力なアクターであるソ連の登場を招いたことである。第二にUN／ECEという制度的基盤を提供したことである。

しかしこの時点では、まだ条約締結という案は政策課題の俎上に上ってこなかった。なぜ一九七七年になっていきなり、そのような案が浮上し、二年という短い期間で合意され条約締結されるに至ったのであろうか。

この点は、アイディア、制度、利益、パワーの複数要素の組み合わせにより説明可能である。まずアイディアの側面からは、一九七二年にすでにはじまっていたOECD共同モニタリングの成果が一九七七年に公表され、北欧諸国の従前の主張が立証されたことが挙げられる。すなわちOECDプロジェクトのデータ収集・解析を担ったノルウェー大気研究所（NILU）を擁するノルウェーは、EMEPを引き受けたUN／ECEのハイレベル会合で結果公表の機会を設けた。そしてその席で、因果関係が明らかになった以上、これ以上、被害を受け続けるわけにはいかないとして、他の北欧諸国と同調して条約締結を求めた。UN／ECEは、条約締結を望む北欧諸国に制度としての政治的機会を提供したのである。

利益の側面からは、まず外因的要素が重要である。LRTAP管理は、東西デタントの象徴という政治的使命を帯びていたことから、北欧、西欧、ソ連、東欧諸国それぞれにとって、これを進展させることには政治安全保障上、共通の利益として認められていた。ソ連にとっては、スプリンツらのいうように、生態学的脆弱性とコスト面からも利益があった。さらにはレジーム推進によって、あわよくば西側諸国の対立・分裂を招こうという政治的思惑もあった。幾重にも利益をもたらしうることが、ソ連をしてこの問題で北欧諸国に同調せしめたと考えられる。かくして、ソ連は圧倒的なハードパワーを背景に、同盟国である東欧諸国をも自らに同調せしめ、北欧諸国などと共に、数で西欧諸国に条約案受け入れへの圧力をかけた。パワーもレジーム形成の要素のひとつとして重要であることが理解できよう。北欧諸国、ソ連に加え、東欧諸国がレジーム形成に賛成したことにより、UN／ECEの過半数の国がLRTAP条約推進派となった。このことが最終的に西欧諸国やアメリカまでもが、条約案を受け入れるに至る重要な推進力となったことは十分に推測できる。さらに言えば、北欧諸国が条約形成時に提案していた硫黄化合物排出附属書を交渉過程で放棄したことも大きい。具体的な削減義務が明示的ではなくなったことは、ヤングの言う「不確実性のヴェール」としての利益的側面を西欧諸国にもたらした。これらの条件全てが備わってはじめて、レジーム反対国による条約締結受け入れが説明されうる。すなわち、LRTAP条約レジームの形成が、複雑な政治的ダイナミクスの末に可能となったことがわかる。

また、LRTAP条約レジームの発展を促した政治的ダイナミクスとして、やはり東西冷戦の終結およびEUの拡大を挙げないわけにはいかない。

EUの統合機能の強化の過程で、環境基準も一九八〇年代後半より厳格化されたが、それはLRTAP条約レジームに参加するEU諸国の議定書採択や遵守に資するものであった。同時に、環境技術面で優位にあった西ドイツにとっては、経済的優位性を確立させるという利益をもたらしたことも指摘したい。

EUの真価は、単なるエンドオブパイプ型の行政的合理主義の普及にとどまらない。むしろ、持続可能な発展やエコロジー的近代化のパラダイムが共有され、戦略的な行動計画が作られたことが重要である。その中で、自由で自律した人格をもつ個々の市民の尊厳を尊重するという分権化思考も再確認された。その背景に東西冷戦の終結があったことは明らかである。冷戦終結により、中東欧地域における環境汚染の情報公開は、EUなどによる環境援助の飛躍的拡大や、Environment for Europeプロセスを通じた民主化促進、そしてさらなる情報公開を促した。これらが中東欧諸国のレジームへの積極姿勢や遵守を促進させる効果を持ったことは疑いない。

このような政治的ダイナミクスは、多国間の外交が繰り広げられる欧州ならではであった。同様の政治的ダイナミクスは、二国間関係を基調とする北米では見られない。逆に一九八一年に新自由主義派のレーガン政権が誕生すると、アメリカは一方的にMOI交渉を棚上げした。政治的要因がレジームの形成にも後退にもインパクトを与えうることがわかる。一方、一九八九年以降、二国間外交が急激に進展をみた最大の要因としては、やはりアメリカ側の変化があった。ジョージ・ブッシュ大統領の登場である。ブッシュ大統領は初の外遊先としてオタワを選び、二国間での酸性雨協定の交渉を開始する合意をとりつけた。その後、前述の通り、ハンガリーに飛び、中東欧環境協力センター構想を打ち上げたこと、さらに一九九二年のリオ・サミットに出席したことを含めれば、環境政策にはどちらかといえば保守的な共和党政権の中では、ブッシュ大統領はそれなりに積極的環境外交を展開していたといえよう。もっとも、ブッシュの行動の背後には、レーガン政権があまりにも酸性雨問題を放置したため国内での酸性雨被害が激化し、ニューヨーク州やニューイングランド州をはじめ風下に位置する東部州に不満が募っていたことなどがあっただろう。すなわち、国内の受苦アクターからいわば突き上げられる形で、また後述する認識枠組の変容により、アメリカは態度を転換したのであった。

ここで改めて東アジアを振り返ってみよう。EANETの形成プロセスがはじまった一九九〇年代初頭は、じつは環境問題に関して今日に至るまでで最も強い追い風が吹いていた。日本は世界第二位の経済大国であり、アジア最大の環境ODA供与国であり、環境立国としても世界から賞賛を受けていた。EANETへの東南アジア諸国の好意的な対応は、従前のODA供与を含め、EANET参加のための機材確保や研修など、きめ細やかな環境ODAが日本側によって提供されたことも大きかった。これは中国にもあてはまった。当初、EANETに警戒心を示していた中国も、後にEANETに積極的に参加する姿勢を示した。日本による環境援助がひかえていたからである。一方、ODAを通じた便益の供与やコミュニケーションの増大といった日本の旨味を、唯一交渉に活かせなかったのが、援助対象国を卒業していた韓国である。九〇年代は、従軍慰安婦問題が顕在化し、日韓関係が全般に悪化してきた時代であった。この時期、木村が指摘するように「韓国における日本の経済的地位の低下」は否めなかった[28]。日韓の経済的政治的関係の希薄化は、酸性雨問題における両国のちぐはぐなやり取りを生み出し、フォーラムショッピングや、制度間の入れ子構造を招いた。

二一世紀に入ると、かつて世界第二位の経済大国であった日本は第三位へと後退し、中国がその地位に替わった。日中の経済力の差は開くばかりであり、東アジアにおける日本の経済的地位の低下は、とりわけ隣国中国との関係において顕著になってきている。二〇〇六年に中国が、日本の研究者による大気観測データの電源を切ったことなど一つの象徴であろう。中国は、日本の対中援助が終焉を迎えつつある今日、「日本に対する対等以上の交流」を求めてきている。中国はEANETが地域の公共財として果たして来た役割を一定程度評価し認めているものの、第六章で明らかにした通り、それ以上のことは全く期待していない。それは、二〇一〇年の新潟決定に至る交渉からも確認できる。同交渉で中国は、法的拘束力のある文書の策定や、対象物質の拡大やモニタリング以外の活動への拡張といったスコープ拡大に、明確に反対を表明した。中国は大国化している。また中国は、今後おそらく日本以上に東南アジア諸国とも政治的経済的関係を強め、援助を供与していくであろう。もはや日本は、九〇年代のような追い風は期待できない。

5 科学と政策の境界

前節で見たように、政治的ダイナミクスは、とりわけ多国間外交を要した欧州では、レジーム形成の大きな原動力となった。ただし、実際にレジーム形成に向けた「政策の窓」が開き、政策変化が引き起こされるためには、受苦の表出という「問題の流れ」、政治的ダイナミクスという「政治の流れ」に加えて、「政策の流れ」が合流することが肝要である。この点、欧州LRTAP条約レジームにおいて、「政策の流れ」を形作る根底にあったのが「体系的観測」、すなわち科学的データの集積・共有とその情報公開であった。その後、科学的不確実性という難問を乗り越えて受苦を可視化し、費用効果的な対策提案を可能とするような「臨界負荷量」や「統合モデル」といった科学ツールが開発された。これらは、第四章ですでに論じたように、一九九四年以降に議定書の削減目標策定に直接的に活用され、レジームの飛躍的発展を導いた。目的志向型、すなわちモード2型の科学そのものである。ただし、欧米で開発された科学ツールは、その後、北米や東アジアで同等に用いられた訳ではなかった。本節では、国際的観測の実施・公開・共有とその活用、科学的不確実性の取り扱い、モード2型の科学の構築など、科学と政策の境界をめぐる地域間の共通性や差異を検証していきたい。

❖科学データの構築・活用と情報公開

欧州で酸性雨をめぐる科学データの公開や共有は、北欧協力がはじまった一九六〇年代末にさかのぼるが、排出大国を含めた国際的観測が開始されたのは一九七二年のことである。OECDが資金を提供してはじまった、この北欧と西欧、合わせて一一カ国による国際共同プロジェクトは、一九七七年にEMEPに引き継がれ、レジーム形成の伏線となった。確認しておきたいのは、OECDプロジェクトの実施や参加自体に、排出大国であった西ドイツやイギリスなどから表立った反対がなかったことである。二カ国とも科学技術レベルが高い先進国であったこと、また環境に限らず情報公開の必要性についての認識が国家間で共有されていたことが重要である。また、プロジェクトへの参加は、直ちに何らかの酸性雨抑制対策を求められることを意味しなかった。そういった意味では、国際モニタリングへの参加という行為は、ヤングのいう「不確実性のヴェール」として作用した。

時をくだり、八〇年代、九〇年代にEMEPがスコープを拡大するときも同様である。第四章で紹介した通り、初期にはSO_2やNO_xが主要汚染源と見られていたが、やがて地表オゾン問題、さらには重金属や残留性有機汚染物質などにまで、対象物質が拡げられた。対象物質の拡大や、経済的検討を進めることについても、EMEP内で異論は出なかったという。

OECDプロジェクトの蓄積されたデータは、一九七五年のヘルシンキ合意を受けて開催された、一九七七年のUN／ECEのハイレベル会合で真価を発揮した。ノルウェーは、OECDプロジェクトのデータ収集・解析結果を公表し、ノルウェーやスウェーデンは自国が排出よりも多く西欧諸国から沈着があることを数値で示し、これ以上の受苦は耐え難いとして「拘束力のある国際公約」を含む条約策定を求めたのである。すなわち国際公共財となった科学的データは、条約形成の理由として活用され、条約形成への道を開くことになった。

その後、OECDプロジェクトはEMEPに引き継がれた。しかし、EMEP初期は、運営は苦難の連続であったという。それまでは、精度の高い科学や情報公開という社会的価値が共有されていた西欧諸国のみがメンバーであったが、社会主義体制下にあり、価値感を共有しない中東欧諸国がメンバーに入った。中東欧諸国だけではない。南欧諸国など、大気汚染データの計測経験がまだ少なく技術レベルの低い国も入ってきた。このことは、むしろ、EMEPの担当者たちの悩みを深めたという。第四章でも紹介したように、排出データがそろわなかったり、明らかな数値の改ざんがあったり、といったデータの信憑性が問われる事態が幾度もあった。これに対して、NILUやノルウェー気象研究所といったノルウェーのEMEPセンターがとった方策は、研修や検証を重ねて実施すること、そしてデータ情報を全方位で公開することであった。すなわち、信憑性がないデータ、昨年の数値を援用したデータ、計算が合わないデータ、など、それこそ手書きの修正を含む文書を、そのまま そっくり公開したのである。これらの会議資料のいくつかは、現在もなお、EMEPセンターのホームページからダウンロードできる。都合が悪い情報を含めた全方位の情報公開こそが、社会主義国におけるデータの改ざんや不提出を思いとどまらせ、真実を明らかにする、唯一最良の道であるという北欧諸国の信念は、この件からも確認できる。

データの積み重ねと公開は、確かに、西ドイツの変容をもたらす成果をあげた。西ドイツは、国際プロジェクトのデータから、自らが受益アクターであるばかりでなく受苦アクターでもあることを事解するようになった。それが、西ドイツの政策転換の一因になったことは、当時の政策担当者も証言するところである。強制がなくとも、情報提供というソフトな方法が、高い効果をおよぼしうるという一例である。

徹底したモニタリングと情報公開は、冷戦終結に向かって、さらに社会的意義を増すことになった。この頃には、体系的観測を通じて、西側諸国は中東欧諸国での深刻な汚染状況をすでに把握していた。中東欧諸国では、冷戦時代に汚染情報の隠蔽が続き被害が増幅されていた。冷戦終結によって旧東側陣営の諸国は、そうした情報を隠さなくてもよくなった。情報公開は、中東欧諸国自身にとっても有意義であったであろう。なぜなら、EUや世界銀行など援助機関から移行経済国への支援において、環境援助の優先度は高かった。環境情報を積極的に提示し、環境対策と民主化を進めることは、資金支援を招き、環境改善のみならず、経済や社会の安定にも寄与するという好循環を生んだからである。一九九〇年代に全欧レベルでオーフス条約が作られたように、情報開示に向けた仕組みづくりが進んでいた。環境情報開示は、EUの各種プログラムの中でも義務づけられた。中東欧諸国にとって、民主化と環境情報の公開を進めない理由は、何一つ存在しなかった。

このように、欧州では実践的に重ねられた社会的学習が情報公開を拡張してきたことがわかる。情報公開こそが環境問題の改善への近道であり持続可能な発展への道であるという信条は、欧州においては自明であった。

しかし、欧州型の地域レベルでの体系的観測に基づくデータの共有と公開、政策への活用は、北米では進まなかった。米加それぞれに体系的観測が進められたが、EMEPのような共同モニタリングプログラムが作られることはなかった。正確に言えば、一九七〇年代末には、共同でモニタリングを行い、排出抑制戦略を策定することがMOIで約束されていた。しかし、一九八〇年の大統領選挙で勝利したレーガン政権は、この約束を反故にした。個別に報告書を作成するよう指示し、アメリカ国立科学アカデミーによるMOI報告書ピアレビュー会合へのカナダ政府の参加を拒否したのである。結果として、両国のMOI報告書にはそれぞれ異なる解釈が記載された。アメリカ側が、情報の共有・公表を拒んだためである。その後、アメリカは、自国内で国家酸性雨評価計画(NAPAP)を進め、巨大な費用を費やしたが、カナダとの共同モニタリングは一切行わないまま一九八七年にＮＡＰＡＰ暫定報告書を公表し、「酸性雨によるダメージはそれほど広域に広がってもいなければ悪化もしていない」と結論づけた。一九九一年に米加大気質協定が締結された後も、アメリカとカナダの間では、ＥＭＥＰに相当する合同モニタリングプログラムは実施されていない。ただし、科学データの共同構築こそ行なわないが、二年毎に、両国が幅広い科学的知見を持ち寄り、公開し、その知見を次なる政策に活用している。そういった意味では、欧州とはまた別の形で、科学的データの共有と公開、政策への活用が、実現していると言えるだろう。互いに高い科学技術を持った先進国であり、使用言語も同一で、多層にわたって交流が深いことも両国関係を下支えしているだろう。

酸性雨モニタリングに限定して言えば、東アジアでも、ＥＡＮＥＴと日本のきめ細やかなＯＤＡによる研修やデータの検証を通じ、質の高い情報を確保する努力が続けられている。実際、データの品質保証は、ＥＡＮＥＴがこれまで最重要視してきた課題の一つであった。背景には、ＥＭＥＰセンターであるノルウェーの大気研究所（ＮＩＬＵ）からのアドバイスがあるという[29]。モニタリングデータは、年一度の政府間会合を始め各種会議において各国間で共有されると共にウェブサイト上でも公開され、気候変動に関する政府間パネル（ＩＰＣＣ）さながら、政策担当者のためのわかりやすい要約が作られるなど、情報公開も徹底されている。しかし、これを政策へと活用する提案は意識的に忌避され、実際、政策へとインプットする回路も存在していない。正確に言うならば、日本の環境省大気保全課やＥＡＮＥＴセンター、また周辺の関連研究者らは、ＥＡＮＥＴを単なるネットワークではなく政策枠組へと拡張させることを目指してきた。しかし、そうした試みは、中国や韓国の反対に遭い、これまでのところ成功をみていない。もっとも、蟹江らは、「本当に協定化することになったときに最も問題が生じるのは、日本だったかもしれない。ＥＡＮＥＴが現在の状態で協定化する事になると、これだけ多大な財政的貢献をするような国際的枠組みの存在は、外務省が許容できなくなるであろうし、義務的な削減対策に踏み込めば、経済産業省等の規制官庁が黙っていないだろう」として、「官僚機構によって阻害される可能性」を指摘する[30]。この分析は、日本における行政的合理主義の認識枠組が強固であること、依然としてタテ社会のなかにあること、その秩序意識の中で環境省の位置づけが依然として低いことを、雄弁に物語っている。このことが意味するのは、国外からの反対だけではなく、国内の政治システム要因により、EANETにおける国際的観測データの政策活用が阻害されている現実である。

そういった意味で、二〇〇八年に、在北京アメリカ大使館がはじめた、ツイッターでの大気汚染数値の継続的公表は影響が大きく、中国の政策変化を促す上でも実に効果的であった。IT革命が進んだ二一世紀ならではの情報ツールは、中国の厳しいネット統制をくぐり抜けて、直接的に、中国国民に、大気汚染情報を届けることになったのである。北京環境局も汚染状況を公開してはいた。しかし、北京市環境局とアメリカ大使館の評価が分かれ、結論から言えば、北京市民や在外外国人が信頼を寄せたのは、北京市の公的情報ではなく、厳密な科学的手続きによらないアメリカ大使館のプライベートな観測数値だった。アメリカ大使館の数値公表は、いわば変則的な第三者評価の役割を果たしたといってよい。非民主主義的な情報統制が続く中国において、欧米で市民社会や環境NGOが果たして来た役割を代行したようなものである。その後、北京市等の大都市では、PM2・5の計測や公表をはじめとする一連の法改正につながった。

ここで見のがせないのは、アメリカ大使館が数値を公開した理由である。ポイントは、在中アメリカ人の健康を守ること、である。すなわち、在中アメリカ人が数値を知ることで、外出を控えたり、マスクをしたり、空気清浄機を使ったり、といった、自ら防御策を選択することができるようになるという目的が明確に掲げられている。いってみれば受苦の救済、予防にあたる。グローバリゼーション時代、モノも情報も、そして人も国境を越えるなかで、国民国家の枠組を超えた情報ツールの新しい使い方と位置付けられる。

❖科学的不確実性――科学論から科学技術社会論へ

前項で明らかにしたように、欧州では国際的観測やそのデータの共有・政策活用が進んだ。その知見は、西ドイツという大国の政策変化を引き出す一因になった。一方で、西ドイツと並んで西欧最大の排出大国であったイギリスは、八〇年代末までは、レジームへの実質的な参加を拒み続けていた。それは、イギリスが科学的不確実性を主張しつづけたからにほかならない。イギリスでは、数多くの石炭火力発電所を所有し、当時イギリス最大のSO_2排出源であった中央電力庁(CEGB)が、一九七〇年代から一九八〇年代に多額の費用をかけて酸性雨研究を実施していた。CEGBは「電力は全ての人が使うことから、(脱硫装置の導入等の環境対策に伴う)電力価格の上昇は、正確な科学的理解抜きに環境対策を行なうことはまかりならない」という信条に基づき、「正確な科学」の構築に務めた。「正確な科学」の追求という論理は、実質的に、調査に長期間また莫大な費用をかけ、対策を行なわないことを正当化したとハイアールは指摘している[31]。こうした対応には、スカンジナビア諸国だけでなく、イギリス本国においても批判があがり、グリーンピース等の環境NGOは独自調査を行い、被害が出ていることを訴えたが、CEGBの政策決定における影響力は第四章ですでに論じたように絶大であり、批判の声が政策決定に反映されることはなかった。

イギリスの事例は、科学的不確実性が、対策の遅延を正当化するのに用いられる典型である。同様の科学的不確実性の使い方は、北米においても観察される。アメリカのNAPAPである。カナダとの共同研究を拒否したレーガン政権が巨額の資金を投入し、一九八〇年代に設立したプログラムである。アメリカは一九八四年のミュンヘン会議で、NAPAPを実施していることを、三〇%クラブ入りを拒否した理由として掲げている。「酸性雨による損害の範囲、酸性雨が起こるスピード、排出沈着関係、酸性沈着に湖沼が反応する速度、森林被害における酸性沈着の役割、といった点が科学的に解明されない限り、対策を講じる計画の策定作業には取りかかることが出来ないと考えている」、「一九八〇年以来、九千三百万ドルを研究に費やしており、次年も五千五百万ドル費やす予定である」というアメリカの言い分は、イギリスＣＥＧＢのロジックと全く同じであった。

ひるがえって日本はどうであろうか。科学的不確実性を強調する認識枠組は、実は今日に至るまで主流的な考え方である。国内での大気汚染対策の経緯からみていこう。

一九六七年の四日市の裁判で被告六社は、重油の使用や亜硫酸ガスの排出とその有害性は認めるが、原告らの健康被害という事実と損害についての因果関係を否認した。このような因果関係の否定は、公害裁判のいずれにおいても企業側が主張した内容であった。因果関係を科学的に証明することが難しいという、すなわち科学的不確実性である。

しかし一九七〇年代に入ると、前述のように政府の公害対策に大転換が起きる。公害裁判で「厳格な過失の主張と立証」を原告に負わせると、「専門的な知識」も「視力」も乏しい被害者は、公害企業との間に「実質的な平等」を持ち得ない、と最高裁判所は判断した。そのため「疫学的方法」などによる「事実の推定」「蓋然性の理論」をもって、挙証責任を公害企業に負わせることにしたのである。この大転換により公害訴訟で原告勝訴が相次ぎ、公健法の制定へとつながったことはすでに何度か述べたとおりである。公健法による被害者補償は「厳格な過失の立証」を伴っていない。つまり「科学的不確実性」があっても対策を進め、被害者救済を行なうという方針が貫かれたことになる。

しかしながら、その後の政策形成過程では、あたかも時計の針が一九六〇年代以前に戻ったかのように、科学的不確実性論が再興してくる。象徴的な変化が、一九八八年の公健法改定であった。当時、大気汚染の主役は、自動車を中心とする移動発生源に伴う、都市・生活型大気汚染に移行しつつあった。幹線道路沿いの住民を中心に、呼吸器系疾患が増加し、ガン死亡率も上がっているとの調査があがってきていた。しかし、一九八三年に設立された中央公害対策審議会作業小委員会は、「幹線道路沿道等の局地的汚染については、科学的知見が十分でない」として指定地域から外した。また「感受性の高い集団については検討の対象としない」とした。環境庁調査は「三十歳から四十九歳の頑健な年齢階層」のみを対象とし、「児童、老齢者、呼吸器疾患罹患者など」の「感受性が高い」「弱者」を外した。調査からの弱者の排除は、疫学的調査にもとづく蓋然性の高い仮説の推定すら難しくするという、極めて深刻な問題を内包していることは周知の通りである。調査の母集団を操作することによって、疫学的因果関係は、いかようにも浮かび上がらせたり、あるいは消し去ったりすることが出来るのである。このような、環境庁・省による因果関係の否定は、二〇〇四年の東京大気汚染公害裁判でも繰り返されている。東京都は、因果関係の推定よりも福祉的観点からディーゼル規制や被害救済へと動いたが、環境省は、知見がない、主たる原因とは考えられていないとの答弁を繰り返し、今後大規模な疫学調査を開始する、「必要な調査研究を推進していく」と、科学的不確実性を強調した(第六章を参照)。

科学的調査を厳密におこなう姿勢は、途上国向けに作られた「日本の公害経験」報告書の中でも強調された。第六章で紹介した、自民党において環境族として知られた橋本龍太郎元首相の言を想起してほしい。

環境行政とはことが人命にもかかわるだけにたしかに先見性と実行が他分野の行政以上に求められるが、科学的に他の人々を説得できるだけの学問的裏付けがなければ、国民の支持を得ることはできない。(中略)ある種の物質が特定の公害病の原因だと学会で主張されていたとしても、それが学界の大勢とならず少数意見と見なされているのであれば、行政としてはそれを取り上げる訳にはいかない。少数意見に行政が振り回される弊害や危険を合わせ考えなければならない。

ここにも少数意見を排除し、科学的因果関係を厳密に追求する姿勢がはっきりとよみとれる。

実は、科学的因果関係を厳密に追求する姿勢は、環境庁による酸性雨研究についても通底している。関東北部の森林の立ち枯れについて、電力中央研究所は、オゾンと水ストレスの影響が複合的に関与している可能性が高いとしたうえで、東アジアでSO$_2$濃度が大幅に上昇することがあれば、「オゾンとの複合作用によって、いくつかの樹種に影響が及ぶ可能性はある」との見解を出した。これにたいして、環境庁は、立ち枯れは複合的な要因によるもので「これを酸性雨のみに直接結びつけて議論することは難しく、今後との議論が必要」と主張した。科学的不確実性を理由に対策を回避し、調査に時間と費用をかける環境省の姿勢や論理は、前述の八〇年代のイギリスCEGBおよびアメリカNAPAPと酷似し、そして二一世紀に入ってからも続いている。

❖モード2型の科学への転換

イギリスとアメリカ、日本の酸性雨研究には、相違点もあった。つまり、イギリスは、自らの排出量削減義務を負いたくないという明解な利害関係を持つ排出当事者によって実施された研究であった。CEGBには被害を過小評価する十分な動機があった。しかしアメリカNAPAPと日本の環境庁による研究は、国家が主体であった。とりわけアメリカのプログラムは、複数省庁にまたがる国家計画であった。

実際のところ、アメリカの研究プロセスはオープンであり査読プロセス等も用意されていた。それゆえ、NAPAPに、情報隠蔽やデータの改ざん・不正があり、酸性雨被害が過小評価されたという推定に安直に飛びつくのは誤りである。逆に、科学の正式なプロセスに則っておきながら、NAPAPが酸性雨被害の提言や被害者救済にむけて、役割を果たせなかったのはなぜか、が問われるべきである。

この点が、まさしく、九〇年代のアメリカで、論議を呼んだことだった。アメリカの複数の研究者が、問題を科学の社会構築の観点から分析を行なった。たとえば、ヘリックらは、NAPAPは、酸性雨という広域研究の、各個別領域のありように束縛されていたと論じた。それぞれの個別領域で、信憑性についての論争に終始したのである。ある科学者グループが、酸性化が進行しているという証拠を提示したとして、別の研究者は、湖はもともと酸性化よりであるとか、それは大気汚染によるものとは言えないのではないか、といった議論がまきおこり、論争が続いた。個別領域における因果関係の推論には際限がなく、結果として、大量の知見の蓄積が進んでも、結局酸性雨が問題であるのか、そうでないのか、あるいはその中間であるのか、その知見をどのように使えば良いのかという、政策担当者が必要とする超領域的質問に対するこたえは、何一つ得られない事態となった。ヘリックの言葉を借りれば、科学的知見を数多く提示した場(banquet)は設けられても、肝心の政策オプションにつながるメニュー(dish)は用意されなかったということになる。それゆえ、ヘリックは、「科学にまつわる政策論争において、良い科学(good science)がいつも正しい答えを提供できると想定すること自体が間違いである」と述べている[32]。ウィンスタンレイらも同様の指摘を行なう。政策担当者は、科学者が提供できない質問の答を期待すべきではないし、科学者も、科学者として科学的な推論と非科学的な意見を混同させることはせず、むしろ不確実性の度合いをわかりやすく提示することが重要であるという。また、NAPAPでは、そもそも、プログラムの設計自体として、「望ましい政策オプションの提示ではなく、むしろ政策オプションの帰結についての、信憑性の高い科学的技術的評価を行う」ことを目的としていたことを指摘し、便益費用分析も遅れたこと、また政策は本来「科学技術情報に加えて、公正や(便益などの)配分、市民の意見、人間の内なる価値などの非科学技術的情報が加味されて吟味されるべきところ」そうした点が等閑視されたことも指摘した[33]。

以上のような指摘は、まさに第一章で論じたところの「既存の専門分野の中での知識生産」の限界を示したものであり、「社会的要請の文脈の中で」、目的志向型の研究も行なわれるべきだという、ギボンズの指摘と通底している。

そのような社会的要請、すなわち受苦の解消と経済との両立という要請にこたえようとする中で、編み出された政策手法が、「排出量取引制度」であった。経済的合理主義の代表的な手法の一つである。科学の舞台は自然科学から社会科学へと広がっていたのである。排出量取引という知見を生み出すに重要な役割を果たしたのは、第五章でもすでに紹介した通り、プロジェクト88であった。環境NGOや専門家を含む穏やかな広範な連合である「公共利益連合」である。アメリカの開かれた政策決定過程が、新種の政策採用を可能にした。もっとも排出量取引の原案は、突然中央レベルで始まった訳ではなかったことも、今一度確認しておこう。排出量取引は、「州政府や民間企業で実践され、環境保護団体により伝搬され、議会や国家の代表部門の研究機関により注目され、有力議員やその政策スタッフによって支持される」という実践ルートをたどって[34]、アメリカ全体に受入れられるようになっていった。そして州政府が注目する原点には、受苦住民からのロビー活動があり、受苦が表出集約されたことを見のがしてはならない。すなわち、受苦の救済という目的が、アメリカ大気浄化法における全米での大気環境規制地域の基準強化を生み出し、達成が困難な重工業地域を抱える州が、試行錯誤の上、「大気の浄化と経済成長の双方を実現する政策」として編み出したのが、排出権取引制度である。米加大気質協定に含まれる、アメリカの政策の根幹は、受苦の表出と救済にあった。費用対効果の高い政策は、その後、米加大気質協定の米加共同調査にも含まれ、カナダにも適用されていったこと、よりグローバルには、気候変動枠組条約の京都議定書にも適用されて、汎用性が高いことも付記しておこう。

以上からすれば、米加大気質協定における体系的観測は、「科学技術的及び経済的調査」という文言に明確に顕れているように、自然科学だけでなく社会科学、とりわけ経済学までを包摂する学際的なものであった。排出量取引が目指す、高い費用対効果という目的は、実は、LRTAP条約内で編み出された「臨界負荷量」や「統合モデル」の概念とも通底していた。この二つの概念の条約、議定書への活用については、第四章ですでにまとめて論じているため、ここでは繰り返さない。重要なのは、この二つの概念を合わせ使うことで、一つには、脆弱な生態系の地域を可視化でき、そしてもう一つには、そうした地域を含め、全ての地域を費用対効果の高い政策によって守ることが出来る、という二つの利点が同時達成できることであった。

このことからすれば、二〇世紀には、科学的不確実性を理由に、臨界負荷量の導入に消極的だったアメリカが、二一世紀に入って、同概念に再注目したことは何ら不思議なことではない。脆弱な生態系の追求と、費用対効果の高い対策の同時追求、という目的は、アメリカの公共利益連合の目指すところとも合致しているからである。こうして、実際に、二〇〇四年以降に公表された米加大気質協定報告書の中では、米加両国は、欧州が編み出した「臨界負荷量」概念を用いて、マップやデータを作成し、公表するようになった。さらにここで特徴的であったのは、検討の対象は、生態系だけではなく、むしろ人の健康であったことである。すなわち、ぜんそく患者、子ども、高齢者などの、どのグループの人がPMに対して最も脆弱であり、また臨界レベルはどの程度か、といった検証を進めることが明記されている。アメリカが脆弱なグループへの検証を含めだした背景に、アメリカ国内で、やはり受苦の表出による政策変化があったことも今一度確認しておこう。

同様のロジックは、「統合モデル」の検討開始にも当てはまる。第五章ですでに論じたように、科学的協力に関する小委員会のなかでは、SO^2、NOx、VOCに次いで越境大気汚染管理が必要な大気汚染物質としてPMをクローズアップしている。その報告書の中では、エアロゾルと沈着に関する地域モデルシステムおよび統合地域大気質モデルに基づいて、二〇一〇年、二〇二〇年のPM排出推計・戦略なども描き出されている。この進展は、EMEPに関連する欧州の研究者との緊密な協力のもとに進められている。そういった意味では、出発点では大きな差があった、欧州と北米の政策枠組みにおける科学ツールの利用は、二一世紀に入ってから、むしろモード2型の科学とその活用へと、収斂する方向にある。

違いがあるとすれば、欧州のように、統合モデルの計算結果を、直接的に議定書の削減目標設定に用いるか、あるいは北米のように用いないか、という点である。欧州LRTAP条約レジームのオスロ議定書やヨーテボリ議定書が行なったことは、EMEPセンターに収集・評価されたデータと統合モデルを組み合わせてコンピューターによってはじき出された数値を基礎として各国の削減目標を定めており、各国の裁量が及ぶところが小さい。米加大気質協定の元では、締約国である米加両国は、互いの目標設定に関し利害関係のある範囲で協議を申し込むことができるが、基本的には両国の自主的裁量が大きい。言い換えると各国が其々の国内法の範囲で大気質基準に見合うようにめざして大気汚染物質を削減する方策をセクター毎に策定し実施し、その結果、米加それぞれどのぐらいの削減率になっているかを推計するというアプローチが取られている。そこに統合評価モデルの計算結果を照合し、さらに両国の国内対策をみなおし、基準にあうよう国内目標を調整するというアプローチである。実は、このアプローチは、二〇一五年に国連気候変動枠組条約で採択されたパリ協定にも近いことを、付記しておこう。

以上のような、アプローチの違いはあるにせよ、モード2型の科学に基づく目的志向型の科学政策ツールを用いられている点において、両地域の政策は、同じ方向に収斂してきている。

それでは最後に、東アジアの状況をみておこう。科学的不確実性を強調する日本では、欧州や北米のような、モード2型の目的志向型研究が政策へ反映されるという状況は、環境分野全般において、極めて限定的である。一九九〇年代、欧米では、環境税や排出量取引、ごみの分野では拡大生産者責任やデポジット制度等が次々に、開かれた政策論議の場で研究者や政策担当者らにより議論され、実際に政策導入が進んだ。こうした政策手法の多くは、日本に導入されてこなかった。あるいは、形を変えて日本に適用されたり、再生可能エネルギーの固定価格買取制度などのように、他国の政策効果に触発されて導入されたものもある。このような革新的政策導入への慎重姿勢と裏腹に、たとえば、環境経済・政策学会等では、個別政策ツールに関する実に多様な研究が進められている。しかし、これらの研究が実際の政策に活用される回路は、依然として限定的である。その背景には、前述のようなタテ社会の特徴、「聞き置く型」の審議会、弱小な市民社会などの、閉鎖的な政策決定システムがひかえている。

酸性雨に関しても、全く同じ傾向を見て取れる。まず、科学的不確実性を強調する立場から、臨界負荷量研究は、殆ど行なわれて来なかった。人の健康に関する研究は、たとえば、もはや国民病とも言える花粉症と大気汚染の関係性を例にとれば、数多くの研究が行なわれている[35]。しかしそのほとんどは、医学的・臨床的見地からのメカニズムの解明であったり、疫学的調査の試行等であり、結論部では多くの場合、今後更なる研究が必要であると締めくくられている。モード1型の科学論的研究は多いが、モード2型の政策提言に踏み込むような論考は少ない。

そういった意味からすれば、二〇〇九年より五カ年で実施された「東アジアにおける広域大気汚染の解明と温暖化対策との共便益を考慮した大気環境管理の推進に関する総合的研究」と題された研究は、越境大気汚染分野でのモード2型の研究の走りといってもよい。同プロジェクトには、EANET形成に政策担当者としてかかわってきた鈴木克徳教授（金沢大学）をはじめ、日本国内の主要な研究人材が幅広くかかわった。研究では、排出インベントリを精緻化し、酸性化物質ばかりでなく、地表オゾン、PM2・5などの越境汚染量についての排出沈着関係の精度も高めた上で[36]、健康影響や農作物影響をふまえ、気候変動と越境大気汚染、局地的大気汚染対策とのコベネフィットの観点から、セクター毎の政策オプションや費用計算を含む削減シナリオを描き出すことに主眼がおかれた。すなわち、LRTAP条約レジームで取り入れられた統合モデルのアイディアがふんだんに取り入れられ、さらにそれを、気候変動と絡める等、新たな付加価値も取り込んだものである。しかしながら、こうした研究を実施に移すのは、EANETを所管する環境局大気保全課の業務範疇を超えており、国際的にもEANETの範疇を超えており、政策に取り入れられる回路は、現実的に存在していない。

他方、排出大国中国の中では、変化が生じてきている。国際酸性雨学会が二〇一〇年には中国北京で開催されたことを象徴するように、中国は国内大気汚染問題の所在を認め、国際的な交流を通じた研究を深めている。その中には、臨界負荷量研究も含まれている。また排出量取引制度の導入などの経済的手法導入が二〇一五年に定められたことからすれば、そうした経済的手法を含むモード2型の研究が、中国国内で、すでに進んでいることが窺える。

6　自律的決定

以上にみたように、欧米におけるレジームは、要素主義や客観主義に拘りすぎるのではなく、受苦の救済や予防に主眼とした目的志向型で分野横断的な科学を発展させながら、進展してきたことが明らかである。そうした科学の相対化や新たな政策の進展において、もう一つ見のがせないのは、全てのアクターの自律性である。

新たに生起する環境問題に対しては、殆どの場合、既存の研究体制や行政体制では対応できない。そのために、研究や政策に携わるアクターが、それぞれの現場で察知した問題を追求していくには、組織的なルーティンワークだけに縛られない、自律的な行動ができる姿勢と環境を要する。EMEPに従事した研究者たちが、創発的に新たな科学ツールを発展させ、またVOCやPM2・5など新たな問題群に時宜を得て対応することが出来たのは、各アクターの自律性ぬきには説明がつかない。欧州では、超国家機関や特定の国の利害関係を超えて、北欧だけでなく、オーストリア、オランダ、デンマークなど、幅広い人材が、国家を超えた協働を通じて、臨界負荷量や統合モデルを編み出した。LRTAP条約レジーム要職の各国の政策担当者もLRTAP条約レジーム組織と国家代表団を行きしつつ協働しこれらを支えた。「同じ因果関係を信じ、それらを評価するための実験を行ない、共通の価値観を共有している」というハースの言う認知共同体の要件を、EMEPに関連した研究者や政策担当者たちは、満たしている。

EMEPの研究者や研究機関の高い自律性を証明したのは、奇しくも、プロローグでも紹介した、福島原発事故に伴う放射性物質拡散予測であった。EMEPセンターに指定されたノルウェー大気研究所(NILU)をはじめ、複数の関係機関が、放射性物質拡散予測について、視覚的にもわかりやすい動画で配信しつづけた。プロローグでも明記したように、彼らは国際的にも国内的にも、放射性物質拡散シミュレーションについての情報提供義務をおっていたわけではない。にもかかわらず、情報公開にふみきった。その決断がどのように行われたのか。ここで、NILUで拡散予測シミュレーションとその公開をリードしたストール博士から得た証言を紹介するとしよう[37]。

——いつ、どうして、オンラインで放射能拡散予測を出すことを決めたのですか？

ストール博士　私たちはすでに長距離を越境する大気質測定について長い経験をもち、また、特に火山噴火の予測に関するキャンペーンを行っていました。すなわち、私たちは放射性物質の拡散予測に必要で利用可能なすべてのツールを持っていたのです。この大事件は極めて深刻であったのに、当時放射能拡散予測は、全く公開されていませんでした。そこで、私たちは、予測を提供することを決めました。

——オンライン予測をすると、だれが意思決定を行ったのですか？　その決定は、国レベルや国際レベルでの法的責任を伴うものですか？

ストール博士　いいえ、私たちの研究所は、このような予測を行うための責任を何ら有していません。これは、関係する研究者のボトムアップの決断でした。

——どのぐらいの方々が、オンライン予測にかかわられましたか？

ストール博士　数名の専門家たちです。ただ、同様の予測はスイスの気象機関などでも行っていました。

我々は普段より研究交流をしてお互いによく知る仲ですので、しばしば情報交換もしました。また最終的には共著で論文も発表しました[38]。

——予測するためにどのようにして必要な情報データを取得するのですか？

ストール博士　私たちは、GFS気象予測データに日常的にアクセスする権利をもっており[39]、それを使いました。福島からの放射性物質排出量については、最悪の仮定シナリオを用いました。実際の排出量の把握については、情報は極めて限られていました。

——オンライン予測を公開するための時間や費用は、どのようにして捻出されましたか？

ストール博士　私たちの日常業務は通常通り作業しつつも、各研究者は自由な時間を利用して行いました。研究資材は、既存のものをつかっていますので、追加費用はありません。研究所が、拡散予測のオンライン公表を応援してくれたので、私たちも時間に余裕を持つことが出来ました。

——オンライン予測はいつ始めましたか？

ストール博士　私たちは、津波から約一週間後に予測を開始し、およそ二カ月後、これ以上の大量排出のおそれがほぼなくなったと判断されたときに終了しました。

――オンライン予測には、どのくらい、どの国からアクセスがありましたか？

ストール博士　アクセス数についての正確な統計はありません。しかし、桁違いに多くのアクセスがあったことは確かです。主に日本からでしたが、実際には世界中からアクセスがありました。当社のウエブサーバが、かつてないほどにビジーで、それ以前もそれ以降も、このようなビジーさを経験したことは、ありません。そのぐらい重大な事件だったのです。

ストール博士らの証言から重要な論点をまとめておこう。彼らは、何らの法的責任も義務もない状態で、放射性物質の拡散予測業務に躊躇なく着手した。社会的ニーズに駆られて行なうこの業務は、彼らにとって、通常業務外であるが、彼らは予測情報を提供できるだけの高度な科学技術をすでに有していた。日常的にアクセス可能なデータを用いて映像を作ることは可能であった。

無論、放射性物質の排出データは乏しく、不確実性はあった。これはストール博士も証言しているとおりである。にもかかわらず、地域住民には甚大な被ばくのおそれがあることは、当時十分に予測できた。福島近隣だけでなく、拡散した放射性物質は国境を越えて広域にひろがり生態系に影響を及ぼしうることは、欧州ではチェルノブイリ時にも、経験済みである。そうした深刻な事態にもかかわらず、日本や世界のいかなる主体からも情報公開がなかった事態に、ストール博士らは危惧感をおぼえた。だからこそ同博士らは、発生源が数千キロ離れた日本であるにもかかわらず、放射性物質の拡散予測オンライン公表にふみきったわけである。重大なリスク情報は、迅速に社会に市民に広く届けられなければならないという強い信念のもとに、オンライン公表が進められたことが確認できる。

公開された情報は、視覚的にもとてもわかりやすいものであった。ＥＭＥＰが取り扱う自然科学的側面、または政策・経済的側面は、しばしば高度に専門的で難解であり、しかも多岐の学術分野にわたっている。ＬＲＴＡＰレジームにおける輸送モデルや統合評価モデルは、まさしく、そうした文理の知見を融合して開発された高度に複雑な政策ツールであった。こうした専門的知見を、科学技術あるいは逆に人文社会的側面について、それぞれリテラシーを持たない科学者や政策担当者が互いに理解し共有するためには、専門的情報は、わかりやすく提示される必要があった。事実ＥＭＥＰセンターが公開してきた数々の報告書は、科学技術のリテラシーがない者にも視覚的にわかるような、色彩豊かな図や表が満載である。こうした蓄積されたコミュニケーション技術は、福島原発事故に伴う放射性物質拡散のオンライン予測にも、いかんなく発揮されている。カラー口絵の冒頭に挙げた図は、ＮＩＬＵが公開していたオンライン予測動画の一コマをきりとったものである。日時、物質名、濃度などの基本情報が最低限レベルで記載され、濃度は白、紫、青、碧、黄色、赤というグラデーションで視覚的にとらえられるようになっている。地図を見れば、どの範囲まで放射性物質が拡散しているかが一目瞭然である。動画では、この放射能雲が、風向きや気象条件などによって時間とともに刻々と変化していることが可視的にわかる。その様子は、我々が普段見慣れている台風の進路の気象予報動画とも似ている。こういった動画を市民に提供することによって、避難、屋内退避、ヨウ素材の摂取など、それぞれの特性に応じた合理的選択肢を提供することが目的となる。

ところが、放射性物質拡散予測は、ルーティンワークに入らないという意味で、「非日常型の決定」である。そうした決定は、完全にボトムアップで決められた。ストール博士は、オンライン予測を公開する提案を躊躇なく行ない、組織内外で、何らの承認手続きも必要なかったと証言した。ＮＩＬＵ上層部も、責任をとうどころか、応援をして動きやすい状況を作っている。このあたりに、組織としても研究者の自律性を尊重し、ボトムアップの社会的意義が高い行動を支援する組織文化を読み取ることが出来る。

さらに、ストール博士らは、スイス、アメリカや他国の研究者らとつながり、互いに精度を高めながらオンライン予測を公開していた。こうした研究者たちは、通常業務の段階から、互いに交流があった。国際学会、国際会議などで協働することもあっただろう。場合によっては、学友であったり、個人的付き合いがあったりするかもしれない。いわば認知共同体のネットワークメンバーたちは、福島原発事故という世界史級の重大事件がひきおこす環境影響を懸念されるなかでは何より情報公開が必要という規範信条を共有した。また、限られた排出量データという制約、つまり科学不確実性がある中で、公開してよいという妥当性の基準を共有した。そうして、オンライン予測を実施するという共通の政策事業が展開されることになった。

ストール博士らは、逆に、日本の研究機関の研究者に、なぜデータを公開しないのかと問うたという。確かに、複数の日本人研究者との個人的会話から、「技術的には十分に可能であった」ことは聞いている。しかし、同様のことが、たとえばEANETセンターや気象研究所、国立環境研究所などの研究者に予測公表ができただろうか。そうは思えない。技術的ではなく、社会的文脈として、とても考えられないという意味である。そのように考える理由を挙げておこう。

第一に、第六章で述べたように、日本気象学会はいちはやく、情報公開の自粛を会員に通知していた。大気環境学会も同様である。こうした通知は、拘束力はなくとも、研究者を萎縮させ自律性を奪う効果をもつ。

第二に、拡散情報に不確実性があり、誤りの情報を流すことへのリスクである。別事例を挙げておこう。一九八〇年代のオゾンホール発見時にも起きていた。アメリカよりも早い段階で南極上空のオゾン層破壊を日本人の気象庁気象研究所のオゾン層の専門家であった忠鉢繁らがデータを発見していた。しかし、中鉢と同僚の梶原は、「データがあまりにも普通でなかったので、もしそれを報告して誤りであったときには職を失うだろうと考えていた」という[40]。彼らは、観測装置の不具合がなかったかを怖れ、確かめた後に、発見の翌年から国内外で公表をはじめたが、冷遇されたという。この事例は、科学的不確実性を強調する考え方が、深く日本に根付き、それが研究者の自律性を阻害していることを物語っている。

第三に、もし学会等からの通知がなかったとしても、前述の日本の「タテ社会」にどっぷりつかった組織文化を考えれば、通常業務を逸脱することによるリスクは、忌み嫌われる傾向があることである。前述の忠鉢らは「自分が発見をした当時、気象庁内部の人は自分を殆ど支持してくれなかった」と述懐している[41]。ルーティンワークからはずれた内容を応援しない、自律をむしろ妨げる組織文化が厳然とあり、それが、情報公開を妨げている様子が窺える内容である。

実際のところ、この大惨事に対して、SPEEDIが公開されない中、他の研究機関や独立した研究者が、放射性物質拡散予測を公表することはなかった。気象庁研究者であった佐藤康雄は、文部科学省が運用するSPEEDIに、気象庁あるいは環境省の協力が得られた方が良いのではと示唆しているが、そのような省庁連携も、みられなかった。そして、「緊急時迅速放射能影響予測」と題したSPEEDIを、「科学的不確実性」を理由として、緊急時における避難や一時移転等の防護措置の判断には利用しないという決定がなされたのは前述した通りである。

このように、研究機関や研究者の自律性を損ねるような構造は、「タテ社会の人間関係」を著した中根によれば、東アジアで共通するというよりは、日本に特にあてはまることだという。たとえば、「敬老精神」が強い中国や、「カースト」制度による「身分差」が明確なインドでも、反論は行なうという。また「日本の秩序意識に最も近いと思われる」「チベット」でも、「学者（伝統的に僧侶であるが）の間の討論の場においては、完全にこの秩序意識が放擲され」「敬語は完全に姿を消し、発言の仕方、欧州もまったく同列にたってなされ、そこには実力以外は何も存在しなくな」り、「ダライ・ラマでさえ、玉座を下り、他の学者と同列の座につく習慣となっている」という。「思考・意見の発表まで」もが「序列意識」により「強く支配」されているのは日本ぐらいだということになる[42]。

しかし、そのような考えが、日本の固有の伝統文化であったかどうかは、疑わしくもある。たとえば、国内における原発導入時に、核エネルギー研究に従事した坂田は、「研究者の自主性、情報の公開性、そして民主的な手続きを原則」を核エネルギー研究の三原則とすべきであると、日本学術会議の場で打ち出していた。当時は研究者が自主的に自らの研究方針や理念を討議していたのである[43]。原発事故由来の放射性物質拡散を含む環境汚染の情報について、現代の研究者たちの思いも、まさに坂田と通底していることは、以下の彼らの文言(再掲)から改めて窺える。

風評被害のおそれを言うあまりに、事実をはっきりと伝えることが難しい場面もあった。しかし、事態の推移や、事故調査の中から徐々に明らかになってきたことは、国民の多くは誰かに情報を制限されるよりも、受け手の責任において情報を受けたいと考えていること、また情報の発信が結果的には効率的な対策に役立ってきたということである。したがって、できるだけ率直に科学者として市民に伝えたいことを書くべきである[44]。

情報を一元的に統制されるのではなく、受け手の責任において情報を受けたいという考えは、市民側も有していることは、以下の文面からも確認できる。

政府は、無用なパニックを避けるために「ただちに問題はない」と言い続けた。しかし、無用なパニックを起こすほど日本人の知性は低いのだろうか。政府・専門家は国民のリテラシーを低くみているからこそ、安全側に偏った情報を流したのではないか。そして逆説的なことに、安全側に偏った情報しか流さない政府を市民が信用しなくなるという現象がおきた。また、福島県の高校に勤める理科の教諭は、「政府は混乱させたくないというが、事故がおこったこと自体がもう混乱である。また、一つの答えを出したいというが、いろいろな情報が出るのが当然であり、そんなことはわかっている。統一した一つの情報を出したいと専門家はいうが、統一された一つの情報が欲しいわけではない。全部出してほしい。その上で意思決定は自分でやる。」と述べた。ここで観察されるのは、専門家や政府が行動指針となるような「統一された一つの情報」を出すことが責任と考えているのに対し、市民の側が「混乱してもいいからたくさんの情報」「幅があってもいいから偏りのない情報」が必要で、意思決定は自分でやる、次の行動は自分で決める、と述べていることである。そして市民にとって何が不安かについては、専門家や政府が「きちんとした情報がないのが不安」と考えているのに対し、市民の側は「情報が偏っているのが不安」と答えた。さらに専門家や政府が「混乱させるのが不安」と答えたのに対し、市民の側は「専門家が信用できないのが不安」と答えた。これらは専門家や政府の考える必要な情報、与えるべき情報と、市民の側の望む情報とのギャップといえよう[45]。

以上からすれば、自律的決定を希求する声は、科学者にも市民側にもむしろ広がっている。ところが、市民側と政府側の認識にズレがあり、そのような考えが政策決定の場では共有されていないのが、日本の実情である。

7　おわりに——歴史からの教訓

本書の探求のはじめにおいて、欧米レジームの形成や発展を語るには、欧米研究者には自明すぎて論じられることの少なかった、アクターに内在する根源的な認識枠組や前提条件や、その変遷にこそ着目すべきではないかと述べた。その根源的な認識枠組や条件とは、本性の分析を要約すれば、以下のとおりになる。第一に、何よりも、脆弱な生態系や弱者を包摂して、受苦の表出や集約、救済に主眼が置かれている点である。第二に、そうした受苦の表出や集約、救済を第一とすることが可能な、諸政治システムの条件整備が進んでいるという点である。補完性の原則に基づいた分権化思想、政策提案能力を持つ市民社会の発展を支援するような政治的機会構造の提供、開かれた意思決定の仕組み、環境NGOの原告適格を含む開かれた裁判制度、といった条件が含まれる。第三に、科学と政策の境界に横たわる認識枠組が、厳密な科学論的追求から、目的志向型の科学技術社会論的な研究へと移行し、そうした認識枠組を共有する研究者や政策担当者の緩やかなつながりという意味での認知共同体も形成されてきている点である。その観点から、従前のプロメテウス派を脱却し、経済的合理主義やエコロジー的近代化につながるような経済社会研究の進展にもつながり、新たな政策オプションの提示も編み出された。それが、排出大国の政策変化を促し、レジームの発展にもつながっている。第四に、そうした変化を生み出す根源的条件として、各アクターの自律性が高いことである。自律性高いアクターたちがゆるやかに、先述の認知共同体においてつながっているということである。

以上のような構造を踏まえ、本章の締めくくりでは、東アジアの今後について、何がなされるべきか、歴史からの教訓について考えたい。

まず、明らかであるのは、東アジアが、どの地域よりも多い大気汚染物質を排出し環境負荷を増大させている根源的要因に、この地域の政治社会構造の問題がひかえていることである。それは中国ばかりでなく、日本にもあてはまる。プロメテウス派的な認識構造を補強するような社会構造が、公害対応期を除き、今日に至るまで脈々と引き継がれている。この点を自覚し、是正していくことが出発点となる。

第一に、全方位のわかりやすい情報開示につとめるべきだということである。このことは、中国ばかりではなく、日本についても同様である。情報統制や隠蔽が全ての分野で横行していると言いたいのではない。エコロジー的近代化を世界で最初に成功させた日本は、分野によっては、めざましい情報公開をすでに展開している。一例として、環境省が運営する大気汚染物質広域監視システム（通称、そらまめ君）をあげておこう[46]。SO_2、NOx、PM2・5をはじめ複数の汚染物質の測定時報値が、数値レベルに応じて色分けされ、地図上で瞬時に分かるように示されている。データは、一週間分まで過去にさかのぼることもできる。自然科学の専門知識を持たないユーザーでも、容易に分かるこの仕組みは、まさにモード2型の科学を意識した、ユーザーとのコミュニケーションツールである。また、EANETも近年、モニタリングデータをわかりやすく、政策担当者向けにまとめるなど、工夫が窺える。このほか、国会議事録をはじめ、諸審議会や議会議事録等も公開されており、情報公開システムは格段に整備されつつある。

そうした先駆的取組みがある一方で、新たに生起した問題分野を中心に、SPEEDI隠しに象徴されるように、情報が隠されていく分野もある。その多くは、厳密な科学論に基づく科学的不確実性を理由としている。そのような分野では、しばしば会議録や会議資料の開示も不十分であったりする場合も多い。そういう情報が隠されるなかで、タテ社会の構造が機能し、受苦アクターの声が切り捨てられて弱者が排除されていくという構造がしばしば見受けられる。

しかし、IT化が進んだ現在、それこそ、中国における大気汚染の状況が、中国の情報統制の網をくぐり抜け、アメリカ大使館からツイッターで明らかにされ世界中の市民に届いて政策変化の一因となったように、またNILU他の海外の複数機関が、福島原発事故に伴う放射性物質拡散予測をオンラインで発信したように、情報統制や隠蔽はいずれ外部から是正される。あるいは暴露によりむしろ混乱を生む。そのような事態に陥り信頼を損ねるよりは、環境情報については、モード2型の科学論の観点から、先んじて全方位で情報公開を積極的にすることが望ましい。

歴史は、情報隠しや捏造が、環境悪化に拍車をかけ被害者の苦難を増幅させてきたことを、十分すぎるほど示している。他方で、情報開示がなされた場合、洋の東西を問わず、被害者救済や環境改善だけでなく、ゆくゆくは持続可能な発展にも有用であることも、歴史は示している。環境情報を全方位的に開示するということは、囚人のジレンマが示すように、ゼロサムからポジティブサムへとゲームのルールを移行させるということにほかならない。そのことを、社会的学習する時期に来ている。

第二に、政治主導で、プロメテウス派的や行政的合理主義への一辺倒から、持続可能性、強いエコロジー的近代化へと認識の転換をはかることである。いかに優秀な官僚がそろっていても、省益にしばられる以上、全体益を考慮することは出来ない。行政的合理主義には自ずから限界がある。かといって、全てを民衆に委ねよという民主的プラグマティズムを信奉するわけでもない。社会変革を伴うエコロジー的近代化には、明確な目的に裏付けられた計画や戦略が必要である。それが出来るのは、政治をおいてほかにない。また、強いエコロジー的近代化には、もとより民主的プラグマティズムと通底する市民社会の発展、分権的志向が内包されており、両者の同時達成は矛盾しない。

強い政治的意思に裏付けられた、環境問題への積極対応への認識転換は、かつて日本で起きた。七〇年代の公害対応期である。最高裁判所が無過失責任や企業の挙証責任を求める方針を示したことは、全面的でないにせよ、被害者の救済につながった。佐藤政権が経済調和条項を削除し環境規制を強めると、企業の公害投資は一気に増えた。不可能に思えたマスキー法基準達成も、産官の強い連携により、技術者たちの総動員がかけられ、数年内で排出基準を見事にクリアする技術革新へとつながった。胸のすくような日本の技術力の結晶であった。それが今日に至る後の日本の自動車産業や環境ビジネスの興業や海外展開につながっている。後から見れば、世界で最初に成功したエコロジー的近代化という評価につながったのである[47]。

ただし、公害対応期の日本の政治的意思は、国レベルの政治家や官僚組織の内発的なものではなかったことに、ことさらに注意を要する。「調和条項」に拘った中央政権が翻意したのは、革新的自治体による働きかけや公害国会、裁判などで市民運動の力が強まったことなど、国内推進アクターによる働きかけが功を奏したというのが、これまでの一般的な見方であった。しかし先行研究および本書の歴史分析からは、国レベルの方針転換の背景として、アメリカからの外圧が極めて重要な影響力を及ぼしていたことが明らかになった。すなわち、国や企業は、被害者の窮状に憤慨したがために、対策をとったわけではなかった。アメリカの外圧を意識した政策転換であったのである。

結局、内発的意思を伴わない日本の国レベルでの認識枠組の転換は、一過性のものにすぎなかった。プロメテウス派的な認識枠組は温存されたままであった。とりわけ、意思決定手続きは開かれず、市民社会の発展を促すような政治的機会構造が開かれず、受苦の表出や集約を行なったり、新たな政策提案を行なったりする能力を有する市民社会も育たなかった。このことが、公害対応期を過ぎてからの国の緩慢な対応を方向付けた。すなわち、ディーゼル規制の遅れ、環境影響評価法導入の遅れ、再生可能エネルギー導入の遅れ、そしてＳＰＥＥＤＩ隠しに象徴される原発事故対応への対応の遅れである。

以上からすれば、今度は内発的に、国レベルにおいて、開放された意思決定手続きや、市民社会の発展に裏付けられた強いエコロジー的近代化へ転換がはかられることを強く期待したい。その際、重要であるのは、この選択肢がゼロサムでなくポジティブサムであることを事解しておくことだろう。民主的手続きが、環境改善や持続可能な発展につながるという顕著な経験をしたのは、中東欧諸国である。八〇年代末から九〇年代にかけてのＬＲＴＡＰ条約のレジーム発展期と、冷戦の終結および東側陣営の民主化移行期が重なった。市民社会に抑圧的であった中東欧諸国における、劣悪な環境が明るみになるに連れ、西側諸国は、環境改善と民主化、市民社会の育成を並行で進めた。Environment for Europeプロセスで、オーフス条約が締結され環境情報の公開、意思決定過程へのアクセス、司法へのアクセスの三本柱が確保されたことは、中東欧諸国の環境パフォーマンスの改善を底辺から支えた。

重要なのは、受苦が表出されて始めて、問題の所在が明らかになり、課題設定が進むことである。そういった意味で受苦の表出と集約は出発点である。もっとも、課題設定を、従前の生存主義とプロメテウス派の永遠と続く不毛な応酬に回収してはならない。そのためには政策手法の多様化も念頭に置くべきである。とりわけ科学的不確実性が高い分野、スケールは大きい問題については、因果関係の証明に基づく賠償に注力するよりは、外部不経済の解消、根本的解決に向けた対策の考案にエネルギーを注ぐことの方がより望ましい。欧州のLRTAP条約レジーム交渉では、ノルウェーやスウェーデンの政策担当者は、当時西ドイツの担当者に「いくら払えばいいのか」と聞かれたという。しかし、北欧の担当者は、そのようなことを求めているのではないと明言したという。補償がいくらあっても、被害が続くのでは解決にはならないため、汚染排出そのものへの対策をとってもらえるよう全力を尽くすというスタンスで、北欧諸国は一致していた。そのため、補償を求める裁判などは一切考えなかったということであった。そのような北欧の言質が、西ドイツによる問題の所在の容認や、政策変化の一因ともなったことは、ドイツ政策担当者も証言するとおりである。そういった意味では、警戒を強める中国に対して、日本は、賠償を求めるような種類の問題でないという明確なメッセージを出すことも重要であろう。二〇一〇年移行の環境省プロジェクトで、「応能負担原則」が提案されたことは、そのような姿勢を表明する第一歩となろう。

課題設定において重要なのは、経済や安全保障などの他の社会的文化的価値と両立させながら、いかに受苦を解消し救済し、外部不経済を解消し、根本的な解決にむかっていけるか、そのために多様なアクターが知恵を出し合う方向に認識枠組を転換させるかということである。実際、LRTAP条約レジームにおける臨界負荷量、複数物質・複合効果アプローチは、そうした発想の延長線上に生み出された。排出大国アメリカのSO_2削減も同様である、受苦の表出に衝き動かされ国内法が制定されると、排出源を抱える州を中心に、市民社会や研究者らが、経済と環境を両立させるような新たな手法を、試行錯誤で編み出していった。それが米加大気質協定に結びついたのである。とするならば、これらレジームのもとにあるのは、脆弱な生態系や弱者の救済と、経済との両立という、二つの目的を同時達成させようとする政治的意思、民主的プロセスそのものということになる。一九九二年のアジェンダ21行動計画、EUの第五次以降の行動計画、バルティック21等の枠組みは、全てこの方向性にある。また、そうした政治的意思を強く唱える伝統は、アメリカでも脈々と息づいている。二〇〇六年にアル・ゴア元副米大統領が公開した映画『不都合な真実』で述べた「政治的意思は再生可能な資源である」「わたしたちは、民主的なプロセスによって政治を変えることが出来る」というメッセージは、まさにこのことを示している[48]。

受苦の表出や集約を踏まえた課題設定を考える際、このグローバリゼーション時代に、もう一つ考えなくてはならないことは、身近な局地的受苦ではない受苦をいかに表出し集約していくかという視点である。たとえば、足尾鉱毒事件や煙害を引き起こした足尾銅山は閉山され、銅の製錬工程も今日までに全て停止された。しかし日本における銅の需要はなくなったわけではない。それでは銅はどこから来るのだろう。現在世界一の産銅国は地球の裏側にあるチリであり、世界一の銅製錬国は隣国中国である。そういった地域では、足尾が経験したような公害は、受苦は生じていないだろうか。銅生産に限らず、生産から廃棄にいたるまでの全ての産業工程において、今日途上国では、大気、水質、土壌等全ての環境側面における汚染が集積している。受苦が生じながら、救済されない構造がそこにある。その場合、製品を利用するという便益を享受しながら、環境汚染は自国から遠ざけるということに対する、先進国の道義的責任はどのように考えればよいのか。

そのように考えていくと、もはやレジーム形成が唯一の解でないことは見えてくる。七〇年代の先進国の規制強化は、汚染産業の途上国移転を促したように、仮に中国の排出規制が強化されると、次はより最貧国へと汚染工程が移されていくかもしれない。これでは本末転倒である。そういった意味で、昨今議論が盛んになってきているようなサプライチェーンにおける認証などに象徴されるような、従前の国家単位の規制を超えた、新たな政策の方向性も重要であるし、またそのような方向に今後進むことが予想される。

見えない受苦のもう一つのパターンは、将来世代へのツケである。人類社会が温室効果ガスを出しつづけ、あるいは残留性の汚染物質の蓄積が続くことによって、受苦はどこに集中するのだろう。温暖化による悪影響は今日もすでに顕れているが[49]、もっと大きな受苦が将来生じる可能性がすでに気候変動に関する政府間パネル（IPCC）の報告書等において、示唆されている。そのツケを最もおうのは、現世代でなく将来世代である。見えない潜在的被害者の受苦を考えていく想像力、そしてその受苦を集約し救済をはかる社会的価値、これは、先述のゴアも述べるように、もはや倫理の問題である。そして、エシカル消費であったり、グリーンコンシューマーであったり、不必要なほどの物流を回避するローカリゼーションへの動きであったり、国境を越えてグラスルーツから発展する緑的志向は、今日着実に広がっている。そうした動きを支援し拡大強化できるのも、政治の役割である。

以上のような政治の役割を強調したうえで、最後にあらゆる層における、認識枠組の変化についても提起しておきたい。

一点目は、科学が全てを解決してくれるという妄想を捨てることである。科学技術が、環境問題の解決に絶大かつ唯一無二の役割を果たしたことを認識し尊重したうえで、「良い科学がいつも正しい答えを提供できるとは限らない」というヘリックらの教訓を思い起こす必要がある。時空のスケールの大きな問題になればなるほど、科学的不確実性は増す。しかし甚大な被害は不可逆的であり、だからこそ、人類は予防的原則を生み出した。また、前述のIPCCがまさにそうであるように、不確実性の度合いを示しながら、Organizedな情報提供に務める工夫も始まっている。

科学的研究が不要であると言っているのではない。むしろ基礎研究の重要性は高まっている。それと並行して、何より重要であるのは、不確実性の解消に向けて、科学的研究のみに膨大な時間と費用を費やすことだけに終始するよりも、将来の対策を考案する研究にも資金やエネルギーを割り当てることも、また重要であるということである。本書における事例分析は、モード2型の科学の必要性を示唆している。また、環境被害が全ての人に同様にでないという、ごく当たり前のことを考えるならば、環境や持続可能性の問題を、倫理や社会、また異文化理解にまたがる問題として、引き受ける必要性がある。昨今盛んになっている社会的包摂の言葉を借りて、脆弱な生態系、弱者を包摂する社会でありたい。そしてそのことこそが、持続可能な発展への近道でもある。そのためには、異文化理解能力、コミュニケーション能力の向上等、社会文化的な文脈における価値が反映される必要がある。総じて、現在日本で主流になっている、科学的不確実性を強調する認識枠組を刷新することが、何より重要と指摘しておきたい。

その上で、付け加えるなら、トライアルアンドエラーを繰り返してもよいということである。学校教育の現場から、入試、就職活動、職場での昇進など、人生の様々な局面において、減点主義という評価方法が強い日本の組織文化は、自律性も創発性も奪いがちである。しかし、一つの環境問題が新たな環境問題を生むという事態もあるほどに、環境問題は多様で複雑で変遷している。またその環境保全や保護と人類の福祉を両立させるにも、様々な政策ツールが生み出されている。このようなイノベーションが問われる時代に、間違いがない安全運転を心がけるより、トライアルアンドエラーの精神が必要ではないだろうか。そう筆者が考えるに至ったのは、本書における研究ではなく、日中韓の循環型社会形成政策比較研究のなかで、韓国のカウンターパートに言われたことに依る。日本の大学院で学び、日本語も堪能で物腰やわらかな親日派の韓国人研究者は、極めて控えめで紳士的に、次のように言った。「日本の調査能力がすばらしいことはよくわかります。でも、調査して、調査して、調査して、調査して、でもいつ行動に移すんでしょうか」。

二点目は、自律的であってよいと言う認識を持つことである。このことは、「タテ社会」の認識枠組にどっぷり浸り、空気を読む癖がついている日本でこそ、いえることである。繰り返しになるが、日本が、利益誘導型民主主義でとりわけ企業と中央政府は鉄の構造体であること、地方分権が弱いこと、専門的な環境ＮＧＯが育ちにくい政治システムになっていること、資格や場を強調し序列偏重型であるという社会的構造につかっていること、そして丸山真男がいうような、主体性決断を回避する精神構造が個々人に浸透していること、といった特徴がひかえていることに自覚的になる必要がある。学問の分野における自律性の低さは、アジアの中でも日本が例外的に低いことに対しても、諒解しておく必要がある。しかし、ＳＰＥＥＤＩの事例が端的に示すように、自律性を求める市民や研究者は存外に多かった。そして彼らが、情報統制下で暗中模索の末に、情報の発信が結果的には効率的な対策に役立ってきたと述べ、できるだけ率直に科学者として市民に伝えたいことを書くべきであるだと結論づけたことは、重く受け止める必要がある。

二一世紀の目覚ましい東アジアの経済成長の裏で、東アジア全体で環境圧力が増大している。課題は、昨今メディアを賑わせているＰＭ2・5や、海洋汚染、資源循環、海洋・大気双方にわたる放射性物質の拡散などの越境問題に限らない。日本が衣食住の多くを東アジアに依存していることに鑑みれば、地理的にも環境的にも東アジアの環境圧力は日本の環境安全保障に直結する。環境上の圧力や、資源をめぐる競争が、全ての戦争の契機に、また文明の崩壊の契機になっていることをいまいちど確認しておきたい。縮退社会の途にあり、地域の経済大国ナンバーワンの座を中国に明け渡した日本が、環境圧力もエネルギーをめぐる国家間競争もし烈になっている東アジアの中で、体現できる最も強いパワーは、ナイのいうところのソフトパワーであろう。環境立国日本としての「貯金」がまだ残されているうちに、強いエコロジー的近代化を体現する国家として再出発し、ソフトパワーを発揮していくことこそが、ゆくゆくは、この国の安全保障にもつながるのでないか。

ひとたびマインドセットされれば、良くも悪くも、徹底的に実現に向けて邁進するお国柄である。一九七〇年代の公害期がまさにそうであったように、認識枠組を転換させることで、驚くほどの効果を上げるのではないかと考える次第である。

註

1——オスロとベルゲンの中間地点あたりにあるノルウェー国鉄の駅。標高一二〇〇余メートルのツンドラ地帯に位置する。
2——こうした行動が、都会暮らし、田舎暮らし問わず幅広く営まれていることを、筆者は北欧での生活体験から知る事になった。
3——Sweden, 1972.
4——カナダでの生活を通じた、参加型観察による。
5——佐藤編、二〇〇一年、一五頁。
6——表出された受苦への欧米の政治主導の対策の速さは、宇井も指摘している(宇井、一九六八年、二〇二頁)。
7——多元的民主主義への包括的批判としては、たとえば、ロウィ(一九六九年)を参照。
8——Schreurs, 2008, 59.
9——Schreurs, 2008.
10——宇井、一九六八年、二〇二頁。
11——金、二〇〇五年、二五三頁。
12——具、二〇〇一年。
13——「否認」への考察については、佐藤他(二〇一六年)を参照。
14——Pekkanen, 2008.
15——LeBranc, 2012.
16——倉阪、二〇一五年など。
17——日本の大気汚染経験検討委員会編、一九九七年、一三三頁。
18——Schreurs, 2008.
19——倉阪、二〇一五年、一六一頁。
20——中根、一九六七年。
21——田尻、一九七二年、一〇〇頁。

22——田尻、一九七二年、一〇一～一〇二頁。
23——田尻、一九七二年、一九一～一九二頁。
24——田尻、一九七二年、一六四頁。
25——庄司他、一九六四年。
26——第六四回参議院公害対策特別委員会七号、一九七〇年一二月一八日。
27——Levy, 1995, 59.
28——木村、二〇一四年、六八頁。
29——ノルウェー大気研究所(NILU)と、EANETセンターであるアジア大気汚染研究センター(酸性雨研究センターから改称)間では、会議やセミナー他の機会を通じた研究・人的交流がある。関係者談話による。
30——こうした状況を打破するには、蟹江らは、「政治的合意を最初に形成し、そこからトップダウンの政治的意思でレジームを形成することが、最も可能性が高い」と提言する(蟹江他、二〇一三年、五五頁)。
31——Hajer, 1995.
32——Herrik, et al., 1995, 105-106.
33——Winstanley, et al., 1998.
34——久保、一九九七年。
35——たとえば、論文検索サーチ、サイニ(CiNii)を用いた検索では、二〇一四年末までに、花粉症と大気汚染の因果関係について、五〇本を超える学術研究論文が公表されている。
36——同研究から、中国から輸送されたPM2・5の沈着寄与率は、西日本では五割を超え、一方東日本では、自国からの排出寄与率が半分以上であること等が明らかにされている。これが二〇〇〇年以降の九州地方等における光化学スモッグ注意報発令の背景になっていることも改めて確認できる。
37——Stohl博士への数回に渡るメールインタビューによる。
38——Stohl et al., 2012; Yasunari et al., 2011.
39——アメリカ海洋大気庁(NOAA)による、スーパーコンピューターを用いた気象シミュレーションモデル。
40——Schreurs, 2008, 107-108.
41——Schreurs, 2008, 107-108.

42――中根、一九六七年、八六～八七頁。

43――坂田著、樫本編、二〇一一年。

44――中島他、二〇一四年、二三頁。

45――藤垣、二〇一三年、四七頁。

46――[http://soramame.taiki.go.jp]

47――ヴァイトナー、一九九五年。

48――Gore, 2007. 平川は、そうした政治的意思にまつわるメッセージが日本語版から消し去られていることについて問題提起している。平川、二〇一〇年、一九七頁。

49――ただし、たとえばアメリカでは、二〇〇五年のハリケーンカタリーナをはじめ、複数のハリケーンが、温暖化問題と直結して議論され、温暖化問題への市民の関心を喚起したが、日本では近年増えつづけている水害について、温暖化問題と直結され議論されたり報道されることは稀である。しかし、日本近海における台風や低気圧の規模拡大は、温暖化問題と密接に関連があることが科学者たちによって指摘されている。すなわち、日本近海における海水温上昇による上昇気流の強大化が、台風や低気圧の強大化を招き、鉄砲水や豪雨をもたらしているというのである。そのような受苦が、問題と関連づけて報道されるかどうかで、市民の温暖化問題への関心や当事者意識も大幅に変わってくるであろう。

あとがき

本書は、筆者が二〇〇三年に神戸大学に提出した博士論文、『欧州とアジアにおける地球環境ガバナンスの比較論的考察――越境大気汚染をめぐる地域枠組形成プロセスを事例に』に大幅な修正を施した上で、さらに書き下ろし原稿も加えたものである。しかし、その執筆および刊行に至るまでの道のりは想像以上に困難なものであった。

筆者が環境問題に関心を持ったのは、大学受験の最中に父から手渡された『地球環境報告』（石弘之、岩波新書、一九八八年）を読んだことがきっかけであった。当時、環境問題は技術的、あるいは法的・社会学的問題とされていたが、冷戦終結に向かう趨勢のなかで、人権、平和構築、安全社会といった諸問題とともに国際政治における重要な課題として認識されはじめていた。

肥大化した軍事費に対する議論も盛んであった。世界の軍事費の数%でも環境対策に振り向けられたら、どれほど状況は改善するだろうか。環境問題の根幹は政治問題であると直感し、政治学からこの問題を採りあげたいと志した。神戸大学では日本政治外交史の五百旗頭真先生、同大学院では比較政治発展論の松下洋先生に師事したが、両先生とも環境問題がご専門というわけではない。しかし、五百旗頭先生から受けた「木を見て森を見ず、ではいけない」という教えや、松下先生による比較的な視座、常に「なぜか？」を問い続ける姿勢は、今なお筆者の学術的思考の根幹を形作っている。

まだ日本に地球環境政治の専門家がきわめて少ない時代であった。恩師の推薦もあり、日本国際開発高等教育機構（FASID）の奨学金を得て、イギリスに渡った。シェフィールド大学で国際関係論、サセックス大学大学院で環境開発政策を学ぶ機会を得たのである。おかげで帰国後は、環境省の外郭団体であり、新設まもない地球環境戦略研究機関（IGES）に奉職することができた。同機関は、本書で紹介したRAINSモデルを開発したIIASAをモデルに作られた、まさにモード2型の政策研究のための、日本初の国際的かつ学際的な研究機関である。評議員や理事会には海外の有力研究機関の関係者が名を連ねるのみならず、国際機関とも密接なつながりを持っていた。

ここで筆者は、機関のリーダー格に名を連ねる、日本の公害政策を学術界から牽引された森嶌昭夫先生、環境行政に携わった国際畑の加藤久和先生、国立環境研究所を舞台に日本の気候変動政策を牽引された西岡秀三先生、韓国やアジアの気候政策形成に深く関わられた丁太庸博士をはじめとする当代の碩学から、若手研究員として直接的にお教えを受ける機会に恵まれる。上司や同僚には、韓国、中国、インド、アメリカ、欧州諸国出身者も多く、多様な研究者の方々と研究をご一緒させていただける魅力的なポジションであった。国立環境研究所で気候政策の国際交渉を分析されていた亀山康子氏は、筆者のロールモデルであった。当時、若手であった同僚の中には、現在、IGESや各大学で活躍し、学会や政策研究をリードされている方々が少なくない。今思い出しても、とても恵まれた環境であったと思う。

IGESで経験した、本書のテーマに直接的につながる研究の一つに、環境ガバナンスプロジェクト（加藤久和リーダー）の下で従事したアジアの地域・小地域環境協力研究がある。アジアの地域環境制度を包括的に分析した報告は、当時、日本語・英語を問わず、存在していなかった。ミランダ・シュラーズ先生（現ベルリン自由大学）のガバナンス分析枠組を援用しながら、地域環境協力の様相を制度論的に解析した報告書を公表し、環境庁がかかわる国際会議などで発表の機会もいただいた。

その過程で、筆者が事例研究として関心を寄せたのが、環境庁が一九九八年から東アジア酸性雨モニタリングネットワーク（EANET）の試行稼働に参加したばかりであった、酸性雨問題であった。これが本書の直接的な出発点である。酸性雨問題については、はじめに明日香寿川先生（東北大学）に問題の構造をご教示いただいた。環境庁や酸性雨研究センターで陣頭指揮をとっておられた鈴木克徳氏はじめ、多くの行政職員の方々にもお世話になった。環境省やIGES外では、電力中央研究所の杉山大志氏や市川陽一氏らのご好意で研究会に参加させていただいたほか、酸性雨研究を第一線で牽引された国立環境研究所の村野健太郎先生（現法政大学）、外岡豊先生（埼玉大学）など、熱意あふれる大勢の研究者の方々のご指導を仰いだ。また、三菱化学生命科学研究所（当時）の米本昌平氏や、朴恵淑教授（三重大学）、当時はまだ学生であった石井敦氏（現東北大学）など、多様なバックグラウンドを持つ研究者の方々とも触れ合う機会を得た。そういったご縁から、IGESで「東アジアの酸性雨問題に関するブレインストーミング会議」を開催させていただいたこともある。この他にも数え切れないほど豊かな学術交流が、本書の血となり肉となっている。

もっとも思い出深いのは、一九九九年、環境経済・政策学会で初めて報告をした折、森田恒幸先生（国立環境研究所）から頂戴したお言葉である。本書でも紹介した『日本の大気汚染経験』の執筆を主導し、環境影響評価法案に多大な貢献をされたばかりでなく、気候変動政策のためのAIM（アジア太平洋統合評価モデル）を参加型国際共同研究として牽引され、IPCCの主要メンバーでもあった森田先生が、自身のテーマ設定が適切か有意義かもわからなかった若輩の、一分科会での報告に、「興奮するほど面白い」と長文のメッセージを贈ってくださったのだ。その後も、折に触れてかけてくださる励ましの言葉にどれほど背中を押していただいたことだろう。その後、森田先生は五三歳の若さで早世される。先生を追悼するAIM国際シンポジウムが国立環境研究所で開催されたのは二〇〇三年一〇月のことであった。その場で、筆者同様、数多くの若手研究者が先生から暖かく鼓舞されていたことを知った。

もう一つ、加藤久和先生に加え、IGES理事長の森嶌昭夫先生が自ら組織された「民間企業と環境ガバナンス」プロジェクトも忘れがたい。鉄鋼、自動車、化学、林業、電機、電力、商社など、多分野の民間企業から役員・部課長級の環境管理担当者が集い、日本の環境ガバナンスを歴史的視座から総括するという、極めて贅沢な布陣によるプロジェクトであった。国の方針転換や石油危機に伴う省エネ需要の中で、民間企業が環境技術の発展に向けて粉骨砕身する歴史のドラマが明らかにされ、気迫溢れる発表には毎回、息をのむ思いだった。同研究会では、議事録・原稿作成、国際ワークショップの開催支援などの業務に従事したが、その過程で民間企業の方々の、企業人・組織人としてだけではない、人間味あふれる横顔を拝見することができたのは幸甚であった。

このほかに、電力中央研究所が主催する「世界の環境政策」研究会に参加させていただいたことも印象に残る。欧米各国の環境政策が、従前の規制型手法から経済的手法へと多様化を見せ始めた時代だった。同僚だった浜本光紹氏（現獨協大学）や渡邉理絵氏（現新潟県立大学）らとともに研究会に加えていただき、大塚直先生（現早稲田大学）や高村ゆかり先生（現名古屋大学）はじめ、環境法の名だたる先生方に交じって調査発表の機会をいただけたことは実にありがたいことだった。本書の第二章で行った欧州の地域環境協力制度分析は、この研究会で報告し、いただいたご意見を反映したものが一部含まれている。こうしたモード2型に近い現場で研鑽を積みながら、神戸大学大学院で酸性雨問題を事例に、欧州と東アジアの環境ガバナンスを比較する博士論文執筆に取り組んだが、作業は一九九八年から五年越しとなった。

二〇〇〇年、つくばで開催された国際酸性雨学会で発表・報告した際、LRTAP（長距離越境大気汚染条約）の執行機関で長年議長を務めた、ノルウェーのヤン・トンプソン氏との出会いがあった。偶然、氏をはじめLRTAPの「認知共同体」の方々のアテンドをお手伝いしたところ、そのほんの僅かなお手伝いに対するお礼ではないが、氏は、本書でも随所に活用されているインタビューの対象となるキーパーソンを次々とご紹介くださったのである。とりわけ、旧ソ連の担当者ソコロフスキー氏へのインタビューやモスクワのMSC－E訪問は、旧知の関係であり、信頼の厚いトンプソン氏の丁重な紹介なくしては成立し得ないことであった。本書が用いた欧米と東アジアの酸性雨ガバナンス研究データには、このような偶然の出会いや幸運という背景もある。

また、キーパーソンへのインタビューを含む詳細な現地調査を実施できたのは、初期にEANETの形成に関わられた、環境庁出身の柳下正治先生（上智大学名誉教授）に、環境省請負調査である「バルト海沿岸地域における環境政策の東アジアへの適用可能性」および科学研究費補助金プロジェクト「バルト海沿岸地域及び東アジア地域における環境政策面での地域比較研究」にお誘いいただいたおかげである。この貴重な場では、酸性雨研究センターの山下研氏（当時）、青正澄先生（現横浜市立大学）ともご一緒させていただいた。折に触れ様々な研究の機会を与えてくださった柳下先生には、深く感謝している。

しかし、豊かなデータや情報へのアクセスに恵まれる一方、論文の執筆は遅々として進まなかった。学術的分析という観点から心許ない部分がぬぐい去れなかったのである。恩師からすれば、筆者の「分析的な研究」は、無難で批判的精神に欠けるものに見えたであろう。母校の研究会やゼミで発表をする機会は幾度もあったが、五百旗頭先生からは、「分析はその通りだろうが、問題の本質はどこにあるのか」、「研究者たるもの、学術的主張は控えめであってはならない」、「根拠をしっかり集めた上で、自身の信条をしっかり論ぜよ」と厳しいお叱りもいただいた。これらの言葉には、今なお襟を正さずにはおられない。

悩んだ末にようやく博士論文を書き上げたのは二〇〇三年のことである。もしも博士号の取得直後に「順調に」出版されていれば、おそらく本書の主要なメッセージは、現在とは全く異なるものになっていたはずである。つまり、政治的ダイナミズムや制度間の重複といった制度的問題を強調し、欧米のレジームを、科学的知見を政策反映させた成功の物語として回収していただろう。

人生は不思議なもので、実際にはそうはならなかった。二〇〇三年にIGESから宇都宮大学へ移り、一年ほどで子宝を授かった（育児休暇中の二〇〇四年から二〇〇五年にかけて、カナダに滞在する機会を得たことが、北米の酸性雨研究の権威であるドン・マントン先生〈ノーザンブリティッシュコロンビア大学〉との交流の始まりとなった。ノーザンブリティッシュコロンビア大学は勤務校との間に学術交流があり、筆者は、その交流担当でもある。ここでもいくつかの偶然の積み重ねが、第五章に登場した北米の大気質協定分析の契機となっている）。出産や育児などの事情に加え、学務や教育活動に忙殺され、博士論文は日の目を見ぬまま徒らに月日は流れた。そして、二〇一一年の東日本大震災に伴う福島原発事故が起きた。

モード2型の研究に携わってきた筆者にとって、SO_2やNO_x、水銀の大気拡散の地図など、それこそ幾度となく目にしてきたものだった。自身はシミュレーションモデルを専門的に扱う能力はないが、それでも、事故によって大気中に放出された放射性物質が気流に乗って拡散し、気象や地理的条件に左右されながら自然界に無数の濃淡を描いて沈着するであろうこと、その生態学的・社会的影響が極めて多様かつ甚大であろうことは、容易に想像がついた。瞬時にそれが理解できたのは、筆者が長年、越境大気汚染のレジーム・ガバナンス研究や環境政治研究に従事してきたからに他ならない。にもかかわらず、研究成果の公刊に至らない自分の現状に強く恥じ入った。長い時間を経て半ば諦めかけていた博士論文の公刊を、必ずや成し遂げようと決意したのは、この時だった。決意から六年、博士論文の完成から一四年、この間の筆者の学問的探求と人生経験は、本書に、より多面的な比較の視座やデータを与えることになった。一九九〇年代という変革の時代から十数年たち、当時の特徴をより相対的構造的に捉えられるようになったということもある。しかしより根源的には、以下のポイントが重要であろう。

まず、弱者や脆弱な生態系への着目と、その受苦の表出機能に関心を深めたことである。これは筆者の生活体験と関わりがある。小学生のころ、四日市ぜんそくで地元から避難してきた友人が発作で命を落としたり、家族や友人が化学物質過敏症で苦しんだり、自身も軽度な化学物質過敏症や長年の花粉症があったり、といった原体験はあった。しかし、自ら妊婦となり母親になり、胎児や子ども、母体の脆弱性を実感することで、ベックがいうところの、環境基準とはマジョリティにとっての「我慢値」に過ぎないという言葉が身にしみた。

一方、日本はジェンダー指数の低さが示すように、決して一母親にとって子育てしやすい社会ではない。バリアフリーが進むカナダやスウェーデンでも子育てをしたが、日本とはソフトハード両面で歴然とした違いがあったことは強調しておきたい。しかし、バリアフリーを求める母親たちの希望は、なかなか叶えられることがない。これは、原発災害においても顕著であった。科学的不確実性のもと、数多くの母親たちが、ただ子どもをより安全安心に守りたいという思いすら充足できないジレンマに陥っていた。次世代の命を担う母親たちの意見や思いが、政策の現場に吸い上げられない不条理に、嘆息する実状は今日でもかわらない。

ただ、子育てや研究の道行きのなかで、ルブランのいう「バイシクル・シティズン」を地でいくような、素敵な女性や市民の方々に多く巡り合ったことは付記しておきたい。

東日本大震災後、福島隣県の栃木県に所在する宇都宮大学では、近隣大学とともに、生態学的に脆弱で、また意思決定へのアクセスも限られている、乳幼児妊産婦という社会グループに着目し、社会調査や支援活動に従事してきた。筆者は避難者を多数受け入れた新潟県で主として活動を行ったが、ここでも弱者救済の強い伝統を目にした。筆者は、これは日本の強みだと強く信じている。

なお、同プロジェクトでご一緒した、哲学やフランス文学がご専門の田口卓臣先生には、互いの学術的関心を交換する機会もあり、示唆に満ちたアドバイスやコメントを頂戴した。プロジェクトには、アフリカ地域研究や環境社会学、環境行政法、国際機構論など、幅広い研究分野の先生たちが集まっていた。福島原発事故という不幸な出来事を機に進んだ、思わぬ異分野学術交流の奥深さと豊かに、心震える思いだった。

あとがきの冒頭でも述べたように、博士論文のリライト作業は決して順調ではなかった。現実と理論の往還に何度も心が揺れた。最終章の考察を執筆する段階では、到底書きつくせないのではないかと心が折れそうになったこともたびたびあった。そのようなとき、筆者の心の支えとなったのは、先述した故森田先生、五百旗頭先生、田口先生から直接伝えられた「言葉」であり、両親や家族からのあたたかい励ましの言葉であり、日常の営みそのものであった。本書は、そうしたすべての人々に支えられ、完成をみるものである。

出版にあたっては、木村幹先生（神戸大学）のご紹介や五百旗頭先生の口添えをいただき、千倉書房・神谷竜介氏のお世話になった。ここでも恩師の存在はかけがえのないものである。神谷氏は原稿の完成を辛抱強く待ち、数々の貴重なご助言をくださった。感謝の念に堪えない。また本書は二〇一六年度文部科学省科学研究費補助金（研究成果公開促進費）を受けている。その事務を引き受けてくださった宇都宮大学の事務職員の方々、申請書に貴重なコメントを下さった研究室支援の廣澤信子氏、原稿の修正や図表の作成などを補助してくださった研究室支援の内田啓子氏に、心からお礼申し上げる。

最後に、お名前を挙げることができなかったすべての方々、宇都宮大学の同僚の先生方、そして今一度、筆者の家族に、心から感謝の気持ちを表したい。こうして原稿を書いているうちにも、中国やインドでPM2・5の悪化を知らせるニュースが聞こえてくる。母として娘の瑠海の成長を見守りつつ、将来、命を繋いでいく世代に少しでも良い環境を残せるよう、本書が役に立てばと切に願っている。

参考文献一覧

AirClim. (2014). Christer Ågren recieves Twelve Stars for the Environment Award. *AirClim News*, (2014.12.02), AirClim (Pollution & Climate Secretariat).

Alcamo, J., Hordijk, L., Kamari, J., Kauppi, P., Posch, M., & Runca, E. (1985). Integrated analysis of acidification in Europe. *Journal of Environmental Management*, *21*, 47-61.

Alcamo, J., Shaw, R., & Hordij, K. L. (1990). The RAINS model of acidification. Science and strategies in Europe.

Amann, M. (1994). Comments on the Baltic/Nordic Cooperation. In O. Holl (Ed.), *Environmental Cooperation in Europe* (pp. 223-230). Oxford: Westview Press.

Amann, M. (2002). Interview with the author, Leader, Transboundary Air Pollution Project, International Institute for Applied Systems Analysis (IIASA). Laxenburg, Austria.

Amann, M., Bertok, I., Cofala, J., Gyarfas, F., Heyes, C., Klimont, Z., ··· Syri, S. (1998). *Emission Reduction Scenarios to Control Acidification, Eutrophication and Ground-level Ozone in Europe Part A: Methodology and Databases* (Report prepared for the Meeting of the UN/ECE Task Force on Integrated Assessment Modelling).

Amann, M., Leen, H., Klaassen, G., Schöpp, W., & Sørensen, L. (1992). Economic restructuring in Eastern Europe and acid rain abatement strategies. *Energy Policy*, 20(12), 1186-1197.

An, J., Zhou, L., Huang, M., Li, H., Otoshi, T., & Matsuda, K. (2001). A Literature Review of Uncertainties in Studies of Critical Loads for Acidic Deposition. *Water, Air, and Soil Pollution,* 130(1-4), 1205-1210.

Andersen, W. eds (ed.). (2000). The ECE Convention on Long-Range Transboundary Air Pollution: from common cuts to critical loads. In Science and Politics. In International *Environmental Regimes.* (pp. 95-121). Manchester: Manchester University Press.

Andonova, L. B. (2004). *Transnational politics of the environment: the European Union and environmental policy in Central and Eastern Europe*. MIT Press.

Andonova, L. B., & Van Deveer, S. D. (2011). Regional institutions and the environment in Central and Eastern Europe. *Proceedia - Social and Behavioral Sciences, 14*, 20-23.

Andresen, S., Skodvin, T., Underdal, A., & Wettestad, J. (2000). *Science and Politics in International Environmental Regimes: Between Integrity and Involvement.*

Balsiger, J. (2011). New environmental regionalism and sustainable development. *Procedia - Social and Behavioral Sciences, 14*, 44-48.

Barnes, P. M. and Barnes, I. G. (1999). *Environmental Policy in the European Union*, Cheltenham, Edward Elgar.

Barrett, S. (2006). *Environment and Statecraft: The Strategy of Environmental Treaty-Making*. Oxford University Press.

Barton, J. (2005). Chief International Smog Program, Transboundary Air Issues Branch, Air Pollution Prevention Directorate, Interview with the author. Ottawa.

Beck,U.（ベック・ウルリヒ）、東廉、伊藤美登里訳『危険社会――新しい近代への道』法政大学出版局、一九九八年。

Bnedick,R,E.（ベネディック・E・リチャード）、小田切力訳『環境外交の攻防――オゾン層保護条約の誕生と展開』工業調査会、一九九九年。

Bengtsson, B. (2004). Allemansrätten - Vad säger lagen?（自然享受権――法律はどのように言っているのでしょうか）。

Berge, E., Styve, H., & Simpson, D. (1995). *EMEP/MSC-W Report 2/95: Status of the emission data at MSC-W*. Oslo.

Björkbom, L. (1999). Negotiations over Transboundary Air Pollution: The Case of Europe. *International Negotiation, 4*(3), 389-411.

Björkbom, L. (2002). Interview with the author, Former Chairperson of WG on Strategy of CLRTAP. Stockholm.

Boehmer-Christiansen, S. (2000). The British Case: Overcompliance by Luck or Policy? In A. Underdal & K. Hanf (Eds.), *International Environmental Agreements and Domestic Politics- The case of acid rain* (pp. 279-312).

Brettell, A., & Kawashima, Y. (1998). Sino-Japanese relations on acid rain. In Schreurs Miranda A. & D. Pirages (Eds.), *Ecological Security in Northeast Asia* (pp. 89-113). Yonsei University Press.

Bull, K. (1993). Development of the critical loads concept and the UN-ECE mapping programme. In M. Hornung & R. A. Skeffington (Eds.), *Critical loads: concept and applications.* (pp. 8-10). London: HMSO.

Burtraw, D. (2015). Acid Rain in a Changing Energy and Regulatory Environment. In *Acid Rain 2015* (p. Oct. 22, 2015). Rochester, NY.

Burtraw, D., & Szambelan, S. J. (2009). *U.S. Emissions Trading Markets for SO2 and NOx: RFF DP 09-40*. Washington D.C.

Canada-United States, Air Quality Committee (1999). Ground-level Ozone: Occurrence and Transport in Eastern North America.

Canada, D. of the E. (1984a). *International Conference of Ministers on Acid Rain*. Ottawa.

Canada, D. of the E. (1984b). *The Politics of Downwind: Report from the Munich Multilateral Conference on the Environment*. Ottawa.

Carson, R. (1962). *Silent spring*. Houghton Mifflin.

Cavender-Bares, J., Jäger, J., & Ell, R. (2001). Developing a Precautionary Approach: Global Environmental Risk: Management. In Germany,. In Social Learning Group (Ed.), *Learning to Manage Global Environmental Risks, Volume 1* (pp. 61-91). MIT Press.

CEC. (1993). *Towards Sustainability: A European Community Programme of Policy and Action in Relation to the Environment and Sustainable Development*. Brussels: CEC.

CEC. (1996). *Progress Report from the Commission on the Implementation of the European Community Programme of Policy Action in Relation to the Environment and Sustainable Development "Towards Sustainability," COM(95) 624 final*. Brussels: CEC.

CEC. (1997). *Grants and Loans from the European Union, Brussels*. CEC.

CEC. (1999). *Enlargement and Environment: Principles and Recommendations from the European Consultative Forum on the Environment and Sustainable Development*. Luxemburg: Office for Official Publications of the European Communities.

Chambers, W. B., Baste, I., Edward, L., Carr, R., Have, C. Ten, Stabrawa, A., Jong, A. De. (2007). Interlinkages: Governance for Sustainability Chapter 8. In UNEP *Global Environment Outlook 4* (pp. 361-394).

Chandler, T. (1987). *Four thousand years of urban growth: an historical census*. Edwin Mellen Press.

Chossudovsky, E. M. (1989). *East-West Diplomacy for Environment in the Uniter Nations*. New York: UNITAR.

Christoff, P. (1996). Ecological modernisation, ecological modernities. *Environmental Politics*, *5*(3), 476-500.

Churchill, R. R., Cutting, G. and Warren, L. M. (1995). The 1994 UN ECE Sulphur Protocol,' Journal of Environmental Law.

Collins, H.（コリンズ）、和田慈「科学論の第三の波――その展開とポリティクス［含 訳者解題］（科学社会学の前線にて――「第三の波」を越えて）」『思想』一〇四六号、二七～六三頁。

Connolly, B., Gunter, T., and Bedarff, H. (1996). Organizational Inertia and Environmental Assistance to Eastern Europe. In Keohane, R. O., and Lev. M. A. eds., Institutional for Environmental Aid, MIT Press.

Dobson, A. (2000). *Green political thought*. Routledge.

Dovland, H. (2003). Interview with the author, EMEP CCC center, Norweigian Ministry of Environment. Oslo.

Downs, A. (1972). Up and Down with Ecology-the Issue-Attention Cycle. *Public Interest, 28*, 38-50.

Drifte, R. (2005). Transboundary Pollution as an Issue in Northeast Asian Regional Politics. *ARC Working Paper 12*, 1-17.

Dryzek, J. S. (2005). *The politics of the Earth: Environmental Discourses*. Oxford University Press.

Dryzek, J. S.（J・S・ドライゼク）、丸山正次訳『地球の政治学——環境をめぐる諸言説』風行社、二〇〇七年。

Edwards, R. W., Gee, A. S., & Stoner, J. H. eds. (1990). Acid waters in Wales.

Elder, M. (2015). Air Pollution and Regional Economic Integration in East Asia: Implications and Recommendations. In IGES (Ed.), *IGES White Paper V Greening Integration In Asia: How Regional Integration Can Benefit People And The Environment* (pp. 117-147). IGES.

Eliassen, A. (2002). Interview with the author, Director General, Norwegian Meteorological Institute, Oslo.

Elliott, L., & Breslin, S. eds. (2011). *Comparative Environmental Regionalism (Hardback)* Routledge.

Energieversorgung, G. E.-K. S., Miranda. A. Schreurs.（ミランダ・A・シュラーズ）、吉田文和訳『ドイツ脱原発倫理委員会報告——社会共同によるエネルギーシフトの道すじ』大月書店、二〇一三年。

Esty, D. C., & Dua, A. (1997). Sustaining the Asia Pacific Miracle: Environmental Protection and Economic Integration. Peterson Institute Press: All Books. Peterson Institute for International Economics. Hordijk, L., Foell, W., & Shah, J. (1995). *RAINS-ASIA: AN ASSESSMENT MODEL FOR AIR POLLUTION IN ASIA*, Report on the World Bank Sponsored Project "Acid Rain and Emission Reductions in Asia" Chapter 1 Introduction.

European Communities. (1999). *Enlargement and environment: Principles and recommendations from the European Consultative Forum on the Environment and Sustainable Development*. European Commission.

Evans, P. B., Jacobson, H. K., & Putnam, R. D. (1993). *Double-edged diplomacy: international bargaining and domestic politics*. University of California Press.

Finnemore, M., & Sikkink, K. (2001). Taking Stock: The Constructivist Research Program in International Relations and Comparative Politics. *Annual Review of Political Science, 4*(1), 391-416.

Gehring, T. (1994). *Dynamic International Regimes: Institutions for International Environmental governance*. Frankfurt am Main:

Peter Lang.
Gergen, K. J. (1999). *An invitation to social construction*. Sage.
Gibbons, M.（マイケル・ギボンズ）、小林信一訳『現代社会と知の創造——モード論とは何か』丸善、一九九七年。
Gibbs, L. M.（ギブス・L・マリー）山本節子訳『ラブキャナル——産廃処分場跡地に住んで』せせらぎ出版、二〇〇九年。
Goldstain, J. and Keohane, R. O. eds. (1993). *Ideas and foreign policy: beliefs, institutions, and political change*. Cornell University Press.
Gore, Al.（アル・ゴア）、枝廣淳子訳『不都合な真実』ランダムハウス講談社、二〇〇七年。
Gromov, S. A. (2003). Interview with the author, vice president of the ADORC (Acid Deposition and Oxidant Research Cente). Niigata.
Grubb, M.（マイケル・グラブ）、Vrolijk, C.（クリスティアン・フローレイク）、Brack, D.（ダンカン・ブラック）、松尾直樹監訳『京都議定書の評価と意味——歴史的国際合意への道——英国王立国際問題研究所（チャタムハウス）エネルギーと環境プログラム』省エネルギーセンター、二〇〇〇年。
Haas, E. B. (1958). *The Uniting of Europe: Political, Social and Economic Forces 1950-1957*. Standard University Press.
Haas, P. M. (1990). *Saving the Mediterranean: The Politics of International Environmental Cooperation, New York*. Columbia University Press.
Hajer, M. A. (1995). *The Politics of Environmental Discourse*. Oxford University Press.
Hall, P. A. (1993). Policy Paradigms, Social Learning, and the State: The Case of Economic Policymaking in Britain. *Comparative Politics*, *25*(3), 275-296.
Hardin, G. (1968). The Tragedy of the Commons. *Science, New Series, 162*(3859), 1243-1248.
Harper, K. (2005). “Wild Capitalism” and “Ecocolonialism”: A Tale of Two Rivers. *American Anthropologist*, *107*(2), 221-233.
HELCOM. (1994). *20 Years of International Cooperation for the Baltic Marine Environment 1974-1994*, Helsinki.
Herrick, C., & Jamieson, D. (1995). The Social Construction of Acid Rain: Some Implications for Science/Policy Assessment. *Global Environmental Change*, 5(2), 105-111.
Hettelingh, J. P., & Posch, M. eds. (2015). *Critical Loads and Dynamic Risk Assessments- Nitrogen, Acidity and Metals in Terrestrial and Aquatic Ecosystems*. Springer Netherlands.

Hettelingh, J. P., Downing, R. J., & Smet, P. A. M. de. (1991). *Mapping Critical Loads for Europe. CCE Technical Report no. 1.*

Hordijk. (1995). Integrated assessment models as a basis for air pollution negotiations. *Water, Air, and Soil Pollution, 85*(1), 249-260.

Hordijk, L. (2002). Interview with the author, Director, IIASA,. Laxenburg, Austria.

Hordijk, L., & Amann, M. (2007). How Science and Policy Combined to Combat Air Pollution Problems. *Environmental Policy and Law, 37*(4), 336-340.

Hordijk, L., Foell, W., & Shah, J. (1995). *RAINS-ASIA: AN ASSESSMENT MODEL FOR AIR POLLUTION IN ASIA, Report on the World Bank Sponsored Project "Acid Rain and Emission Reductions in Asia"* Chapter 1 Introduction.

Herlitz, Gillis.（イリス・ヘルリッツ）、今福仁訳『スウェーデン人――我々は、いかに、また、なぜ』新評論、二〇〇五年。

Howard, R., & Perley, M. (1980). *Acid rain: the North American forecast.* Toronto: House of Anansi Press.

Hsu, A. et al. (2016). *2016 Environmental Performance Index.* New Haven, CT: Yale University.

IIASA. (2000). *Multi-pollutant / multi-effects: Cost-effectiveness Analysis for the 2nd NOx Protocol, a presentation slide for The Gothenburg Protocol to Abate Acidification, Eutrophication and Ground-level Ozone.*

Ilyin, I., Rozovskaya, O., Travnikov, O., Varygina, M., Aas, W., & Pfaffhuber, K. A. (2015). *EMEP Status Report 2/2015: Assessment of heavy metals transboundary pollution, progress in model development and mercury research".* Moscow and Oslo.

International Joint Committe, C.-U. S. (1998). *US-Canada Air Quality Agreement Progress Report 1998.*

International Joint Committe, C.-U. S. (2000). *US-Canada Air Quality Agreement Progress Report 2000.*

International Joint Committe, C.-U. S. (2003). *Cleaner Air through Cooperation: Progress under the Air Quality Agreement.*

International Joint Committe, C.-U. S. (2013). *Canada - United States Transboundary Particulate Matter Science Assesment 2013.*

International Joint Committee, C.-U. S. (2004). *US-Canada Air Quality Agreement Progress Report 2004.*

International Joint Committee, C.-U. S. (2008). *Canada - United States Air Quality Agreement Progress Report 2008.*

International Joint Committee, C.-U. S. (2014). *Canada - United States Air Quality Agreement Progress Report 2014.*

Iversen, T., Halvorsen, N. E., Mylona, S., & Sandnes, H. (1991). *EMEP/MSC-W Report 1/91, August 1991. "Calculated Budgets for Airborne Acidifying Components in Europe; 1985, 1987, 1988, 1989 and 1990".* Oslo.

Jänicke, M., & Weidner, H. (1995). *Successful Environmental Policy.* Sigma.（マルティン・イェニッケ、ヘルムート・ヴァイト

ナー、長尾伸一、長岡延孝訳『成功した環境政策——エコロジー的成長の条件』有斐閣、一九九八年)。
Jänicke, M.(マーティン・イェニッケ)、丸山正次訳『国家の失敗——産業社会における政治の無能性』三嶺書房、一九九二年。

Jervis. (1983). Security Regimes. In Krasner (Ed.), *International Regimes*. Cornell University Press.

Jospersen, J. (1998). Environmental Co-operation in the Baltic Region. In Aagem Hans ed. (Ed.), *Environmental Transition in Nordic and Baltic Countries*. Edward Elgar Publishing Ltd.

Jost, D. (2002). *Interview with the author, Head of Division II 6, Federal Environmental Agency of Germany. Oct 14, 2002*. Berlin.

Jupille, J. (1998). Sovereignty, environment, and subsidiarity in the European Union. In K. T. Litfin (Ed.), *The greening of sovereignty in world politics* (pp. 223-254). Cambridge: MIT Press.

Kaffine, D., & O'Reilly, P. (2015). *What Have We Learned About Extended Producer Responsibility in the Past Decade? A Survey of the Recent EPR Economic Literature, OECD, ENV/EPOC/WPRPW(2013)7/FINAL.*

Kato, K. & Takahashi, W. (2001). *Regional/Subregional Environmental Cooperation In Asia.*

Keohane, R. O. (1984). *After hegemony: cooperation and discord in the world political economy*. Princeton, N.J: Princeton University Press.

Keohane, R. O., & Nye, J. S. (2001). *Power and Interdependence 3rd edition*. Longman.

Keohane, R. O., & Victor, D. G. (2011). The Regime Complex for Climate Change. *Perspectives on Politics*, *9*(1), 7-23.

Kim, I. (2007). Environmental cooperation of Northeast Asia: transboundary air pollution. *International Relations of the Asia-Pacific*, *7*(3), 439-462.

Kim, M., Kang, M., Park, K., Lee, B., & Lee, D. (2001). Evaluation of Precipitation Composition at an Urban and a Rural Area for the Central Korean Peninsula. *Water, Air and Soil Pollution*, *130*(1-4), 439-444.

Kingdon, J. W. (1984). *Agendas, Alternatives, and Public Policies*. Boston: Little, Brown.

Klassen, G. (1996). *Acid Rain and Environmental Degradation*. Cheltenham,UK: Edward Elgar Publishing Ltd.

Klimont, Z., Cofala, J., Schopp, W., Amann, M., Streets, D., Ichikawa, Y., & Fujita, S. (2001). Projections of SOx, NOx, NH3, and VOC Emissions in East Asia up to 2030. *Water, Air, and Soil Pollution*, *130*, 193-198.

Krasner, S. (1982). Structural Causes and Regime Consequences: regime as intervening variables. *International Organization*,

36(2), 185-205.

Larssen, S., & Hagen, L. O. (1996). *Air pollution monitoring in Europe - Problems and trends*. Copenhagen.

Laugen, T. (1995). *Compliance with International Environmental Agreements: Norway and the Acid Rain Convention*. Lysaker: Fridtjof Nansens Institute.

LeBlanc, R. M.,（ロビン・ルブラン）尾内隆之訳『バイシクル・シティズン――「政治」を拒否する日本の主婦』勁草書房、二〇一二年。

Lehmhaus, J., Saltbones, J., & Eliassen, A. (1985). *EMEP/MSC-W Report 1/85. Deposition patterns and transportsector analyses for a four-year period*. Oslo.

Levy, M. A. (1993). East-West Environmental Politics after 1989: The Case of Air Pollution. In R. Keohane, J. J. S. Nye, & S. Hoffmann (Eds.), *After the Cold War: International Institutions and State Strategies in Europe* (pp. 310-339). Harvard University Press.

Levy, M. A. (1994). European Acid Rain: The Power of Tote-Board Diplomacy. In R. O. K. and M. A. Peter M. Haas (Ed.), *Institutions or the Earth*. Massachusetts: MIT Press.

Levy, M. A. (1995). International Co -operation to Combat Acid Rain. In H. O. et eds. Bergesen (Ed.), *Green Globe Yearbook of International Co-operation on Environment and Development* (pp. 59-68). Oxford UP.

Levy, M. A., Young, O. R., & Zurn, M. (1995). The Study of International Regimes. *European Journal of International Relations, 1*, 267-330.

Lidskog, R., & Sundqvist, G. (2011). *Governing the air the dynamics of science, policy, and citizen interaction*. MIT Press.

Litfin, K. (1994). *Ozone Discourses*. New York: Columbia University Press.

Lindquist, Arne.（アーネ・リンドクウィスト）、Wester,Jan.（ヤン・ウェステル）、川上邦夫訳『あなた自身の社会――スウェーデンの中学教科書』新評論、一九九七年。

Lindhqvist, T. (2000). *Extended Producer Responsibility in Cleaner Production: Policy Principle to Promote Environmental Improvements of Product Systems*. IIIEE, Lund University.

Lowlands, I. H. (1994). *The Politics of Global Atmospheric Change*. Manchester University Press.

Mahoney, J., & Rueschemeyer, D. (2003). Comparative Historical Analysis: Achievements and Agendas. In J. Mahoney & D.

Rueschemeyer (Eds.), *Comparative Historical Anaysis in the Social Sciences* (pp. 10-15). Cambridge University Press.

McCormick, J. (1995). *The Global Environmental Movement* (2nd ed.). New York: Jogn Wiley & Sons.

McCormick, J. (1997). *Acid Earth: The Politics of Acid Pollution*. Taylor Francis.

Meadows, D. H.（ドネラ・H・メドウズ）、Meadows, D. L.（デニス・L・メドウス）、Randers, J.（ヨルゲン・ランダース）、Behrens, W.（ベアランス・ウィリアム）、大来佐武郎訳『成長の限界』ダイヤモンド社、一九七二年。

Moravcsik, A. (1999). A New Statecraft? Supranational Entrepreneurs and International Cooperation. *International Organization, 53*(2), 267-306.

Munton, D. (1997). Acid Rain and Transboundary Air Quality in Canadian-American Relations. *American Review of Canadian Studies, 27*(3), 327-358.

Munton, D. (1999). Acid Rain in Europe and North America. In *The Effectiveness of International Environmental Regimes: Casual Connections and Behavior Mechanisms* (pp. 153-247). MIT Press.

Munton, D. (2007). Acid Rain Politics in North America: Conflict to Cooperation to Collusion. In G. R. Visgilio & D. M. Whitelaw (Eds.), *Acid in the Environment* (pp. 175-201). Boston, MA: Springer US.

Munton, D., Soroos, M., Nikitina, E., & Levy, M. (1999). Acid Rain in Europe and North America. In O. R. Young (Ed.), *The Effectiveness of International Environmental Regimes: Causal Connections and Behavioral Mechanisms* (pp. 155-247). MIT Press.

Mylona, S. (1989). *EMEP/MSC-W Report 1/89: Detection of Sulphur Emission Reductions in Europe During the Period 1979-1986*. Oslo.

NEFCO. (2000). *NEFCO 10 years: 1990-2000*. Helsinki: NEFCO.

NIB. (1998). *Annual Report 1998*. Helsinki.

Nordberg, L. (2000). Interview with the author, Deputy Director, UN Economic Commission for Europe, Genova.

Nordic Council of Ministers. (1997). *Annual Report 1997*. Copenhagen.

Nye, Joseph. S.（ジョセフ・S・ナイ）、山岡洋一『ソフト・パワー――二一世紀国際政治を制する見えざる力』日本経済新聞社、二〇〇四年。

Oberthür, S., & Gehring, T. (2006). *Institutional interaction in global environmental governance: synergy and conflict among international and EU policies*. MIT Press.

Oberthür, S.（S・オーバーテュアー）、Ott, H.（H・E・オット）、国際比較環境法センター、地球環境戦略研究機関、岩間徹、磯崎博司訳『京都議定書――二一世紀の国際気候政策』シュプリンガー・フェアラーク東京、二〇〇一年。

Oden, S. (1968). *The Acidification of Air and Precipitation and Its Consequences in the Natural Environment. Ecology Committee Bulletin 1*. State National Science Research Council, Sweden.

OECD. (1977). *The OECD Programme on Long Range Transport of Air Pollutants*. Paris.

OECD. (2001). *Extended Producer Responsibility:A Guidance Manual for Governments*.

Parson, E. A., Dobell, R., Fenech, A., Munton, D., & Smith, H. (2001). Leading while Keeping in Step: Management of Global Atmospheric Issues in Canada. In Social Learning Group (Ed.), *Learning to Manage Global Environmental Risks* (pp. 235-257). Massachusetts: MIT Press.

Pekkanen, R.（ロバート・ペッカネン）、佐々田博教訳『日本における市民社会の二重構造――政策提言なきメンバー達』木鐸社、二〇〇八年。

Person, G. (2002). Interview with the author, Project Leader, Energy Foresight Sweden in Europe,. Stockholm.

Pierson, P., & Skocpol, T. (2002). Historical Institutionalism in Contemporary Political Science. In Katznelson & Milner (Eds.), *Political Science: State of the Discipline* (pp. 693-721). New York: W.W. Norton.

Porter, G.（ガレス・ポーター）、Brown, J. W.（ジャネット・W・ブラウン）、細田衛士、村上朝子訳『入門地球環境政治』有斐閣、一九九八年。

Porter, M. (1991). America's Green Strategy. *Scientific American*, *264*(2), 168.

Putnam, R. D. (1988). Diplomacy and domestic politics: the logic of two-level games. *International Organization*.

REC. (1999). *REC Annual Report 1999- The First Ten Years*. Szentendre.

Risse-Kappen, T. (1995). *Bringing transnational relations back in: non-state actors, domestic structures and international institutions*. Cambridge University Press.

Rosenau, J., & Czempiel, E. O. eds. (1992). *Governance without Government: Order and Change in World Politics*. Cambridge: Cambridge University Press.

Ruggie, J. G. (1998). What Makes the World Hang Together? Neo-Utilitarianism and the Social Constructivist Challenge. *International Organization*, *52*(4), 855-885.

Sand, P. H. (1992). *Lessons Learned in Global Environmental Governance.* World Resources Institute.

Sandler, T. (1997). *Global Challenges: An Approach to Environmental, Political, and Economic Problems.* Cambridge University Press.

Schmandt, J., & Roderick, H. (1985). *Acid rain and friendly neighbors: the policy dispute between Canada and the United States.* Duke University Press.

Schreurs, M. A. (2002). *Environmental Politics in Japan, Germany, and the United States.* Cambridge University Press.

Schreurs, M. A.（ミランダ・A・シュラーズ）『ドイツは脱原発を選んだ』岩波書店、二〇一一年。

Schreurs, M. A., & Economy, E. C. (1997). Domestic and international linkages in environmental politics. In *The Internationalization of Environmental Protection* (pp. 1-18). Cambridge: Cambridge University Press.

Showstack, R. (2004). Bush Administration's Proposed Budget Would Decrease Many Earth Sciences Accounts. *EOS, 85*(7, 17 February 2004), 69-70.

Skjærseth, J. B. (1996). The 20th Anniversary of the Mediterranean Actoin Plan: Reason to Celebrate? *Green Globe Yearbook 1996,* 47-54.

Sliggers, J., & Kakebeeke, W. (2004). *Cleaning the Air: 25 years of the Convention on Long-range Transboundary Air Pollution.* Geneva: United Nations.

Smith, S. J, Aardenne, J. van, Klimont, Z., Andres, R., Volke, A., & Arias, S. D. (2011). Anthropogenic Sulfur Dioxide Emissions, 1850-2005: Atomospheric Chemistry and Physics, 11, 1101-1116.

Social Learning Group. (2001). *Learning to Manage Global Environmental Risks Vol. I: A Comparative History of Social Reposnses to Climate Change, Ozone Depletion, and Acid Rain.* Massachusetts: MIT Press.

Sokolovsky, V. (2003). Interview with the Author, Former Chairperson of the Executive Body, LRTAP Convention. Moscow.

Sokolovsky, V. (2004). Fruits of a cold war. In J. Sliggers & W. Kakebeeke (Eds.), *Cleaning the Air: 25 years of the Convention on Long-range Transboundary Air Pollution* (pp. 7-15). Geneva: UN/ECE.

Spector B. I., Sjostedt G., & Zartman, I. W. (1994). *Negotiating International Regimes: Lessons Learned from the United Nations Conference on Environment and Development (UNCED).* London: Graham & Trotman Ltd./Martinus Nijhoff.

Sprinz, D., & Vaahtoranta, T. (1994). "The Interest-Based Explanation of International Environmental Policy." International Organization 48-1,(1994), *International Organization, 48*(1), 77-105.

Stern, A. C. (1982). History of Air Pollution Legislation in the United States. *Journal of Air Pollution Control Association, 32*(1), 44-61.

Strange, S. (1982). Cave! Hic dragones: a critique of regime analysis. *International Organization, 36*(2), 485.

Streets, D. G., Tsai, N., Akimoto, H., & Oka. (2000). Sulfur dioxide emissions in Asia in the perood 1985-1997. *Atmospheric Environment,* 34, 4413-4424.

Sweden, Royal Ministry for Foreign Affairs. (1972). *Air pollution across national boundaries: The impact on the environment of sulfur in air and precipitation, Sweden's case study for the United Nations Conference on the Human Environment.*

Takahashi, W. (2001). Environmental Cooperation in Northeast Asia. In IGES Environmental Governance Project Project, *Regional-Subregional Cooperation in Asia.* 7-30. Shonan: Japan.

Takahashi, W. (2000). Formation of an East Asian regime for acid rain control,. *International Review for Environmental Strategies, 1*, 97-117.

Takahashi, W. (2002). Problems of Environmental Cooperation in Northeast Asia: the Case of Acid Rain. In P. Harris (Ed.), *International Environmental Cooperation: Politics and Diplomacy in Pacific Asia* (pp. 221-247). University of Colorado Press.

Takahashi, W., & Asuka, J. (2001). The politics of regional cooperation on acid rain control in East Asia. *WATER AIR AND SOIL POLLUTION, 130*(1-4, Part 3), 1837-1842.

Takahashi, W., & Kato, K. (2001). Improving Environmental Governance in Asia. In IGES Environmental Governance Project, *Regional-Subregional Cooperation in Asia.* 65- Shonan: Japan.

Thompson, J. (2002). interview with the author, Former chairman of CLRTAP-EB. Oslo.

Thompson, J. (2003). Interview with the author, former, Former Chairman of CLRTAP-EB. Oslo.

Toffler, A.（アルビン・トフラー）、鈴木健次訳『第三の波』日本放送出版協会、一九八〇年。

Turner, R. K., Pearce, D. W., & Bateman, I. (1993). *Environmental economics: an elementary introduction.* Johns Hopkins University Press.

UN/ECE. (1999). *Protocol to Abate Acidification, Eutrophication and Ground-level Ozone.* Geneva.

UN/ECE. (2003). *Strategies and Policies for Air Pollution Abatement: Major Review Prepared under the Convention on Long-range Transboundary Air Pollution.* Geneva.

UN/ECE. (2004). *Handbook for the 1979 Convention on Long-Range Transboundary Air Pollution and its protocols*. Geneva.

US. EPA and Environment Canada. (2005a). *Boarder Air Quality Strategy: Emissions Cap and Trading Feasibility Study*.

US. EPA and Environment Canada. (2005b). *Boarder Air Quality Strategy: Great Lakes Basin Airshed Management Framework Pilot Project*.

US. EPA and Environment Canada. (2005c). *Boarder Air Quality Strategy: Maintaining Air Quality in a Transboundary Air Basin: Georgia Basin-Puget Sound, 2005 Report: A Pilot Project under the Canada-United States Border Air Quality Strategy*.

Valencia, M. (1998). "Ocean Management Regimes in the Sea of Japan: Present and Future, ESENA Workshop. Tokyo: Japan. 11-12 July 1998.

Vallack, H. (2001). Interview with the author. a researcher, Stockholm Environment Institute-York, York.

Vygen, H. (2002). Interview with the author, Deputy Director-General, Directorate G II Federal Ministry for the Environment of Germany. Berlin.

Wall, D.(デレク・ウォール)、白井和宏訳『緑の政治ガイドブック——公正で持続可能な社会をつくる』筑摩書房、二〇〇三年。

Weber, U. (2000). The "Miracle" Of The Rhine. *UNESCO Courier, June 2000*, 9-14.

Weidner, H.(ヘルムート・ヴァイトナー)「日本における煤塵発生施設からの二酸化イオウと二酸化窒素の排出削減」マルティン・イェニッケ、ヘルムート・ヴァイトナー編『成功した環境政策——エコロジー的成長の限界』有斐閣、一九九五年、一二三～一六〇頁。

Weizsäcker, E. U. von (1998). *Factor Four: Doubling Wealth, Halving Resource Use - A Report to the Club of Rome*. Routeledge.

Wettestad, J. (1999). *Designing Effective Environmental Regimes*. Cheltenham: Edward Elgar.

Wicks, P. (2002). interview with the author, Head of CAFÉ Programme, DG-XI, European Commission. Brussels.

Wilkening, K. E. (2004). *Acid Rain Science and Politics in Japan*. Cambridge: MIT Press.

William, C., & Dickson, N. M. (2001). Civic science: America's encounter with global environmental risks. In Social Learning Group (Ed.), *Learning to Manage Global Environmental Risks Vol. 1* (pp. 259-294). MIT Press.

Williams, M. (2002). interview with the author, chairman of the EMEP Steering Body. London.

Winstanley, D., Lackey, W. L., Warnick, W. L., & Malanchuk, J. (1998). Acid Rain: Science and Policy Making. *Environmental*

Science & Policy, 1(1), 51-57.

Wirth, T. E., Heinz, J., & Stavins, R. N. (1988). *Project 88: Harnessing Market Forces to Protect Our Environment, Initiatives for the New President, A Public Policy Study*. Washington D.C.

Wynne, B., Simmons, P., Waterton, C., Hughes, P., & Shackley, S. (2001). Institutional Cultures and the Management of Global Environmental Risks in the United Kingdom. In Social Learning Group (Ed.), *Learning to Manage Global Environmental Risks Volume 1* (pp. 99-113). MIT Press.

Yihong, Z. (1997). "National Losses Evaluation of Air Pollution," in Zhang Kun eds. *Environment and Sustainable Development: '97 Paper Collection of the Sino-Japan Friend Ship Center for Environmental Protection*, 118-123.

Yoon, E. (2008). Cooperation for Transboundary Pollution in Northeast Asia: Non-binding Agreements and Regional Countries' Policy Interests. *Pacific Focus, 22*(2), 77-112.

Yoon, E., & Lee, H. P. (1998). Environmental Cooperation in Northeast Asia: Issues and Prospects. In Schreurs, M. A. & Pirages, D. (Eds.), *Environmental Cooperation in Northeast Asia: Issues and Prospects* (pp. 67-88). Yonsei University Press.

Young, O. R. (1994). *International Governance: Protecting the Environment in a Stateless Society*. Cornell UP.

Young, O. R. (1997). *Global Governance*. London: Cornell University Press.

Young, O. R. (2002). *The institutional dimensions of environmental change: fit, interplay, and scale*. MIT Press.

Young, O. R., Chambers, W. B., Kim, J. A., & Have, C. ten eds. (2008). *Institutional interplay: biosafety and trade*. United Nations University.

Young, O. R. ed. (1996). *The International Political Economy and International Institutions*. (E. Elgar., Ed.) (Vol. 1).

Young, O. R., & Oshrenko, eds. (1998). *Polar Politics: Creating International Environmental Regimes*. Ithaca: Cornell University Press.Zartman, I. W.（I・W・ザートマン）、熊谷聡、蟹江憲史、碓氷尊訳『多国間交渉の理論と応用――国際合意形成へのアプローチ』慶應義塾大学出版会、二〇〇〇年。

Zhou, X. (1999). *"Environmental Governance in China,"* in IGES Environmental Governance Project. *Enviromental Governance in Asia: Synthesis Report of Country Studies*, (pp.19-21). Hayama, IGES.

秋元肇「日中大気環境化学研究交流今昔」『大気環境学会誌』五一巻一号、二〇一六年、八～九頁。

アメリカ合衆国政府、逸見謙三、立花一雄鑑訳『西暦二〇〇〇年の地球　アメリカ合衆国政府特別調査報告　二　環境編』家の光協会、一九八〇年。

朝野賢司、生田京子、西英子、原田亜紀子、福島容子『デンマークのユーザー・デモクラシー――福祉・環境・まちづくりからみる地方分権社会』新評論、二〇〇五年。

荒井洌『スウェーデン水辺の館への旅――エレン・ケイ『児童の世紀』をたずさえて』冨山房インターナショナル、二〇〇五年。

荒畑寒村『谷中村滅亡史』岩波書店、一九九九年。

安藤博「「日・韓・中大気汚染対策協力協定」構想――北東アジアにおける環境安全保障レジームの構築に向けて（特集・日米同盟と北東アジアの安全保障）」『Human Security』二号、一九九七年、一七九～二二二頁。

安藤博「本格稼動に入ったEANET――北東アジア地域における紛争予防の観点から（特集　紛争予防：人間の安全保障の新展開）（第一部　アジアにおける紛争予防）」『*Human Security*』五号、二〇〇一年、二三一～三六頁。

安藤博「新局面の「東アジア酸性雨モニタリングネットワーク（EANET）」（特集　対米大規模テロ後の国際情勢）」『*Human Security*』七号、二〇〇三年、一四七～一五五頁。

飯島伸子『環境問題の社会史』有斐閣、二〇〇〇年。

石弘之『酸性雨』岩波書店、一九九二年。

石井敦「越境大気汚染に対処するための環境外交―ヨーロッパの教訓と東アジアのこれから――第一部（ヨーロッパ編）複数汚染物質議定書（一九九九年）「外交科学」による「交渉の理性化」」『Studies　生命・人間・社会』五号、二〇〇一年、三～八八頁。

石井敦、米本昌平、岡本哲明、沖村理史、児矢野マリ、大久保彩子『東アジアにおける越境大気汚染と外交の考え方――PM2・5問題を軸に』二〇一六年。

石井康一郎「「コラム」首都圏のディーゼル車走行規制導入と環境改善効果」『大気環境学会誌』四四巻六号、二〇〇九年、三三八頁。

石崎直温「化学物質と化学産業」地球環境戦略研究機関編『民間企業と環境ガバナンス』中央法規、二〇〇〇年、八三～一一二頁。

石牟礼道子『苦海浄土　わが水俣病』講談社、二〇〇四年。

市川陽一「北東アジアにおける酸性雨物質の長距離輸送」『水利科学』二四二号、一九九八年、五一～六七頁。

市村雅一、加藤久和「東アジアにおける酸性雨モニタリングの課題と展望――ヨーロッパの経験から学ぶ」『国際開発研究フォーラム』一〇号、一九九八年、一七～二八頁。

伊藤康、浦島邦子「ポーター仮説とグリーン・イノベーション――適切にデザインされた環境インセンティブ環境規制の導入」『科学技術動向』三～四月号、二〇一三年、三〇～三九頁。

井上秀典「酸性雨をめぐるECの対策」『水資源・環境研究』六号、一九九三年、一三～一八頁。

猪口孝、大澤真幸、岡沢憲夫、山本吉宣、スティーブン・リード編『政治学事典』弘文堂、二〇〇〇年。

猪又忠徳「多数国環境条約の履行の統合について」『外務省調査月報』二号、二〇〇一年、一～四一頁。

今井照『自治体再建――原発避難と「移動する村」』、筑摩書房、二〇一四年。

岩田裕「ポーランドの経済政策の課題」『社会科学』四六号、高知論叢、一九九三年、二一七～二四九頁。

岩田裕『チェコ共和国のエネルギー・環境政策と環境保全』文理閣、二〇〇八年。

岩渕勲「戦後五〇年の環境問題と民間企業の対応」地球環境戦略研究機関編『民間企業と環境ガバナンス』中央法規、二〇〇〇年、一～三〇頁。

岩間徹「トレイル製錬所事件判決」地球環境法研究会編『地球環境条約集 第四版』中央法規、二〇〇三年、五二四～五二六頁。

宇井純『公害の政治学――水俣病を追って』三省堂、一九六八年。

宇井純「公害における知の効用」栗原彬、佐藤学、小森陽一、吉見俊哉編『言説　切り裂く(越境する知)』東京大学出版会、二〇〇〇年、四九～七二頁。

宇井純『合本　公害原論』亜紀書房、二〇〇六年。

上村雄彦『グローバル・タックスの構想と射程』法律文化社、二〇一五年。

王青躍、畠山史郎「東アジアにおける民生用燃料からの酸性雨原因物質排出対策技術の開発と様々な環境への影響評価とその手法に関する研究(バイオブリケットの民生技術移転と普及・啓発方策に関する研究)」『埼玉大学地域共同研究センター紀要』四号、二〇〇三年、一一五～一一九頁。

大久保綾子、真田康弘、石井敦「鯨類管理レジームの制度的相互連関――分析枠組みの再構築とその検証」『国際政治』一六六号、二〇一一年、五七～七〇頁。

大久保規子「オーフス条約からみた日本法の課題」『環境管理』四二巻七号、二〇〇六年、五九〜六五頁。

大島堅一、除本理史『原発事故の被害と補償――フクシマと「人間の復興」』大月書店、二〇一二年。

太田絵里「北東アジア地域における環境協力体制の現状に関する考察」『環境情報科学論文集』二四号、二〇一〇年、一五五〜一六〇頁。

太田宏「国際関係論と環境問題――気候変動問題に焦点を当てて」『国際政治』一六六号、二〇一一年、一二〜二五頁。

大塚健司「中国の環境災害への政策対応とガバナンス――応急体制、問責、リスク低減」『環境経済・政策研究』八巻二号、二〇一五年、五九〜六二頁。

大矢根聡『コンストラクティヴィズムの国際関係論』有斐閣、二〇一三年。

岡島成行『アメリカの環境保護運動』岩波書店、一九九〇年。

岡部明子『EU・国・地域の三角形による欧州ガバナンス――多元的に〈補完性の原理〉を適用することのダイナミズム（特集「場所の感覚」と補完性原理）』四巻一号、公共研究、二〇〇七年、一一〇〜一三四頁。

小野一『緑の党 運動・思想・政党の歴史』講談社、二〇一四年。

小野川和延「地域開発と国連」『東アジア評論』一号、二〇〇九年、五五〜六五頁。

香川順「米国がPM2・5の年の一次基準値を12・0μg／m³に低下させた経緯」『大気環境学会誌』四八巻四号、二〇一三年、二〇六〜二一三頁。

門脇重道『技術発達史とエネルギ・環境汚染の歴史』山海堂、一九九〇年。

蟹江憲史『地球環境外交と国内政策――京都議定書をめぐるオランダの外交と政策』慶応義塾大学出版会、二〇〇一年。

蟹江憲史、袖野玲子「アジアにおける国際環境レジーム形成の課題　EANET協定化交渉過程からの教訓」松岡俊二編『アジアの環境ガバナンス』勁草書房、二〇一三年、三三〜五六頁。

鴨武彦『ヨーロッパ統合』日本放送出版協会、一九九二年。

亀山康子「序論 環境とグローバル・ポリティクス」『国際政治』一六六号、二〇一一年、一〜一一頁。

環境庁地球環境経済研究会『日本の公害経験――環境に配慮しない経済の不経済』合同出版、一九九一年。

環境庁、富山県富山市、東アジア酸性雨モニタリングネットワークに関する専門家会合事務局（環境庁大気保全局大気規制課）「東アジアの酸性雨モニタリングネットワークに関する専門家会合」、一九九三年。環境庁地球環境部『地球環境の行方――酸性雨』中央法規、一九九七年。

環境問題委員会、坂本藤良スタディーグループ訳編『公害教書――'70ニクソン大統領環境報告』日本総合出版機構、一九七〇年。

木村幹『日韓歴史認識問題とは何か――歴史教科書・「慰安婦」・ポピュリズム』ミネルヴァ書房、二〇一四年。

金永来、清水敏行訳「韓国における市民社会運動の現況と発展課題」『札幌学院法学』二一巻二号、二〇〇五年、五九三～六二三頁。

久保文明「アメリカの環境保護政策決定過程における専門能力・運動・制度――公害未然防止法の場合」『法学研究』六八巻二号、一九九五年、一七三～二〇五頁。

久保文明『現代アメリカ政治と公共利益――環境保護をめぐる政治過程』東京大学出版会、一九九七年。

具度完、石坂浩一・福島みのり訳『韓国環境運動の社会学 正義に基づく持続可能な社会のために』法政大学出版局、二〇〇一年。

倉持一「中国の企業ガバナンスの問題点と今後の課題に関する一考察――「党企関係」に着目して」『日本経営倫理学会誌』二三号、二〇一六年、一九五～二一〇頁。

経済企画庁「新たな発展のための条件」『昭和四五年 年次世界経済報告』一九七〇年。

経済産業省『平成一二年度版 通商白書』二〇〇一年。

小松裕『真の文明は人を殺さず――田中正造の言葉に学ぶ明日の日本』小学館、二〇一一年。

小柳秀明『環境問題のデパート中国』蒼蒼社、二〇一〇年。

児矢野マリ「日本と中国を含む北東アジア地域の環境問題の解決のため、国際法は役に立つのか――国際法・国際法学の限界と可能性」『北大法学論集』六五巻六号、二〇一五年、三一七～三四七頁。

佐伯富樹「一九〇九年境界水条約および一九三五年オタワ条約」『中京大学教養論叢』一五巻二号、一九七四年a、五四五～五六〇頁。

佐伯富樹「トレイル溶鉱所事件に関する一考察」『中京法學』九巻一号、一九七四年b、四一～六二頁。

阪口功「市民社会‐プライベート・ソーシャル・レジームにおけるNGOと企業の協働」大矢根聡編『コンストラクティビズムの国際関係論』有斐閣、二〇一三年、一四七～一七二頁。

櫻井次郎「中国における環境紛争過程の政治分析　福建省寧徳市屏南県の環境紛争を事例として」『名古屋大学 Discussion Paper』一七九号、二〇一一年、一～三三頁。

櫻井次郎「中国における環境公害訴訟の現状（特集 中国法の諸相）」『中国二十一』三五号、二〇一一年、九三〜一一一頁。

櫻井次郎「中国における環境公害被害者救済の阻害要因についての一考察――「不立案」問題を中心に（山川英彦教授記念号）」『神戸外大論叢』六四巻四号、二〇一四年、九七〜一〇八頁。

櫻井泰典「アメリカの一九九〇年改正大気浄化法と排出権取引――州・連邦関係と政策形成過程（特集 アメリカ・モデルの福祉国家（二））」『社會科學研究』六〇巻二号、二〇〇九年、一〇一〜一四二頁。

佐々木良「米国の環境政策――大気浄化と地球温暖化対策（米国と英国の諸問題）」『レファレンス』五四巻一一号、二〇〇四年、八〜三四頁。

笹之内雅幸「排ガス・燃費規制と自動車産業」地球環境戦略研究機関編『民間企業と環境ガバナンス』中央法規、二〇〇〇年、五九〜八二頁。

定方正毅『中国で環境問題にとりくむ』岩波書店、二〇〇五年。

佐藤一男編「酸性雨の総合評価」『電中研レビュー』四三号、二〇〇一年。

佐藤仁「「問題」を切り取る視点　環境問題とフレーミングの政治学」石弘之編『環境学の技法』東京大学出版会、二〇〇二年、四一〜七五頁。

佐藤仁「環境問題と知のガバナンス――経験の無力化と暗黙知の回復（環境ガバナンス時代の環境社会学）」『環境社会学研究』一五号、二〇〇九年、三九〜五三頁。

佐藤嘉幸、田口卓臣『脱原発の哲学』人文書院、二〇一六年。

沢井余志郎『くさい魚とぜんそくの証文――公害四日市の記録文集 単行本』はる書房、一九八四年。

賈軍「中国における「PM2・5問題」の現状とその対策に関する研究」『仙台白百合女子大学紀要』一九号二〇一五年、五五〜六四頁。

清水源治、江頭恭子、波木井真理「山梨県におけるNOx濃度の近年の状況について」『山梨衛環研年報』五四号、二〇一〇年。

下村英嗣『アメリカ合衆国の有害大気汚染物質（HAPs）規制』一〇号、人間環境学研究、二〇一二年、二〇五〜二二七頁。

庄司光、宮本憲一『恐るべき公害』岩波書店、一九六四年。

新藤純子「酸性降下物と生態的影響」『環境科学会誌』一二巻二号、一九九九年、二五一〜二五八頁。

新藤純子、Bregt, Arnold. K.（アーノルド・K・ブレグト）、袴田共之「酸性降下物の臨界負荷量の概念と推定法の評価」『環境科学会誌』二〇一一年、五九〜六九頁。

新藤宗幸『司法官僚――裁判所の権力者たち』岩波書店、二〇〇九年。

菅井益郎「公害の社会史――足尾鉱毒事件を中心として」舩橋晴俊編『講座 環境社会学第二巻 加害・被害と解決過程』有斐閣、二〇〇一年、九四〜一六二頁。

鈴木克徳「国内外における酸性雨研究センターの役割」『環境技術』二七巻一一号、一九九八年、七九〇〜七九四頁。

鈴木克徳「東アジアにおける酸性雨問題」『生活と環境』四五巻六号、二〇〇〇年、五九〜六三頁。

鈴木克徳「東アジア地域における今後の酸性雨対策の方向性」『環境科学会誌』一五巻四号、二〇〇二年、二六九〜二七三頁。

鈴木克徳「越境大気汚染をめぐる最近の国際的動向（特集 広域大気汚染をめぐる最近の動向）」『日中環境産業』四八巻九号、二〇一二年、三六〜四二頁。

瀬古俊之「日本と海外の車〜排出ガス規制〜」『Motor Ring』二〇号、二〇〇五年、一〜三頁。

大気環境学会理事会「あおぞら――東日本大震災に関する緊急声明」『大気環境学会誌』四六巻三号、二〇一一年、Pref〇三-一頁。

高尾克樹「米国の環境政策はどのように形成されるか――Resourses for the Futureを訪ねて」『政策科学』一一巻二号、二〇〇四年、一八七〜一九二頁。

高崎誠「大気・水質環境問題と鉄鋼業」地球環境戦略研究機関編『民間企業と環境ガバナンス』中央法規出版、二〇〇〇年、三一〜五八頁。

髙橋若菜「酸性雨と環境ガバナンス――東アジア地域環境協力の限界とブレークスルー」『資源環境対策』三六巻一〇号、二〇〇〇年a、八三六〜八四四頁。

髙橋若菜「大気汚染防止分野における地域協力スキーム　欧州の取り組み」『外務省委託プロジェクト「温暖化対策に貢献する国際協力のあり方研究会」報告書』東京国際開発センター、二〇〇〇年b、一三〇〜一四七頁。

髙橋若菜「越境する環境問題　危機と再生のシナリオ」宇都宮大学国際学部編『国際学叢書 混迷する国際社会と共生へのビジョン』宇都宮大学国際学部、二〇〇四年、一六一〜一八九頁。

髙橋若菜「カナダの酸性雨外交」『政経研究』八九号、二〇〇七年a、一二九〜四三頁。

髙橋若菜「釜山広域市における生活系廃棄物管理　生ごみリサイクルを中心に」『宇都宮大学国際学部研究論集』二四号、二〇〇七年b、一一〜二四頁。

髙橋若菜「欧州長距離越境大気汚染レジーム　パワー、利益、アイディア、アクター、制度の相互作用」『国際政治』一六六号、二〇一一年、七一〜八四頁。

高村ゆかり「環境情報へのアクセス、環境に関する政策決定への市民参加、及び、司法へのアクセスに関する条約(オーフス条約)」『季刊環境研究』一三五号、二〇〇四年、七九〜九三頁。

田崎智宏、東條なお子、Lindhqvist, T.(トーマス・リンクヴィスト)『拡大生産者責任の概念についての国際認識調査』二〇一五年。

田尻宗昭『四日市・死の海と闘う』岩波書店、一九七二年。

田尻宗昭『公害摘発最前線』岩波書店、一九八〇年。

立石裕二「環境問題における科学委託　イタイイタイ病、熊本水俣病、四日市喘息を事例として」『社会学評論』五六巻四号、二〇〇六年、九三一〜九四九頁。

田中明彦『ワード・ポリティクス グローバリゼーションの中の日本外交』筑摩書房、二〇〇〇年。

知足章宏『中国環境汚染の政治経済学』昭和堂、二〇一五年。

津崎直人「グローバル・ガバナンス論の社会民主主義的起源　ブラント、社会主義インターナショナルによるグローバル・ガバナンス委員会の形成(一九七六－一九九二年)」『国際政治』一六四号、二〇一一年、一〇〇〜一一四頁。

辻中豊『政治過程と政策』東洋経済新報社、二〇一六年。

地球環境戦略研究機関編『民間企業と環境ガバナンス』中央法規、二〇〇〇年。

寺西俊一『地球環境問題の政治経済学』東洋経済新報社、一九九二年。

東京都環境局『東京都のディーゼル対策(本編)』二〇〇三年。

東京都大気汚染医療費助成検討委員会『大気汚染医療費助成の制度拡大に関する報告書』東京都、二〇〇八年。

徳永昌弘「環境ガバナンスの比較可能性――エコロジー近代化論のロシアへの適用の成果と課題」比較経済体制学会第八回秋期大会(二〇〇九年一〇月二四日)、草津市立命館大学びわ湖草津キャンパス、二〇〇九年。

徳永昌弘『二〇世紀ロシアの開発と環境――「バイカル問題」の政治経済学的分析』北海道大学出版会、二〇一三年。

戸田英作「東アジア酸性雨モニタリングネットワークの経過と将来」『資源環境対策』三六巻一〇号、二〇〇〇年、八三一～八三五頁。

鳥越皓之「環境問題と日常生活」『関西学院大学社会学部紀要』五一号、一九八五年、八一～九三頁。

鳥越皓之、帯谷博明『よくわかる環境社会学』ミネルヴァ書房、二〇〇九年。

外山滋比古『思考の整理学』筑摩書房、一九八六年。

西村肇、岡本達明『水俣病の科学』日本評論社、二〇〇一年。

日本の大気汚染経験検討委員会編『日本の大気汚染経験――持続可能な開発への挑戦』公害健康被害補償予防協会、一九九七年。

野口剛嗣「東アジアの環境協力の進展」『環日本海研究』一三号、二〇〇七年、一九～三六頁。

朴恵淑、米本昌平『環境外交のための科学　東アジアを対象とした長距離輸送モデルの政策的有用性評価』五号、二〇〇一年。

橋本道夫『私史環境行政』朝日新聞社、一九八八年。

畠山史郎『酸性雨　誰が森林を傷めているのか?』日本評論社、二〇〇三年。

畠山史郎『越境する大気汚染――中国のPM2・5ショック』PHP研究所、二〇一四年。

浜本光紹「環境政策形成過程の政治経済学――公共選択論に基づく研究の動向」『環境科学会誌』一九巻六号、二〇〇六年、五三九～五四八頁。

浜本光紹『排出権取引制度の政治経済学』有斐閣、二〇〇八年。

早瀬隆司「環境政策における公衆参加制度の日米の比較」『環境科学会誌』一四巻五号、二〇〇一年、四四一～四四九頁。

原拓也「東アジアにおける環境協力に関する一考察　東アジア酸性雨モニタリングネットワーク（ＥＡＮＥＴ）の構築と問題点を中心に」『北東アジア地域研究』一五号、二〇〇九年、一～一五頁。

原田正純『豊かさと棄民たち――水俣学事始め（双書時代のカルテ）』岩波書店、二〇〇七年。

布川了『田中正造と利根・渡良瀬の流れ　それぞれの東流・東遷史』随想社、二〇〇四年。

福王守「ドイツ基本法における「国際法への友好性原則」――ＥＵに対する主権移譲問題を通じて」『駒沢女子大学　研究紀要』一九号、二〇一二年、二一～四四頁。

福島香織『中国複合汚染の正体――現場を歩いて見えてきたこと』扶桑社、二〇一三年。

藤垣裕子「異分野摩擦を超えて　ＳＴＳと科学技術政策、そして俯瞰型プロジェクトへの展望」『学術の動向』四巻一一号、一九九九年、一〇～一五頁。

藤田慎一『酸性雨から越境大気汚染へ』成山堂書店、二〇一二年。

藤田慎一「東アジアの酸性雨――電力中央研究所における国際共同研究の展開」『大気環境学会誌』五一巻一号、二〇一六年、一一～一三頁。

舩橋晴俊「「社会的ジレンマ」としての環境問題」『社会労働研究』三五巻三・四号、一九八九年、二三～五〇頁。

舩橋晴俊「加害・被害と解決過程」『講座環境社会学第二巻』有斐閣、二〇〇一年。

船橋洋一『カウントダウン・メルトダウン』文藝春秋、二〇一一年。

ホルツィンガー・K「EC環境政策の驚異的な成功例――一九八九年の小型車排気ガス指令」マルティン・イェニッケ、ヘルムート・ヴァイトナー編『成功した環境政策』有斐閣、一九九五年、一八一～二〇四頁。

政野淳子『四大公害病　水俣病、新潟水俣病、イタイイタイ病、四日市公害』中央公論新社、二〇一三年。

松岡俊二「日本のアジア戦略――日本のアジア環境戦略と二一世紀のソフトパワー」『フィナンシャル・レビュー』五号、二〇一三年a、一四〇～一六七頁。

松岡俊二編『アジアの環境ガバナンス』勁草書房、二〇一三年b。

松原望「環境学におけるデータの十分性と意思決定判断」『環境学の技法』東京大学出版会、二〇〇二年、一六七～二一四頁。

松本悟『被害住民が問う開発援助の責任――インスペクションと異議申し立て』築地書館、二〇〇三年。

松本三和夫「テクノサイエンス・リスクを回避するために考えてほしいこと――科学と社会の微妙な断面（科学社会学の前線にて――「第三の波」を越えて）」『思想』一〇四六号、二〇一一年、六～二六頁。

松本泰子「代替フロン問題解決への一視点――気候変動問題とオゾン層破壊問題の政策的連関の検討」『環境ホルモン』四号、二〇一四年、一七七～一八八頁。

松野弘「産業主義思想と環境主義思想の有機的統合化への視点と課題「ヘッチヘッチ論争」から、「エコロジー的近代化論」へ（環境問題と政治学―環境政治学の役割と課題）」『国際比較政治研究』一二号、二〇〇三年、六九～七五頁。

松野裕「公害健康被害補償制度成立過程の政治経済分析」『經濟論叢』一五七巻五号、一九九六年、五一～七〇頁。

水野建樹、目黒靖彦「東京都区内の常時監視測定局と道路交通センサスのデータを利用したNOx・SPM濃度への自動車の影響とその変化の推定」『大気環境学会誌』四五巻三号、二〇一〇年、一一七～一二五頁。

三橋規宏『良い環境規制は会社を強くする――ポーター教授の仮説を検証する』海象社、二〇〇八年。

宮崎麻美「環境協力における「緩やかな」制度の形成　東アジアの大気汚染問題を中心に」『国際政治』一六六号、二〇一一年、一二八～一四一頁。

宮本憲一『戦後日本公害史論』岩波書店、二〇一四年。

村井吉敬『エビと日本人』岩波書店、一九八八年。

村上安正『足尾銅山史』随想舎、二〇〇六年。

村上陽一郎『新しい科学論――「事実」は理論をたおせるか』講談社、一九七九年。

村瀬信也「京都議定書の遵守問題と新たな国際レジームの構築　米国および途上国を含めた代替レジームの可能性」『三田学会雑誌』九六巻二号、二〇〇三年、一四三～一五六頁。

村野健太郎『酸性雨と酸性霧』裳華房、一九九三年。

毛利聡子『ＮＧＯと地球環境ガバナンス』築地書館、一九九九年。

百瀬宏『多極共存型統合の展開』東大出版会、一九八九年。

百瀬宏、志摩園子、大島美穂『環バルト海――地域協力のゆくえ』岩波書店、一九九五年。

百済勇「ＥＵ・東欧国境間の地域経済協力　新たなドイツ・ポーランドの国境地域間経済協力の事例を中心に（吾妻雄次郎先生退任記念号）」『論集』五〇号、二〇〇〇年、三一五～三六五頁。

森道哉「戦後日本の環境政治と大企業の権力　東京電力を事例として」『香川法学』二七巻三号、二〇〇八年、六三～八一頁。

柳下正治「わが国は酸性雨問題にどう取り組むべきか」『環境研究』九六号、一九九四年、八七～九九頁。

山田高敬「地球環境――「ポスト京都」の交渉における国際規範の役割」大矢根聡編『コンストラクティビズムの国際関係論』有斐閣、二〇一三年、一二五～一四五頁。

山田高敬、大矢根聡『グローバル社会の国際関係論』有斐閣、二〇一一年。

山本吉宣『国際レジームとガバナンス』有斐閣、二〇〇八年。

除本理史「大気汚染の削減と被害補償・救済」除本理史、大島堅一、上園昌武編『環境の政治経済学』ミネルヴァ書房、二〇一〇年、五九～七九頁。

除本理史『原発賠償を問う　曖昧な責任、翻弄される避難者』岩波書店、二〇一三年。

除本理史「福島原発事故賠償の研究(三)原発避難者の精神的苦痛は償われているか　原子力損害賠償紛争審査会による指針の検討を中心に」『法律時報』八六巻六号、二〇一四年、八四〜八九頁。

横田匡紀『国際社会の変化と地球環境ガバナンス——国連環境計画を中心に』四五巻一号、法政論叢、二〇〇八年、一〜一五頁。

横田将志『北東アジアの地域協力に対する新たな視座　酸性雨問題をめぐるレジーム・コンプレックス』一九号、北東アジア地域研究、二〇一三年、九七〜一〇八頁。

米本昌平『知政学のすすめ　科学技術文明の読みとき』中央叢書、一九九八年。

吉田克己『四日市公害——その教訓と二十一世紀への課題』柏書房、二〇〇二年。

鷲見一夫『ODA援助の現実』岩波書店、一九八九年。

	略 語	意 味
N	NEANPEF	北東アジア・北東太平洋環境フォーラム
	NEASPEC	北東アジア小地域環境プログラム
	NECD	国別排出シーリング指令（EU）
	NEFCO	北欧環境金融公社
	NILU	ノルウェー大気研究所
	NMI	ノルウェー気象研究所
	NMVOCS	非メタン揮発性有機物質
	NOAA	海洋大気庁（米）
	NOx	窒素酸化物
P	PEMA	オスロ議定書・汚染物質排出管理区域
	POPS議定書	残留有機化合物議定書
R	REC	中東欧環境センター
	RIVM	国立公衆衛生環境保護研究所（オランダ）
S	SO_2	二酸化硫黄
	SOx	硫黄酸化物
	SPEEDI	緊急時迅速放射能影響予測システム
	SPM	浮遊粒子状物質
U	UNDP	国連開発計画
	UNEP	国連環境計画
	UN／ECE	国連欧州経済委員会
V	VOCS	揮発性有機物質
W	WGE	影響に関する作業グループ（LRTAP条約）
	WGSR	戦略とレビューに関する作業グループ（LRTAP条約）
	WMO	世界気象機関

主要略語表

	略語	意味
A	AANEA	東アジア大気行動ネットワーク
	APN	アジア太平洋地球変動研究ネットワーク
	ARRC	酸性雨削減クレジットプログラム(米)
B	BEF	バルティック環境フォーラム
	BLA21F	バルティックローカルアジェンダ21フォーラム
C	CAFE	大気汚染防止のための総合的プログラム(EU)
	CCC	化学調整センター(EMEP)
	CEGB	中央電力庁(英)
	CIMA	統合アセスメントモデルセンター(EMEP)
	COP3	国連気候変動枠組条約第3回締約国会議
	CSCE	欧州安全保障協力会議
D	DG-XI	EU環境保護総局
	EANET	東アジア酸性雨モニタリングネットワーク
E	EMEP	大気汚染物質の広域移流を監視評価するための協力計画
	EPA	環境保護庁(米)
	EURO1	乗用車・軽トラック向けの排ガス基準規制(EU)
H	HELCOM	バルト海洋保護協定
I	IAEA	国際原子力機関
	IIASA	国際応用科学研究所
	IPCC	気候変動に関する政府間パネル
L	LRTAP	長距離越境大気汚染条約
M	MICS-ASIA	日中韓・台湾・欧米の研究機関による長距離輸送モデルの比較計算プロジェクト
	MSC	気象合成センター(EMEP)
	MOI	(米加酸性雨問題をめぐる)2国間協定書覚書
N	NAAQS	オゾン環境基準(米)
	NADP	国家大気沈着プログラム(米)
	NAPAP	国家酸性雨評価計画(米)
	NAPAP	北東アジア・北東太平洋環境フォーラム(旧NEANPEF)
	NEAC	環日本海環境協力会議

ヤ行

ラ行

主要人名索引

ア行

タ行

サ行

ア行

カ行

主要事項索引

英数字

［著者略歴］

髙橋若菜（たかはし・わかな）

宇都宮大学国際学部准教授、博士（政治学）。

一九七一年 兵庫県生まれ。神戸大学法学部卒業、同大学院国際学研究科博士前期・後期課程修了。英国シェフィールド大学大学院政治学研究科修士課程、英国サセックス大学大学院文化開発環境研究科修士課程修了。（財）地球環境戦略研究機関研究員（一九九八〜二〇〇二年）、宇都宮大学国際学部講師（二〇〇三〜二〇〇四年）を経て、二〇〇五年より現職。この間、スウェーデン王国ルンド大学国際環境経済産業研究所客員研究員（二〇一二〜二〇一三年）。

主編著に『原発避難と創発的支援』（本の泉社）、『お母さんを支えつづけたい』（本の泉社）。

共著に『国際関係論のフロンティア』（ミネルヴァ書房）、『世界を見るための38講』（下野新聞社）、International Environmental Cooperation: Politics and Diplomacy in Pacific Asia (Colorado UP)、Asian Law in Disasters: Toward a Human-Centered Recovery (Routledge) などがある。

越境大気汚染の比較政治学

——欧州、北米、東アジア

二〇一七年三月一三日 初版第一刷発行

著者 髙橋若菜
発行者 千倉成示
発行所 株式会社 千倉書房
〒一〇四-〇〇三一 東京都中央区京橋二-四-一二
電話 〇三-三二七三-三九三一（代表）
http://www.chikura.co.jp/

造本装丁 米谷豪
印刷・製本 精文堂印刷株式会社

ISBN 978-4-8051-1109-3 C3031

戦後スペインと国際安全保障　細田晴子 著

基地や核をめぐる対米関係、地域安全保障の要衝、日本と通じる状況を抱えたスペインは如何にして戦後国際社会へ復帰したか。

❖A5判／本体 三八〇〇円＋税／978-4-8051-0997-7

安全保障政策と戦後日本 1972～1994　河野康子＋渡邉昭夫 編著

史料や当事者の証言をたどり、七〇年代から九〇年代へと受け継がれた日本の安全保障政策の思想的淵源と思索の流れを探る。

❖A5判／本体 三四〇〇円＋税／978-4-8051-1099-7

人間の安全保障　福島安紀子 著

世界の安全保障に寄与し、グローバル化・多様化する脅威に立ち向かうための日本の政策フレームワークを提言する。

❖A5判／本体 四二〇〇円＋税／978-4-8051-0958-8

表示価格は二〇一七年三月現在

千倉書房